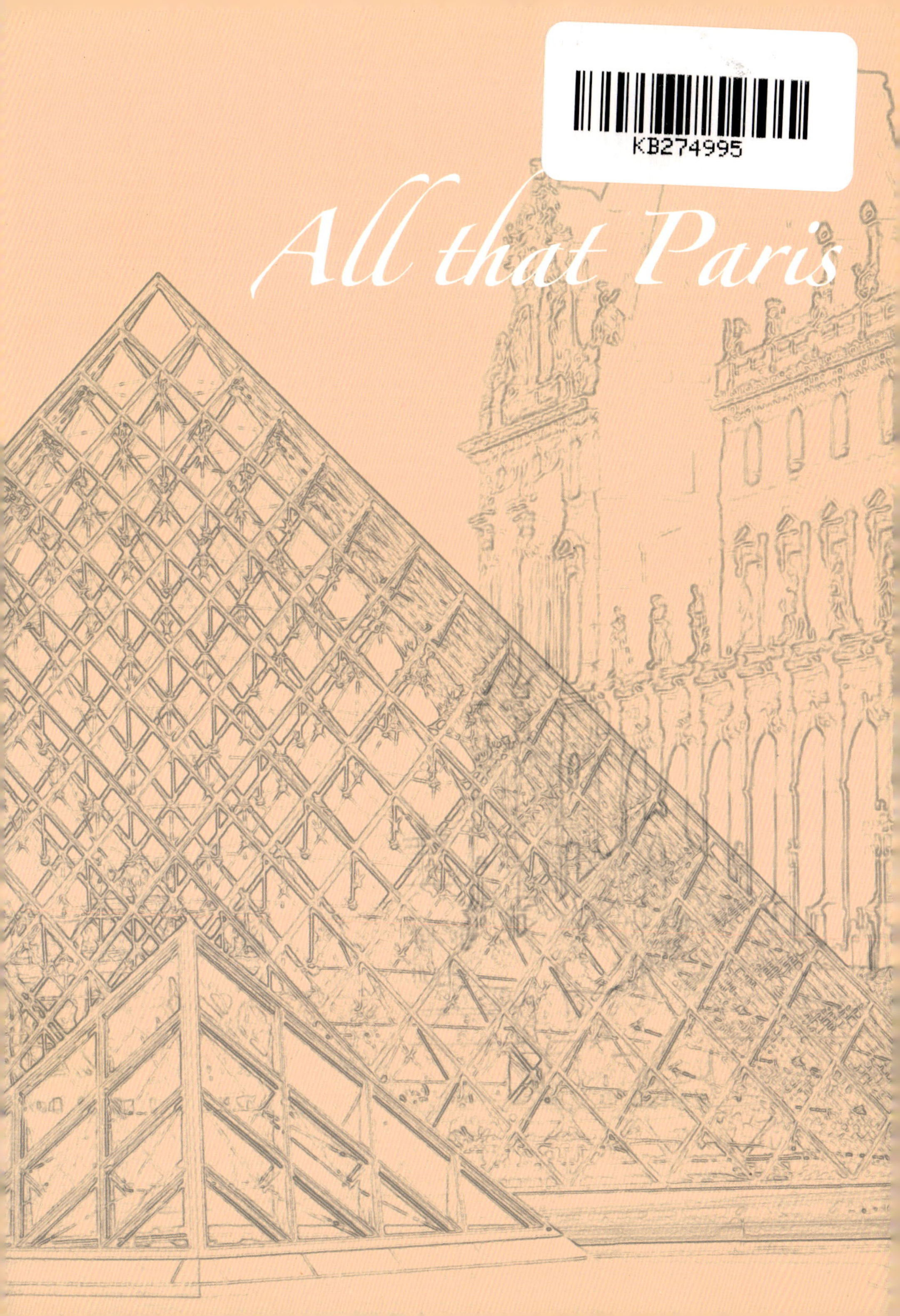
KB274995
All that Paris

IN ∙ ROUGE

All that Paris

파리에 반하다

All that Paris

파리에 반하다

초판 인쇄일 2012년 7월 06일
초판 발행일 2012년 7월 13일
초판 2쇄 발행일 2013년 9월 02일

지은이 이미랑
발행인 박정모
등록번호 제9-295호
발행처 도서출판 혜지원
주소 (130-844) 서울시 동대문구 장안 1동 420-3호
전화 02)2212-1227 팩스 02)2247-1227
홈페이지 www.hyejiwon.co.kr

기획진행 박세란
본문디자인 김보라
표지디자인 안홍준
영업마케팅 김남권, 황대일, 서지영
ISBN 978-89-8379-753-7
정가 14,800원

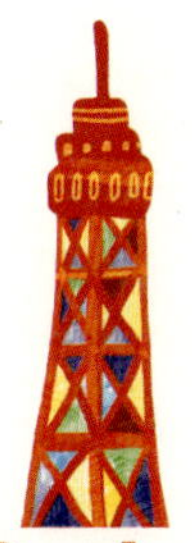

All that Paris

파리에 반하다

혜지원

Prologue

어떤 이에게는 지독한 외로움과 고독을, 어떤 이에는 끈적이는 낭만과 몽환적인 사랑을, 또 어떤 이에게는 세련된 감성과 예술적 자극을 느끼게 하는 도시, 파리 Paris.
당신의 파리는 어떤 모습이고, 어떤 느낌인지 궁금합니다.

〈파리에서 보낸 7년〉이라는 책을 통해 작가 헤밍웨이 Ernest Hemingway는 이런 말을 남깁니다.
"만일 당신이 젊은이로서 파리에서 살아보게 될 만큼 운이 좋다면, 파리는 움직이는 향연처럼 당신의 남은 일생 동안 당신이 어디를 가든 당신과 함께 머무를 것이다.
If you are lucky enough to have lived in Paris as a young man, then wherever you go for the rest of your life it stays with you, for Paris is a moveable feast."

한 평생을 함께하는 '움직이는 향연'이라니, 너무 멋지지 않나요?
저는 파리에서의 추억들을 떠올릴 때마다 그 소소한 소중함에 배시시 행복이 담긴 미소를 띠며 헤밍웨이의 말에 공감하고 있습니다. 생각하고 되새겨 볼수록 아름답고 감동적인 요소들이 구석구석에 스며 있는 도시, 파리.
그래서 그렇게 많은 사람들이 이 도시와 사랑에 빠졌나 봅니다.

그동안 이 도시를 누비며 모았던 정보들을 담아 여러분들에게 파리의 매력을 소개합니다. 이 책을 읽는 분들이 파리에서 소중한 추억을 만들고, 각자의 보물을 찾아 마음에 가득 담을 때, 제가 수집하고 정리한 정보들이 부디 도움이 되길 바랍니다.
파리의 매력에 반한 당신, 당신의 삶이 이곳에서의 추억으로 더욱 풍요롭고 아름답게 되기를 기원합니다.

Thanks to

모든 영광을 세계 어디를 가든지 지켜주신 하나님께 돌립니다.
항상 믿어주시고 응원해 주시는 사랑하는 나의 부모님과 든든한 지원자이자 내 인생의 동반자인 남편 Salomon님, 기도로 후원해 주시는 어머님과 세계 곳곳에 살고 있는 가족들에게 감사를 전합니다.

저자 이미랑

Contents

*입장료 등 본 도서에 수록된 모든 실용정보는 변동될 수 있으므로 각 홈페이지를 반드시 확인하세요.

Anatole France
3
Louise Michel
Brochant
13
La Fourche
RER C
Pereire Levallois
Porte de Champerret
Pereire
Wagram
Malesherbes
Place de Clichy
Blanche
RER A
1
Les Sablons
Monceau
Villiers
Rome
Liège
Courcelles
Europe
Tr d' d'
Ternes
St-Lazare
14
Gare St-Lazare
Haussm St-Lazar
Porte Maillot
Neuilly Porte Maillot
Charles de Gaulle Étoile
에뚜알 개선문
Miromesnil
St-Augustin
RER E
Argentine
6
St-Philippe du-Roule
Havre Caumartin
2
Porte Dauphine
Kléber
George V
오페라 가르니에
Avenue Foch
Auber
Victor Hugo
Franklin D. Roosevelt
Champs-Élysées Clemenceau
Madeleine
Boissière
Concorde
Pyramide
Avenue Henri Martin
Rue de la Pompe
Iéna
Alma Marceau
Tuileries
Trocadéro
Pont de l'Alma
Invalides
Palais Musée du L
케 브랑리 박물관
Assemblée Nationale
Musée d'Orsay
루브르 박물
La Muette
Solférino
오르세 미술관
Passy
에펠탑
La Tour-Maubourg
Boulainvilliers
Varenne
Rue du Bac
Ranelagh
앵발리드 저택
Champ de Mars Tour Effel
Jasmin
Avenue du Pdt Kennedy
Bir-Hakeim
École Militaire
St-François-Xavier
Sèvres–Babylone
St-Su
Dupleix
10
Église d'Auteuil
ange euil
Javel
Avenue Émile Zola
La Motte-Picquet Grenelle
Vaneau
Rennes
9
Mirabeau
Cambronne
Ségur
Duroc
St-Placide
Notre-D des-Cha
Javel André Citroën
Charles Michels
Chardon-Lagache
Commerce
Sèvres–Lecourbe
Falguière
몽파르나스 타워
Félix Faure
Pasteur
Volontaires
Montparnasse Bienvenüe
Edgar Quinet
Vavin
Boucicaut
Gare Montparnasse
Gaîté
Ras
Bd Victor
Lourmel
8
Vaugirard
Balard
Convention
Denfert Rochereau
Pernety
Porte de Versailles
Plaisance
Mouton-Duvernet
13
Porte de Vanves
Alésia
4
12
Corentin Celton

Marcadet Poissonniers
Marx Dormoy
Crimée
Hoche
Château Rouge
Riquet
Porte de Pantin
Ourcq
Bassin de la Villette
Barbès Rochechouart
La Chapelle
Stalingrad
Laumière
Anvers
Jaurès
Danube
Magenta
Bolivar
Botzaris
7bis
Pré-St-Gervais
Gare du Nord
Château Landon
Colonel Fabien
Buttes Chaumont
Place des Fêtes
Georges
Poissonnière
11
3bis
Notre-Dame de-Lorette
Jourdain
Télégraphe
Porte des Lilas
Cadet
Gare de l'Est
Pyrénées
'Antin Richelieu Drouot
Château d'Eau
St-Fargeau
Grands Boulevards
Jacques Bonsergent
Belleville
Bourse
Bonne Nouvelle
Strasbourg St-Denis
Goncourt
Couronnes
Pelleport
Sentier
Temple
République
Ménilmontant
3
Réaumur Sébastopol
Arts et Métiers
Parmentier
Gambetta 3bis
Porte de Bagnolet
Étienne Marcel
Oberkampf
Rue St-Maur
Les Halles
Filles du Calvaire
Père Lachaise
Louvre Rivoli
Rambuteau
St-Sébastien Froissart
St-Ambroise
Châtelet Les Halles
퐁피두 센터
nt Neuf
Richard Lenoir
Philippe Auguste
Châtelet
11
Hôtel de Ville
Voltaire
Alexandre Dumas
Cité
생트 샤펠 성당
Chemin Vert
Bréguet–Sabin
-Michel
Pont Marie
파리 노트르담 성당
St-Paul
Charonne
St-Michel Notre-Dame
Bastille
오페라 바스티유
Rue des Boulets
Maraîchers
9
Cluny a Sorbonne
Maubert Mutualité
Sully Morland
Avron
Buzenval
Ledru-Rollin
Faidherbe Chaligny
2 6
Cardinal Lemoine
팡데옹
Quai de la Rapée
Nation
1
Jussieu
Reuilly Diderot
Porte de Vincennes
Place Monge
Gare d'Austerlitz
Gare de Lyon
Montgallet
Picpus
RER A
10
Bel-Air
Censier Daubenton
Bercy
Dugommier
Daumesnil
-Royal
St-Marcel
Michel Bizot
Les Gobelins
Quai de la Gare
Porte Dorée
acques
Campo Formio
Chevaleret
Cour St-Émilion
Glacière
Nationale
Porte de Charenton
Place d'Italie
RER D
8
Corvisart
Bibliothèque François Mitterrand
7
14
RER C
Tolbiac
Olympiades
4
12
5
7
RER D
RER B
몽마르트르 성당
Stalingrad
Laumière
Bolivar
Magenta
7bis

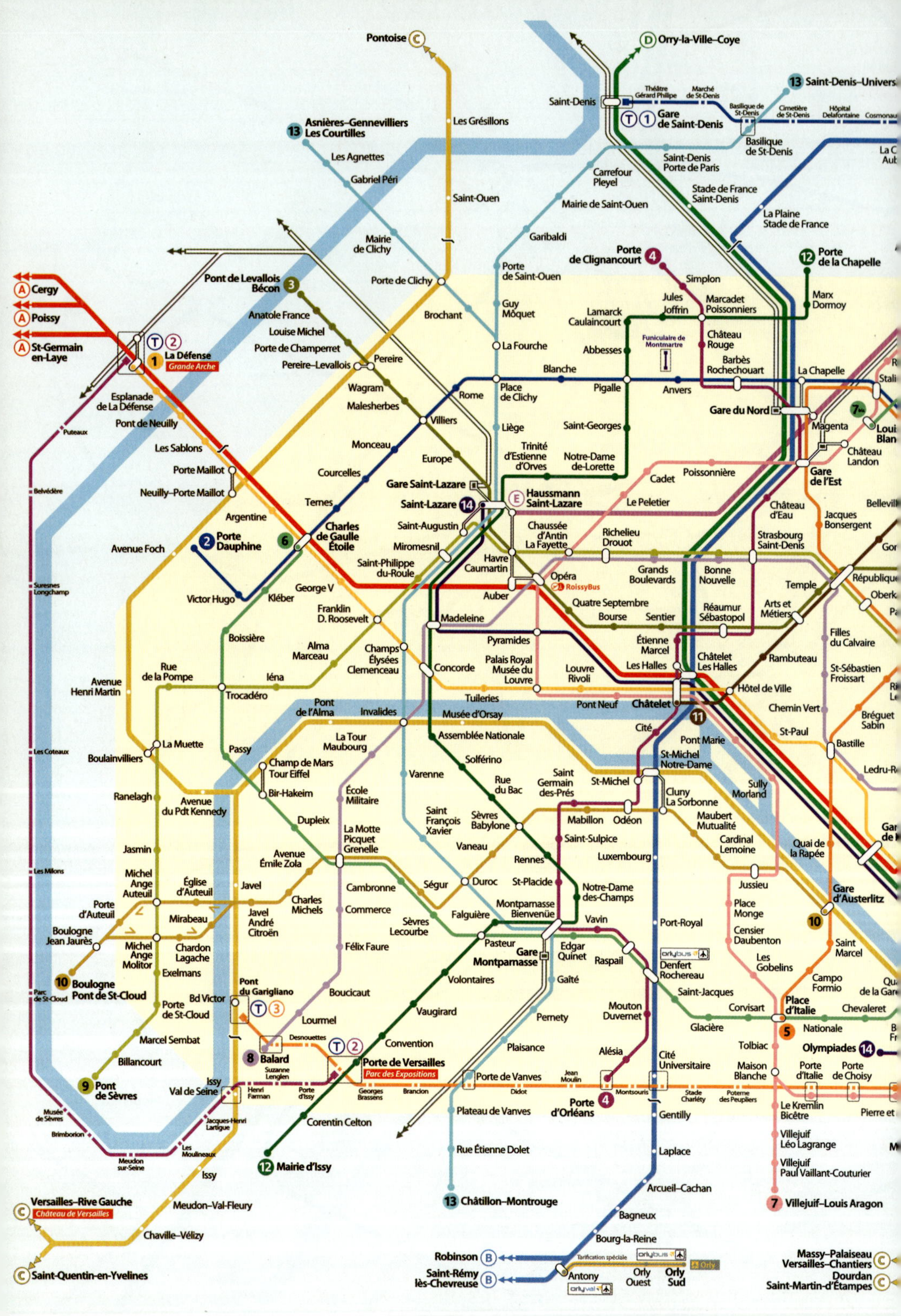

Pontoise C
D Orry-la-Ville–Coye
13 Saint-Denis–Université
Saint-Denis
Théâtre Gérard Philipe
Marché de St-Denis
T 1 Gare de Saint-Denis
Basilique de St-Denis
Cimetière de St-Denis
Hôpital Delafontaine
Cosmonau
La C
Aub
Asnières–Gennevilliers
13 Les Courtilles
Les Grésillons
Saint-Denis Porte de Paris
Basilique de St-Denis
Les Agnettes
Carrefour Pleyel
Stade de France Saint-Denis
La Plaine Stade de France
Gabriel Péri
Saint-Ouen
Mairie de Saint-Ouen
Garibaldi
Porte de Clignancourt 4
12 Porte de la Chapelle
Mairie de Clichy
Porte de Clichy
Porte de Saint-Ouen
Simplon
Marx Dormoy
Pont de Levallois Bécon 3
Brochant
Guy Môquet
Lamarck Caulaincourt
Jules Joffrin
Marcadet Poissonniers
Château Rouge
Anatole France
Porte de la Chapelle
Louise Michel
Porte de Champerret
Pereire
La Fourche
Abbesses
Funiculaire de Montmartre
Barbès Rochechouart
La Chapelle
Stali
Pereire–Levallois
A Cergy
A Poissy
A St-Germain en-Laye
Blanche
Place de Clichy
Pigalle
Anvers
Gare du Nord
Magenta
7
Loui
Blan
T 2
1 La Défense Grande Arche
Wagram
Malesherbes
Rome
Liège
Saint-Georges
Gare de l'Est
Château Landon
Esplanade de La Défense
Monceau
Villiers
Europe
Trinité d'Estienne d'Orves
Notre-Dame de-Lorette
Cadet
Poissonnière
Château d'Eau
Jacques Bonsergent
Belleville
Gor
Puteaux
Pont de Neuilly
Courcelles
Gare Saint-Lazare
Haussmann Saint-Lazare
Le Peletier
Strasbourg Saint-Denis
Les Sablons
Ternes
Saint-Lazare 14
Cadet
Richelieu Drouot
Temple
République
Porte Maillot
Saint-Augustin
Chaussée d'Antin La Fayette
Grands Boulevards
Bonne Nouvelle
Arts et Métiers
Oberk
Neuilly–Porte Maillot
Argentine
Charles de Gaulle Étoile
Miromesnil
Havre Caumartin
Opéra RoissyBus
Réaumur Sébastopol
Filles du Calvaire
Avenue Foch
2 Porte Dauphine
6
Saint-Philippe du-Roule
Quatre Septembre
Bourse
Sentier
St-Sébastien Froissart
Ri
Suresnes Longchamp
George V
Franklin D. Roosevelt
Madeleine
Étienne Marcel
Châtelet Les Halles
Rambuteau
Bréguet Sabin
Victor Hugo
Kléber
Pyramides
Palais Royal Musée du Louvre
Louvre Rivoli
Les Halles
Chemin Vert
Les Coteaux
Avenue Henri Martin
Rue de la Pompe
Boissière
Iéna
Champs Élysées Clemenceau
Concorde
Tuileries
Pont Neuf
Hôtel de Ville
St-Paul
Bastille
La Muette
Trocadéro
Pont de l'Alma
Invalides
Musée d'Orsay
Assemblée Nationale
Cité
Châtelet 11
Pont Marie
Ledru-R
Boulainvilliers
Passy
Musée d'Orsay
Solférino
St-Michel Notre-Dame
Sully Morland
Ranelagh
Champ de Mars Tour Eiffel
Bir-Hakeim
La Tour Maubourg
Varenne
Rue du Bac
Saint Germain des-Prés
St-Michel
Cluny La Sorbonne
Maubert Mutualité
Quai de la Rapée
Gar de
Avenue du Pdt Kennedy
Jasmin
Rennes
Mabillon
Odéon
Cardinal Lemoine
Jussieu
Gare d'Austerlitz
Michel Ange Auteuil
Église d'Auteuil
Javel
École Militaire
Saint François Xavier
Sèvres Babylone
Saint-Sulpice
Luxembourg
Place Monge
Porte d'Auteuil
Mirabeau
Charles Michels
Duroc
St-Placide
Notre-Dame des-Champs
Port-Royal
Censier Daubenton
10
Boulogne Jean Jaurès
Michel Ange Molitor
Chardon Lagache
Javel André Citroën
Cambronne
Commerce
Sèvres Lecourbe
Falguière
Montparnasse Bienvenüe
Vavin
Les Gobelins
Saint Marcel
Parc de St-Cloud
10 Boulogne Pont de St-Cloud
Exelmans
Félix Faure
Pasteur
Gare Montparnasse
Edgar Quinet
Raspail
Denfert Rochereau
Campo Formio
Qua
de la Gare
Porte de St-Cloud
Pont du Garigliano
Boucicaut
Gaîté
Saint-Jacques
Place d'Italie
Chevaleret
Marcel Sembat
T 3
Lourmel
Volontaires
Vaugirard
Pernety
Mouton Duvernet
Corvisart
5 Nationale
Billancourt
Desnouettes
Convention
Plaisance
Alésia
Glacière
Olympiades 14
9 Pont de Sèvres
8 Balard
Suzanne Lenglen
T 2
Porte de Versailles Parc des Expositions
Jean Moulin
Cité Universitaire
Tolbiac
Maison Blanche
Porte d'Italie
Porte de Choisy
Issy Val de Seine
Henri Farman
Porte d'Issy
Georges Brassens
Brancion
Porte de Vanves
Didot
Montsouris
Stade Charléty
Le Kremlin Bicêtre
Pierre et
Musée de Sèvres
Jacques-Henri Lartigue
Les Moulineaux
Corentin Celton
Plateau de Vanves
Porte d'Orléans 4
Poterne des Peupliers
Villejuif Léo Lagrange
Brimborion
Issy
12 Mairie d'Issy
Rue Étienne Dolet
Gentilly
Villejuif Paul Vaillant-Couturier
Meudon sur-Seine
Meudon-Val-Fleury
13 Châtillon–Montrouge
Laplace
Versailles–Rive Gauche Château de Versailles
Chaville–Vélizy
Arcueil–Cachan
Bagneux
7 Villejuif–Louis Aragon
Saint-Quentin-en-Yvelines
Bourg-la-Reine
Robinson B
Tarification spéciale
orlybus
Orly
Massy–Palaiseau
Versailles–Chantiers
Saint-Rémy lès-Chevreuse B
Antony
orlyval
Orly Ouest
Orly Sud
Dourdan Saint-Martin-d'Étampes
Pont de Sèvres
Val de Seine

Metro Map
메트로 노선도

⬤ RER A		
⬤ RER B		
⬤ RER C		
⬤ RER D		
⬤ RER E	Ⓣ Tram	

M 1	M 6	
M 2	M 7	M 11
M 3	M 8	M 12
M 4	M 9	M 13
M 5	M 10	M 14

RER Map & Zone (1-5)

Les questions sur Paris

1) 프랑스 기본 정보

- **국명** 프랑스 공화국(République française레퀴블리크 프랑세즈)
- **국호** 프랑스. 라틴어 Francia'프랑크의 땅'이란 뜻에서 유래
  (유로Euro가 사용되기 전에는 프랑Franc이 화폐로 사용되었다.)
- **수도** 파리(Paris)
- **언어** 프랑스어
- **종교** 카톨릭 82%, 이슬람 5%, 개신교 1.8%, 유대교 1.5%, 기타 9.7%
- **종족** 골Gaul (라틴어 : 갈리아Gallia)
- **면적** 약 55만km², 해외 영토를 합하면 약 67만km²
- **지형적 특징** 3면은 바다(서쪽은 대서양, 북서쪽은 영국 해협, 남쪽은 지중해로
  이어짐)에 닿아 있고, 3면은 대륙(룩셈브르크, 벨기에, 독일, 스위스,
  이탈리아)에 접해 있다.
- **인구** 약 6,200만 명(인구의 1/5이 이주민, 해외 영토 합하면 약 6,500만 명)
- **국가** 라 마르세예즈La Marseillaise
- **국기** 1789년에 제정된 자유, 평등, 박애를 뜻하는 3색기
- **시차**
  8시간(한국이 프랑스보다 8시간 빠르며, 서머 타임 적용 기간에는 7시간 차이
  가 난다. 서머 타임은 3월 마지막 일요일 오전 2시에 시작되며, 10월 마지막 주
  일요일 오전 3시에 끝난다.)
- **전압** 220V. 한국에서 사용하던 전자제품을 그대로 사용할 수 있다.
- **1인당 GDP** 41,019$
- **통화** 유로Euro(€) (1유로=약 1,500원/환율은 계속 변동되므로 확인 필요)

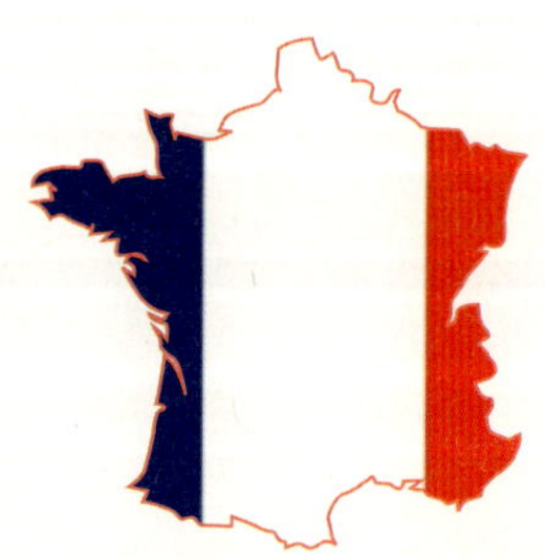

사계절이 있으나, 봄과 가을이 짧아서 여름과 겨울이 길게 느껴진다. 봄(3~5월)과 가을(9~10월)에는 일교차가 심하며, 비가 오다가 날씨가 갑자기 개는 등 변덕스러운 날씨를 보인다. 여름(6~8월)은 장마나 태풍이 거의 없고 건조하며 맑은 날이 자주 있고 비가 오더라도 짧고 간간히 내리는 편이라, 파리지앵들은 대부분 우산을 들고 다니지 않는다. 기온은 15도에서 25도 사이로 일교차가 큰 편이다. 햇빛이 뜨겁게 내리쬐더라도 그늘에 가면 시원한 지중해성 기후를 갖고 있기 때문에 한여름에도 에어컨을 사용하는 가정이나 가게, 레스토랑이 많지 않다. 또한 여름에는 해가 길어서 밤 10시 정도가 되어야 노을을 볼 수 있다.

반면 겨울(11~3월)에는 부슬부슬 비가 자주 내려 으슬으슬 뼈가 시린 추위를 느낄 수 있다. 고위도에 위치하고 있기 때문에 겨울에는 낮 시간이 짧아져서 보통 오후 5시 정도에 해가 진다.

전국적으로는 여름이 아주 덥고 겨울은 아주 추운 대륙성 기후, 여름은 선선하고 겨울은 비교적 포근하며 1년 내내 비가 고르게 오는 해양성 기후, 여름은 덥고 건조하며 겨울에는 우기가 형성되는 지중해성 기후가 지역별로 다양하게 나타난다. 일반적으로는 해양성 기후가 많이 나타났으나 요즈음에는 환경 변화로 인해 예측하기가 어렵다.

TIP

파리 일몰/일출 시간 확인하기(프랑스 기상청)
Web france.meteofrance.com

프랑스인들의 선조는 라틴어로 갈리아Gallia 또는 켈트 족(프랑스어로는 골Gaul : 갈리아라는 이름 자체가 '켈타이'라는 단어를 라틴어 식으로 옮긴 것)으로 불리었던 민족이다. 기원전 1세기경, 갈리아족은 율리우스 카이사르Julius Caesar가 이끄는 군대에 정복당하여 고대 로마제국의 지배를 받게 되었다. 실제로 현재 프랑스 인구의 80% 이상이 가지고 있는 종교인 카톨릭 역시 로마제국으로부터 전해 받은 것이다.

프랑스가 자치 국가로서의 역사를 갖게 된 때는 프랑크족의 왕 클로비스 1세Clovis I가 파리에 도읍을 정하고 갈리아 지방에서 가장 넓은 영토를 정복했던 486년으로 알려져 있지만, 현재와 같은 모양의 영토는 843년 베르됭 조약Traité de Verdun에서 분리되었던 동프랑크, 중프랑크, 서프랑크의 대륙 중 서프랑크 영역과 가장 비슷하며, 이 영역이 현대 프랑스의 모태로 불리고 있다.

파리가 프랑스의 수도로 자리잡게 된 것은 987년 파리의 백작이자 프랑스의 공작인 위그 카페Hugues Capet가 왕위에 오른 후였다. 유럽에서 육로, 수로의 교차점에 자리하고 있는 지리적 이점으로 인하여 파리는 중요한 중심지로 성장해왔다. 고대 로마 시대에 파리를 라틴어로 루테티아Lutetia 또는 루테티아 피리시오롬Lutetia Parisiorum이라 불렀던 것에 유래하여 파리의 옛 명칭은 뤼테스Lutèce라고 한다. 오늘날에 사용하는 이름인 '파리Prais'는 프랑스인들의 선조인 갈리아 부족 중 파리시이Parisii라는 족속의 이름을 딴 것이며, 파리시이 족속이 살았던 장소가 현재 노트르담 대성당이 위치한 시테 섬으로 알려져 있다.

루브르 궁전을 중심으로 도시 자체가 요새 형태를 갖추었던 중세 시대를 지나, 루이 14세부터 루이 16세 때에는 교외인 베르사유 지역에 화려한 베르사유 궁전을 지어 정치의 중심지가 옮겨지기도 하였다.

파리에서 1789년 7월 14일에 시작된 프랑스 대혁명은 시민들에 의해 왕정체제가 무너진 혁명으로 프랑스에서 아주 중요한 날로 기억되고 있다. 전 국민이 자신들의 평등한 권리를 되찾고자 일으킨 프랑스 대혁명에는 자유, 평등, 박애 세 정신이 깃들어 있다. 프랑스 사람들은 수많은 피의 대가로 얻어진 이 세 가지 정신을 소중하게 생각하며, 현재에도 그 정신을 지키기 위한 노력을 하고 있다.

꼬끼오~! 수탉과의 끈끈한 인연이 있는 프랑스

프랑스의 상징 동물은 수탉이다. 프랑스 전국 곳곳에서 닭 그림이 그려져 있는 그릇, 앞치마, 그림, 장식품들을 자주 볼 수 있다. 특히 프로방스풍의 집이나 레스토랑에 가면 닭 그림이 그려진 제품들이 꼭 있기 마련이다. 우리나라에도 들어와 있는 120년 전통의 프랑스 스포츠 브랜드 르꼬끄 스포르티브Le Coq Sportif는 닭을 심볼 마크로 이용하고 있으며, 1998년 프랑스 월드컵의 마스코트인 푸틱스Footix도 수탉이다.

왜 프랑스는 하필이면 수탉을 선택했을까?

기원전 1세기 로마인들이 갈리아 지방(지금의 프랑스)에 정착하면서 그들은 닭을 처음 보게 된다. 갈리아족 사람들은 매일 아침을 알리는 닭을 신에게 제물로 바칠 정도로 신성한 동물이라 생각하였고 군대의 기장, 장식품, 부조 등에 새겨 넣기도 하였으며, 심지어 화폐에도 닭 그림을 그렸었다고 한다. 갈리아족에게 친밀하고도 신령스러운 존재로 여겨지는 이 동물을 일컬어 당시 로마인들은 '갈리아의 새'라고 불렀다고 한다. 닭의 원산지(기원)를 (지금의) 프랑스라고 생각한 것이다. (실제로는 동남 아시아가 원산지)

또 하나의 재미있는 이야기로, '하느님은 내 왕국의 모든 백성들이 일요일이면 닭고기를 먹길 원하신다.'라고 말한 16세기 앙리 4세Henri IV 왕에 관한 이야기가 있다. 앙리 4세는 당시 신교(프로테스탄트)와 기존의 구교(가톨릭) 간의 갈등을 종식시키고 종교 전쟁으로 인하여 파탄 직전에 있었던 프랑스 경제를 살린 왕으로, 농민들의 세금을 줄이고 귀족들의 세금을 늘리는 한편, 능력 있는 신하들을 고용하여 프랑스를 강국으로 키웠다. 백성들이 적어도 일주일에 한 번 닭고기를 먹을 수 있을 만큼 풍족하게 살게 해주면, 어떤 종교를 갖든 상관없다고 생각하였다고 하며 그는 실제로 지금도 일요일에는 닭 요리를 즐겨 먹는 프랑스 가정이 많다.

이 수탉이 프랑스의 상징으로 사용되는 것을 반대했던 사람도 있다. 바로 나폴레옹! 수탉은 정력이 부족하다며 독수리를 프랑스의 상징으로 사용하고자 했었다고 한다. 하지만 그의 바람에도 불구하고 프랑스의 상징 동물은 여전히 수탉이다.

4) 프랑스의 사계절

❶ 봄 le printemps

3월은 변덕스러운 날씨의 연속이다. 바람이 많이 불고 비가 흩뿌리는가 하면, 잠깐씩 햇빛이 나기도 한다. 감기 걸리기 쉬운 날씨이다. 4월 중순이 지나면서 너무나도 멋진 날씨가 연속된다. 햇빛은 밝고 기온은 적당하다. 바람도 산들산들하니 5월은 정말 여행하기에 딱 좋은 날씨이다. 좋아하는 사람들이 파리를 가고 싶다고 할 때, 여행하기에 가장 좋다고 추천하는 달이기도 하다.

*필수품 : 햇빛 좋을 때를 위한 선글라스

❷ 여름 l'été

파리의 여름은 햇빛은 강하지만 바람이 시원하고 건조하여 우리나라의 여름보다 훨씬 지내기가 수월하다. 일교차가 크고, 최근에는 8월에도 20도 아래로 내려가는 저온 현상을 보이기도 해서 한국의 여름을 생각해서 옷을 준비한다면 예상보다 서늘한 날씨 때문에 당황하게 될 것이니, 꼭 긴 팔 가디건, 바람막이 점퍼 등을 준비하길 바란다. 잠깐씩 비를 만나더라도 1시간 후면 맑게 개이니 걱정하지 않아도 된다. 파리의 노을은 밤 10시 이후에 볼 수 있으니 참고할 것. 그만큼 해가 늦게 지는 계절이다.

*필수품 : 뜨거운 태양으로부터 피부를 보호할 선크림, 선글라스, 시원한 물 한 통, 여름이지만 쌀쌀한 밤을 대비한 가디건이나 얇은 점퍼, 이 모든 것을 넣기에 적합한 큰 가방

❸ 가을 l'automne

울긋불긋 단풍을 볼 수 있는 계절이다. 햇빛도 좋고, 스산해진 바람 덕에 운치가 더해진다. 가죽 점퍼가 참 잘 어울리는 계절이다.

*필수품 : 으슬으슬한 날씨로부터 내 몸을 보호해줄 스카프, 가을과 잘 어울리는 가죽 점퍼

❹ 겨울 l'hiver

몸이 으슬으슬 춥다. 기온은 그리 낮지 않지만 습도가 높아 뼛속까지 시린듯한 계절이다. 우리나라에서 가져온 찜질팩과 히트텍(보온 내의)이 참 유용하게 쓰인다. 12월의 샹젤리제와 오페라 지역은 화려함의 극치를 보여준다. 프랑스 곳곳이 크리스마스 장식으로 아름다운 계절이다. 오후 5시~5시 30분 사이에 해가 지기 때문에 야경을 많이 볼 수 있다.

*필수품 : 머리가 시리면 온몸이 시리게 느껴지니 준비할 것은 모자, 장갑, 따끈 따끈한 핫팩

프랑스에서는 공휴일에 문을 닫는 상점, 은행, 관공서 등이 많다. 미리 알아 두면 일정을 정하는 데 도움이 될 것이다. 프랑스 국교가 카톨릭이다 보니, 부활절, 성모승천일 등 종교와 관련된 공휴일이 많다. 또, 토요일, 일요일에 공휴일이 겹칠 경우 그 다음날이 휴일로 지정되는 경우가 많다.

- **신년** 1월1일
- **부활절** 춘분(양력 3월 20일 또는 21일경)이 지난 후, 처음으로 보름달이 뜨고, 그 다음에 맞이하는 일요일을 부활절로 정한다. 춘분의 날짜는 변동이 없으나, 음력 보름은 매년 날짜가 변하기 때문에 부활절은 매년 날짜가 다르다. 죽음을 이기고 부활하신 그리스도의 위대함과 놀라움이 딱딱한 달걀을 깨고 나오는 병아리와 같다고 하여 계란을 선물한 것에 유래하여, 달걀 모양의 초콜릿을 보내는 풍습이 있으므로 이 기간에는 슈퍼마켓이나 상점에서 달걀모양의 초콜릿을 판매하는 것을 많이 볼 수 있다. 부활절 다음날인 월요일이 법정 공휴일로 지정되어 있다.
- **그리스도 승천일** 부활절 40일 후 목요일
- **성신 강림일** 부활절 50일 후 월요일
  *부활절과 그리스도 승천일, 성신 강림일은 매년 날짜가 달라지는 법정 공휴일이다.
- **노동절** 5월 1일
- **2차 세계대전 종전 기념일** 5월 8일
- **혁명 기념일** 7월 14일
- **성모 승천일** 8월 15일
- **만성절(모든 성인을 위한 축제)** 11월 1일
- **1차 세계대전 종전 기념일** 11월 11일
- **크리스마스** 12월 25일

1) 레스토랑, 카페, 비스트로, 브라세리

프랑스에서 음식을 주문해 먹을 수 있는 곳은 비단 레스토랑뿐만이 아니다. 격조 있는 식사를 할 수 있는 곳이 레스토랑이라면, 카페는 차를 마시기도 하지만 간단한 식사류를 즐기면서 토론을 펼칠 수 있는 장소라고 할 수 있다. 카페Café에서 크로와상과 함께 하는 아침 식사를 즐기고 있는 사람들을 쉽게 만날 수 있고, 점심 때는 고기나 생선류로 가볍게 만든 요리를 먹을 수 있다.

파리를 다니다 보면 비스트로Bistrot라고 써 있는 곳들도 보게 되는데, 이곳은 전쟁 시 러시아인들이 '빨리 빨리'라는 뜻으로 '비스트로, 비스트로'라고 외치던 것에 유래해서 서민적인 음식이나 향토 음식을 가정식으로 만들어내는 집에 붙여지는 이름이다.

브라세리Brasserie는 주점처럼 맥주, 와인 등의 주류를 위주로 판매하는 대중적인 식당을 일컫는 말이다. 하루 종일 문을 여는 경우가 대부분이며, 비교적 늦은 시간까지 영업을 한다는 특징이 있다.

반면 레스토랑Restaurant은 전식과 메인 요리, 디저트 코스로 메뉴가 구성되어 있다. 보통 12시에서 14시 30분까지 점심 영업을 하고, 19시 30분부터 22시 30분까지 저녁 영업을 한다. 오후 3~7시 사이에는 문을 닫고 저녁 영업을 준비하는 경우가 대부분이다.

2) 프랑스에서의 팁 문화

미국처럼 음식값의 몇 퍼센트를 무조건 내야 한다는 규칙이 정해져 있지는 않다. 계산서에는 이미 서비스 요금이 포함되어 있기 때문이다. 하지만 약간의 동전 정도의 팁을 남겨 놓고 나오는 것을 흔히 볼 수 있다. 팁은 자리를 떠날 때 테이블 위에 올려 두고 나오면 된다.

간단한 식사의 경우, 생선요
리나 육류요리 중 하나만 선
택한다. 하지만, 정찬으로 차
려진 프랑스 요리의 경우 본
식으로 생선요리와 육류요리
가 모두 준비되는 경우가 많
다. 이 때는 생선요리가 먼
저 나오고 그 다음 육류요리
를 먹게 된다. 절차가 중요
한 전통식의 경우, 생선요리
다음에 소르베 등의 상큼한
맛의 디저트가 나오고, 다시
육류요리가 나온 후, 치즈로
입가심을 하고 푸딩이나 케
이크 등의 달콤한 디저트가
나온다.

3) 프랑스 전통식의 순서

앙트레entrée(전식) – 쁠라plat(주요리) – 프로마주fromage(치즈) – 디저트dessert(후식)
– 커피café 순으로 식사하며, 몇 단계는 생략될 수도 있다. 고급 레스토랑의 경우
아페리티프Apéritif(전식주), 오브되브르Hors-d'œuvre(주메뉴에 속하지 않는 전식)의 단
계가 추가될 수 있다. 아래에서 각 구성 메뉴에 대해 자세히 소개한다.

❶ 아페리티프Apéritif : 식욕을 돋구기 위한 알코올이나 과일 주스 등의 음료
❷ 오르되브르Hors-d'œuvre : 식욕을 돋구기 위하여 식사 전에 나오는 간단한 요
리. 즉, 주메뉴에 속하지 않는 전채요리를 지칭하는 말로, 보통은 부이야베스
Bouillabaisse(지중해식 생선 스튜)나 키슈Quiche(계란, 햄, 시금치 등을 넣어 만든 케이크 같은 형태) 등
이 나온다. 하지만 고급 식당의 경우 훨씬 더 예쁘게 만들어진 오르되브르가
나와서 식욕을 돋군다.
❸ 앙트레Entrée : 전식. 메인 요리 전에 나오는 전채요리
❹ 쁠라Plat : 주요리. 주로 생선요리와 육류요리 중 고르게 된다. 와인을 고를 때
는 보통 주요리에 어울리는 것으로 고른다.

4) 프랑스 사람들은 주로 무엇을 먹나

보통 7시에서 9시 사이의 아침 식사는 따뜻한 코코아나 커다란 잔에 가득 담은
커피를 버터와 잼을 바른 빵이나 크로와상과 함께 먹는다. 잼과 버터를 바른 바게
트 빵을 커피에 적셔서 먹기도 하는데, 그러면 버터 기름이 커피에 둥둥 떠서 보
기가 흉함에도 불구하고 맛이 좋아서 그만두기가 어렵다고 한다. 카페에서 여유
있는 아침 식사를 즐기는 파리지앵들의 모습도 자주 보이며, 오전 시간 지하철역
이나 기차역 등의 빵을 판매하는 곳에 서서 커피와 빵을 간단히 먹는 바쁜 파리
지앵들의 모습도 많이 보인다.
점심 식사는 12시에서 14시 사이에 하며 보통 전식과 본식, 디저트를 선택한 후
에스프레소 커피로 식사를 마무리한다. 학생들이나 바쁜 직장인들은 카페나 비스
트로에서 판매하는 간단한 샐러드나 파스타를 먹거나 커다란 바게트 빵에 토마
토, 닭고기 등을 넣어 만든 푸짐한 샌드위치를 먹기도 한다.
16시는 전통적으로 아이들을 위한 간식 시간이다. 하지만, 어른들의 경우에도 비
스킷을 곁들여서 커피나 차를 즐기기도 한다.
저녁 식사는 20시경에 이뤄지며, 프랑스인들이 가장 중요하게 생각하는 식사이다.
전식과 본식, 디저트를 제대로 챙겨 먹으면서 어른들은 와인을 곁들이기도 한다.
가족들과 함께 이야기를 나누며 서로의 삶에 알게 되는 시간으로, 주로 샐러드를
곁들여 고기, 생선류를 주요리로 해서 먹는다. 파스타도 많이 먹는 음식 중 하나
이다.

❶ 어떤 와인이 좋은 와인일까?

좋은 와인이란 목적에 맞고, 적절한 예산으로 잘 보관된 와인이라고 생각한다. 보통 금액이 높으면 좋은 품질을 예상할 수 있겠지만, 아무리 비싼 와인도 초심자에게는 떫거나 신 알콜 음료일 뿐이고, 저렴한 와인이라도 와인 애호가에게는 흥미로운 음료가 될 수 있기 때문이다. 선물용으로 와인을 구매할 예정이라면 누구에게 선물할 것이며, 언제 마실 것을 계획하는지, 어떤 스타일을 선호하는지 등을 고려해서 골라야 좋은 와인을 고를 수 있다.

❷ 레스토랑에서 와인을 주문하는 것은 너무 어렵다?

와인을 주문하기를 원한다면, 일단 와인 리스트를 부탁해서 쭉 훑어본다. 이때 담당 서버나 소믈리에와 오늘 고르고자 하는 와인에 대한 이야기를 나눈다. 이 와인의 국적은 어떻게 되는지, 향기나 맛의 특징은 어떤지 이야기 나누며 상상을 해본다. 결정한 와인을 담당 서버가 가져와서 주문한 와인이 맞는지 확인시켜 줄 때, 라벨을 눈여겨보도록 한다. 그리고 담당 서버가 테이스팅와인의 부패 등을 알아보기 위해 먼저 맛을 보는 것으로 약간의 양을 잔에 따라줌을 권하면 응하도록 한다.

와인 잔을 잡을 때는 잔의 목을 살짝 잡는다. 와인 잔 전체를 손바닥으로 쥐게 되면 와인의 온도가 변하여 맛이 달라지기 때문이다. 건배를 할 경우 와인의 통통한 부분을 살짝 부딪혀서 '쨍' 소리가 나게 한다.

레스토랑에서 주문한 음식과 잘 어울리는 와인을 고르고 싶다면, 그 음식을 만든 주방장이나 레스토랑 주인에게 문의를 하는 것도 좋다. 자신이 만든 음식과 어떤 와인이 궁합이 제일 맞는지 가장 잘 아는 사람들일 것이기 때문이다.

❸ 빈티지Vintage란?

와인의 주재료인 포도가 경작된 해를 일컫는 말로, 프랑스어로는 밀레짐므 Millesime, 영어로는 빈티지Vintage라고 말한다.

그 해의 일조량이 어땠는지, 강수량은 어땠는지, 자연 재해는 없었는지 등 환경적인 요소들은 포도의 품질에 영향을 주기 때문에 와인이 경작된 해를 라벨에 적어, 그 재료가 되는 포도의 품질을 엿보고자 하는 것이다. 하지만 와인은 하늘과 땅과 사람이 함께 만들기 때문에 좋지 않는 날씨를 겪은 해에도 양조자의 노력에 의해 더욱 뛰어난 맛을 지닌 와인이 탄생하기도 한다. 그래서 빈티지만으로 그 와인이 좋다, 나쁘다 판단할 수는 없다.

❹ **공항 면세점의 와인은 보관 상태가 괜찮을까?**

면세로 와인을 구매하는 것은 정말 매력적인 일이지만, 공항은 와인 보관 장소로
서는 최악의 환경을 갖고 있다. 와인이 싫어하는 빛과 온도, 그리고 진동이라는
나쁜 요소를 다 갖추고 있는 곳이다. 특히 비행기가 뜨고 내릴 때의 진동은 와인
의 품질을 떨어뜨리기도 한다고 하니, 공항 면세점에서의 와인 구매는 추천하고
싶지 않다.

❺ **한국에 가져온 와인, 어떻게 보관하면 좋을까?**

와인 보관을 위한 적정 온도는 12~14도 정도라고 한다. 프랑스에서는 자신의 집
에 있는 빛이 들어오지 않고 습도가 충분하며, 진동이 없는 지하 저장 창고에 보
관하는 것이 대부분이다. 우리나라의 경우 지하 저장 창고가 있는 집이 드물기 때
문에 와인 애호가라면 와인 냉장고를 구매하기를 추천한다. 하지만 아직 와인을
알아가는 초심자라면, 와인을 젖은 신문지에 둘둘 말아 햇빛이 들지 않으면서도
통풍이 잘 되는 장소에 두거나, 와인이 얼지 않도록 유의하면서 냉장고 야채 칸
정도에 두는 것을 추천한다. 와인을 보관할 때는 코르크 마개가 적셔질 수 있도록
눕혀 두어야 공기에 의한 산화를 방지할 수 있다는 점도 알아 두자.

❻ **파리에서 와인을 사려면?**

보르도 지역, 부르고뉴 지역 같은 와인 산지에 가서 구매하는 것이 가장 좋다. 하
지만 파리에서 와인을 구매한다면 마들렌 성당 근처에 있는 〈Lavinia^{라비니아} : 3
Boulevard de la Madeleine, 75008 Paris〉나 파리 곳곳에서 발견할 수 있는 와인
체인점인 〈Nicolas^{니콜라스}(www.nicolas.com)〉를 추천한다. 원하는 맛을 상상한 후 점원
에게 자세히 표현하거나, 평소 좋아하던 와인의 이름을 말해 자신의 취향을 알린
후 추천을 받는 것이 좋다. 예산을 20~40€ 정도로 생각한다면 꽤 괜찮은 와인들
이 많이 있다.

6) 음식 주문을 위해 알아야 할 용어

❶ 음식 재료

★ Viandes^{비엉드} 육류
 Boeuf^{뵈프} 소
 Agneau^{아뇨} 어린 양고기
 Lapin^{라빵} 토끼
 Mouton^{무똥} 양
 Moelle^{모엘} 골수
 Tripe^{트히프} 내장류
 Rognon^{호뇽} 콩팥
 Porc^{포흐} 돼지

★ Volaille^{볼라이} 가금류
 Caille^{까이으} 메추라기
 Pigeon^{피종} 비둘기
 Canard^{꺄나흐} 집오리
 Poulet^{뿔레} 닭
 Poulet fernier^{뿔레 페흐니에} 야생 닭
 Dinde^{당드} 칠면조

★ Poisson^{뿌아송} 생선류
 Daurade^{도하드} 도미
 Lieu^{리우} 대구류의 생선
 Lotte^{로뜨} 아귀
 Sole^솔 가자미의 일종인 생선
 Turbot^{뛰흐보} 돌 가자미
 Coquille saint jacque^{꼬끼 생 자끄} 가리비
 Raie^헤 가오리
 Rouget^{후제} 농어의 일종인 생선
 Bar^바 농어
 Truite^{트휘뜨} 송어
 Cabillaud^{까비요} 대구
 Thon^똥 참치
 Saumon^{소몽} 연어

★ Crustacé^{크후스타쎄} 갑각류
 Huître^{위트흐} 굴
 Homard^{오마흐} 바닷가재
 Langoustine^{랑구스틴} 바닷가재의 일종
 Moule^물 홍합
 Crabe^{크합브} 게

★ Légume^{레귐} 채소류
 Carotte^{꺄홋뜨} 당근
 Pomme de terre^{뽐드 떼흐} 감자
 Aubergine^{오베흐진} 가지
 Endive^{앙디브} 꽃상추
 Chou^슈 양배추
 Comcombre^{꽁꼼브흐} 오이
 Poireau^{뿌아후} 파
 Haricot vert^{아히꼬 베흐} 강낭콩
 Poivron^{뿌아브홍} 피망
 Oignon^{오니용} 양파
 Épinard^{에피나흐} 시금치
 Truffe^{트휘프} 송로버섯
 Courgette^{꾸흐제} 호박
 Asperge^{아스페흐즈} 아스파라거스
 Brocoli^{브호꼴리} 브로콜리
 Champignon^{샹피뇽} 버섯

★ Fruits^{프휘} 과일류
 Orange^{오헝주} 오렌지
 Pêche^{뻬쉬} 복숭아
 Fraise^{프헤즈} 딸기
 Framboise^{프함보아즈} 산딸기
 Pomme^뽐 사과
 abricot^{아히꼬} 살구
 Raisin^{헤장} 포도

❷ Les Entrée레 정트헤 **전식**

Soupe a l'Oignon수프 아 로니옹 양파 수프

Escargot에스카흐고 달팽이

Foie Gras푸아그라 거위/오리의 간

Saumon Fumé소몽 퓌메 훈제 연어

Assiette de Carpaccio de Boeuf아시에뜨 드 카흐파치오 드 뵈프
얇게 썬 쇠고기 전식 요리

Assiette de Charcuterie아시에뜨 드 샤퀴트히 햄 종류 모둠

Potage de Légumes du jour뽀따주 드 레큄 뒤 주흐 오늘의 야채 수프

Huitre위트르 생굴

Salade de saison살라드 드 세종 계절 샐러드

Tartare de Boeuf au Basilic따흐따흐 드 뵈프 오 바질릭
바질을 뿌린 프랑스식 육회

Assiette de Crudités아시에뜨 드 크뤼디떼 생야채 샐러드

❸ Les Plats레 쁠라 **본식**

Magret de Canard마그레 드 꺄나 오리 가슴살 요리

Confit de Canard꽁피 드 꺄나 오리고기 조림

Noix de Saint Jacques Poelées누아 드 생 장끄 뽀엘레
프라이 팬에 구운 가리비 조개

Bar Grillé바 그히에 농어 구이

Filet de Daurade Royale필레 드 도하드 호와얄 가자미 구이

Moules Mari nières물 마히니에흐 화이트 와인으로 끓인 홍합 요리

Escalope de Veau에스깔롭 드 보 주로 얇게 썰어서 나오는 송아지 고기

Rumsteck험스텍 쇠고기 엉덩이살

Steak au Poivre스떽 오 푸아브흐 통후추를 뿌린 스테이크

Souris d'Agneau수히 다뇨 어린 양의 관절 있는 넓적 다리 요리

Entrecôte엉뜨흐꼬뜨 쇠고기 등심

Fillet de Boeuf필레 드 뵈프 쇠고기 안심

Pot au Feu포 또 푸 송아지 스튜

Beaf Bourgignon뵈프 부르기뇽
부르고뉴 와인에 쇠고기를 오래 끓여 만든 스튜형 요리

Cochon Noir꼬숑 누아 흑돼지

❹ Les Desserts레 데쎄흐 **디저트**

Fromage blanc프호마주 블랑 디저트용 요거트 형식의 화이트 치즈
Sorbets소흐베 샤벳트
Glace 3 Boules글라스 트와 불 아이스크림 세 가지 맛
Ile Frottante일 플로떵
커스터드 크림에 달걀 흰자나 마시멜로를 얹은 디저트. '떠다니는 섬'이라는 뜻
Tartelette aux Fruits따흐뜨레뜨 오 프뤼 과일 타르트
Mousse aux Chocolat무스 오 쇼콜라 초콜릿 무스
Crème brûlée크헴 브휠레
커스터드 크림 위에 설탕을 태워 만든 캐러멜이 올려진 디저트
Assiette de Fromages아시에뜨 드 프호마주 모둠치즈

❺ Plat du jour쁠라 뒤 주 **오늘의 요리(메뉴)**

점심/저녁 식사로, 전식+본식, 본식+디저트, 전식+본식+디저트로 메뉴를 구성
하여 20~25% 할인된 가격으로 〈오늘의 요리〉를 제공하는 레스토랑들이 많다.

7) 음식점에서 자주 쓰는 표현

★ 메뉴판 좀 주세요.
La carte, s'il vous plait.
라 꺅트, 씰부 쁠레.

★ 공짜 물(수돗물) 주세요.
Une carafe d'eau, s'il vous plait.
윈 까하프 도, 씰부 쁠레

★ 고기를 어느 정도 익혀 드릴까요?
Quelle cuisson pour la viande?
껠 뀌이쏭 뿌흐 라 비엉드?

★ 레어(피가 뚝뚝 흘러 내리는 고기)로 주세요.
Saignante, s'il vous plait.
쎄녕, 씰부 쁠레.

★ 미디움(피만 살짝 없애고 적당하게 익힌 고기)으로 주세요.
A point, s'il vous plait.
아 푸앙, 씰부 쁠레.

★ 웰던(잘 익힌 것)으로 주세요.
Bien cuit, s'il vous plait.
바앙 뀌이, 씰부 쁠레.

★ 계산서 주세요.
L'addition, s'il vous plait.
라디씨옹, 씰부 쁠레.

03 파리 사람들의 휴가 문화

가장 많은 관광객들이 파리를 찾는 7월과 8월의 파리는 파리지앵보다 관광객이 더 많다는 말이 있다. 정작 파리 사람들은 휴가를 떠나고 그 자리를 관광객들이 채우기 때문이다.

여름 휴가를 뜻하는 'Vacance'라는 단어는 라틴어 vacatio^{바카티오 : '자유로워지는'을 뜻하는 말}에 어원을 두고 있다. 여행이란 결국 일상에서 벗어난 자유를 의미한다.

프랑스 사람들은 보통 일년에 4~5주의 휴가를 떠난다고 한다. 워낙 어릴 때부터 여행을 다니다 보니 그들은 여행 계획에도 철저하다. 각자 가고 싶은 곳을 조사하고 여행 준비 자체의 즐거움과 여행의 즐거움을 모두 만끽하는 여유를 즐긴다. 그들은 유명 관광지에서 기념 사진을 찍기 보다는 구석에 박혀 있는 몇백 년 된 카페에서 천천히 커피를 마시고, 책을 읽는 것에 더 큰 의미를 둔다고 한다. 천천히 그 도시와 지역을 음미할 시간을 갖고 있다는 것이 부럽다.

★ 여름의 파리! 파리 플라주^{Paris Plage}에서 피서를 보내요

파리 시청 앞에 설치되는 인공 백사장과 비치 파라솔, 이동식 도서관, 간이 수영장, 매장 등 피서를 떠올릴 때 생각나는 것들이 잘 갖춰져 있는 파리 플라주. 파리에서 여름을 보내는 피서객들에게 무료로 개방이 된다. 개장 기간은 해마다 약간씩 다르지만 7월 20일을 전후하여 1달 정도이다. 위치는 파리 시청 앞 센 강 오른쪽 강변도로 쪽이다.

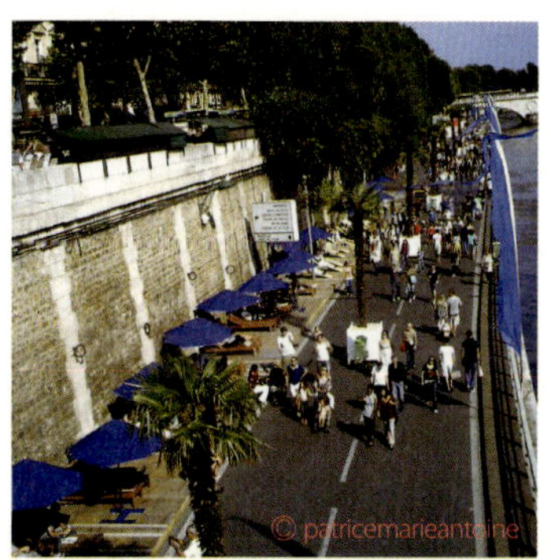

파리 등 유럽 지역을 여행하다 보면 화장실조차 돈을 내고 사용해야 하니, 새삼 우리나라에서 무료로 이용할 수 있는 식당과 커피숍의 무료 화장실과 지하철마다 설치되어 있는 깨끗한 공중 화장실이 고맙게 느껴진다.

파리의 공중 화장실은 무료와 유료가 섞여 있기 때문에 미리 정보를 알고 가면 돈을 아낄 수 있다. 에펠탑, 노트르담 대성당의 광장 등에서는 무료 공중 화장실 이 운영되고 있지만, 화장실 안을 직원들이 지키고 있어서 유료로 착각하기 쉽다. 하지만 이들은 화장실 위생 관리를 위해 근무하는 사람들이다. 보통 오전 10시~ 저녁 6시 15분까지 문을 열며 직원들의 점심 시간인 낮 12시~1시 사이에는 문을 닫는 경우가 대부분이다.

그 외에 길거리에 있는 간이 화장실은 50센트의 동전을 넣으면 문이 열린다. 주 의할 점은 5분 후에 자동으로 화장실 문이 열린다는 점이다. 범죄 방지 차원에서 라고 하니, 5분 안에 볼일을 해결해야 한다. 공항 내 화장실은 무료이나 기차역 내 화장실은 유료(40~50센트 정도)이다.
레스토랑에서 나올 때는 미리 화장실을 가도록 하고, 박물관 등의 유료 관광지 안 에서 보통 화장실 사용이 무료로 가능하니 꼭 다녀오도록 한다.

급할 때에는 맥도널드나 퀵 버거 같은 패스트푸드점의 화장실을 이용하는 것이 편리한데, 가끔 영수증에 적혀 있는 비밀번호를 눌러야만 문이 열리는 화장실이 있으니 참고하길 바란다. 카페나 레스토랑에 잠시 들어가서, 화장실만 이용하겠다 고 말하고 사용할 수도 있겠다. 특히 관광객이 많은 지역의 카페에서는 화장실만 사용할 경우, 보통 50센트에서 1€ 정도의 사용료를 요구하니 이 문제로 실랑이를 벌이지 않도록 한다.
고급 레스토랑이나 카페의 경우, 화장실 위생 관리를 위해 지키고 있는 분들을 위 한 팁을 놓는 접시가 있으므로 동전 한두 개를 남기고 오는 것이 좋다.

Avant de partir pour Paris

01 파리의 길을 걸을 때 함께하면 좋은 음악 준비하기

많은 음악인들에게도 중요한 영감이 되었던 파리. 파리에 관한 음악들은 파리를
산책할 때 아주 멋진 친구가 되므로, 미리 준비해서 가자.

"A Paris" by Carlos Cano

떠나는 순간부터 그리워하는 장소로 파리를 소개하는 가수의 목소리가 애잔하다.
이별을 잊을 곳, 새로운 사랑을 찾을 곳, 그 도시의 골목 사이에서 이뤄지고 있는
사랑들, 사랑과 사람을 생각하게 하는 노래이다. 프랑스식 볼레로Bolero : 느린 템포의 라
틴 음악의 멜로디가 매력적인 이 곡은 탱고스러운 음색과 리듬이 기대감과 고독을
느끼게 해준다.

"April in Paris" by Ella Fitzgerald & Louis Armstrong

피츠제럴드Fitzgerald의 부드러운 목소리와 허스키한 목소리의 루이 암스트롱Luis
Armstrong이 이루는 아름다운 하모니, 그리고 그의 트럼펫 연주는 노을이 질 때 파
리 곳곳에 있는 공원의 어느 한적한 벤치에 앉아 감상하면 좋을 곡이다.

"I Never Got Out Of Paris" by Sammy Davis Jr

유럽 여행을 떠났다. 파리로 시작했고 파리로 끝났다. 파리를 지독히도 사랑한 이
의 마음을 느낄 수 있다.

"Parisian Cafe Blue" by Scrounger

아침이나 점심을 먹고 다음 장소로 이동할 때 기대로 벅차게 하는 곡이다.

"Place Pigalle" by Elliott Smith

루브르 박물관에서 피갈레 거리까지 자전거로 20여 분 거리이다. 크게 들으면 위
험하지만 조용하게 주변을 구경하면서 듣기 좋은 곡이다.

"The River Seine" by Dean Martin

고전 영화를 좋아하는 사람들은 딘 마르틴Dean Martin을 알 것이다. 영화에서 보여
지는 파리의 센 강은 사람들 복장만 현대화 되었을 뿐 지금의 센 강과 다르지 않
다. 센 강 유람선을 타면서 듣기 좋은 곡이다.

"When Paris Was A Woman" by Melissa Manchester

명품 거리, 산책, 쇼핑 등 여성들이 왜 파리를 좋아하는지 이해가 되게 해주는 곡이다.

"Versailles" by White Soxx

너무나도 유명한 베르사유 궁전. 이 곳을 따서 지은 노래도 있다.

"Tout Le Monde" by Carla Bruni

허스키하고 낮은 음색의 목소리가 너무 매력적인 까를라 브뤼니Carla Bruni는 패션 모델 출신의 빼어난 미모의 소유자이며 니콜라 사르코지Nicolas Sarkozy 전 프랑스 대통령의 부인이기도 하다. 센 강변을 산책할 때 듣는 그녀의 목소리는 왠지 모를 고독의 파리와 너무나도 잘 어울린다.

"I Love Paris" by Les Negresses Vertes

이 노래 제목과 같이 파리를 사랑하게 될까?

"Under Paris Skies" by Andy Williams

귀국 시 이 음악을 들으면서 파리라는 도시를 다시 한 번 떠올려 보자. 나에게 파리는 어떤 도시로 남았는지.

02 파리에 오기 전 다시 볼 영화들

파리는 많은 영화의 배경이 되어 왔다. 그 중에 로맨틱한 스토리와 파리의 아기자기한 카페나 상점이 등장하는 영화를 보고 파리에 온다면, 그곳을 갈 때마다 영화 속 주인공들의 대사 하나 하나, 행동 하나 하나가 떠오르며 작은 흥분과 뿌듯함을 느낄 수 있을 것이다.

비포 선셋

에단호크와 줄리델피가 출연하는 〈비포 선라이즈〉 후속작인 〈비포 선셋〉. 파리의 고서점 셰익스피어 앤 컴퍼니에서 재회를 하게 된 그들은 바토버스를 타고 센 강을 거닐며 그 동안의 일들에 대해 이야기한다. 파리의 감성적인 공간들을 배경으로 한 두 주인공의 미묘한 감정의 움직임이 인상적이다.

20세기 인상파 화가들의 아지트였던 몽마르트르 지역을 중심으로 그린 위트 있고 감각 있는 영화 아멜리에. 영화에 나온 장면들을 쫓아가 보며 몽마르트 지역의 운치에 젖어 보는 건 어떨까? 2004년 영화 〈아멜리에〉가 성공을 거둔 이후 많은 방문자들이 아멜리에의 흔적을 찾아 다닌다.

사랑해 파리

파리의 곳곳을 배경으로 찍은 사랑에 대한 생각들을 모은 영화로, 5분 동안 전개되는 사랑의 이야기들이 짧고 감각적이어서 너무 프랑스적이라는 평가도 있지만, 파리다운 장소와 옷차림, 소품들을 볼 수 있어서 더 좋다.
동성애자의 첫 만남과 사랑 표현을 한 마레 지구, 부인의 죽음으로 쓸쓸히 걸었던 바스티유, 아랍계 이슬람 여성에게 마음을 빼앗긴 순박한 청년의 풋풋함, 좁은 몽마르트르의 골목을 주차하다가 만나는 운명의 여인, 파리의 홍등가에서 다시 사랑을 느끼는 중년 부부의 러브 게임 등 파리 20개 구의 곳곳에서 펼쳐지는 사랑의 메시지들이 인상 깊다.
내가 파리에 간다면 어떤 사랑의 경험들이 올까? 기대하는 마음으로 감상해 보자.

다빈치 코드

유서 깊은 역사를 지닌 장소들에 관한 그럴듯한 이야기들로 독자들이 상상의 세계를 펼치도록 했던 〈다빈치 코드〉. 이야기에 등장하는 주요 장소를 돌아보는 '다빈치 코드 관광'이 유행할 정도로 많은 사람의 관심을 받았던 소설(영화)이다. 세계에서 가장 유명한 박물관인 루브르 박물관을 배경으로 시작되는 미스터리들과 파리 곳곳에 숨겨진 이야기들이 흥미롭다.

오페라의 유령

뮤지컬로 더욱 유명한 가스통 르루Gaston Leroux의 소설 〈오페라의 유령〉에는 미스터리하고도 신비하고 로맨틱한 이야기가 담겨 있다. 파리의 오페라 가르니에 극장을 배경으로 하여 쓴 소설이기 때문에 이 소설을 읽고 난 후 방문하는 오페라 극장은 사뭇 다르게 느껴질 것이다. 천상의 목소리와 음악성을 지녔지만, 흉한 외모 때문에 오페라의 지하에서만 살아야 했던 그가 어디선가 나를 바라보고 있는 듯한 느낌. 이야기 속의 한 장면이 떠오르면서 더욱 특별하게 느껴질 것이다.

항공편을 이용하여 파리에 입국할 때에는 세 공항 중 한 곳을 이용하게 된다. 서울에서 출발하는 직항편으로는 아시아나항공, 대한항공, 에어프랑스가 있는데, 직항의 경우 샤를 드골 공항(루아시 공항)에 착륙한다. 유럽, 아프리카, 프랑스 국내에서 파리로 들어올 때는 오를리 공항을 이용하는 경우가 많으며, 라이언에어 같은 저가 항공의 경우 파리에서 90km 떨어져 있는 보베 공항에 도착한다.

1) Aéroport Paris-Charles de Gaulle
(샤를 드 골 공항, 루아시 공항)에서 시내로 이동하기

Web www.adp.fr

샤를 드 골 공항은 파리 북동쪽으로 약 30km 정도 떨어진 곳에 위치하고 있는 파리에서 가장 큰 공항이다. 대한항공과 에어프랑스를 포함한 스카이팀은 2터미널을 이용하며 그 외의 항공사는 1터미널을 이용하고, 저가 항공의 경우 주로 3터미널을 이용한다. 터미널 사이와 TGV역까지는 무료 셔틀버스나 모노레일을 운영하고 있어 이동이 편리하다. 영화 〈터미널〉의 소재가 되었던 장소이기도 하다.

★ 한국 출발 기준 항공사별 이용 터미널

- **1터미널** : 아시아나항공, 타이항공, 루프트한자, 전 일본공수, 스칸디나비아, 에어차이나
- **2터미널** : 대한항공(2E), 에어프랑스(2E), 네덜란드항공(2F), 이탈리아항공(2F), 케세이퍼시픽(2A), 일본항공(2F), 핀에어(2D), 러시아항공(2C)

❶ Les Cars Air France(에어프랑스 리무진) 이용하기

에어프랑스에서 운영하는 리무진 버스로, 샤를 드골 공항에서 출발하는 버스는 포르트 마이요Porte Maillot를 경유하는 개선문Etoile행, 리옹역Gare de Lyon을 경유하는 몽파르나스역Gare de Montparnasse행, 오를리Orly 공항으로 직행하는 세 가지 노선이 있다. 표는 리무진 버스 기사에게 구입하면 된다.

Web www.cars-airfrance.com

타는 곳 CDG 1터미널 도착층 3/4번 출구, CDG 2터미널 A/C B1 출구, B/D C2 출구, E/F 통로 3출구

★ 2번 버스

노선 샤를 드 골 공항Aéroport Charles de Gaulle - 포르트 마이요Porte Maillot - 에뚜알Etoile(개선문)

요금 15€ (왕복 24€)

운행 시간 6H~22H에는 20분 간격, 22H~23H에는 30분 간격으로 운행

소요 시간 50분

타는 곳 1터미널 5층(도착층) 3/4번 출구, 2터미널 B/C/D 청사 6번 출구, 2터미널 A 청사 5번 출구

★ 3번 버스

노선 샤를 드 골 공항Paris-Charles de Gaull - 오를리 공항Paris Orly

요금 19€

운행 시간 5H55~21H에는 30분 간격, 21H~22H30에는 45분 간격으로 운행

소요 시간 60분

타는 곳 2터미널 B 청사 1번 출구, 2터미널 C 청사 2번 출구, 2터미널 E/F 청사 3번 출구

★ 4번 버스

노선 샤를 드 골 공항Aéroport Charles de Gaulle - 리옹역Gare de Lyon - 몽파르나스역Gare Montparnasse

요금 16.5€

운행 시간 6H~22H, 30분 간격으로 운행

소요 시간 55분

타는 곳 1터미널 5층(도착층) 3/4번 출구, 2터미널 B 청사 1번 출구, 2터미널 C 청사 2번 출구, 2터미널 E/F 청사 3번 출구

❷ **Roissy Bus**(루아시 버스) 이용하기

파리교통공단(RATP)이 운영하는 버스로 오페라 하우스^{Opéra Garnier}까지 직행하여 편리하지만 늘 사람이 많다. 표는 버스 기사에게 구입하면 된다.

Web www.ratp.fr/en/ratp/r_28065/roissybus
요금 10€
운행 시간 6H~23H(15~20분 간격)
소요 시간 50~60분
타는 곳 1터미널 5층 20번 출구, 2터미널 A 청사 9번 출구, D 청사 11번 출구, E/F 통로 5번 출구

❸ **파리 시내 버스 이용하기**

일반 파리 시민들이 이용하는 시내 버스를 이용해 시내로 들어갈 수 있다. 가장 저렴한 수단이기는 하나, 여러 정거장에 정차하기 때문에 시간이 오래 걸린다는 단점이 있다. 공항에서 시내로 들어가는 버스 노선은 다음과 같다.

Web www.ratp.fr
요금 8.5€ (Zone5 지역이기 때문에 일회권 5장이 필요하다. 따라서 까르네(P54 참조)를 구매한 경우 조금 더 저렴하게 이용할 수 있다.)
운행 시간 6H45~21H30(30~35분 간격)
소요 시간

350번 – 동역^{Gare de l'Est}까시 운행. 약 1시간 소요
351번 – 파리 동쪽의 나시옹 광장^{Place de la Nation}까지 운행. 약 1시간 30분 소요
타는 곳 1터미널 12번 출구, 2터미널 E/F 청사 5번 출구

TIP

시내 버스를 탈 예정이라면, 공항 안내데스크 직원에게 버스 번호를 보여주면서, 어디에서 타는 것이 가장 가까운지 물어보는 것이 좋다. 1터미널, 2터미널에 여러 개의 정류장이 있기는 하나, 공항건물 외부에 있기 때문에 찾아가는 것이 약간 복잡하다.

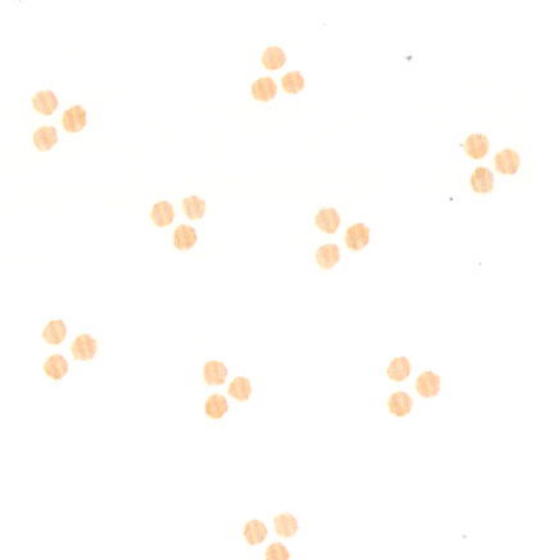

❹ **RER(교외 철도) B선 이용하기**

저렴하고 빠르게 파리 시내로 이동할 수 있는 방법이다. RER은 파리 시내와 교외를 연결하는 국철로 1터미널과 2터미널에서 탈 수 있다. 파리 중심인 북역Gare du Nord, 샤틀레Châtelet, 생 미쉘Saint Michel 등으로 이동이 가능하며 지하철로 환승도 가능하지만, 짐이 많은 경우 이용이 불편하다. 또, 치안이 좋지 않으므로 이른 시간이나 늦은 시간에는 가급적 이용을 피하도록 한다.

1터미널에 도착했다면 무료 셔틀버스를 타고 RER역으로 이동하고, 2터미널에 도착했다면 바로 연결되는 르와시역Roissy으로 가서 북역Gare du Nord 방향으로 가는 RER B선을 타면 된다. 유레일 패스도 사용 가능하니 개시일을 고려해서 이용하도록 하자.

요금 9.1€
운행 시간 4H55~23H56(15분 간격)
소요 시간 북역Gare du Nord까지 25분, 샤틀레Châtelet까지 28분
타는 곳 2터미널 C~F에서는 이정표에서 Paris Par Train파리행 열차이라는 표시를 따라 걸어가면 RER B선 역을 찾을 수 있다. 1터미널, 2터미널 A/B에서는 걸어가기에 거리가 있으므로 공항 내를 순환하는 무료 셔틀버스를 이용해서 RER B선역으로 갈 수 있다. 파리 시내의 다른 노선의 지하철로 환승도 가능하다. 단 늦은 밤이나 이른 아침에는 치안이 좋지 않으니, 유의하도록 하자.

❺ **택시 이용하기**

택시는 가장 편리하게 숙소까지 도착할 수 있는 수단이다. 불어가 서툴다면, 운전기사에게 숙소 주소를 적은 종이를 보여주면 된다.
숙소가 파리 시내에 위치하고 있다면, 반드시 파리 택시Taxi Parisien를 이용해야 한다는 것을 참고하자.

평균 요금 50~60€ 정도(수화물 짐 1개당 1~2€ 정도 추가 요금이 발생하며, 출퇴근 시간, 차가 밀리는 시간에는 요금이 인상되어 적용된다)
타는 곳 1터미널 5층 20번 출구, 2터미널 A/C 6번 출구, B/D 7번 출구, E/F 1번 출구. 공항 내 이정표에서 'TAXI'를 따라가면 쉽게 찾을 수 있다.

2) Aéroport de Paris Orly(오를리 공항)에서 시내로 이동하기

파리에서 남쪽으로 15km 정도 떨어져 있으며, 주로 유럽 내 국가, 아프리카, 프랑스 국내로 이동하는 항공기들이 이곳에서 출발한다. 규모가 크지 않아 수속과 이동이 편리하다.

❶ Les Cars Air France(에어프랑스 리무진) 이용하기

파리 시내 몽파르나스역Gare de Montparnasse을 경유하여 앵발리드를 지나 개선문까지 운행한다.

Web www.cars-airfrance.com
요금 11.5€
운행 시간 6H~23H(15~20분 간격)
소요 시간 약 30분
타는 곳 오를리 공항 남쪽 K 출구

❷ Orlyval(오를리발) 이용하기

빠른 교통수단 모노레일이다. 오를리발을 타고 앙토니역Antony까지 간 후 RER B선으로 갈아 타서 시내로 이동한다.

Web www.orlyval.com
요금 10.9€
운행 시간 6H~23H(4~8분 간격)
소요 시간 샤틀레Châtelet까지 35분, 개선문Etoile까지 40분, 라데팡스La défense까지 50분
타는 곳 오를리 공항 남쪽 J 출구

❸ **Orly bus**(오를리 버스) 이용하기

파리 시내로 갈 때 가장 저렴한 수단이다. 파리의 당페흐-호슈호역Denfert-Rochereau
까지 가는 버스이며, M 4·6, RER B선과 연결된다.

Web www.ratp.fr/en/ratp/r_28017/orlybus
요금 7€
운행 시간 6H~23H(15~20분 간격)
소요 시간 약 30분
타는 곳 오를리 공항 남쪽 H 출구

❹ **택시 이용하기**

두말할 것도 없이 가장 편리한 수단이다. Taxi Parisien(파리 택시)을 이용하고, 말
이 잘 통하지 않을 때는 운전기사에게 숙소를 적은 종이를 보여준다. 평일 오전이
나 저녁 시간에는 차가 밀려 요금이 많이 나올 수 있다.

평균 요금 50~60€ 정도(수화물 짐 1개당 1~2€ 정도 추가 요금이 발생하며 출퇴
근 시간, 차가 밀리는 시간에는 요금이 인상되어 적용된다)
타는 곳 오를리 공항 남쪽 M 출구

3) Aéroport de Paris Beauvais(보베 공항)에서 시내로 이동하기

보베 공항은 주로 라이언에어 등 유럽 내 저가 항공사가 이용하는 파리에서 북쪽
으로 약 90km 떨어진 공항이다. M1 Porte Maillot역에서 편도 13€에 공항까지
운행하는 셔틀버스가 있으며 소요 시간은 2시간 정도이다. 멀리 있는 공항인 만
큼 홈페이지를 참고하여 미리 시간을 계획하는 것이 좋다. 셔틀버스 출발 시간과
요금도 자세히 표시되어 있다.

Web www.aeroportbeauvais.com

4) 공항 이용하기

홈페이지를 통해 공항 이름과 터미널명을 미리 확인하도록 한다. 겨울철에는 폭설로 항공 스케줄이 취소되거나 지연되는 경우가 많으므로 미리 숙소에서 확인하고 가는 것이 좋다.

❶ 택스 리펀 받기

유럽 여행 중 한 상점에서 구입한 면세품이 175€ 이상일 경우, 세금 환급을 받을 수 있으며, 면세 수속은 공항에 도착하자마자 제일 먼저 면세 절차 카운터Comptoir de Détaxe로 가서 면세 서류와 여권, 비행기표를 보여주고 확인 도장을 받은 다음, 분홍색 서류를 봉투에 넣어 우체통으로 발송한다. 이때 연두색 종이는 본인이 잘 보관하도록 한다. 카드로 환급을 받는 것으로 신청했다면 한 달에서 두 달 후 신용카드로 해당 금액이 들어오고, 현금으로 환급 신청을 했다면 트래블렉스Travelex에서 3.5€ 정도의 수수료를 제외한 금액을 유로화 또는 한화로 바꿔서 준다. 비수기에는 3시간, 성수기에는 4시간 전에 도착하도록 한다.

*세금 환급 대상 물건을 보여달라고 하는 경우도 있으므로, 가방에서 꺼내기 쉬운 곳에 물품을 보관하는 것이 현명하다

❷ 한국 입국 시 면세 범위

해외에서 구매한 물품의 총 가격이 400달러 미만일 때

- 주류 1병(1리터 이하의 것으로 취득 가격 400달러 이하) *단, 19세 미만 미성년자가 반입하는 주류는 제외)
- 담배 200개비, 엽궐련 50개비, 기타 담배 250g *단 19세 미만 미성년자가 반입하는 담배는 제외
- 향수 2온스

프랑스와 한국은 비자면제 협정에 따라 최대 90일까지 무비자 체류가 가능하다. 입국신고서는 2009년에 사라졌으며 입국심사는 그리 까다롭지 않다.

Aéroport 공항
Aller simple 편도
Aller retour 왕복
Bagages 수화물, 짐
Bureau de Change 환전소
Billet d'avion 항공권
Boîte aux Lettres 우체통
Carte de debarquement 입국 카드
Voiture de Location 차 빌리는 곳
Distribution de Billet 현금 인출기
La Poste 우체국
Voyage 여행
Métro 지하철
Gare 역
Tarif 요금
Enregistremet 탑승 수속
Embarquement 탑승
Porte d'Embarquement 탑승 게이트
Bagage (일반적으로) 부치는 짐
Bagage à main 휴대품, 기내 수화물
Comptoir de Détaxe 면세절차 카운터
Contrôle des Passeports 출국심사
Niveau Arrivée 도착층
Niveau Départ 출발층
Correspondance 환승
Entrée 입구
Sortie 출구
Douane 세관
Navette 셔틀버스

Web www.ratp.fr

파리의 대중교통과 관련된 모든 정보는 파리교통국 홈페이지에서 아주 자세히 검색할 수 있다. 지하철 노선도는 물론 출발지와 목적지를 지정해 이동할 수 있는 루트도 검색할 수 있으며, 버스 정류장이 어디에 있는지 자세한 지도로 안내해 주는 기능도 있으니 꼭 해당 홈페이지를 방문해 보자. 참고로, 스마트폰을 이용할 수 있는 사람은 파리교통 어플리케이션 〈RATP〉를 다운받아 이용하면 편리하다. 출발지와 목적지를 입력해 가장 빠르게 가는 방법, 최소한의 환승으로 가는 방법 등의 안내를 받을 수 있다.

파리는 파리 중심을 기준으로 일정 거리의 원을 그려 파리 시내로부터의 거리에 따라 존Zone을 정하고, 교통 요금을 차등 적용하는 기준으로 삼는다. (P16 지도 참조)

1) METRO(메트로)

파리 지하철은 '메트로'라고 부른다. 낭만의 도시 파리를 다녀온 사람들에게 듣는 파리 지하철에 대한 평가는 그리 좋지 못하다. 그도 그럴 것이 100년이 넘은 역사를 그대로 사용하다 보니 낡고 어둡고 지저분한 느낌을 지울 수 없다. 1900년 7월에 1호선을 개통한 이래 1945년까지 13개 노선이 건설되었으며, 1998년 개통한 14호선까지 총 14개 노선이 있다. 그래도 1998년에 만들어진 14호선은 깔끔한 편이다.

파리 메트로 입구의 모습

지저분하고 어둡다는 불만에도 불구하고 파리에 가면 지하철을 주로 이용하게 되는데, 그 이유는 아무래도 초행길의 사람들이 길을 찾아가기에 가장 편리하고 빠르기 때문일 것이다. 게다가 한국과 비슷한 시스템으로 운영되기 때문에 몇 번만 타보면 금방 익숙해진다.

파리의 지하철을 이용할 때 가장 먼저 해야 할 일은 자신이 가고자 하는 방향(노선)의 종착역 이름을 확인하는 일이다. 지하철역 내 거의 모든 이정표에 노선 번호와 종착역만 표시되어 있기 때문이다. 환승을 해야 하는 경우에는 'Correspondance' 표지판을 따라가도록 한다. 이때 역시 목적지의 노선 번호와 종착역을 함께 확인하는 것을 잊지 말자.

파리 지하철은 들어갈 때는 개찰기에 표를 넣고 개찰된 표를 갖고 들어가지만 나갈 때는 별도의 표 투입 없이 자동문이나 손으로 밀어서 여는 문을 통해 나가면 된다. (하지만 열차 내에서 검표원들이 불시에 표 검사를 하기도 하므로 목적지에 도착하기 전까지는 표를 버리지 않도록 한다. 무임승차로 적발되었을 때는 벌금을 물어야 한다.) 손으로 밀어서 여는 문을 통과할 때는 문이 무거우므로 뒷사람을 위해 문을 잡아주는 센스가 필요하다.

파리 지하철의 특징

❶ 파리의 지하철에는 화장실이 없다.

❷ 파리의 지하철은 자동문이 아니다. 지하철 1호선과 14호선을 제외한 다른 노선의 열차는 자동으로 문이 열리지 않는다. 문 앞에 달려있는 버튼을 누르거나 손잡이를 위로 올려서 돌려야만 문이 열린다.

❸ 파리의 지하철에는 에어컨이 없다. 더운 여름에는 버스를 이용하길 추천하는 이유이다. 지하철에 에어컨이 없어 창문을 열고 다니는데, 지하철이 다니는 곳이 지하이다 보니 상쾌한 공기 유입은 기대하기 힘들다.

❹ 파리의 지하철에는 소매치기가 많다. 이것은 대도시 어디에서나 공통적으로 나타나는 현상이다. 파리에서도 특히 조르주 생크George V, 샤뜰레Châtelet, 북역 Gare du Nord처럼 사람들이 많이 붐비는 곳에 소매치기가 더 많다. 그 외의 역에서도 항상 소지품 보관에 유의해야 한다.

❺ 파리 지하철은 안내 방송이 없다. 안내 방송이 있더라도 프랑스어이기 때문에 익숙하지 않아서 놓치는 경우가 많으므로 목적지를 지나치지 않도록 주의한다. 역과 역 사이를 이동하는 시간이 1분도 채 안 된다.

❻ 파리 지하철에는 오케스트라와 공연 예술가들이 있다. 주로 사람들이 많이 지나다니는 환승역에서 쉽게 볼 수 있는데. 그들은 아마추어가 아니라 지하철 공사와 계약되어 있는 사람들이다. 공연과 함께 CD도 판매하고 있다.

❼ 파리 지하철은 바퀴로 달리고, RER을 이용할 경우 2층 열차도 볼 수 있다.

위로 올려야 문이 열리는 손잡이

2) RER(교외 기차)

RER은 A, B, C, D, E 총 5개의 노선을 RATP(파리교통국)와 SNCF(프랑스 철도청)에서 함께 운영하고 있는 교외 기차이다. 파리의 외곽 지역으로 이동할 때 환승역이 적고 속도가 빨라 이동 시간이 단축된다는 장점이 있으나, 플랫폼까지 거리가 멀어 메트로에 비해 많이 걷는다는 단점이 있다. 최근 위험한 범죄도 많이 일어나고 있으니 사람들이 너무 없는 곳은 피하고, 밤에는 이용을 자제하거나 일행들과 함께 움직이는 등의 주의가 필요하다.

메트로는 나갈 때 별도의 개찰기 통과 없이 나가지만, RER 이용 시에는 한국의 지하철처럼 나갈 때 표를 개찰기에 넣어야 한다. 따라서 표를 잃어버리지 않도록 특히 더 주의한다. 또, 2존 이내 RER 노선의 경우 지하철 표로 이용이 가능하지만, 2존보다 멀리 갈 경우 추가 요금을 내야 한다. 따라서 RER 노선을 이용할 경우 가고자 하는 정류장이 몇 존에 위치해 있는지를 확인(P16 참조)해야 한다. 예를 들어 베르사유 궁전을 갈 때는 RER C선을 이용하는 것이 편리한데, 베르사유는 4존에 해당하기 때문에 파리 비지트나 나비고를 1~2존 또는 1~3존으로 이용하고 있다면 편도 4.6€(왕복 9.2€)의 티켓을 추가 구매해야 한다. 물론 파리 비지트 1~6존나 나비고 1~4존을 이용하고 있다면, 별도의 표 구매는 필요하지 않다. (자세한 교통권 안내는 P54 참조)

3) Tramway(트램)

'T'로 표시되어 있는 노선이며 메트로, 버스와 동일한 티켓이 사용된다. 파리의 방브 벼룩시장Porte de Vanves이나 포르트 베르사유 박람회장Porte de Versailles을 갈 경우 유용하다.

4) BUS(버스)

대개 아침 6시 30분부터 밤 12시까지 이용 가능하며, 새벽에는 나이트라인 버스가 다닌다. 파리의 버스들은 골목 구석구석까지 다니는 경우가 많아서 이용 방법과 노선표 보는 방법을 잘 숙지하면 아주 편리하다. 멋진 파리의 풍경을 보며 이동할 수 있다는 것도 장점이다. 가끔 교통 파업으로 인해 버스들이 운행을 중단하기도 하니, 참고하도록 한다.

파리의 버스 정류장

모든 정거장은 아니지만, 많은 정거장에는 다음 버스가 몇 분 후에 오는지 안내해 주는 안내판이 있다. 주말이나 공휴일에는 버스 배차 간격이 길어서 불편하지만, 지하철과 적절히 섞어서 다니면 더욱 편리한 교통 수단이 될 수 있다.

버스를 이용할 때는 버스에 올라탄 후 바로 보이는 승차 확인 기계에 표를 투입(모빌리스, 까르네로 산 지하철 표 이용 가능)하거나 승차문에 부착되어 있는 카드 리더기에 나비고 카드를 살짝 대주면 된다. 운전 기사를 보며 '봉주흐(낮 인사)', 또는 '봉수아(저녁 인사)'하고 인사하는 센스도 잊지 말자. 버스표는 운전사에게 구입할 수도 있다. (Un Tichek, S'il vous plait엉 띠껫, 실부쁠레 : 티켓 한 장 주세요.)

내릴 정거장이 다가오면 버튼을 누른다. 'ARRET DEMANDE(정차 요청)'라는 판에 불이 들어오면 버스는 정차한다.

새벽 1시에서 5시 30분 사이에는 Noctilien이라는 심야버스가 다닌다. 지하철과 시내 버스 운행이 끊어진 시간에 이용할 수 있는 편리한 버스이다. 평일에는 1시간 간격, 주말에는 30분 간격으로 운행한다. 버스 번호 앞에 N이 적혀 있다.

★ 주요 관광지를 경유하는 버스 노선 및 주요 정차지 안내

- **21번** : 생 라자르역Gare Saint Lazare – 오페라Opéra – 루브르 박물관Musée du Louvre – 퐁 뇌프Pont neuf – 샤틀레Châtelet – 시테, 최고재판소Cité, Palais de Justice – 생 미쉘 광장Saint Michel – 뤽상부르그 공원Luxembourg

- **22번** : 트로카데로 광장Trocadéro – 개선문Charles de Gaulle Étoile – 생 라자르역Gare Saint Lazare – 오페라Opéra

- **27번** : 생 라자르역Gare Saint Lazare – 오페라Opéra – 루브르 박물관Musée du Louvre – 예술의 다리Pont des Arts – 퐁 뇌프Pont neuf – 생 미쉘 광장Saint Michel – 뤽상부르그 공원Luxembourg

- **30번** : 트로카데로 광장Trocadéro – 개선문Charles de Gaulle-Étoile – 블랑쉬역(물랭루스 부근)Blanche – 피갈역(몽마르트 언덕 부근)Pigalle – 앙베스 사크레 퀘르(성심성당 부근)Anvers-Sacré Coeur – 북역Gare du Nord – 동역Gare de l'Est

- **42번** : 샹 드 막스(에펠탑 앞 공원)Champs de Mars – 알마 막소 다리Alma Marceau – 몽테뉴 거리Montaigne – 샹젤리제 거리Champs-Élysées -Clemenceau – 콩코르드 광장Concorde – 마들렌 성당Madeleine – 오페라Opéra – 북역Gare du Nord

- **63번** : 트로카데로 광장Trocadéro – 알마 막소 다리Alma Marceau – 앵발리드Invalides – 솔페리노(오르세 미술관 부근)Solférino – 생제르망데프레 광장Saint-Germain-des-Prés – 오데옹Odéon – 아랍세계문화원Institut du Monde Arabe – 리옹역Gare de Lyon

- **69번** : 샹 드 막스Champs de Mars — 솔페리노Soférino(오르세 미술관 부근) — 루브르 박물관Musée du Louvre — 예술의 다리Pont des Arts — 퐁뇌프Pont Neuf — 샤틀레Châtelet — 파리 시청Hôtel de Ville — 바스티유 광장Bastille

- **73번** : 라 데팡스La Défense — 개선문Charles de Gaulle–Étoile — 조르주 생크(샹제리제 거리)George V — 콩코르드 광장Concorde — 오르세 미술관Musée d'Orsay

- **75번** : 줄 페리(생마르탱 운하 부근)Jules Ferry — 예술과 직업Arts et Métiers — 퐁피두 센터Centre Georges Pompidou — 파리 시청Hôtel de Ville — 샤틀레Châtelet — 퐁뇌프Pont Neuf

- **82번** : 이에나역(현대 미술관Palais de Tokyo 부근)Iéna — 에펠탑Tour Eiffel — 샹 드 막스Champs de Mars — 에꼴 밀리테르École Militaire — 오텔 데 쟁말리드Hôtel des Invalides — 뤽상부르그 공원Luxembourg

- **Bb(Balabus)** :
라데팡스La défance — 개선문Charles de Gaulle Étoile — 조르주 생크(샹젤리제 거리)George V — 콩코르드 광장Concorde — 루브르 박물관Musée du Louvre — 퐁뇌프Pont Neuf — 시테 파르비 노트르담Cité Parvis Notre Dame — 샤틀레Châtelet — 파리 시청Hôtel de Ville — 보주 광장Place des Vosges — 바스티유 광장Bastille — 리옹역Gare de Lyon — 생 루이 섬Île Saint - Louis — 생 미쉘 광장Saint Michel — 예술의 다리Pont des Arts — 오르세 미술관Musée d'Orsay — 앵발리드Invalides — 보스케 랍Bosquet Rapp(케 브랑리 박물관, 에펠탑 부근) *이 버스는 4~9월의 일요일, 국경일만 운행

- **몽마르트로 버스**Montmartrobus(몽마르트르 언덕 내에서 운행하는 순환 버스) :
피갈Pigalle — 르픽 거리 88Rue Lepic — 물랑 드 라 갈레트Moulin de la Galette — 푸니쿨라(성심성당 오르는 전동 열차)Funicularie — 테르트르 광장Place du Tertre — 아베스(사랑해 벽)Abbesses

❺ 택시 TAXI

파리의 택시 요금은 비싼 편으로, 미터기에서 계산되어 온 요금을 지불하는데 짧은 거리를 이용하더라도 최소한으로 지불해야 하는 최저 승차 비용이 있다는 점이 한국과 다르다. 미터기에 4.5€가 나왔더라도 6.5€를 지불해야 하며, 4인 탑승 시 3€의 추가 요금이 있다. 짐이 있을 경우 짐 값을 요구한다(5kg 이상의 짐 개당 1€). 택시 요금이 생각보다 너무 많이 나왔다면 영수증을 요구하고 차 번호를 확인하도록 한다.

기본료 2.2€

★ 파리의 콜택시 회사(대부분 영어 소통이 가능)

콜택시를 이용할 때는 택시를 탄 시점부터가 아니라 택시가 해당 승객을 태우러 가는 시점부터 미터기가 체크된다는 점을 알아 두자.

TAXIS G7 : 01 47 39 47 39
ALPHA TAXIS : 01 45 85 85 85
TAXIS BLEUS : 01 49 36 10 10

❻ TOUR BUS(투어 버스)

관광지를 꼭꼭 짚어주는 버스로, 시내의 주요 명소를 다닐 때 유용하다. 관광 명소를 돌아보고, 내렸던 정거장으로 돌아와 다음 버스를 타고 다음 장소로 이동하면 된다. 대중교통에 비해 가격이 비싸지만, 샹젤리제 거리, 개선문, 에펠탑, 몽마르트르, 노트르담 대성당 등 파리 내 대부분 명소는 모두 가 볼 수 있기 때문에 짧은 시간 동안 관광지를 돌아볼 때 시간 낭비가 적고, 소매치기의 위험이 적다는 것이 장점이다. 티켓은 버스 기사에게 직접 살 수 있다.
파리의 대표적인 투어 버스에는 다음과 같은 것이 있다.

★ L'OPEN TOUR(오픈 투어, 노란 버스)

Web www.parislopentour.com
가격 1일권 29€, 2일권 32€, 어린이 15€(1~2일권)
운행 시간 9H30~19H (운행 간격은 노선과 계절에 따라 10~30분)

★ LES CARS ROUGES(레 카 후즈, 빨간 버스)

Web www.carsrouges.com
가격 일반 26€, 어린이 13€(이틀 동안 사용 가능, 온라인 구매 시 10% 할인)
운행 시간 9H~18H30 (운행 간격은 노선과 계절에 따라 10~20분이며, 계절이나 출발지에 따라 시간이 상이하므로 오전부터 이용할 경우 홈페이지를 통해서 출발지에 지나가는 버스 시간을 확인하는 것이 좋음)

❼ VELIB(자전거)

벨리브는 파리지앵들이 사랑하는 친환경 교통 수단이다. 환경도 살리고 기분도 살려주는 자전거 타기는 신용카드가 있다면 관광객들도 이용이 가능하다. 대여 시 150€의 보증금을 내고 이용하게 된다. 벨리브에 대한 자세한 내용은 별도의 코너에서 다루고 있으므로 해당 페이지(P88)를 참조한다.
대여비 1일권 1.7€, 1주일권 8€ ,1년권 일반 29€/학생 19€

⑧ TRAIN(기차)

다른 지역으로 떠나고 싶을 때 편리하게 이용 가능한 기차. 파리에는 총 7개의 기차역이 있으며, 파리 곳곳에 위치한 SNCF BOUTIQUE(기차표 매표소)나 SNCF 홈페이지를 통해서 기차표를 구매할 수 있다.

★ 파리의 주요 기차역과 운행 도시

- **리옹역**Gare de Lyon : 디종, 니스, 보르도, 리옹, 마르세유, 아비뇽
- **북역**Gare du Nord : 런던, 베를린, 브뤼셀, 암스테르담
- **오스테를리츠역**Gare d'Austerlitz : 샤모니, 툴르즈, 투르 등
- **몽파르나스역**Gare Montparnasse : 몽생미셸, 르와르, 낭트, 샤르트르 등
- **생라자르역**Gare Saint Lazare : 도빌, 루앙, 깡, 르 아브르 등
- **동역**Gare de l'Est : 스트라스부르그, 메츠, 프랑크푸르트, 뮌헨, 랭스, 취리히 등
- **베르시역**Gare de Paris Bercy : 로마, 피렌체 등

★ 기차역이나 티켓 구매소에서 구매하기

기차역의 역무원에게 가서 직접 기차표를 구매한다. 언어에 자신이 없다면, 원하는 날짜와 도시 이름을 적어가서 직접 보여주면 된다. 영어를 구사하는 직원의 창구에는 영국 국기가 붙어 있다.

창구에 줄이 길다면, 자동 판매기에서 구매하자. 다음은 자동 판매기를 이용하는 순서이다.

① Destination목적지에서 가고자 하는 역 이름을 선택한다. 해당 역이 없으면 Autre Gare다른 역, 그 외 역를 선택한다.

② Classes et Tarif등급과 요금 항목에서 1등칸 또는 2등칸을 선택한다

③ Nombre de Titres티켓 수에서 구매할 티켓 수를 선택한다

④ 자신이 선택한 사항이 맞는지 확인한 후 Paiement결제한다.

★ 인터넷으로 예매하기

홈페이지(www.voyages-sncf.com)를 통해 예약한 기차표는 신용카드로 결제한 후 완료된 페이지를 인쇄해가면 된다(신분증 확인을 할 수도 있으니 여권을 반드시 챙기자).

인쇄할 형편이 되지 않을 경우에는 역무원과 기차역에 배치되어 있는 기계를 통해 찾을 수 있다. 우선 홈페이지를 통해 예약을 하면 기차표의 예약 번호를 받을 수 있다. 이 예약 번호와 예약 시 이용했던 신용카드를 가지고 역무원에게 보여주며,

"JE VOUDRAIS CHERCHER MON BIELLET즈 부드헤 쉑쉐흐 몽 비에 : 저의 기차표를 찾고 싶습니다"

라고 말하면 된다. 그리고 역무원의 요청을 기다렸다가 예약 시 입력했던 신용카드의 비밀번호를 눌러야 한다.

긴 줄을 기다리기 싫다면, 기차역에 배치되어 있는 노란색 자동 판매기에서 예약된 번호와 신용카드를 넣고 비밀번호를 누르면 바로 찾을 수 있다.

*홈페이지를 통해서는 프로모션으로 나온 저렴한 가격의 기차표를 구할 수도 있다. 물론 저렴한 표의 경우 환불과 교환이 불가능한 것이 대부분이다.

★ 기차에 탑승하기

기차표에 적혀져 있는 출발역에 도착하면 전광판을 통해 가고자 하는 도시로 출발하는 열차의 플랫폼 번호를 확인한 후 이동한다. 그리고 기차표를 플랫폼 앞에 있는 펀칭기에 찍어주어야 한다는 점도 잊지 말자.

CARTE 12-25
(12~25세를 위한 카드)

만 25세 이하인 경우 25~60% 할인이 가능한 CARTE 12–25를 기차역에서 구매 가능하다. 이 카드를 만들기 위해서는 50€와 증명사진, 나이를 증명할 수 있는 여권 등의 신분증이 필요하다. 프랑스 교외나 지방으로의 여행을 계획하고 있다면, 이 카드를 만들어서 다니는 것이 나을 때가 많다.

03 파리의 교통권

파리에는 다양한 교통권이 있다. 다양한 만큼 용도와 기능이 달라서 복잡해 보이기도 한다. 하지만 자신의 일정에 맞는 교통권을 잘 고르면 체력도 아낄 수 있고 경제적으로도 도움이 되니, 각 교통권에 대해 잘 알아보고 나서 결정하도록 한다.

1) A l'unite(아 뤼니테, 1회권)

버스, 메트로, 파리 시내에 위치한 RER, 트램, 몽마르트르 언덕에 있는 푸니쿨라 등에서 모두 사용 가능하다. 단, 이 교통권으로는 버스+버스 또는 버스+트램, 트램+트램으로만 환승이 가능하며, 총 80분간만 사용할 수 있다.
요금 1.7€

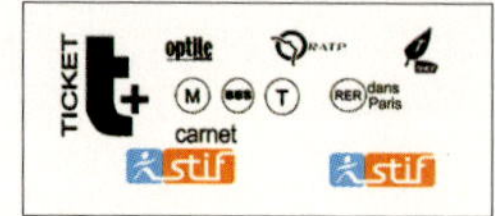

2) A l'unite Sans Correspondance (아 뤼니테 썽 코레스퐁덩스, 환승 불가 1회권)

모양은 아 뤼니테A l'unite와 동일하지만, 버스 운전사로부터 구입하는 일회권으로 가격도 약간 더 비싸고 환승이 불가능하다.
요금 1.9€

3) Carnet(까르네, 10장 묶음권)

아 뤼니테A l'unite 티켓을 10장 묶음으로 파는 것으로, 1매씩 구매하는 것보다 저렴하다. 일행끼리 나눠서 사용해도 좋다.
요금 12.7€

4) Paris Visite(파리 비지트)

카드 구매 시 정한 기간과 구역 안의 대중교통을 자유롭게 이용 가능한 표이다. 여행자를 위한 교통 티켓답게 관광 명소와 쇼핑 장소를 다닐 때 다양한 할인 혜택이 주어지는 쿠폰북도 제공이 된다. 검표원이 검사를 할 때 문제가 되지 않도록 반드시 카드 커버에 이름을 적고, 교통권에는 카드 커버에 적힌 번호와 사용 날짜를 기입하도록 한다.

1~3존		1~6존	
(3존 내의 구역을 자유롭게 이용)		(6존 내의 구역을 자유롭게 이용)	
1일	9.75€	1일	20.5€
2일	13.85€	2일	31.15€
3일	21.6€	3일	43.65€
5일	31.15€	5일	53.4€

5) Mobiles(모빌리스)

정해진 구역 내의 대중교통을 하루 동안 자유롭게 이용 가능한 1day 티켓. 하루 동안 6회 이상 대중교통을 이용할 계획이라면 까르네보다 저렴하며, 사용하고 남는 지하철표에 대한 걱정을 할 염려가 없다. 자신을 증명할 여권 등의 신분증을 같이 갖고 다니도록 하자.

요금 1~2존 : 6.4€, 1~3존 : 8.55€, 1~4존 : 10.55€, 1~5존 : 14.2€
사용법 Valable le 뒤에 사용할 날짜를 적고, Nom에는 성(홍), Prénom에는 이름(길동)을 적는다.

6) Mobiles Jeunes Week-end(모빌리스 죈 위크앤드)

만 25세까지만 이용할 수 있는 티켓으로 토요일, 일요일, 공휴일에만 사용이 가능한 교통 카드이다. 횟수 제한 없이 이용이 가능하며, 가격이 일반 모빌리스에 비해 저렴하다. 나이를 증명할 수 있는 여권을 반드시 지참해야 한다.

1~3존 3.55€
1~5존 7.1€ (만 25세 이하인 사람이 주말이나 공휴일에 베르사유 궁전을 방문할 경우 이 티켓을 구매하는 것을 고려해볼 수 있겠다.)

나비고 카드는 일주일권과 한달권이 있다. 일주일권은 매주 월요일부터 일요일까지 사용 가능(개시일부터 1주일이 아니라는 점에 유의한다)하며, 한달권은 1일부터 그 달의 마지막까지 사용 가능하다.

요금
1~2존 : 일주일권 19.15€, 한달권 62.9€
1~3존 : 일주일권 24.85€, 한달권 81.5€

정한 구역의 대중교통을 정한 기간 동안 횟수 제한 없이 사용할 수 있는 정액권으로 지하철역에서 구입 가능하다. 처음 사용 시에는 카드 구입료(5€)와 증명사진이 필요하므로, 반명함 사이즈의 증명사진을 한국에서 준비해 가는 것이 좋다. 사진을 부착한 카드에는 이름을 적어야 하며, 개찰기에 넣는 티켓형 카드와 함께 항상 같이 갖고 다니도록 한다. 자신의 이름을 증명할 신분증 등도 지참하도록 한다. 만약 한국에서 증명 사진을 준비하지 못했다면 지하철 곳곳(샤를 미쉘Charles Michel, 샤틀레Châtelet 등)에 5€ 정도에 즉석 증명 사진을 찍을 수 있는 기계를 이용하면 된다(실제로 사진을 확인하는 일은 많지 않지만 만일을 대비하자).

지하철 역 내 사진 찍는 곳

TIP

나는 어떤 교통권을 구매해야 할까?

파리에 5일 이상 체류할 계획이며 도착한 날이 월요일에서 목요일 사이라면 나비고 카드가 편하다. 많은 관광지를 다닐 예정이라면 모빌리스를 끊는 것이 좋으며 하루에 6번 이하로 대중교통을 이용할 예정이라면, 1회권 10장 묶음인 까르네를 이용하는 것이 경제적이지만, 10장 묶음이기 때문에 횟수를 잘 계산해서 사용해야 나중에 남는 지하철 표가 없게 된다. 미리 생각해 둔 관광 명소가 있다면, 파리 비지트를 이용하여 할인율을 노리는 것도 괜찮다.

04 파리에서 전화 이용하기

단기 여행자의 경우 크게 상관없지만 장기 여행자나 유학생의 경우 로밍해 온 휴대폰으로 통화를 하면 요금이 어마어마하다. 가족들, 친구들과 연락할 때 좀 더 저렴한 방법이 없을까? 파리에서 전화 이용하기에 대해 알아보자.

1) 국제 전화카드 구입 후 공중전화 이용하기

우체국(La Poste), 담배가게(Tabac), 파리 곳곳의 편의점 스타일의 가게에서 아시아로 거는 전화카드carte téléphone pour les pays d'asie : 라 꺅뜨 뗄레폰 푸흐 레 뻬이 다지를 구입한다. 보통 7.5€, 15€ 단위로 구매할 수 있다.

공중전화 이용 시 수화기를 들고 전화 카드에 명시되어 있는 번호와 비밀번호를 누르도록 한다.

한국의 국가 번호는 82이다. 국가 번호를 누른 후 한국 번호의 처음 0은 빼고 그 뒤의 번호들을 이어서 누르면 된다. 예컨대 한국 번호가 010-7000-1234일 경우 82-10-7000-1234를 누르면 된다. 휴대폰에 걸 경우 7.5€ 카드로 25~30분 정도 사용이 가능하다. 전화 요금은 한국보다 프랑스가 비싼 편이다.

참고로 프랑스 국가 번호는 33이므로 한국에서 프랑스 내에 거주하는 사람에게 통화를 하려면 33+상대방 전화번호(프랑스 전화번호에서 0을 제외)를 누르면 된다.

2) 한국에서 가져온 휴대폰 이용하기

프랑스에서 전화번호를 만들어 충전식 선불 카드를 이용하는 것도 편리하다. 프랑스에는 SFR, ORANGE, VODAPONE 3개의 전화 업체가 있다. 휴대폰 가게에 가서 휴대폰을 보여주면서 SIM 카드를 사고 싶다고 말한 후 충전식 선불 카드를 구매하는 방법이다.

일반적으로 정액제를 사용하는 휴대폰보다는 전화 거는 비용이 비싸지만, 전화를 받는 용도로 사용한다면 편리하게 사용이 가능하다. 자세한 방법은 휴대폰 기종마다 조금씩 다르므로, 업체로 직접 가서 문의하는 것이 좋다.

컨트리락Country Lock : 한국 외의 국가에서 사용할 수 없도록 하는 것으로 해외에서 이용이 불가능한 단말기도 있으니, 위의 방법으로 휴대폰을 이용할 계획이라면, 출국 전 한국에서 이용하는 통신사를 통해 외국에서 SIM 카드 삽입으로 이용이 가능한지 미리 확인하는 것이 좋다.

스카이프, 070 전화 등을 이용한다면 위의 방법보다 훨씬 더 저렴하게 한국과 통화할 수 있어서, 현지의 장단기 유학생들에게는 필수품이라고 한다. 하지만 역시 인터넷 강국은 한국이다. 한국에 비해서 느리고 품질이 떨어지는 경우가 많다.

05 파리에서 우체국 이용하기

프랑스에는 동네마다 1~3개의 우체국La poste : 라 뽀스뜨이 있어, 이용이 꽤 편리하다. 우편이 전달되는 데까지 걸리는 시간은 프랑스 내에서는 1~2일, 외국으로 보내는 경우 3~5일(실제로는 5~10일) 정도가 소요된다.

우표Trimbre는 우체국과 가판대 형태 또는 간이 편의점 형태의 담배 가게Tabac에서 살 수 있고, 우표 요금은 우편물의 무게와 보내는 곳의 거리에 따라 다르다. 한국으로 보내는 20g 이하의 우편물의 경우 1.1€ 정도의 요금이 발생한다. 노란색의 우편함은 파리 길가 곳곳에 설치되어 있어서 이용에 편리하다.

한국으로 엽서나 편지를 보낼 경우 우표를 붙인 후 'Etranger외국'라는 글이 적혀 있는 투입구로 넣으면 된다. 단, 20g 이상의 우편을 보낼 경우에는 우체국을 이용하여 무게에 비례하여 요금을 지불한 우표를 구매하거나, 2장 이상의 우표를 붙여야 한다.

소포의 경우는 7kg의 상자를 이용하는 것이 저렴한 편이다. 한국으로 보내는 경우 46.5€의 비용이 발생한다. 상자 구매는 우체국 내에서 가능하다. 보통 서적과 옷, 화장품 등을 구매하는 경우 많이 이용한다.

그 외 EMSExpress Mail Service : 국제 특송와 같은 우편 요금은 50€ 이상으로 상당히 비싼 편이니 필요할 경우 우체국에 문의하도록 하자.

Web www.laposte.fr

살림살이 장만하기

• **IKEA** : 스웨덴 브랜드인 이케아는 디자이너들의 제품을 아주 저렴한 가격에 판매하고 있어서 인기 있다. 가구, 책상, 조명기구, 컵 등 생활에 필요한 모든 제품들이 한자리에 있어서 편리하다. 파리 외각에 위치하고 있어서 교통이 편리하지는 않다.

• **HABITAT** : 가격이 좀 높은 편이지만, 생활에 필요한 다양한 용품들이 가득하다. 가격에서 말해주듯이 퀄리티가 이케아보다 좋아 보이는 것이 사실이다. 파리 시내 곳곳에 있어서 접근성이 좋다.

• **ZARA HOME** : 옷 브랜드로 유명한 ZARA만의 감성으로 만들어내는 홈 제품들이 눈길을 끈다. 집안에 포인트를 줄 때 좋은 쿠션 등의 패브릭 제품들을 구경해보자. 마들렌 성당과 오페라 사이에 위치하고 있다.

• **CONFORAMA** : 샤뜰레 레알 지구에 있다. 합리적인 가격의 가구가 많다.

• **벼룩시장** : 오래된 가구나 골동품 중 값싸고 괜찮은 아이템을 발견할 수도 있다. (자세한 정보는 P82 참조)

06 파리에서 집 구하기

파리에 장기간 머물기로 했다면 호텔에서 오랜 기간 머물기보다 집을 구해서 지내는 것이 좋을 것이다. 하지만 낯선 곳에서 집을 구하기란 쉬운 일이 아니다. 파리에서 집을 효과적으로 구하는 방법을 소개한다.

1) 유학생들이 이용하는 사이트를 통해 직접 단기 임대하기

Web www.francezone.com

프랑스의 교민, 유학생들이 이용하는 사이트인 프랑스존닷컴에서 유학생들과 함께 쓰는 방을 구하거나, 단기로 한국에 들어가는 유학생들의 집을 빌려서 사용하는 방법이다. 비교적 저렴한 가격에 방을 구할 수 있고, 말만 잘 하면 보증금 조절도 가능한 경우가 많아서, 파리 생활에서 높은 비중을 차지하고 있는 집세를 줄일 수 있다. 같은 한국사람이다 보니 언어 문제도 없고 서로 마음만 잘 맞는다면 혼자 방을 구해 지내는 것보다 서로 도움을 주고 받으며 안정적인 생활을 할 수도 있다.

다만 메일이나 전화로 연락하기 때문에 실제 방의 모습에 대한 의견 차이나 분쟁이 있을 수 있으니, 충분히 대화하고 궁금한 점을 미리 질문하여 검토하고 확인하는 것이 좋다. 참고로 이 사이트를 통해 중고 물건을 구매할 수 있으니, 현지에서 전기장판이나 전기밥솥 등의 물건들을 구해야 할 경우 매우 유용하다.

2) Apatel 이용하기

Web www.clickappart.com / www.parisattitude.com / www.my-apartment-in-paris.com / www.ahparis.com

아파트 형식의 집이다. 파리에서 여유 있게 생활해보고 싶다면 이곳을 추천한다. 취사가 가능하고, 안전한 지대에 위치하는 경우가 대부분이다. 보증금의 경우 주인과의 직접 연락을 통해 조절이 가능하며, 대개 영어로 계약이 가능하다.

1) 프랑스의 세일 기간

Soldes!! Sale!!

프랑스에는 패션 리더들을 무척 흥분시키는 기간이 있다.

바로 국가에서 공식 지정하는 HOT 세일 기간(1월과 7월 매년 두 차례로 진행)이다. 이 때는 평소 갖고 싶었던 의류, 가구, 물품 등을 저렴한 가격으로 살 수 있어서 소비 욕구를 만족시킨다. H&M이나 ZARA 같은 의류 매장에서는 티셔츠 하나에 3~7€ 정도 하며, 레인코트나 점퍼들도 20~30€ 대에 구입할 수 있고, HERMES와 GIVINCY, CUZZI 등의 고가 브랜드에서도 세일하는 물건을 발견할 수 있어, 열심히 발품을 판 자들에게 만족감을 선사한다.

세일 폭은 처음에는 30%로 시작하는데, 며칠만 지나면 두 번째, 세 번째 추가 세일이 들어가서 최대 70~90% 인하된 가격으로 살 수 있다. 하지만 꼭 필요하고 꼭 갖고 싶은 물건이 있다면, 세일 전에 미리 둘러보고 세일 첫날에 구매하는 것이 나중에 후회하지 않는 방법이다. 물론 발품을 팔아 다니다가 추가 세일 기간에 같은 물건을 더 저렴한 가격으로 파는 것을 보고 배가 아플 것을 감수해야 하지만 말이다.

장점이 있다면, 단점도 있는 법

세일 기간의 쇼핑센터들은 물건을 구매하려는 현지인과 관광객으로 무척 붐비기 때문에 여유 있는 쇼핑을 하기가 힘들다. 사람이 많은 곳에서 지갑을 노리는 소매치기도 조심해야 하고 충동적인 구매로 과하게 소비하지 않도록 자제하는 것이 필요하다.

쇼핑할 시간이 많지 않다면 오페라 지역의 갤러리 라파예트, 프랭땅 백화점등의 백화점을 이용하는 것이 효과적이다. 많은 브랜드를 한 곳에서 만날 수 있어서 시간을 아낄 수 있으며, 175€ 이상 구매 시 면세도 받을 수 있다. 여러 상점에서 쇼핑을 하면 면세 조건을 맞추기가 쉽지 않은데, 함께 여행하고 한국으로 같이 귀국하는 일행들과 합쳐서 물건을 구매하면 면세 혜택까지 받을 수 있으니 좀 더 저렴하게 물건을 구입할 수 있는 방법이 되겠다.

매력적인 디자이너들의 옷을 구매하고 싶다면, 에티엔 마르셀이나 마레 지구를 추천한다. 소문난 곳인 만큼 좋은 물건들이 많이 있다. 하지만 디자이너의 물품인 만큼 세일을 하더라도 가격이 100€, 200€ 이상인 것이 많다는 것을 알아 두어야 한다.

상점마다 조금씩 차이가 있지만, 세일 기간에 구매한 물건들도 15~30일 이내에 영수증과 물건을 가져가면, 교환, 환불이 가능하므로 만약을 대비해서 영수증을 반드시 보관하도록 한다.

현지인들이 많이 이용하는 쇼핑 장소는 샤틀레 레알에 있는 포럼 레알Forum Les Halles, 라데팡스La Défance에 있는 쇼핑센터들이다. 조금이라도 관광객을 피해 쇼핑하고 싶다면, 관광지와 떨어져 있는 쇼핑센터를 이용하는 것이 좋다. 옷은 시착 가능하며, 심지어 란제리류도 착용해 볼 수 있으니 신중한 구매를 원한다면 반드시 입어보고 구매하도록 한다.

2) 쇼핑 시 알아두면 좋은 표현

이거 얼마인가요?　Ça fait combien? 싸 페뜨 꽁비앙?
(가격을 물어볼 때)

남성　hommes 옴므

여성　femmes 팜므

옷 사이즈　la taille 라 따이으

신발 사이즈　la pointure 라 뿌앙뛰흐

블라우스　chemisier 슈미지에

셔츠　chemise 슈미즈

원피스　robe 호브

치마　jupe 쥽

바지　pantalons 빤딸롱

넥타이　cravatte 크하밧뜨

손목시계　montre 몽트흐

스카프　foulard 풀라흐

신발　chaussures 쇼쉬흐

반지　bague 바그

귀걸이　boucles d'oreille 부클르 도헤일으

목걸이　colier 꼴리에

재킷　blouson 블루종

지갑　portefeuille 뽁뜨풔히으

핸드백　sac à main 싸 까 망

신용카드　carte 꺅트
(신용카드로 계산할 때)

현금　espèce 에스페스
(현금으로 계산할 때)

프랑스에서 거주하거나, 장기 체류(6개월 이상)하지 않은 관광객이라면 누구든지 12~16% 정도 세금 환급Tax Refund, Détaxe을 받을 수 있다. 파리가 최종 출국지라면 파리 공항에서 면세 수속을 밟을 수 있다. 하지만 만약 파리에서 다른 유럽 연합으로 가는 경우 최종 출국 공항에서 면세 수속을 밟아야 하며, 물건을 구입한 날로부터 3개월 이내에 출국해야만 면세 수속이 가능하니 참고하자.

❶ 세금 환급을 받을 수 있는 자격

- 프랑스에서 6개월 미만 체류하는 관광객(만 15세 이상)
- EU(유럽 연합)에 소속된 국가 이외의 여권 소지자
- 동일 가게/부티크에서 175.01€ 이상의 쇼핑을 같은 날에 한 경우(백화점은 한 가게로 간주함)

❷ 세금 환급 절차

★ 상점에서

백화점 또는 한 상점 내에서 175.01€ 이상 물건을 구매한 후 같은 날 그 상점에서 Détaxe 서류를 받는다.

- 백화점의 경우 Tourist Tax Refund (Détaxe) Office로 가면 된다(봉 마르쉐Le Bon Marché의 경우 꼭대기층, 갤러리 라파예트Galeries Lafayette의 경우 본관 1층). 갤러리 라파예트와 프랭땅 백화점에서 구매한 물품에 대한 택스 리펀은 백화점 내에서 현금으로 환급이 즉시 가능하다.)
- 구입한 물품의 영수증과 여권을 담당 직원에게 보여주고 Détaxe 서류를 작성한다. 이때, 추후 세금을 돌려 받을 방법(현금 또는 신용카드)을 고르게 된다. 나중을 대비해서 유로 현금이 필요한 사람은 현금으로 받는 것이 좋고, 유로보다는 원화로 받기를 원하는 사람은 신용카드로 받는 방법을 선택하면 된다. 신용카드 선택 시 공항에서는 처리가 빨리 되지만 환급까지는 최대 3개월 가량 걸릴 수 있다.

마지막으로 떠나는 유럽 연합 국가가 프랑스일 경우(샤를 드골 CDG 공항), 세금 환급을 위해서는 세관에서 줄을 서야 할 가능성이 아주 높기 때문에 출발 4시간 전에 공항에 도착하도록 한다.

- 짐을 체크하기 전에 상점에서 받아온 Détaxe 서류, 여권, 비행기 티켓(E-Ticket 프린트 한 것)을 Douane두안 : 세관에 보여주고 도장을 받는다. 가끔 세금 환급 대상인 물품을 보자고 하는 경우가 있는데, 이때 해당 물건이 없으면 벌금을 물을 수도 있으니, 반드시 짐을 체크하기 전에 가도록 한다.

- 세관에서 도장을 찍어준 Détaxe 서류를 공항 내에 있는 Tax Refund Office에 내면, 선택한 방법에 따라 세금을 돌려 받을 수 있다. 현금으로 받기를 골랐다면 그 자리에서 현금을 받을 수 있고, 신용카드로 받는다고 골랐으면 상점에서 제공한 편지 봉투(우편 요금이 지불되어 있는 편지 봉투)에 세관에서 도장을 찍어준 분홍색 종이를 넣어서 쇼핑한 날짜로부터 6개월 이내에 부치면 된다. 그러면 서류를 받은 상점에서 지불한 세금을 카드로 돌려주게 된다. (신용카드로 받는 것을 선택했을 때 이런 복잡한 절차가 있어서 최대 3개월이나 걸리는 것이다.)

TIP

세금 환급 시 주의할 점

- 택스 리펀TAX Refund 로고가 있는 상점에서만 가능하다.
- 세금 환급은 EU 국가 외에서 사용하는 조건으로 환급해 주므로 해당 물건 개봉 시 무효가 된다. 보통은 물건을 확인하지 않으나 깐깐한 세관원은 구입 물품과 항공권을 확인하므로 반드시 물품을 준비하도록 하며, 탑승 수속(체크인) 전에 환급 절차를 진행하자.
  (화장품 등의 액체류는 기내 반입이 안 되니 택스 환급 후 꼭 수화물로 보내야 한다)
- 2장의 Détaxe 서류 중 분홍색 종이는 상점으로 보내고 다른 한 장은 영수증처럼 보관하는 고객용 서류이다. 만약 상점과의 문제가 생긴다면 증거물이 될 수 있으므로 이 종이는 6개월 이상 보관하는 것이 좋다.
- 스위스, 영국은 유럽 연합국이 아니다. 따라서 관광 후 스위스에서 출국하는 경우에는 유럽 연합 국가를 벗어나기 전에 택스 리펀 서류의 세관을 확인해야 한다.

프랑스에서 문제가 발생하면 대사관에 전화하여 상의해 볼 수 있다. 예를 들어 여권을 분실했을 경우 대사관을 통해 여권을 재발급 받을 수 있다. 여권 사본과 사진이 있다면 처리가 빠르다고 하니 만일의 사태를 대비하여 여행 전에 자신의 여권을 스캔해서 메일 등에 저장해 놓도록 하자.

★ 주 프랑스 대한민국 대사관

Web fra.mofat.go.kr
주소 125 rue de Grenelle, 75007 Paris
전화번호 01 47 53 01 01
* 근무시간 외 시간 당직전화 : (휴대폰) 06 80 28 53 96
운영 시간 9H30~12H30, 14H~18H
휴일 토/일/공휴일
가는 방법 M13 Varenne

대한민국 문화원

한국 관련 서적, DVD, CD 등이 있어서 프랑스에 있는 외국친구에게 우리나라 문화를 소개하고자 할 때 좋은 곳이다. 무료로 인터넷을 사용할 수 있는 PC가 구비되어 있으므로 알아 두면 좋다.

Web www.coree-culture.org
주소 2 avenue d'Iéna, 75116 Paris
전화번호 01 47 20 84 15
운영 시간 9H30~18H
휴일 토/일/공휴일
가는 방법 M 9 Iéna

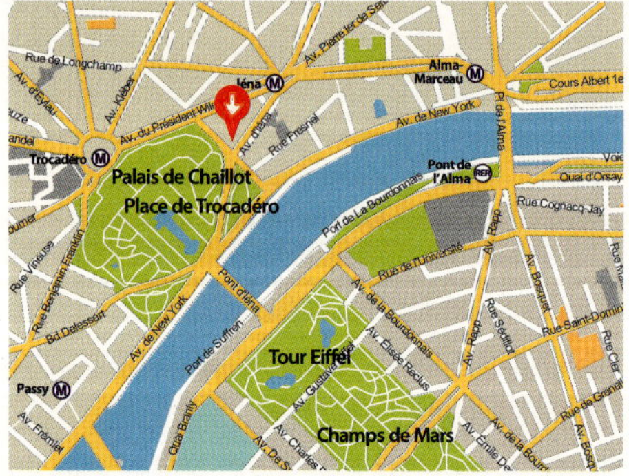

09 파리에서 머물 곳

선호하는 숙소는 사람마다 다를 것이다. 현지인처럼 보통의 파리 시민들이 사는 집과 같은 곳에 머물러 보고 싶을 수도 있고, 잠은 편한 곳에서 자야 한다며 가격이 좀 비싸더라도 아늑한 잠자리를 원할 수도 있다. 또한 대부분의 시간을 관광을 하면서 보낼 것이기 때문에 그냥 잠만 잘 수 있으면 된다고 생각하는 실속파들도 있을 것이다.

1) 숙소의 종류

❶ 호텔

파리 시내의 호텔들은 기대보다 작고 낙후되었다고 보면 된다. 즉, 가격 대비 만족도가 떨어진다. 20~30만 원대를 호가하는 호텔도 엘리베이터가 없거나 욕조가 없고, 방이 작아서 더블 침대 옆에 간신히 여행 가방을 세워 두어야 하는 경우도 많다. 조식 또한 크로와상 1개와 바게트 몇 조각, 커피밖에 없어서 실망감을 주는 경우가 많다. 프랑스인들에게 아침 식사는 '굶주림을 면하는 정도'로 간단하게 하는 것이기 때문이다.

전 세계의 호텔을 비교 검색할 수 있는 사이트도 많다. 특히 부킹닷컴(www.booking.com) 등에서 프로모션 중인 상품을 이용하면 할인된 가격으로 선택이 가능하다.

❷ 아파텔

취사가 가능하고, 보통 4~5인이 잠을 잘 수 있는 침구와 가구가 배치되어 있어서 가족 여행에 적합한 곳이 대부분이다. 취사가 되지 않는 호텔을 이용하면 식사 비용만으로도 지출이 꽤 많아지기 마련인데, 이러한 아파텔을 이용하면 취사가 가능하니 편리하다. 현지인들이 가는 슈퍼마켓에서 장을 보는 재미도 쏠쏠하다. 한국보다 유럽에서 더 저렴한 재료인 치즈나 와인을 곁들인 식사를 준비해도 좋을 것이다.

www.citadines.com, www.adagio-city.com, www.all-paris-apartments.com, www.ahparis.com 등 개인의 집을 빌릴 수 있도록 중개해주는 사이트가 많다.

파리에는 수많은 한인 민박집이 있는데, 주로 공동 침실에서 침대 한 개를 빌리거나 더블룸, 가족룸으로 꾸며진 방을 빌리는 형태로 머물 수 있다. 한인 민박집의 최대 장점은 아침 또는 저녁 식사가 제공된다는 점과 여행자들이 많이 모이기 때문에 정보의 공유가 쉽다는 점일 것이다. 가격대는 1박 기준 25~40€로 다른 숙박에 비해 아주 저렴하다.

www.reskor.com은 전세계 한인 민박 예약 사이트이다. (민박집은 한글로도 충분히 검색 가능하고 홍보가 잘 되어 있어서 여기서는 따로 소개하지 않았다.)

❹ 호스텔

파리에 여행 온 외국 친구들을 사귈 수 있는 기회를 원한다면, 각국의 여행자들이 모이는 호스텔을 추천한다. 1박 기준 30~50€ 정도이다.

www.hosteltimes.com, www.hihostel.com, www.hostelworld.com 등 배낭 여행객들을 위한 전세계 호스텔 정보를 검색할 수 있는 사이트가 많으니 원하는 조건으로 검색해 보자.

2) 숙소 소개

★ 앞으로 소개되는 숙소들의 가격대는 변동될 수 있으므로 반드시 홈페이지나 예약 사이트를 검색해 보도록 한다.

❶ 실속파를 위한 숙소

깔끔하고 저렴한 잠자리를 원한다면 다음의 호스텔 및 호텔을 눈여겨보자. 호텔의 경우 체인형 호텔 브랜드인 Ibis이비스(더블룸 기준 80~140€), Novotel노보텔(더블룸 기준 162~200€), Mercure메르큐르(더블룸 기준 195~220€) 등을 이용하는 것을 추천한다.

- **Ibis :** www.ibishotel.com
- **Novotel :** www.novotel.com
- **Mercure :** www.mercure.com

Ⓐ B.V.J Louvre 비브이제이 루브르 유스호스텔

Web www.bvjhotel.com
주소 20 rue Jean-Jacques Rousseau, 75001 Paris(루브르 박물관 근처)
전화번호 01 53 00 90 90
예산 조식 포함, 더블 70€
가는 방법 M1 Louvre - Rivoli

여행하기에 최적인 장소 1구에 위치한 호스텔로, 루브르 박물관까지 도보로 약 5분 거리에 위치하고 있다. 오페라 가르니에, 샹젤리제 거리 등 주요 중심지까지 대중교통으로 10분 정도 소요되는 아주 좋은 위치에 있기 때문에 늦은 시간까지 파리를 배회하더라도 귀가에 대한 염려가 적다. 가격대가 저렴한 만큼 시설이 아주 좋은 편은 아니란 점은 참고하자.

Ⓑ B.V.J Quartier Latin 비브이제이 카르티에 라틴 유스호스텔

Web www.bvjhotel.com
주소 44 rue des bernardins, 75005 Paris(소르본 대학, 생 미쉘 광장 근처)
전화번호 01 43 29 34 80
예산 조식 포함, 도미토리 49€, 더블 70€
가는 방법 M10 Maubert - Mutualité

고즈넉한 라틴 지역에 위치하고 있다. 위치가 좋기 때문에 늦은 시간까지 파리 시내를 즐기고자 하는 이에게 실용적인 선택이 될 수 있는 호스텔이다. 역시 가격대가 저렴한 만큼 시설이 아주 좋은 편은 아니다.

Ⓒ Oops Hostel 웁스 호스텔

Web www.oops-paris.com
주소 50 avenue des Gobelins, 75013 Paris (중심지에서 약간 벗어난 곳)
전화번호 01 47 07 47 00
예산 조식 포함, 도미토리 23€(비수기)/30€(성수기), 더블 60€(비수기)/70€(성수기)
가는 방법 M 6 Glacière

주요 관광지에서 떨어져 있기는 하지만, 깔끔하고 모던한 분위기의 감각적인 인테리어가 돋보이는 곳으로 웬만한 호텔보다 쾌적한 분위기이다. 숙소에서 파리 중심지까지 지하철로 약 25분 가량 소요된다.

Ⓓ **Ibis Paris Bercy Village 이비스 베르시 빌라주**

Web www.accorhotels.com
주소 19 place des Vins de France, 75012 Paris(베르시 지역 근처)
전화번호 01 49 28 06 06
예산 더블 72€~
가는 방법 M 14 Cour Saint-Émilion

아코르ACCORS그룹의 체인형 호스텔로, 깔끔한 분위기의 2성급 호텔이다. 베르시 지역은 파리지앵들이 즐겨 다니는 쇼핑몰과 공원들이 주변에 있어서, 세련된 현지 분위기를 느낄 수 있는 지역이기도 하다.

Ⓔ **Hôtel Raspail Montparnasse Paris 라스파일 몽파르나스 파리 호텔**

Web www.hotelraspailmontparnasse.com
주소 203 boulevard Raspail, 75014 Paris(몽파르나스 근처)
전화번호 01 43 20 62 86
예산 더블 109€~ (20일 이전 예약 시 10% 할인 혜택이 있다)
가는 방법 M4 Vavin

깔끔한 비지니스형 호텔로 몽파르나스 지역에 위치하고 있어서, 지하철 4호선으로 환승 없이 젊음의 거리인 생 미쉘, 지성의 거리인 생제르망데프레로 이동할 수 있다. 숙박 예정일 20일 이전 예약 시 10% 할인 혜택도 있다.

Ⓕ **Novotel Paris Tour Eiffel 노보텔 파리 투르 에펠**

Web www.novotel.com
주소 61 quai de Grenelle, 75015 Paris(에펠탑 근처)
전화번호 01 40 58 20 00
예산 더블 220€~
가는 방법 M10 Javel - André Citroën

아름다운 센 강이 내려다 보이는 풍경이 일품인 호텔로, 편안하게 파리를 즐기려는 이들에게 인기 있는 호텔이다. 하지만 위치가 애매하여 파리의 관광지를 다닐 때 환승을 해야 하고, 조금 더 걸어야 하는 불편함이 있다. 하지만 깔끔하고 좋은 서비스 때문에 많은 사람들이 이 호텔을 찾는다.

Ⓖ **Mercure Paris Tour Eiffel Grenelle 머큐어 파리 투르 에펠 그르넬**

Web www.mercure.com
주소 64 boulevard de Grenelle, 75015 Paris(에펠탑 근처)
전화번호 01 45 78 90 90
예산 더블 175€~
가는 방법 M6 Dupleix

에펠탑 근처에 위치한 3성급 호텔이다. 지하철역 1분 거리에 위치한 것도 이 호텔의 장점이다.

Ⓗ **Hôtel Du Bois 호텔 뒤 보아**

Web www.hoteldubois.com
주소 11 rue du Dôme, 75116 Paris(개선문 근처)
전화번호 01 45 00 31 96
예산 더블 135€~
가는 방법 RER A , M 1• 2 •6 Charles de Gaulle - Étoile

샹젤리제 거리 근처에 위치한 깔끔한 호텔이다. 파리의 호텔들이 그렇듯 방이 좁긴 하지만 위치가 좋고 서비스가 괜찮은 호텔이다.

Ⓘ **Hôtel du Petit Louvre 호텔 뒤 프티 루브르**

Web hotel-paris-petitlouvre
주소 1 rue de Lourmel, 75015 Paris(에펠탑 근처)
전화번호 01 45 78 17 12
예산 더블 125€~ (3박 이상 예약 시 1박당 80€ 로 할인)
가는 방법 M6 Dupleix

에펠탑 근처에 위치한 호텔로 3박 이상 예약하면 가격이 할인되어 좋다. 지하철에서 1분 거리에 위치하고 있어서 이동에 편리하다.

❷ 디자인 부티크 호텔

테마별로 개성 있게 디자인된 공간을 원한다면, 아래의 호텔들을 눈여겨보자.

Ⓐ **jule & jim Hôtel 줄 앤 짐 호텔**

Web www.hoteljulesetjim.com
주소 11 rue des Gravilliers, 75003 Paris(마레 지역)
전화번호 01 44 54 13 13
예산 230€~
가는 방법 M3 •11Arts et Métiers

예쁜 거리 마레 지구의 호텔이다. 구조가 독특하며 세련된 내부 인테리어가 멋진 곳이다. 마레 지역을 구석구석 다닐 계획이라면 더없이 좋은 선택이 될 수 있다.

Ⓑ **Petit Moulin 프티 물랭**

Web www.hotelpetitmoulinparis.com
주소 29 rue de Poitou, 75003 Paris(마레 지역)
전화번호 01 42 74 10 10
예산 179€~
가는 방법 M8 Saint-Sébastien Froissart

파리 부티크 호텔의 전설이라 불리는 프티 물랭은 예전에 빅토르 위고가 매일 아침 바게트를 사던 빵집 위에 꾸며진 호텔이다. 외관은 평범해 보이지만 방은 크리스찬 라크르와 Christian Lacroix가 디자인하여, 결코 평범하지 않다. 화려한 색감과 독특한 인테리어가 눈길을 끄는 이 호텔은 총 17개의 객실이 준비되어 있으며, 젠, 팝아트, 로코코, 바로코 등 서로 다른 콘셉트로 꾸며져 있다.

Ⓒ **Hi-matic Hôtel 하이 마틱 호텔**

Web www.hi-matic.net
주소 71 rue de Charonne, 75011 Paris(바스티유 광장 근처)
전화번호 01 43 67 56 56
예산 180€~
가는 방법 M9 Voltaire, Charonne, M8 Ledru-Rollin

매일 아침 유기농으로 즐기는 유럽식 조식과 무선 인터넷을 무료 제공한다. 디자인 감각이 뛰어난 인테리어가 눈길을 끈다.

Ⓓ **Color Design Hôtel 컬러 디자인 호텔**

Web www.colordesign-hotel-paris.com
주소 35 rue de Cîteaux, 75012 Paris(바스티유 광장 근처)
전화번호 01 43 07 77 28
예산 더블 155€~
가는 방법 M8 Faidherbe - Chaligny

감각적인 디자인의 호텔이다. 깔끔한 인테리어와 색감들이 즐겁다. 환승 없이 루브르 박물관, 샹젤리제 거리로 한 번에 갈 수 있는 만큼 위치도 좋다.

Ⓔ **Mama Shelter 마마 쉘터**

Web www.mamashelter.com
주소 109 rue de Bagnolet, 75020 Paris(페르 라 쉐스 묘지 근처)
전화번호 01 43 48 48 48
예산 119€~ (날짜별로 가격대가 다름)
가는 방법 M3 Gambetta

평범함을 거부하는 필립 스탁 Philippe Starck 디자이너가 인테리어를 맡은 곳으로 서비스가 좋다. 마마 쉘터는 '엄마의 품처럼 모두에게 편안한 은신처가 되어주겠다'는 뜻이다. 위치는 파리 중심지로부터 약간 떨어져 있다.

Ⓕ **Hôtel Particulier 호텔 팍티큘리에르**

Web www.hotel-particulier-montmartre.com
주소 23 avenue Junot, 75018 Paris(몽마르트 근처)
전화번호 01 53 41 81 40
예산 300€~
가는 방법 M12 Lamarck - Caulaincourt

예술적 느낌이 가득한 몽마르트 지역에 위치한 호텔로, '특별한'이라는 뜻을 가진 곳이다. 편안한 휴식을 보장하는 인테리어를 자랑한다.

Ⓖ **Kube 큐브**

Web www.muranoresort.com
주소 1 passage Ruelle, 75018 Paris(몽마르트 근처)
전화번호 01 42 05 20 00
예산 300€~
가는 방법 M2 La Chapelle

현대적인 시설을 자랑하는 호텔로, 기하학적 구조의 인테리어가 돋보인다. 모든 방은 자동 조명, 자동 온도장치가 설치되어 있으며, 지문 인식기가 갖춰져 있어 열쇠가 필요 없다. 이 호텔의 2층에 있는 아이스 바는 한번쯤 가볼 만한 곳인데, 영하 12도의 이글루 모양으로 만들어진 장소에서 얼음으로 만들어진 잔에 보드카를 넣어 30분 내에 마셔야 하는 이국적인 시설이다. 이때, 모자, 장갑, 털외투는 필수이다.

Ⓗ **Hôtel Secrit de Paris 호텔 시크릿 드 파리**

Web www.hotelsecretdeparis.com
주소 2 rue de Parme, 75009 Paris(생라자르역 근처)
전화번호 01 53 16 33 33
예산 240€~
가는 방법 M 2·13 Place de Clichy

파리를 대표하는 6가지 이미지를 선택하여 그 이미지를 통해 객실을 꾸민 곳이다. 오페라 가르니에, 트로카데로 광장, 에펠탑, 물랭루즈, 화가의 아뜰리에, 오르세 미술관 등의 파리 감성들이 로맨틱하게 꾸며져 있다.

Ⓘ **Hôtel le A Paris 호텔 르 아 파리**

Web www.paris-hotel-a.com
주소 4 rue d'Artois, 75008 Paris(샹젤리제 거리 근처)
전화번호 01 42 56 99 99
예산 200€~
가는 방법 M9 Saint-Philippe-du-Roule

25개의 객실을 보유하고 있는 깔끔한 디자인의 4성급 호텔이다. 샹젤리제 거리까지 도보 5분 거리에 위치하고 있어 편리하다.

Ⓙ **Hôtel Notre-Dame Saint Michel**
호텔 노트르담 생 미쉘

Web www.hotelnotredameparis.com
주소 1 quai Saint-Michel, 75005 Paris(파리 노트르담 대성당 근처)
전화번호 01 43 54 20 43
예산 270€~(3박 이상 예약 시 180€~로 할인)
가는 방법 RER B C Saint-Michel - Notre-Dame, M4 Saint-Michel

화려하면서도 고급스러운 컬러 감각이 돋보이는 이 곳은 쁘티물랭 호텔을 디자인했던 크리스찬 라크로와 Christian Lacroix의 또 다른 작품이다. 파리 노트르담 대성당 앞인 생 미쉘 광장에 위치하고 있다는 것이 더욱 매력적으로 느껴진다.

Ⓚ **Hôtel Bel Ami 호텔 벨 아미**

Web www.hotel-bel-ami.com
주소 7-11 rue St-Benoît, 75006 Paris(생제르망데프레 거리 근처)
전화번호 01 42 61 53 53
예산 290€~
가는 방법 M4 Saint-Germain-des-Prés

방이 좁긴 하지만, 깔끔한 인테리어에 있을 것은 다 있는 호텔이다. 지성의 거리로 불리는 생제르망데프레 거리에 위치하고 있어서 더욱 특별하게 느껴진다.

❸ 초특급 럭셔리 호텔

최고의 사치를 부려보고 싶다면 하루에 100만 원을 훌쩍 넘는 초특급 럭셔리 호텔을 이용해 보자.

Ⓐ Hôtel de Crillon 크리옹 호텔

Web www.crillon.com
주소 10 place de la Concorde, 75008 Paris(콩코르드 광장 근처)
전화번호 01 44 71 15 00
예산 750€~
가는 방법 M1 Concorde

콩코르드 광장에 위치하고 있는 크리옹 호텔은 국가 정상들이 주로 묵는 호텔로 알려져 있다. 호텔 내부는 루이 15세 스타일로 화려하고 고급스럽게 꾸며져 있다.

Ⓑ Park Hyattep Paris Vendôme
　　파크 하야트 파리 방돔

Web www.paris.vendome.hyatt.com
주소 5 rue de la Paix, 75002 Paris(방돔 광장 근처)
전화번호 01 58 71 10 60
예산 790€~

루브르 박물관, 튈르리 정원, 오르세 미술관, 오페라 가르니에 등 주요 관광지가 도보 20분 거리 내에 있다. 고급스럽고 세련된 인테리어와 서비스가 편안하게 느껴시는 곳이다.

Ⓒ Ritz- Paris 리츠 파리

Web www.ritzparis.com
주소 15 place Vendôme, 75001 Paris(방돔 광장 근처)
전화번호 01 43 16 33 65
예산 750€~
가는 방법 M1 Tuileries, M 3·7·8 Opéra

전세계에서 내로라하는 보석 상가가 있는 우아한 방돔 광장에 위치한 최고급 호텔인 리츠 파리는 가브리엘 샤넬이 30년간 지냈던 장소로도 유명하고, 다이애나 황태자비가 교통사고로 사망하기 전 마지막으로 머물렀던 장소라고 한다. 파리를 찾은 유명한 명사들이 주로 찾는 곳으로 알려져 있다.

Ⓓ Four Seasons Hôtel George V Paris
　　포시즌 호텔 조르주 생크 파리

Web www.fourseasons.com/paris
주소 31 avenue George V, 75008 Paris(샹젤리제 거리 근처)
전화번호 01 49 52 70 00
예산 750€~
가는 방법 M1 George V

1928년에 지어졌으며, 샹젤리제 거리 근처에 위치하고 있어서 이동에 편리하다. 럭셔리한 호텔로 서비스 역시 최고급인 곳이다.

Ⓔ Paris Marriott Hôtel Champs-Elysees
　　파리 메리오트 호텔 샹젤리제

Web www.marriott.com
주소 70 avenue des Champs Élysées, 75008 Paris(샹젤리제 거리 근처)
전화번호 01 53 93 55 00
예산 650€~
가는 방법 M1 George V

파리의 상징으로 불리는 샹젤리제 거리에 위치하고 있는 호텔이다. 5성급 호텔답게 방의 퀄리티나 부대시설, 직원 서비스는 아주 좋다.

Ⓕ **Hôtel le Bristol Paris** 호텔 브리스톨 파리

Web www.lebristolparis.com
주소 112 rue du Faubourg Saint-Honoré, 75008
Paris(샹젤리제 거리 근처)
전화번호 01 53 43 43 00
예산 805€~
가는 방법 RER A , M 1·2·6 Charles de Gaulle - Étoile

고급스럽고 화려한 인테리어로 말이 필요 없는 파리의 5
성급 호텔이다. 편안한 휴식과 친절한 서비스를 약속하
고 있다.

Ⓖ **Hôtel Plaza Athénée Paris** 호텔 플라자 아테네 파리

Web www.plaza-athenee-paris.com
주소 25 avenue Montaigne, 75008 Paris(몽테뉴 거리
근처)
전화번호 01 53 67 66 65
예산 700€~
가는 방법 M 1·9 Franklin D. Roosevelt, M9 Alma -
Marceau

명품 브랜드 숍이 즐비한 몽테뉴 거리에 위치한 호텔이
다. 레스토랑도 최고급 식당으로 알려져 있다.

Ⓗ **Hôtel Le Meurice** 호텔 르 모리스

Web www.lemeurice.com
주소 228 rue de Rivoli, 75001 Paris(튈르리 정원 근처)
전화번호 01 44 58 10 10
예산 600€~
가는 방법 M1 Tuileries

화려한 로코코 양식이 가미된 세련된 스타일로 인테리어
된 방에서의 휴식이 편안하다. 최고급 호텔답게 최고의
조식과 식사까지 제공 받을 수 있다.

La manière de voyager sagement à Paris

어느 곳을 여행하든 가장 빨리 파악해야 하는 것이 그 나라의 주소 체계라고 할 수 있다. 주소 체계를 알면 주소만 보고도 대충 어디쯤 위치해 있는 곳인지 금방 파악이 되고, 지도를 보거나 해당 장소를 찾아갈 때 훨씬 수월하기 때문이다. 파리의 주소 표기는 일반적으로 다음과 같은 규칙을 따른다.

번지　길 이름　구　도시(지역) 이름

여기서 '구'는 파리의 행정 구역을 말한다. 파리 시내는 달팽이 모양으로 1구부터 20구까지 나누어져 있다. 그 지역의 구가 파리 주소에 표기가 되는 것이다.

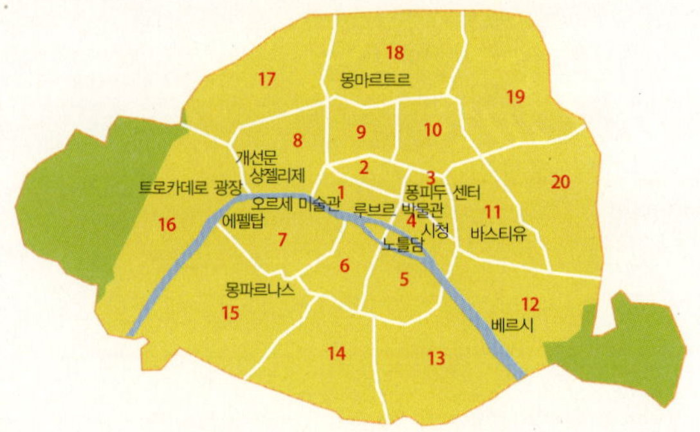

그럼 당대 최고의 문학가들이 즐겨 찾았다던 카페 레 뒤 마고^{Café les deux magots}를 예로 들어 설명해 보겠다. 카페 레 뒤 마고의 주소는 다음과 같다.

이 주소를 풀어 써보면 〈파리 6구 생제르망데프레 광장 6번지〉가 된다.

이제 차례차례 주소를 매치시켜 보면, 맨 앞의 숫자는 번지를 말한다. 번지는 도로의 한쪽에 짝수 번지가 그 맞은편에 홀수 번지가 매겨지는 식이다. 즉 다음과 같은 모양이 된다.

주소의 두 번째 요소는 길 이름이다. 파리의 길을 다음과 같은 종류가 있다.
- **RUE :** 휘, 골목길 같이 작은 길이나 그보다 조금 큰 길
- **BOULEVARD :** 블루바흐, 4차선 정도 되는 길
- **AVENUE :** 아브뉴, 횡단보도가 두 개 이상 이어지는 굉장히 큰 길
- **PLACE :** 쁠라스. 광장

따라서 예로 든 주소에서 Place Saint-Germain-des-Prés는 〈생제르망데프레 광장〉
이라는 의미가 된다.

다른 주소를 한 번 더 살펴보면,
4 Rue de Rivoli, 75004 Paris
는 〈파리 4구 Rivoli 길 4번지〉가 된다.

TIP

파리에 머물 시간이 충분하고, 파리 시내 곳곳을 자세하게 다닐 계획이라면 파리
의 모든 길들이 속속들이 나와 있는 지도 책을 한 권 추천한다. 〈Le Petit Parisien,
3 PLANS PAR ARRONDISSEMENT〉라는 책인데, 상세하게 길 이름이 나와 있을
뿐만 아니라, 버스 이동편 등도 자세히 나와 있어서, 편리하게 이용이 가능하다.
서점이나 길거리 가판대 등에서 쉽게 구매할 수 있고, 가격은 6€ 정도이다.

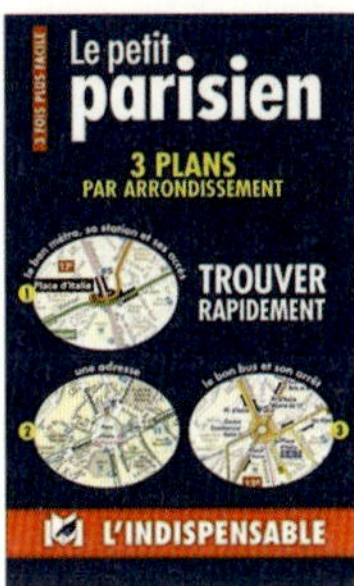

이 책을 가지고 앞서 설명했던 카페 레 뒤 마고〈6 place Saint-Germain-des-Prés,
75006 Paris〉를 찾아보면 이 책은 1구부터 20구까지 순서대로 구역별로 나와 있
기 때문에 당장 6구부터 펼쳐야 할 것 같지만, 주소 하나만 가지고 그 구역에서
바로 찾기에는 무리가 있다. 따라서 지도 책의 앞부분에 알파벳 순서대로 길 이름
을 찾을 수 있는 색인을 이용해야 하는데, 이때 주의할 점은 RUE, BOULEVARD,
AVENUE 같은 길의 단위는 생략되고 대표 이름만 찾으면 된다는 것이다. 즉
Saint-Germain-des-Prés니까 S에서 찾으면 된다는 뜻이다. 찾은 부분을 보면, 지
도 상위 테두리에 숫자가 적혀 있고, 양옆 테두리에 알파벳이 적혀 있는데, 그 숫
자와 알파벳이 만나는 지점이 도착지이다. 마지막으로 그곳에서 6번지를 찾으면
성공이다.

파리 관광지는 기본적으로 간단한 영어로 쉽게 의사소통 할 수 있지만 그 나라의 기본적인 인사말이나 간단한 회화는 알고 가는 것이 예의일 것이다. 여행지에서 바로 활용이 가능하도록 최대한 원어민 발음에 가깝게 표기하였다.

1) 기본 회화

안녕하세요.	Bonjour 봉주흐
안녕하세요.(저녁 인사)	Bonsoir 봉수아
안녕히 주무세요.	Bonne nuit 본 뉘
반갑습니다.	Enchantée 엉성떼
실례합니다.	Excusez-moi 엑스퀴제무아
안녕히 계세요.	Au revoir 오흐브아
죄송합니다.	Pardon 빠흐동
괜찮아요.	Ça va 싸 바
이해했습니다.	Je comprends 주 꽁프렁
괜찮아요(별거 아니에요).	C'est pas grave 쎄 빠 그하브
얼마인가요?	Combien ça coûte? 꽁비앙 싸 꾸뜨
이것은 무엇이죠?	Qu'est ce que c'est? 께스끄쎄
좋습니다.	C'est bon 쎄 봉
안 좋습니다.	C'est pas bon 쎄 빠 봉
이것이 좋아요.	J'aime ça 젬 싸
이것이 안 좋아요.	Je n'aime pas ça 주 넴 빠 싸
사랑합니다.	Je t'aime 쥬 뗌
네.	Oui 위
아니요.	Non 농
주세요.	Donnez-moi, s'il vous plaît 도네 모아 씰 부 쁠레
제 이름은 (이름) 입니다.	Je m'appele (이름) 주 마뺄 (이름)
저는 프랑스어를 못합니다.	Je ne parle pas français 주 느 빠흐르 빠 프랑세
영어로 부탁합니다.	En anglais, s'il vous plaît 엉 엉글레, 씰 부 쁠레
사진을 찍어주실 수 있습니까?	Est-ce que vous pouvez nous prendre en photo? 에스끄 부 뿌베 누 퍼헝드르 엉 포또?
비싸요.	C'est cher 쎄 쉐흐
싸요.	C'est pas cher 쎄 빠 쉐흐

2) 기본 단어

오늘	aujourd'hui	오졸흐뒤
내일	demain	드망
어제	hier	이에흐
그제	avent hier	어번 띠에흐
아침	matin	마땅
오후	après midi	아프헤 미디
저녁	soir	수아
밤	nuit	뉘
낮	jour	쥬흐
주	semaine	스멘
월	mois	무아
여권	passeport	빠스뽀흐뜨
비자	visa	비자
대사관	ambassade	암바싸드
환전소	bureau de change	뷰호 드 샹쥬
항공권	billet d'avion	비예 다비용
입국카드	carte de débarquement	꺅뜨 드 데박끄멍
여행	voyage	보야쥐
탑승	embarquement	엉박끄멍
선물	cadeau	꺄도

3) 요일

월요일	lundi	렁디
화요일	mardi	마흐디
수요일	mercredi	메크흐디
목요일	jeudi	주디
금요일	vendredi	벙드흐디
토요일	samedi	썸디
일요일	dimenche	디멍시

4) 숫자

0	zoro	제호
1	un	엉
2	deux	두
3	trios	트와
4	quatre	꺄드흐
5	cinq	쌍끄
6	six	씨스
7	sept	쎄뜨
8	huit	위뜨
9	neuf	뇌프
10	dix	디스
100	cent	썽
1000	mille	밀
1만	dix mille	디밀
10만	millions	밀리용
100만	dixmillions	디밀리용
1억	milliard	밀리야흐

5) 위급 상황

약	médicament	메디까멍
감기	rhume	휨
두통	mal de tête	말라 떼뜨
콧물	le nez qui coule	르 네 끼 꿀
목 아픔	mal à la gorge	말 아 라 고르주
멀미	mal de mer	말드 메흐
멀미약	antinaupathique	앙띠노빠띠끄
잇몸	gencive	정씨브
설사	diarrhée	디아헤
임신중	enceinte	엉썽뜨
화상	brûlure	브휠레흐
알레르기	allergie	알레흐쥐
염좌	entorse	엉 똑스

타박상	ecchymose 에끼모즈, bleu블루	열다	ouvrir 우브히흐
골절	fracture 프락뛰흐	열림	ouverture 우벡투르
열	fièvre 피에브흐	닫다	fermer 페흐메
해열제	antipyrétique 앙띠삐헤떡	닫힘	fermeture 페흐마투르
	fébrifuge 페브히퓨즈	메뉴	menu므뉴, carte 꺅뜨
구토	vomissement 보미스멍	물	l'eau 로
위장염	gastroentérite 가스트호앙떼힛뜨	차	thé 떼 (thé vert 떼 베흐 녹차)
당뇨병	diabète 디아벳	차가운	froid 프호와
고혈압	hypertension 이뻬흐 떵씨옹	뜨거운	chaud 쇼
저혈압	hypotension 이뽀 떵씨옹	물수건	lingette 랑제뜨
진통제	antidouleur 앙띠둘레흐,	냅킨	serviette 세흐비에뜨
	anesthesiant 아네스떼지앙	종이 냅킨	serviette en papier 세흐비에프 엉 빠피에
주사	piqûre 삐께흐		
수술	opération 오뻬하시옹	소금	sel 쎌
식전	avant le repas 아벙 르 흐빠	후추	poivre 뿌아브흐
식후	aprèsle repas 아프헤 르 흐빠	겨자	moutarde무따흐드
복용	voie orale 보와 오할	추가	encore un 엉꼬흐 엉
여기가 아파요.	J'ai mai ici 줴 말 이씨	1인분	pour une personne 뿌흐 윈 뻭쏜
도와주세요.	Aidez-moi, s'il vous plaît 에데 모아, 씰 부 쁠레	2인분	pour deux personnes 뿌흐 두 뻭쏜

도와주세요(위급할 때) au secour 오 스꾸

테이블석 — une place en salle 윈 쁠라스 엉 쌀

여권을 잃어버렸습니다.
J'ai perdu mon passeport 제 페흐뒤 몽 파스뽀흐뜨

예약	réservation 헤제흐바씨옹
화장실	toilettes 또왈렛

경찰을 불러주세요.
Appelez-moi la police 아쁠레 모아 라 뽈리스

남자	homme 옴
여자	femme 팜므

병원에 데려가 주세요.
Amenez-moi à l'hôpital 아므네 모아 아 로뻬딸

사용 중	occupé 오꾸뻬
비어 있음	libre 리브흐
(익힌 정도) 덜 익힌	saignant 쎄녕
(익힌 정도) 적당한	à point 아 뿌앙
(익힌 정도) 잘 익힌	bien cuit 비앙 뀌

한국어 할 수 있는 사람을 불러주세요.
Appelez -moi un traducteur coreen, s'il vous plaît
아쁠레 모아 엉 트하뒥떠흐 코레앙, 씰 부 쁠레

(아주) 맛있어요.	C'est (très) bon 쩨 (트헤)봉
맛이 없어요.	C'est pas bon 세 빠 봉
계산서 주세요.	L'addition, s'il vous plaît 라딕씨옹, 실 부 쁠레

영어 할 수 있는 사람을 불러주세요.
Appelez -moi un traducteur anglais, s'il vous plaît
아쁠레 모아 엉 트하뒥떠흐 엉글레, 씰 부 쁠레

지하철	métro	메트호
트램	Tram	트람
역	gare	갸흐
요금	tarif	따히쁘
출발	départ	데빠
도착	arrivée	아히베
멈춤	arrêt	아헷뜨
고장난	en panne	엉 빤
매표소, 창구	guichet	기쉐
입구	entrée	엉트헤
출구	sortie	쏙띠
환승	correspondance	꼬헤스퐁덩스
공항	aéroport	호뽀흐뜨
편도	aller simple	알레 썽쁠
왕복	aller retour	알레 흐뚜
오른쪽	à droite	아 도홧
왼쪽	à gauche	아 고쉬
직진	tout droit	뚜 도화

가까운 지하철이 어디인가요?
Où est le métro le plus proche? 우 에 르 메트호 르 쁠루 프호쉬?

여기에 세워 주세요.
Arrêtez-moi ici, s'il vous plaît 아헤떼 모아 이씨, 씰 부 쁠레

(주소를 보여주며) 이 주소로 데려가 주세요.
Amenez-moi à cette adresse 아므네 모아 아 쎗 어드헤스

파리에서 박물관을 실컷 방문하고 싶다면 뮤지엄 패스를 이용할 것을 추천한다. 뮤지엄 패스는 정해진 기간(2일, 4일, 6일) 동안 파리와 파리 근교의 지정된 60여 개의 미술관, 박물관을 추가 요금 없이 입장할 수 있는 무제한 패스이다. 따라서 입장료를 아낄 수 있는 것은 물론 관광객이 많은 성수기에 방문했다면 박물관 입장을 위해 길게 줄을 서야 하는 경우가 많은데 뮤지엄 패스가 있을 경우 뮤지엄 패스 소지자 전용 입구로 들어가기 때문에 비교적 빠르게 입장이 가능하다는 장점이 있다.

여러 박물관을 방문할 계획이라면 당연히 뮤지엄 패스가 유리하고, 기본적으로 가게 되는 박물관 및 미술관은 거의 포함이 되므로 일정을 어떻게 짜느냐에 따라 상당한 비용을 절약할 수 있다.

Web www.parismuseumpass.com

가격 2일권 39€, 4일권 54€, 6일권 69€

* 홈페이지에서 매해 바뀐 뮤지엄 패스 안내서를 다운로드 받을 수 있다. 안내서에는 뮤지엄 패스로 입장 가능한 곳이 상세히 설명되어 있으니 이를 참조하면 가장 정확하다.

1) 뮤지엄 패스 파는 곳

❶ 파리 샤를 드 골 공항

- 1터미널(아시아나 또는 해외 국적기 이용 시) : 4번 출구의 Point Information Tourisme에서 판매. 구입 가능 시간 7H15~22H (연중무휴)
- 2터미널(대한항공, JAL 항공 이용 시) : 2·7·11번 출구의 Point Information Tourisme에서 판매. 구입 가능 시간 7H15~22H (연중무휴)

❷ 오를리 공항

L 출구, H 출구 Tourisme Information에서 구입 가능, 7H15~21H45 (연중무휴)

- 뮤지엄 패스 사용 가능한 모든 박물관, 미술관

  * 큰 박물관에서는 패스권은 구입하기 위해 긴 줄을 서야 할 경우가 많기 때문에 처음 구입 시에는 사람이 적은 작은 미술관에서 구입하는 것이 편리하다.

- 시내 곳곳 Office du Tourisme여행 안내소
- 이외 지정 Fnac프낙, 주요 미술관 근처 Tabac담배가게

2) 사용 가능한 곳

루브르 박물관, 오르세 미술관, 베르사유 궁전, 로댕 미술관, 퐁피두 센터, 노트르담 대성당 탑, 생트 샤펠 등 웬만한 곳은 다 이용 가능하다(홈페이지 안내서 참조). 따라서 뮤지엄 패스로 방문이 가능한 박물관이나 미술관을 모두 가지 않더라도 기본적으로 가게 되는 루브르나 오르세 미술관, 베르사유 궁전 같은 곳들을 갈 계획이 있다면 구입하는 것이 좋다. 특히 입장료가 비싼 베르사유 궁전이 일정에 있다면 더욱 더 뮤지엄 패스 구입을 권한다.

뮤지엄 패스를 이용하는 게 과연 현명할까 고민하는 사람들도 많다. 박물관, 미술관 관람이 체력적으로 부담이 커서 하루에 여러 곳을 돌기가 만만치 않고, 뮤지엄 패스를 이용할 생각에 욕심껏 관람하지 못하고 수박 겉핥기 식으로 돌아보게 되는 부작용도 있기 때문이다. 하지만 휴관일을 잘 확인하고 서로 연계하여 관람할 수 있는 곳을 한 동선으로 잡으면 뮤지엄 패스의 이점을 충분히 살릴 수 있다. 예를 들어 루브르 박물관과 노트르담 대성당을 하루 일정으로 짠다든지 하는 식이다.

3) 사용 방법

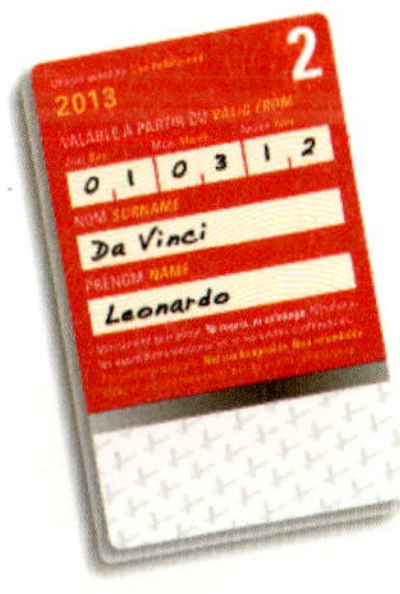

패스 구입 후 자신이 원하는 개시일(일/월/연도 순)과 이름(성, 이름 순)을 볼펜으로 카드 뒷면에 적으면, 개시일부터 연속되는 정해진 기간 동안 사용이 가능하다. 따라서 박물관 패스는 여유 있을 때 미리 구매해 두면 좋다. 박물관 입장 시 검표원에게 뮤지엄 패스를 보여주면 바로 입장이 가능하다.

프랑스인들이 자신들이 입던 옷, 잡다한 물건들을 내놓고 팔 때 벼룩들이 뛰어다녔다는 일화에서 비롯된 벼룩시장은 꽤 재미난 볼거리이다. 파리에는 세 개의 유명한 벼룩시장이 있고, 그 외에도 파리 곳곳 주말 장터에서 골동품을 파는 사람들을 쉽게 만날 수 있다. 집에 있는 쓸만한 것들을 직접 팔러 나온 파리지앵들도 있고, 전문적으로 물건을 구매하여 판매하는 벼룩시장 전문 상인들도 보인다. 새 제품도 아닌데 깜짝 놀랄 만큼 비싼 물건들도 있지만, 잘 고르면 저렴하게 만족스런 물건을 구매할 수 있는 벼룩시장! 엔틱하고 빈티지한 느낌을 좋아하는 여행자라면 꼭 방문해 보자.

1) 벼룩시장(Marché aux Puces) 제대로 즐기기

• 일찍 일어나는 새가 벌레를 잡는다!

단잠의 유혹을 뿌리치고 일찍 나온 자가 좋은 물건을 잡을 수 있는 법! 좋은 물건은 금방 팔리기 마련이다. 단순한 구경이 아니라 물건을 구매하길 원한다면 벼룩시장이 열리는 7시 30분경에는 도착하는 것이 좋다.

• 가격 흥정은 기본!

벼룩시장에서는 부르는 가격의 30~50% 정도는 흥정을 하는 것이 좋다. 돈 많은 관광객 티 내지 않고 마음에 들더라도 내색하지 않으면서 흥정을 하면 만족스런 구매를 할 수 있을 것이다.

• 천천히 둘러보고 구매 결정은 마지막에!

시장 전체의 규모가 크더라도 천천히 둘러보고, 제품을 요리조리 꼼꼼하게 살펴보고 구매한다. 비슷한 스타일의 제품들이 많을 수 있으므로 꼭 사고 싶은 아이템이 아니라면 다른 물건들도 충분히 둘러보고 구매해야 후회가 없다.

• 소매치기 조심!

사람들이 많은 곳은 항상 소매치기들이 많다는 것을 잊지 말고 늘 소지품 관리에 유의하도록 한다.

❶ Marché aux Porte de Vanves (방브 벼룩시장)

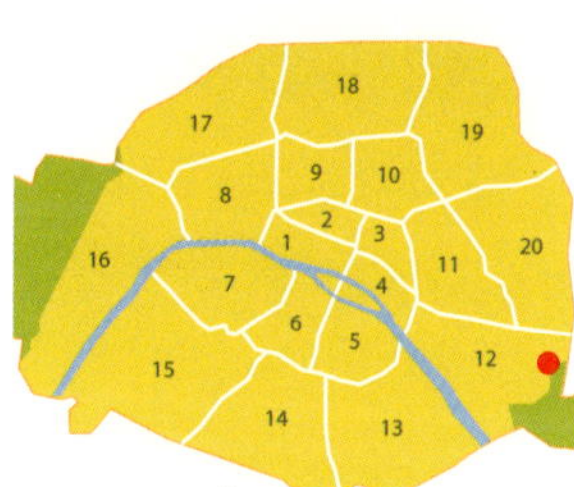

주소 Avenue Georges Lafenestre, 75014 Paris,
Avenue Marc Sangnier, 75014 Paris

운영 시간 Avenue Georges Lafenestre : 7H~15H 또는 17H (상인마다 다름)
Avenue Marc Sangnier : 7H~13H

가는 방법 M13 Porte de Vanves

14구의 Georges Lafenestre 길과 Marc Sangnier 길에 길게 이어지는 이 벼룩시장은 2시간 정도면 둘러볼 수 있는 적당한 규모이다. 조그만 배지나 단추처럼 아기자기한 제품부터 오래된 사진, 엽서, 앨범은 물론, 레이스, 예술품, 장식품, 가구, 고서적 등 다양한 제품들을 보는 재미가 있다. 깨끗한 물건들이 많아서 구매 욕구를 자극하지만, 흥정하는 것이 쉽지 않다는 단점도 있다.

❷ Marché aux Puces de Montreuil (몽트레이유 벼룩시장)

주소 Avenue de la Porte de Montreuil, 75020 Paris
운영 시간 토/일/월요일 9H~19H
가는 방법 M9 Porte de Montreuil

빈티지한 중고 의류가 많다고 소문난 이곳은 가구 및 장식품들도 다양하게 볼 수 있다. 특히 집에서 사용하지 않는 잡동사니들을 내다 파는 파리지앵의 물건을 아주 저렴한 가격에 구매할 수도 있으니 잘 살펴보고 흥정도 해보자.

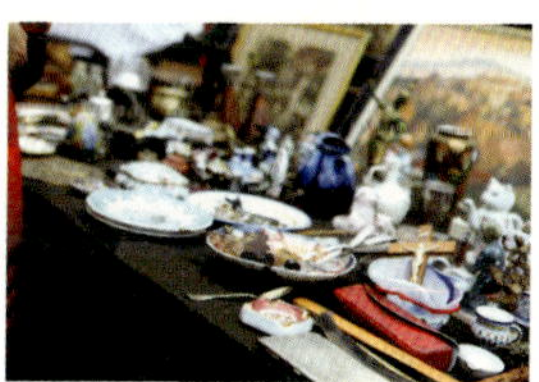

❸ Marché aux Porte de Clignancourt
(끌리낭꾸르 벼룩시장)

주소 Porte de St-Ouen de Clignancourt, 75018 Paris
운영 시간 토/일/월요일 09H~18H
가는 방법 M4 종점 Porte de Clignancourt

Marché aux Puces St-Ouen de Clignancourt끌리낭꾸르그
의 생 또앙 벼룩시장이라고도 불리는 이곳은 파리 최대 규모의
벼룩시장이며 1920년대부터 형성되었다고 한다. 각종 가
구 예술품, 집안에서 쓰는 물건과 군대에서 사용하는 물
품, 아프리카 토속품 등 너무나도 다양한 물건들이 있는
곳이라 제대로 둘러보려면 최소한 반나절 이상이 소요된
다. 지하철역에서 50미터 지점에서 시작되는 기념품 판
매점이나 싸구려 옷을 보며 실망하여 발걸음을 돌리는
실수는 하지 않길 바란다. 실제 벼룩시장은 일반상가들
이 끝나는 뒷편으로 이어지기 때문에 끈기를 갖고 돌아
보는 것이 중요하다.

❹ 각 마을 주민들이 주관하는 벼룩시장

Web vide-greniers.org/agendaDepartement.php?departement=75

위의 사이트에 들어가면 날짜마다 벼룩시장이 열리는 동네와 장소, 판매되는 물
건들의 주제들이 잘 소개되어 있다. 상업성이 짙은 상인들과 관광객들이 싫다면
파리지앵들의 소소한 일상들을 느낄 수 있는 이 벼룩시장에 가보자. 각 구역에서
열리는 벼룩시장은 각자가 사용하지 않는 물품을 저렴한 가격에 내다 파는 주민
들이 주관하기 때문에 더욱 흥미롭다.
벼룩시장에서 살 만한 물건들은(취향에 따라 다르겠지만) 프랑스의 로코코 느낌
가득한 도자기 주전자, 찻잔, 촛대 등이다. 빈티지한 느낌의 옷과 가방도 인기인
데, 신발은 생각보다 약해서 쉽게 떨어지므로, 이 점을 감안해서 구매를 결정하면
되겠다.

TIP
프랑스의 유명 디자이너들은 벼룩시장을 즐겨 찾는다고 한다. 손때 묻
은 찻잔, 수저, 시계, 팔찌 등의 장신구와 엄마의 엄마 시대에 유행하던
모자와 구두, 벨트 등을 구경하고, 빈티지한 매력이 가득한 배지 등의
액세서리들을 구경하며 디자인적 영감을 얻는다고 한다.

파리에는 놀 것, 볼 것, 살 것, 먹을 것들이 호시탐탐 나의 지갑을 열 기회를 노리고 있다고 해도 과언이 아닐 만큼 원하는 것을 마음껏 하기에는 물가가 너무 비싼 곳이다. 하지만 작은 것 하나만 사도 여행 비용이 초과되는 이곳에서도 단 5유로로 즐겁게 지내는 방법이 있다.

1) 시내 버스로 시티 투어를

현지인들과 함께 시티 투어를 즐겨 보자. 관광객들이 많은 투어 버스나 관광 버스가 아닌 파리지앵들이 생활 속에서 이용하는 시내 버스를 이용해서 시티 투어를 즐겨보는 것이다. 파리 시내는 버스 노선이 잘 되어 있어서 시내 버스로 관광지를 이동하는 것이 그리 어렵지 않으며, 투어 버스에 비해 당연히 비용도 저렴하다. (주요 버스 노선 P49 참고)

2) 1.3유로짜리 에스프레소를 시켜 놓고 마음껏 여유를 즐겨보자

파리에서는 커피 한 잔만 시켜 놓고 오랜 시간 그 자리를 지킨다고 해서 아무도 눈치를 주거나 나가라고 하지 않는다. 카페에서 신문이나 책을 보고, 사람들과 오랜 시간 토론을 즐기는 것이 프랑스 카페 문화이다. 멀리 있는 소중한 사람들을 위해 편지를 써도 좋고, 읽고 싶었던 책을 읽거나 경치를 바라보며 친구와 수다를 떠는 파리지앵의 여유를 만끽해 보는 건 어떨까.

3) 공원에서 뒹굴어 보자

동네마다 크고 작은 규모의 공원들이 잘 정비되어 있다. 또한 공원의 푸른 잔디에 서슴없이 들어가 앉더라도 아무도 혼내지 않는다. 샌드위치를 사서 공원에 들러 마음에 드는 풀밭 위에 앉거나 누워 보자. 잔디밭에 누워 파리 하늘을 보는 것은 또 다른 감동으로 다가올 것이다.

4) 센 강변의 벤치와 퐁 데자르 등의 파리도 여유를 즐기기에 좋은 장소!

센 강변을 거닐면서 흐르는 강물과 고풍스러운 건물과의 조화가 아름다운 파리의 풍경을 감상하는가 하면, 샌드위치를 먹으면서 독서를 즐기는 사람들도 보인다. 바람이 살랑살랑 불어오는 여름 밤이면 퐁 데자르Pont des Arts : 예술의 다리(P174)는 바람과 풍경을 즐기는 젊은 이들로 가득 찬다.

5) 무료 입장 가능한 전시관 찾기

파리에서는 하루에도 수십 군데에서 전시들이 기획된다. 하지만 모든 전시장을 입장료를 내고 들어가야 하는 것은 아니다. 무료 입장 가능한 박물관, 전시장을 찾아 문화생활을 해 보자. École des Beaux-Arts에꼴 데 보자르(파리국립미술학교) 뒷편으로 갤러리들이 모여 있는 구역이 있다. 그 지역에는 요즘 핫한 아티스트들의 작품들을 무료로 감상 가능하다.

그 밖에 무료로 즐기 수 있는 전시는 다음과 같은 것들이 있다.

★ **Musée Bourdelle 부르델 박물관**(기획전시 유료, 상설전시 무료) (P339 참조)
주소 18 rue Antoine Bourdelle, 75015 Paris / **가는 방법** M 4•6•2•13 Montparnasse-Bienvenüe, M12 Falguière

★ **Musée carnavalet histoire de Paris 카르나발레 박물관** (P195 참조)
주소 23 rue de Sévigné, 75003 Paris / **가는 방법** M1 Saint-Paul, M8 Chemin vert

★ **Musée Cognacq-Jay 코냐크 제이 박물관** (P197 참조)
주소 8 rue Elzévir, 75003 Paris / **가는 방법** M1 Saint-Paul, M8 Chemin-Vert

★ **Maisons de Victor Hugo** 빅토르 위고의 집 (P194 참조)
주소 6 place des Vosges, 75004 Paris / 가는 방법 M1 Saint-Paul, M8 Chemin vert

★ **Petit Palais musée des Beaux-Arts** 프티 팔레 박물관 (P195 참조)
주소 avenue Winston Churchill, 75008 Paris / 가는 방법 M 1·13 Champs-Elysées Clémenceau

★ **Musée de la Vie romantique** 낭만주의(로맨틱) 뮤지엄
주소 16 rue Chaptal, 75009 Paris / 가는 방법 M12 Saint-Georges, M2 Blanche, M13 Liège, M 2·12 Pigalle

★ **Musée Zadkine** 자드킨 미술관 (P336 참조)
주소 100 bis rue d'Assas, 75006 Paris / 가는 방법 M4 Vavin

★ **Musée des Arts et Métiers** 예술과 직업 박물관 (P200 참조)
주소 60 rue Réamur, 75003 Paris / 가는 방법 M 3·11 Arts et Métiers

★ **Musée d'Art modern de la Ville de Paris** 파리 시립근대예술 미술관 (P132 참조)
주소 11 avenue du Président Wilson, 75116 Paris / 가는 방법 M9 Iéna

★ **Musée Cernuschi (Arts de l'Asie)** 세르누치 박물관 (P138 참조)
주소 7 avenue Vélasquez, 75008 Paris / 가는 방법 M2 Monceau

6) 자전거를 타고 돌아보기

1일 대여료는 1.7€이고, 30분 이용 시 무료 이용이 가능(단, 보증금 150€는 필요)하다. 이 무료 혜택을 즐기려면 30분마다 주차를 해야 한다는 단점이 있지만, 높은 언덕이 거의 없고 자전거 도로가 잘 되어 있는 파리이기 때문에 자전거를 이용한 산책은 정말 해볼 만한 일이다. 파리 자전거 벨리브에 대한 자세한 정보는 다음 페이지에서 소개한다.

7) 백화점을 고급 소비처가 아니라 박물관으로 생각하자

몽테뉴 거리, 갤러리 라파예트, 프랭땅 백화점, 봉마르쉐 백화점 등 파리에서는 세계적인 디자이너들의 제품을 만날 수 있는 곳이 참 많다. 하지만 지갑은 열지 말고, 여기 물건들은 다 박물관에 있는 작품이라고 생각하며 온몸으로 감각을 익히는 것에 충실하자.
고급 의류 부티크의 경우에도 옷을 입어보는 데 제한을 두지 않으니, 시찰해 보는 즐거움도 있다. 오페라 지역에 있는 갤러리 라파예트나 프랭땅 백화점의 옥상은 무료로 전망을 즐기기에 좋은 곳이니 꼭 들러보도록 한다.

2007년 7월부터 파리에서 시행해 온 공공 자전거 대여 제도 '벨리브Velib'는 자전거를 뜻하는 'Vélo'와 자유로움을 뜻하는 'Liberté'의 합성어로, 자전거로 돌아다니면서 느끼는 자유로움을 뜻한다고 할 수 있다. 파리 시내 대여소만 1,800곳 이상, 벨리브 26,000대 이상을 갖추고 있으며 어디서든 반경 300m 안에 대여소가 있어서 조금만 사용에 익숙해지면 정말 편리하고, 자전거 도로와 30cm 방치턱 등 안전 장치가 잘 되어 있어서 안전하게 이용할 수 있다.

Web www.velib.paris.fr
보증금 150€
대여비 1일권 1.7€, 1주일권 8€, 1년권 일반 29€/학생 19€ (최초 30분까지 무료, 이후 30분 단위로 요금이 누진되어 부과됨)

보통 벨리브는 무인으로 운영되기 때문에 기계로 대여와 반납을 완료해야 한다. 대여 및 반납하는 순서는 다음과 같다.

1) 대여할 수 있는 자격이 주어지는 티켓 발급 받기

① 기계 화면 하단에 국기 표시가 있는 부분을 눌러서, 언어를 영어로 바꾼다.

② 화면의 왼쪽 아래 부분에 위치한 Subscribe(가입하기)를 누른다. (티켓을 발급받기 위해서는 먼저 Velib에 가입을 해야 한다.)

③ Navigo Pass(나비고 패스)를 갖고 있다면 Navigo Pass를 선택하도록 하고, 없다면 Ticket Velib를 선택한다.

④ 원하는 기간을 선택한다. (1day, 7day, 1year 중 선택)

⑤ 보증금 예치에 대한 안내와 관련 법조문 등을 읽고, 확인(V) 버튼을 눌러서 동의한다. 참고로 이 과정에서 동의하지 않으면 벨리브 시스템 사용이 불가능하다.

⑥ 결제를 위한 신용카드를 넣으라는 창이 뜨면, 카드 투입구에 신용카드를 넣고, (카드마다 다르지만, 비밀번호를 누르라는 글이 뜨기도 한다) 승인 완료가 되면 카드를 기계에서 뺀다. 체크카드도 가능하지만, 보증금 환불 시 시간이 오래 걸리므로(보통 2~3개월) 이왕이면 신용카드를 사용하는 것이 좋다.

⑦ 벨리브 자전거를 빌릴 때 필요한 비밀번호를 만들라는 글이 뜨면 원하는 네 자리를 누른 후 한 번 더 재입력한다.

⑧ 발급되는 종이를 받는다. 이 종이에 적혀져 있는 번호가 고유번호(N Abonne)이다. 이 고유번호와 앞서 입력했던 네 자리의 비밀번호는 반드시 기억하도록 한다. 자전거를 빌릴 때 반드시 필요한 번호들이다.

TIP

만약 기계로 결제하는 것이 어려우면 파리 시청역(M1 Hôtel de ville) 앞에 있는 벨리브 사무실에 영어를 하는 직원들이 있으니 그곳에서 보증금과 대여료를 내고 안내를 받아도 좋다.

TIP

보증금 결제와 관련하여

벨리브 이용 시 보증금을 신용카드로 결제하게 되면 150€에 대한 금액은 승인 처리만 되고, 정상 반납되었을 때 매입 단계를 거치지 않아, 일정 기간이 지나면 자동 소멸된다. 하지만 체크카드로 결제 시에는 그 금액이 나가기 때문에 정상 반납 후 환불되는 시간이 최대 2개월 정도 걸린다고 하니, 참고하도록 한다.

TIP

하루 동안 자전거를 가장 저렴하게 이용하는 방법

자전거 대여 후 30분 동안 자전거를 이용하고 아직 갈 길이 멀어 더 오래 자전거를 이용해야 한다면, 30분 이용 시간이 지나기 전에 근처 벨리브 대여소에 주차를 하고 다른 자전거로 갈아타면 누진되는 요금 부과 없이 추가 30분 동안 이용이 가능하다. 이런 식으로 30분 안에 지하철을 환승하듯이 자전거를 갈아 타면 하루 종일 이용하더라도 누진 요금이 적용되지 않는다.

2) 고유번호가 있는 티켓을 받은 후 자전거 대여하기

① 상태가 좋아 보이는 자전거를 고르고, 그 자전거 번호를 기억한다.
② 화면에서 국기 표시를 눌러 영어로 언어를 변경한다.
③ 화면에서 티켓 소지자(Holder of~)를 뜻하는 번호를 누른다.
④ 번호를 누르라는 메시지가 나오면, 티켓에 적혀 있는 고유번호와 등록했던 비밀번호를 누른다.
⑤ 자전거 번호 선택 화면이 나타나면 봐 두었던 자전거의 번호를 선택한다.
⑥ 해당 자전거로 와서 출고하기 버튼을 누르고, 자전거를 출고한다.

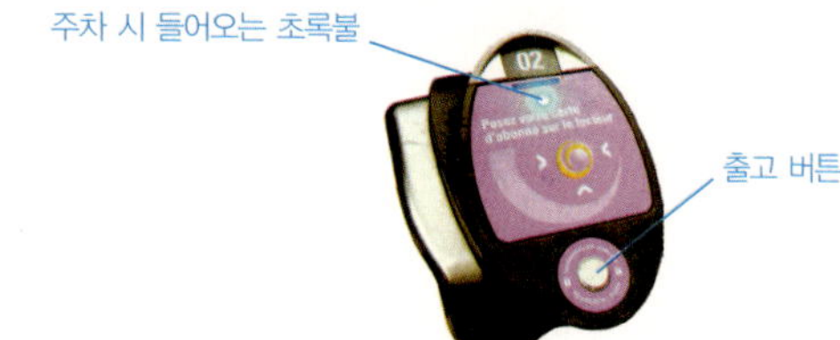

3) 자전거를 사용하고 나서 반납하기

① 벨리브 주차장에서 빈 공간을 찾는다.
② 그 공간에 자전거를 꽂는다.
③ 자전거를 제대로 꽂았다면 초록색 불이 들어온다. 불이 들어오지 않았다면 제대로 주차가 안 된 것이니, 다시 주차하자. 보증금을 걸려 있으니, 나중에 피해를 입지 않도록 불이 들어온 것을 반드시 확인하도록 하자.

만약 벨리브를 반납하려고 했는데, 대여소가 꽉 차서 이용 시간이 30분이 넘을 것 같을 때는 재빨리 맵을 보고 다른 대여소로 이동해야 한다. 반납할 때는 우선 카드 리더기에 티켓을 접촉한 후 15분 이내에 다른 주차장의 빈자리를 찾아 주차하면 누진 요금이 적용되지 않는다. 벨리브 기계에 부착되어 있는 지도에는 1~5분 이내 도착 가능한 위치에 있는 주변 벨리브 대여소들이 친절하게 표시되어 있다. 반납 시에는 초록색 불이 들어오는 것을 확인해야 한다. (빨간불이면 제대로 주차 된 것이 아니니 다시 주차해야 한다.)

처음에는 약간 어렵게 느껴지지만, 익숙해지면 벨리브 이용하는 것이 그다지 어렵지 않다. 파리에서의 교통비를 절감하는 장점뿐만 아니라, 현지인들과 함께 자전거로 달려보는 재미도 솔솔하다. 마지막으로 자전거는 프랑스에서 차량에 해당되기 때문에 교통 신호를 지키고, 일방 통행에서 역행을 하지 않는 등 자동차 법률을 준수해야 한다는 점도 알아 두도록 한다.

날씨가 쌀쌀해지면 우리가 길거리에서 자주 만날 수 있는 붕어빵, 호떡처럼 프랑스인들도 길거리에서 입김을 호호 불며 먹는 간식이 있다. 그것이 바로 '크렙crêpe', 우리가 흔히 '크레페'라고 부르는 그것이다.

간식으로 유명한 크레페이지만 한끼 식사로도 든든하기 때문에 저렴한 식사로 인기가 많다. 특히 마레 지구, 소르본 대학 근처와 몽파르나스역 주변에서 맛있는 크레페 집을 자주 발견할 수 있다. 가판대에서는 2.5~3€, 전문 레스토랑 안에서는 6~15€ 가격으로 크레페를 맛볼 수 있다.

1) 크레페 만드는 방법

소맥분에 버터와 우유, 설탕, 향료 등을 섞어서 만든 묽은 반죽을 둥그런 철판 위에 기구를 이용해 휘휘 넓혀 얇게 구우면, 밀전병처럼 바닥이 비칠 정도로 얇고 납작한 모양이 된다. 그 위에 주문자가 고른 재료를 넣어 말아 준다.

크레페는 원래 북부 지방인 노르망디Normandie와 브르타뉴Bretgne 지방에서 유래되었는데, 이 지방에서는 갈레뜨Galette라고 부른다. 우리가 일반적으로 알고 먹는 크레페는 일반 밀가루를 사용하지만 이 지방에서는 주로 메밀가루Farine de sarrasin를 이용해서 만든다.

2) 크레페의 종류

크레페는 식사용과 디저트용으로 나눌 수 있는데, 식사용은 Crêpes Salées크렙 쌀레(짭짤한 크레페)라고 하고, 디저트용은 Crêpes Sucrées크렙 쉬크레(달콤한 크레페)라고 한다.

*Sel : 소금, Salée : 소금이 들어 있는, Sucre : 설탕, Sucrée : 설탕이 들어 있는

짭짤한 식사용 크레페로 가장 대표적인 것은 jambon햄, oeuf계란, fromage치즈가 들어가는 Crêpes Complète크렙 꽁쁠레뜨이다. 달콤한 디저트용 크레페는 메뉴가 미리 정해져 있는 것에 반해, 식사용 크레페는 안에 넣을 수 있는 재료를 취향에 따라 고를 수 있다.

❶ Crêpes Salées크렙 쌀레에 많이 넣는 재료

jambon장봉 햄	oeuf에으프 계란
poulet뿔레 닭고기	saucisse쏘씨스 소시지
andouille엉두이으 프랑스 소시지	chorizo쵸리조 스페인 소시지
saumon fumé쏘몽 퓌메 훈제연어	pomme de terre뽐 드 떼흐 감자

oignon^{온니용그} 양파   champignon^{샹피뇽} 버섯
epinard^{에뻬나흐} 시금치   fromage^{프호마쥬} 치즈
gruyère^{그뤼에흐} 그뤼예르(스위스 지방) 치즈
fromage de chèvre^{프호마쥬 드 쉐브흐} 염소 치즈
roquefort^{호끄포흐} 블루치즈(양젖으로 만든 치즈)
emmental^{에멍딸} 에멘탈 치즈

❷ **Crêpes Sucrée**^{크렙 쉬크레}**에 많이 넣는 재료**

sucre^{쉬크흐} 설탕, beurre^{뵈흐} 버터, miel^{미엘} 꿀, chocolat^{쇼꼴라} 초콜릿
sucre-cannelle^{쉬크르-까넬} 설탕-시나몬 가루
fraises^{프레즈} 딸기
fraises-chantilly^{프레즈 셩티으} 딸기, 생크림
confiture de fraise^{꽁피뛰흐 드 프레즈} 딸기잼
confiture de framboise^{꽁피뛰흐 드 프랑보아즈} 산딸기잼
confiture de d'abricot^{꽁피뛰흐 드 다브리꼬} 살구잼
nutella^{누뗄라} 헤이즐럿 스프레드
nutella-banane^{누뗄라 바난느} 헤이즐럿 스프레드와 바나나
nutella-noix de coco^{누뗄라 누아 드 꼬꼬} 헤이즐럿 스프레드와 코코넛 말린 것
crême de marrons^{크헴 드 마홍} 밤 크림(몽블랑 케이크에 들어가는 크림)
pommes(caramelisees)^{뽐므(까하믈리제)} 캐러멜화된 사과
sucre-citron^{쉬크르 시트홍} 신선한 레몬즙 설탕

크레페와 가장 잘 어울리는 음료, 사과주 시드르(Cidre)
노르망디 지역의 사과즙을 원료로 만드는 발효주인 시드르는 3~5%의 알콜을 포함하고 있는 음료이다. 와인보다 도수가 낮아 편하게 즐길 수 있으며, 크레페와 아주 잘 어울리는 음료이다. 크레페를 제대로 즐기려면 상큼, 향긋한 맛의 시드르를 곁들이기를 추천한다.

3) 크레페를 파는 전문 레스토랑

브르타뉴 지역으로 출발하는 기차들이 정차하는 몽파르나스역 근처나 소르본 대학 근처에는 유명한 크레페 전문 레스토랑이 꽤 많다. 한끼 식사보노 훌륭한 크레페를 제대로 맛보고 싶다면 전문 레스토랑에 들러 보자.

- **Crêperie de Josselin**^{크레뻬히 드 조슬랑} (몽파르나스역 근처, P341 참조)
- **Ty Breiz crêperie**^{띠 브헤즈 크레뻬히} (몽파르나스역 근처 / 52 boulevard Vaugirard, 75015 Paris)
- **La Compagnie de Bretagne**^{라 깡파니 드 브르타뉴} (오데옹 광장 근처 / 9 rue de l'École de Médecine, 75006 Paris)
- **Breizh Café**^{브헤즈 카페} (마레 지구 근처 / 109 rue Vielle du Temple, 75003 Paris)
- **Au lys dargent**^{오 리 다흐정} (생 루이 섬 / 90 rue St Louis en l'ile, 75004 Paris)
- **La sarrasin et le froment Crêperie**^{라 사하신 에 르 프호멍 크렙뻬히} (생 루이 섬/ 86 rue St Louis en l'ile, 75004 Paris)

파리를 찾는 여성 여행자들에게 약국 화장품은 Must Buy 쇼핑 아이템이다. 가격 대비 품질이 좋고, 한국에 소개되어 있는 제품들을 국내보다 40~60% 정도 저렴하게 구매할 수 있는 데다가, 한 가게에서 같은 날 175€ 이상 구매 시, 10~12% 정도 세금 환급Detax, Tax Free도 받을 수 있다는 장점이 있어 더욱 구매욕을 자극한다.

1) 소문 난 품질 좋은 제품들

- **NUXE**눅스 : 눅스 브랜드 제품 중 HUILE PRODIGIEUSE눅스 프로디지쥬 오일는 6가지 식물성 오일과 비타민 E가 30% 함유되어 있고, 98.8%의 천연 성분으로 이루어져 있어, 소량으로도 광택과 영양 공급을 해준다고 한다. 머리카락, 얼굴, 손 등 필요 부위에 바르면 촉촉함이 지속되며 금색 펄이 들어간 제품인 골든 쉬머는 좀 더 고급스럽게 느껴진다.

- **A-DERMA**아더마 : 유럽에서 아토피용으로 가장 유명한 제품으로 프랑스 듀크레이 피부 연구소에서 개발되었으며, 프랑스 피부과 의사들이 보조 처방하는 화장품으로 저자극 테스트 통과 제품이다. 민감한 피부나 아토피 피부라면 아더마 브랜드에서 나오는 EXOMEGA엑소메가 라인의 샤워젤, 바디로션 등을 추천한다. 촉촉한 데다가 계면 활성제가 들어 있지 않아서 안전하다고 한다.

- **LA ROCHE POSAY**라 로슈 포제 : 프랑스의 온천 도시 라 로슈 포제의 온천수로 만든 제품으로 전 세계 피부 전문의들이 추천하는 제품이다. 우리나라 피부과에서도 찾아 볼 수 있다. 염증성 여드름이 있는 피부에는 EFFACLAR에빠끌라 라인이 효과적이라고 한다. 이 브랜드의 선크림도 소문난 제품.

- **AVÈNE**아벤느 : 아벤느 브랜드에서 나오는 트러블 라인이 효과가 좋다고 한다.

- **RENE FURTERER**르네 휘테르 : 한국에도 잘 알려진 헤어 케어 전문 브랜드로 탈모 방지에 뛰어난 제품이 많다. 각자의 사정에 따라 샴푸를 골라서 사용하면 된다. TONUCIA는 가는 모발에, FORTICEA는 탈모에, ASTRA는 민감성에 효과적이다.

- **VICHY**비쉬 : 온천수로 만들어진 한국에 이미 많이 알려진 제품이다. VICHY(아이스틱)는 화장 후에도 수시로 사용할 수 있어서 편리하다.

- **PHYSIOGEL**피지오겔 : 보습력이 뛰어난 제품이다.

- **LIERAC**리에학 : 이 브랜드는 우리나라에 수입되는 브랜드라 효과가 증명되고 있으며, 현지에서는 훨씬 더 저렴한 가격으로 구입이 가능하다.

우리나라처럼 알아서 샘플을 챙겨주지 않는 경우가 많기 때문에, 구매 시 아래와 같이 말을 해서 샘플을 요구해 보도록 한다.

Des échantillons gratuits, s'il vous plaît. 데 제샹띠용 그하뛰 씰 부 쁠레 : 샘플 몇 개 주세요

*gratuit : 무료, 공짜

2) 선물용 추천 품목

- **CAUDALIE**꼬달리 립밤 : 포도 추출물로 만들어져 촉촉하고 노화 방지까지 된다는 립밤. 2.8€
- **URIAGE**유리아쥬 립밤 : 향기는 없지만 그 촉촉함이 아주 좋다고 소문난 립밤. 3.15€
- **BIODERMA ATODERM STICK LEVRES**바이오더마 립밤 : 다른 립밤에 비해 저렴한 가격임에도 불구하고 촉촉하고 상큼한 향까지 있어서 기분 좋은 제품. 2€
- **AVENE SPRAY EAU THEMALE**아벤느 미스트 : 온천수로 만들어져 피부를 촉촉하게 유지시켜주는 미스트다.

3) 저렴하다고 소문난 약국들

세금 환급, 저렴한 가격 등 약국마다 차별화된 서비스가 활성화되어 소비자들에게 편리함을 주고 있다. 아래 장소는 세금 환급이 가능하며, 타 약국에 비해 가격이 좀 더 저렴하다고 알려진 곳이다.

★ Pharmacie Monge 몽주약국

주소 1 place Monge, 75005 Paris
전화번호 01 43 31 39 44
영업 시간 월~금요일 8H~20H, 토요일 8H~20H
휴일 일요일
가는 방법 M7 Place Monge

★ City Pharma 시티 파르마

주소 25 rue du Four, 75005 Paris
전화번호 01 46 33 20 81
영업 시간 8H30~20H, 토요일 9H~20H
휴일 일요일, 국경일
가는 방법 M4 Mabillon

4) 화장품 구입 시 알아 두면 좋은 용어

âge 나이, 노화

acné 뽀루지

anti-âge 피부노화 방지의

anticerne 다크서클 방지

antipoche 눈밑 처짐 방지

apaisant 진정시키는

après rasage 면도 후에 사용하는

blanchissant 화이트닝

bouton 여드름

cheveux 머리카락

crème 크림

crème solaire 선크림

contour ~주변, contour des yeux 눈가의

corps 신체, crème pour le corps 보디 크림

démaquillante 클렌징

dissolvant pour vernis a ongles

손톱 매니큐어 리무버

douche 샤워

doux 부드러운, 순한

douceur 부드러움

émollient 부드럽게 하는

emulsion 에멀전, 로션

exfoliant 각질 제거

fluide 액체의

fond de teint 파운데이션

gommage 각질 제거제

gras 지성의, 기름기가 있는

hydratant 보습, 수분을 주는

huile 오일

intensif 집중적인

imperfection 결점, 불완전함(anti-imperfection

트러블용 제품에 사용)

jour 낮

lait 밀크

lavant 닦아 내는

eau 물, 수분

légère 가벼운

lèvre 입술

lotion 스킨형 로션

main 손

matifiant 번들거림이 없는

mousse 거품, 기포

moussant 거품이 생기는

nettenoyant 깨끗하게 하는

nez 코

nourrissant 영양을 주는

nuit 밤

ongle 손톱

paraben 파라핀 성분

parfum 향수

peau 피부

peau grass 지성피부

peau sèche 건성피부

peau sensible 민감성피부

pied 발

pore 모공

protection 보호제

purifiant 피부를 맑고 깨끗하게 정화해준다는 뜻

phyto 식물의

raffermissant 탄력을 주는

revitalisant 생기를 주는

riche 풍부한

ride 주름

savon 비누

sébum 피지

sec/sèche 건조한/건성의

sensible 민감한

soin 케어

sourcil 눈썹

tache de viellessemen 기미

tonique 토너

tonifiant 활력을 주는

vernis à ongle 손톱 매니큐어

yeux 눈

파리는 우리나라에 비해 음식 가격이 상당히 높은 편이다. 파리에서도 저렴하게, 하지만 맛있게 음식을 먹을 수는 없을까? 우리나라만큼은 아니지만 물가 비싼 파리를 기준으로 생각한다면 저렴하다고 할 수 있는 가격대의 음식이나 식당을 소개한다.

1) 점심 메뉴를 노려라

입맛 까다로운 파리지앵들의 단골 식당에서 합리적인 가격대로 제공하는 런치 메뉴를 이용해보자. 단품으로 시켜도 되지만, 점심 메뉴를 이용하면 〈전식+본식〉 또는 〈본식+디저트〉 메뉴를 원래의 가격보다 20~25% 정도 할인된 가격으로 식사를 할 수 있어서, 파리지앵들도 즐겨 이용한다. 음식에 예민한 프랑스 사람들이다 보니 대부분의 레스토랑이 맛이 괜찮다. 레스토랑 선택에 실패하지 않으려면 관광객들이 북적거리는 곳은 피하고 골목을 들어가거나 파리지앵들이 기다리면서 먹는 곳에 가보기를 추천한다.

2) 오늘의 요리(Le Plat du Jour)를 주문하라

거의 모든 식당에는 그날의 재료에 따라 주방장의 선택으로 만들어지는 오늘의 요리가 있다. 대개 7~10€ 정도로 단품 요리를 무료로 제공되는 빵과 함께 맛볼 수 있다. 보통 15% 정도 할인된 금액으로 책정되기 때문에 경제적이다. 오늘의 요리를 주문할 때에는 어울리는 와인을 추천받아 한 잔 정도(3~5€) 함께 주문하도록 하자. 더욱 균형 잡힌 맛을 느낄 수 있을 것이다.

3) 햄버거 세트보다 저렴한 가격의 플런치(Flunch)를 이용하라

햄버거 세트보다 저렴한 가격에 익숙한 맛의 음식을 먹을 수 있다는 이유로 파리의 구역 곳곳에서 성업 중인 뷔페식으로 원하는 음식을 골라서 먹을 수 있는 체인점이다. 패밀리 레스토랑이라 어린이들이 이용할 수 있는 놀이 공간이 있는 곳도 있다. 샐러드와 메인 요리, 디저트 등 원하는 음식을 골라 담은 후 산정된 가격으로 계산하면 된다. 보통 메인 요리가 6~9€, 디저트는 2.5~4€ 정도로, 합리적으로 식사를 하고자 하는 이들에게 인기 있는 곳이다. 물은 무료로 제공된다. (퐁피두 센터 입구를 등지고 오른쪽 벽면 길 옆에 위치한 플런치는 접근성이 좋다)

4) 식사용 크레페를 즐겨라

우리나라에서는 디저트용의 달콤한 크레페를 자주 만날 수 있다. 하지만, 프랑스에서 크레페는 영양 만점의 식사류로도 인기이다. 밀전병 위에 햄과 계란, 치즈를 올려 만든 크레페는 든든한 한끼 식사로 안성맞춤! 늘 강조하지만, 시드르를 함께 마셔야 더 좋은 음식이다. 보통 10€ 안에서 맛있는 크레페 식사를 즐길 수 있다. (P90 참고)

5) 파리 학생 식당(Resto U)을 이용하라

파리 시내의 대학들은 대개 캠퍼스 없이 건물만 달랑 있다 보니, 학교 건물 내에 학생 식당이 없어서 대학 근처 곳곳에 15개 정도의 식당들이 흩어져 있다. Resto U는 Restaurant Universitaire, 즉 대학 식당을 줄여서 부르는 말이다. 학생들의 수업 일정에 따라 학교 식당의 운영 시간은 조금씩 차이가 있으니, 방문 전 미리 홈페이지에 제시되어 있는 영업 시간을 참고하면 더 좋다.

Web www.crous-paris.fr/article.asp?idcat=AAAB
예산 3~5€ (학생이 아니라도 식사할 수 있으며, 이 경우 학생들이 먹는 가격에 2€ 정도가 추가된다.)

❶ 이용 방법
학교 식당마다 조금씩 차이는 있다. 일반적인 경우의 예를 들면, 기본 요금 2.9€에 6포인트까지 음식을 고를 수 있고, 6포인트를 넘어가게 되면 차액을 1포인트당 0.55€(식당에 따라 0.7€) 정도로 계산하여 추가 요금을 내게 된다. 즉, 샐러드 1포인트, 메인 음식(피자) 4포인트, 디저트 1포인트 이런 식으로 구성을 하면 기본 요금만 내면 되지만, 좀 고급스러운 디저트는 2포인트라서 6포인트를 초과하게 되므로 이런 경우 초과 요금을 내면 되는 식이다.
어떤 방식이든 파리의 일반 식당에 비하면 무척 저렴한 가격으로 식사를 할 수 있는 것은 확실하다.

❷ 이용 순서
① 식당에 들어서면 우선 식판과 접시 등의 식기류를 들고 빵을 하나 집어서 식판 위에 올린다.
② 샐러드 바에서 샐러드를 골라 담는다.
③ 요플레나 과일 등의 디저트를 고른다.
④ 메인 음식을 선택한다.

*메인 음식 : 생선, 돼지고기, 닭고기, 소고기 등으로 만든 요리 중 하나를 선택하고, 파스타, 감자튀김, 쌀밥 등을 골라 곁들이면 된다. 피자가 있다면, 피자 종류를 결정해서 고르면 된다.

⑤ 식사비를 계산한다.

*지불은 현금으로 하는 것이 편리하다. 동전이나 작은 단위의 지폐를 준비하고, 가능하면 지불할 가격에 딱 맞게 준비하면 계산 속도가 빨라진다.

⑥ 테이블에 자리를 잡고 앉는다.

*주변을 둘러보면 케첩, 마요네즈, 머스터드 등의 소스가 마련되어 있으니, 필요하면 개인 접시에 덜어 가면 된다. 물의 경우 준비되어 있는 물을 개인 컵에 따라서 마시거나 음료수 자판기를 이용하면 되고, 음식이 식었을 때는 구비되어 있는 전자렌지에 데워 먹으면 된다. 식사가 끝나면 식판을 쟁반 두는 곳에 가져다 주면 된다.

❸ 여행 중 이용이 편리한 학생 식당 추천

★ Restaurant universitaire Bullier

규모도 크고 방학 기간에도 운영하며, 점심뿐 아니라 저녁도 제공하기 때문에 이용에 편리하다.

주소 39 avenue Georges Bernanos, 75005 Paris
영업 시간 점심 11H30~14H, 저녁 18H15~20H (월~일요일)
휴일 공휴일
가는 방법 RER B Port Royal
*토요일 점심에는 피자 가능, 일요일 브런치 (10~6월 말까지) 10H30부터 가능

★ Restaurant universitaire Cuvier

시내 5구에 위치해서 여행 중 접근성이 좋다. 단, 점심만 이용이 가능하며, 학기 중에는 학생들이 많아서 줄을 서야 한다.

주소 8 bis rue Cuvier, 75005 Paris
운영 시간 11H30~14H (월~금요일)
휴일 공휴일
가는 방법 M 7•10 Jussieu

10 파리의 유람선 이용하기

파리에서는 쨍쨍한 해가 있는 낮보다는 어슴푸레 해가 지면서 노을이 물들어갈 무렵인 밤 9시 30분이나 9시 45분(해가 긴 여름 기준)에 출발하는 유람선이 가장 아름답다. 바람도 시원한 데다, 붉고 노랗고 푸르른 빛깔이 혼재하는 노을 지는 파리의 모습을 감상하다 보면 어느새 해가 지고 밤에 빛이 가득 담긴 오스만 양식, 르네상스 양식 등의 건물, 노트르담 성당, 퐁네프 다리 등 파리의 크고 작은 풍광들이 은은한 매력을 뽐낸다. 정각마다 반짝이는 화려하고 우아한 자태의 에펠탑도 볼 수 있어서 밤 시간대의 유람선은 더 사랑스럽다. 파리의 첫날, 오후쯤 도착해서 무언가를 하기에 애매하다면 유람선을 타 보자. 파리의 여름은 22시 30분 정도에 해가 지기 때문에 여름에는 21시 45분~22시 15분 사이에 출발하는 유람선이 가장 좋으며, 겨울에는 17시 30분~18시경에 해가 지니 야경을 즐기는 마음으로 유람선을 타는 것도 좋을 것이다.

1) 해질녘이 아름다운 센 강의 유람선

❶ Bateaux-Mouches 바또 무슈

이미 한국인에게 많이 알려진 유람선이다. 천장이 뻥 뚫린 바토 무슈는 시선이 탁 트여 좋고, 차가운 바람이 싫으면 아래층에 내려가 바람을 피할 수도 있다. 알마 다리 아래에서 출발하여 오르세 미술관, 시테 섬, 자유의 여신상, 에펠탑을 돌아 선착장으로 돌아온다. 선착장 매표소에서 한글로 된 운항 노선 안내도를 받을 수 있으므로 꼭 가져가도록 하자.

Web www.bateaux-mouches.fr
주소 Pont de l'Alma, 75008 Paris
전화번호 01 42 25 96 10
운영 시간 성수기 4~9월 : 10H15~23H (30분 간격), 비수기 10~3월 : 11H~ 21H (30분 간격)
입장료 11€
소요 시간 70분
가는 방법 M9 Alma-Marceau, RER C Pont de l'Alma 하차 후 이정표를 따라간다.

❷ **Bateaux-Parisiens 바또 파리지앙**

유람선의 운항 코스는 다른 유람선과 비슷하며 에펠탑 아래 선착장에서 출발한
다. 앵발리드, 오르세 미술관을 지나 노틀담 대성당이 있는 시테 섬을 돌아서 파
리 시청, 루브르 박물관 등을 거친다.

Web www.bateauxparisiens.com
주소 Au pied de la Tour Eiffel Port de la Bourdonnais, 75007 Paris
전화번호 01 44 11 33 44
운영 시간 성수기 4~9월 10H~23H30 (13H~19H 운행하지 않음), 비수기 10~3
월 10H30~22H (현지 상황에 따라 30분/1시간 간격으로 운행)
입장료 12€
소요시간 1시간
가는 방법 M6 Bir-Hakeim/ Trocadero, RER C Champ de Mars 하차 후 에펠탑
아래 강변으로 간다.

❸ **Bateaux Les Vedettes du Pont-Neuf 브테트 뒤 퐁네프 유람선**

한국인들이 많이 찾지 않는 브데트 뒤 퐁네프 유람선은 비교적 규모가 작고 관광
객이 적어 조용하게 야경을 즐기고 싶은 사람에게 적합하다. 운항 코스는 다른 유
람선들과 비슷하다.

Web www.vedettesdupontneuf.com
주소 Square du Vert Galant, 75001 Paris
전화번호 01 46 33 98 38
운영 시간
3월15일~10월 31일 : 10H30~22H30 (상황에 따라 30분/1시간 간격으로 운행)
11월1일- 3월 14일 : 10H30~22H (상황에 따라 30분/1시간 간격으로 운행)
입장료 13€ (홈페이지에서 구입 시 할인 혜택)
소요 시간 1시간
가는 방법 M7 Pont Neuf

2) Canauxrama 카노라마 : 생 마르탱 운하 유람선

생 마르탱 운하Canal Saint Martin : 꺄날 쎙 막땅를 운행하는 전용 유람선이다. 생 마르탱 운하는 1802년 나폴레옹 1세의 명으로 만들어진 인공 운하로, 파리에 식수를 공급하고, 건축 자재나 곡물을 실어 나르는 배들이 지나다니는 운하였다.

이곳은 영화 〈아멜리에〉에서 아멜리에가 물수제비를 만들기 위해 돌멩이를 던지던 낭만적인 장소이다. 한적해서 산책을 즐기기 좋으며, 파리지앵들의 데이트 장소로 애용된다. 물줄기는 센 강에서 흘러 들어 아스날 항구까지 연결이 되는데, 유람선과 배가 이곳의 9개 수문을 지날 때마다 강의 물 높이를 조절한 다음 수문이 열리고, 배가 들어오면 수문이 닫히면서 다시 물 높이를 조절한 후 수문이 열리고 이동하는 옛 방식을 그대로 이용하기 때문에, 배가 수문을 통과하는 모습도 인상적이고 수문이 열릴 때마다 건널목으로 사용되던 아스팔트 도로가 움직이는 모습도 재미있다.

생 마르탱 운하의 수문

Web www.canauxrama.com
요금 16€ (홈페이지 구입 시 할인 혜택)
*티켓 1장 구입 시 나머지 1인 무료(오후나 주말, 국경일 제외)
가는 방법 M 1·5·8 Batilles에 하차하여 Opéra Bastille 출구로 나가 이정표를 따라간다.

생 마르탱 운하 주변 숍들

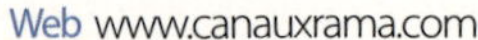

바토버스

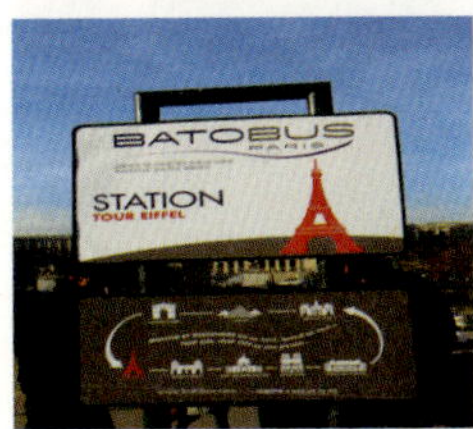

바토버스 정류장

노트르담 바토버스 매표소

3) BATOBUS 바토뷔스 : 바토버스

에펠탑, 오르세 미술관, 생제르망데프레 등 센 강변 8개 선착장에서 언제든 승하차가 가능한 바토버스는 1일권, 2일권, 3일권 등을 끊어 자유롭게 이용할 수 있다.

Web www.batobus.com
운영 시간
9월 3일~4월 5일 : 10H~19H (25분 간격),
4월 6일~9월 2일 : 10H~21H30 (20분 간격)
요금 1일권 15€, 2일권 18€, 5일권 21€, 1년권 60€
가는 방법 에펠탑, 오르세 미술관, 생제르망데프레, 노트르담 대성당, 알렉산드르 3세 다리 등의 선착장 이용

4) 선상 크루즈 디너

상대가 누구라도 청혼을 승낙할 것만 같은 로맨틱한 파리의 센 강 크루즈 디너. 크루즈는 좌석과 음식, 와인 등급의 차이에 따라 가격이 다르니 예산에 맞는 가격대를 선택하면 될 것이다. 시간은 2시간 30분 정도 소요된다. 파리의 야경을 즐기며 하는 식사가 특별하다. 드레스 코드가 있기 때문에 반드시 간단한 드레스나 정장을 입고 가야 하며, 슬리퍼, 워커, 청바지 등의 캐주얼 차림일 경우 입장이 불가하다는 것을 알아 두자. 홈페이지나 전화를 통해 예약이 가능하며 직접 선착장으로 가서 예약을 할 수도 있다. 성수기에는 사람이 많으므로 좌석 확보를 위해 예약을 하도록 하자.

❶ Bateaux-Mouches 바또 무슈 선상 크루즈
Web www.bateaux-mouches.fr
예산 점심 50€~, 저녁 95€~

❷ Bateaux-Parisiens 바또 파리지앙 선상 크루즈
Web www.bateauxdeparis.com
예산 점심 37€~, 저녁 48€~

오토리브Autolib는 파리의 자전거 대여 시스템인 벨리브처럼 전기차를 대여해주는 것으로, 필요한 사람이 자동차를 대여하여 목적지까지 몰고 가서 목적지 인근의 지정 주차장에 반납하는 벨리브와 비슷한 시스템으로 운영된다.

오토리브는 전기를 이용한 4인용 승용차로, 전기 차의 최대 단점인 속도와 최대 사용 거리에 대한 부분이 보완(최고 속도는 130km/h, 한 번 충전 시 250km 주행 가능)되었다고 한다. 긴 시간 이용보다는 파리 시내에서 30분~1시간 이내에 도착할 수 있는 짧은 거리에서의 이용 시 더 큰 효율을 발휘하는데, 목적지 인근 대여소에 반납하면 되니 비싼 파리의 주차료 걱정을 할 필요도 없다. 주차장으로 이용하던 곳을 대폭 오토리브의 주차장으로 전환하고, 상대적으로 적어진 주차장의 이용료를 높게 책정하고 있어서, 오토리브가 더 매력적이다.

1) 오토리브 회원권의 종류

회원권의 종류에는 하루권, 일주일권, 1년권이 있으며, 이용료는 각각 1일권 10€, 일주일권 15€, 1년권 44€이다. 1일이나 일주일간 대여하는 회원증의 경우는 150€, 1년 회원증의 경우 200€의 보증금이 요구되나 신용카드에 체크만 되었다가 문제 없이 기간이 지나면 카드 결제가 취소되는 방식으로 이용된다.

2) 이용 요금 정산 방식(하루 이용자의 경우)

30분은 7€, 그 다음 30분은 6€, 그 다음 8€씩 요금이 계산되어, 1시간 이용 시 13€, 1시간 30분 이용 시 21€가 된다.

120개 정도 되는 파리 시내의 Espace Autolib에서 회원증을 만들 수 있다. 오토리브 사이트(www.autolib.eu/carte-des-stations)에 접속한 후 가장 가까운 지하철역을 입력하고 보라색 아이콘의 BORNES D'ABONNEMENT의 위치를 확인하면 된다. 아침 8시부터 밤 8시까지 직원의 도움으로 회원증을 만들고 자세한 이용 방법을 들을 수 있다.

준비할 것은 여권, 국제운전면허증, 신용카드이며, 1년 회원증은 파리 거주자를 위한 것이므로 거주 증명서와 은행 계좌까지 요구된다.

택시보다 더 저렴하고, 주차료 등의 걱정이 없는 오토리브. 환경을 살리고 대중교통 이용을 늘리기 위한 파리시의 노력이 보인다. 어린이를 동반한 여행이나 쇼핑 지역에서 물건을 구매한 후 이동할 때 유용하게 사용될 수 있을 것이다.

가격의 압박이 엄청나지만 살기 위해 먹는 시대를 지나 어떻게 먹고 마시고 느끼고 즐기냐 하는 시대에 살고 있는 우리들에게 감동적인 식사 문화를 중요하게 생각하는 프랑스인들의 고급 식사를 경험하는 것은 좋은 공부가 될 수 있을 것이다. 프랑스에는 미슐랭 가이드, 고미요, 르 보텡 구르망 등의 유명 식도락 가이드북이 있다. 1900년대에 발행한 미슐랭 가이드북은 레스토랑의 식사와 안락함, 서비스 등에 등급을 매겨 포크 수는 1~5개로, 별은 1~3개로 등급을 표시하고 있다. 포크보다 별이 더 높은 등급이며, 프랑스 전체를 통틀어 별 3개 레스토랑은 26개, 별 2개는 68개, 별1개의 레스토랑은 435개이다. 별 3개에서 2개로 등급이 낮아졌다는 이유로 목숨을 버렸다는 어느 셰프의 이야기도 어디선가 들은 듯하다.

레스토랑은 계절마다 메뉴가 달라지므로 꼭 홈페이지를 통해 미리 확인하고 가는 것이 좋다. 프랑스의 고급 레스토랑은 미리 예약을 하지 않으면 원하는 날짜와 시간에 식사하는 것이 어려울 수 있다. 따라서 가능하면 한두 달 전에 미리 예약하자. 예약 시에는 원하는 날짜, 시간, 이름, 인원을 이야기하면 된다.

1) 별에 빛나는 파리의 레스토랑들

❶ Lasserre라 쎄르 라 세르

Web www.restaurant-lasserre.com

주소 17 avenue Franklin Roosevelt, 75008 Paris

전화번호 01 43 59 02 13

영업 시간 목/금요일 : 12H~14H, 화~토요일 : 19H~22H

휴일 일/월요일(이 날짜에 예약 원할 경우 레스토랑에 상담 필요)

예산 저녁 180€~

가는 방법 M 1·9 Franklin Roosevelt

❷ Le Doyen르 드와영 르 드와영

Web www.ledoyen.com

주소 8 avenue Dutuit, 75008 Paris

전화번호 01 53 05 10 01

영업 시간 12H~14H, 20H~21H45

휴일 월요일 점심, 토/일요일, 8월

예산 점심 70€~, 저녁 119€~

가는 방법 M 1·13 Champs Élysées Clemenceau

❸ **Guy Savoy**^{기 싸브아} **기 사브아**

Web www.guysavoy.com

주소 18 rue Troyon, 75017 Paris

전화번호 01 43 80 40 61

영업 시간 12H~14H, 19H~22H30

휴일 토요일 점심, 일/월요일

예산 점심 100€~, 저녁 315€~

가는 방법 M 1·2·6, RER A Charles de Gaulles Etoile

❹ **Alain Ducasse au Plaza Athénée**^{알랑 뒤까스 오 쁠라자 아떼네}
　 알랭 두카스 플라자 아테네

Web www.alain-ducasse.com

주소 25 avenue de Montaigne, 75008 Paris

전화번호 01 53 67 65 00

영업 시간 12H45~14H15, 19H45~22H15

휴일 월~수요일 점심, 토/일요일, 7/13~8/21, 12/25, 연말연초

예산 코스 360 €

가는 방법 M9 Alma Marceau

❺ **Pierre Gagnaire**^{피에흐 갸네흐} **피에르 가네르**

Web www.pierre-gagnaire.com

주소 6 rue Balzac, 75008 Paris

전화번호 01 58 36 12 50

영업 시간 12H~14H30, 19H30~22H30

휴일 토/일요일 점심, 8월

예산 점심 110€~, 데이스팅 메뉴 280€~

가는 방법 M1 George V

❻ **Etcetera**^{엑쎄테하} **엑세테라**

주소 2 rue La Pérouse, 75016 Paris

전화번호 01 49 52 10 10

영업 시간 12H~14H30, 19H30~22H30

휴일 토요일 점심, 일요일

예산 점심 40€~

가는 방법 M6 Boissiere

주소 4 rue Arsène Houssaye, 75008 Paris

전화번호 01 42 89 16 22

영업 시간 12H~14H30, 19H30~22H30

휴일 토요일 점심, 일요일

예산 점심 49€ (풀코스)

가는 방법 M 1•2•6, RER A Charles de Gaulles Etoile

2) 프랑스 음식을 먹을 때 알아 두면 도움이 되는 식사 매너

- 고급 레스토랑 이용 시 남성의 경우 정장을, 여성은 원피스를 입는 것이 좋고, 청바지와 운동화, 점퍼는 피하는 것이 좋다.

- 레스토랑에 짐을 보관하는 곳이 있으면 짐이나 코트를 보관하도록 하고, 웨이터가 테이블로 안내해주기 전까지 문 앞에서 기다리도록 한다. 직원 안내 없이 자신이 앉고 싶은 자리에 마음대로 앉는 것은 대단한 실례이다. 착석 시에는 테이블 담당 직원이 의자를 빼주기 때문에 잠시 기다렸다가 서비스를 받아서 착석하도록 한다.

- 착석 후 식전주를 주문한다. 보통 샴페인, 끼르kir : 화이트 와인과 붉은 과일 시럽을 섞은 음료, 끼르 로얄Kir Royal : 샴페인과 붉은 과일 시럽을 섞은 음료을 주문하며, 알콜에 약한 사람은 물을 주문하는 것이 좋다. 물은 탄산수(가스가 들어있는 물)와 미네랄 워터 중 원하는 브랜드를 얘기하면 된다. 식전주를 마시며 일행을 기다리거나 메뉴판을 보며 식사를 정한다.

- 테이블에 세팅되어 있는 냅킨을 무릎 위에 펼쳐 얹는다. 냅킨이 준비되어 있지 않은 경우에는 컵 안에 말아져 있는 종이 냅킨 등을 이용할 수 있다.

- 식사를 가져다 주는 테이블 담당 직원에게 "Merci메흐씨"라고 인사한다.

- 좌빵우수. 즉, 좌측에는 빵, 우측에는 물과 와인이 있다. 웨이터가 물과 와인을 따라줄 때는 잔을 들거나 잡지 않는다. 가볍게 목례를 하거나 잔을 바라보는 정도가 좋다.

- 수프를 먹을 때는 후루룩 소리를 내지 않도록 주의한다

- 큰 소리의 재채기는 상대방에게 불편함을 주는 행동이므로 조심하도록 한다. 하지만 코를 푸는 것은 실례가 아니므로 가능하다.

- 프랑스인들은 감자칩과 함께 케첩보다는 겨자를 즐겨 먹는다. 참고해서 주문하면 좋다.

- 빵은 빵 전용 접시에 올려 두거나 테이블 위에 올려 두어서 음식 접시 위에 빵 부스러기가 떨어지지 않도록 한다.

- 고급 레스토랑의 경우 식사 접시가 바뀔 때마다 포크와 나이프를 그에 맞게 교

체해주니, 식사가 끝나면 접시 위에 나란히 올려 두고, 다음 식사 접시가 오길 기다린다. 만약 식사가 덜 끝났다면, 포크와 나이프를 ㅅ 자 모양으로 접시 위에 올려 두어 테이블 담당자에게 식사 중임을 알려주는 것이 좋다.

- 디저트로 치즈를 주문하면, 커다란 수레를 끌고 온 테이블 담당 직원이 어떤 치즈를 먹을 것인지를 물어보는 경우가 많다. 수많은 치즈 중에 고르기가 어렵다면, 여러 가지 치즈를 조금씩 맛보고 싶다고 말하고, 고르도록 한다. 많이 먹어봐야 나중에 기억에 남는다. 종류의 제한은 없으나, 강한 치즈들을 너무 많이 맛보면 혀가 마비되어 맛을 제대로 느끼지 못하니 유의해서 고르도록 한다.
- 계산은 자리에서 한다. 식사가 끝난 다음에 테이블 담당 직원에게 영수증을 요구하고 기다린다.
- 신용카드나 현금 결제 시, 테이블 담당 직원이 신용카드 영수증이나 거스름돈을 가져온다.
- 팁은 정해진 요율이 없으므로 서비스 만족도에 따라 거스름돈의 일부를 남기면 좋다. 팁은 나올 때 탁자 위에 올려 두고 나오며, 반드시 주고 나와야 하는 것은 아니다.
- "Merci, au revoir메흐씨, 오흐부아 : 감사합니다. 안녕히 계세요"라고 인사하고 나온다.
- 짐 보관 장소에도 약간의 동전을 팁으로 남기는 것이 좋다.

TIP

식사 전후 담당 서버나 함께 식사하는 사람들에게 할 수 있는 말

- Bon appétit! 보나뻬티
  맛있게 드세요. (직역하면 '좋은 식욕 가지세요')
- S'il vous plait. 씰 부 뿔레
  부탁합니다.
- C'est très bon! 쎄 트레 봉
  아주 맛있어요!
- Où sont les toilettes? 우 쏭 레 뚜알렛
  화장실이 어디 있나요?
- L'addition s'il vous plaît. 라딕시옹 실 부 뿔레
  계산서 주세요.

파리에 왔다면 한 번쯤은 들러야 할 관광 명소 위주의 기본 루트를 소개한다. 이 기본 루트를 중심으로 자신에게 맞는 루트로 수정해 나가자. 파리에 오래 머물지 않는다면 1~4일 일정까지, 조금 더 시간이 있다면 5~6일 일정까지 소화해 보자. 바쁜 여행자들에게는 시간을 낭비하지 않는 것도 중요하므로, 길을 찾아 헤매는 시간을 줄이기 위해 추천 루트에서 안내하는 교통수단을 지하철(메트로)로 한정하였다.

9:30 숙소 출발 후 M4 Cité역 하차 (본문 P179~186)

- 생트 샤펠 Sainte Chapelle의 멋진 스테인드 글라스 감상
- 최고 재판소와 콩시에르주리 Conciergerie, 파리 노트르담 대성당 방문
- 시간이 된다면 고풍스러운 서점인 셰익스피어 앤 컴퍼니 방문

도보 약 15분

11:30 파리 시청사 Hôtel de Ville (본문 P188~189)

도보 약 10분

12:30 퐁피두 센터 Centre Georges Pompidou (본문 P210~213)

14:00 점심 식사

파리 전경이 내려다보이는 퐁피두 센터 6층에 위치한 조르주 George 카페(P213)에서 점심 식사. 저렴한 식사를 원한다면, 플런치 Flunch에서의 식사(P95)를 추천. 보부르 카페 Café Beaubourg에서의 커피 한 잔(P220)도!

메트로로
3 정거장

15:00 루브르 박물관 Musée du Louvre (본문 P228~231)

- 퐁피두 센터에서 루브르 박물관을 갈 때 Hôtel de Ville역에서 1호선을 타는 것이 가장 편리하다.
- 루브르 박물관은 하이라이트 작품만 관람해도 2시간 이상이 걸린다. 사실 하루 종일 아니 몇날 며칠이 걸려도 이곳의 작품을 다 보기란 어렵다. 깊이 있는 관람을 원한다면 오디오 가이드 기기를 빌리거나 전문 해설가의 설명을 듣는 것이 좋다.

18:00 콩코르드 광장 Place Concorde (본문 P129~130)

18:30 샹젤리제 거리 Champs-Élysées (본문 P124~125)

19:00 라데팡스 La défense (본문 P146~147)

가벼운 저녁 식사를 원한다면, 라데팡스 지역의 샌드위치 집이나 맥도날드를 이용할 수 있다.

20:00 트로카데로 광장 Place de Trocadéro (본문 P155~157)

• 여름에는 밝은 시간의 에펠탑을 보고난 후 해가 지기를 기다려 매시간 정시에 10분간 반짝 반짝하는 에펠탑을 본다.
• 에펠탑에 올라도 좋다. 바로 눈앞에 보여서 가까울 것 같지만 20분 정도는 걸어야 한다.

20:30 팔레 드 도쿄 Palais de Tokyo (본문 P133)

핫한 분위기의 팔레드 도쿄 내 도쿄 잇Tokyo Eat에서 저녁 식사를 추천!

9:30 오르세 미술관 Musée d'Orsay (본문 P270~277)

RER선은 지하철보다 플랫폼까지의 거리가 있어서, 정거장 수는 얼마 안 되지만 타고 내리는 데에 시간이 오래 걸리니 일정을 짤 때 참고하자.

메트로로 3정거장

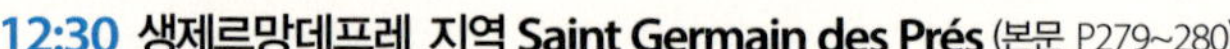

12:30 생제르망데프레 지역 Saint Germain des Prés (본문 P279~280)

- 생제르망데프레 거리
- 생 쉴피스Saint Supice 성당

14:00 점심 식사 (본문 P143, 300~301)

- 생제르망데프레의 유명 레스토랑인 립Lipp에서 가볍게 프랑스식 식사를 즐기 거나 레옹 드 브뤽셀Léon de Bruxelles에서 홍합 요리를 맛보는 것도 좋다.
- 점심 식사 후, 디저트로 레 뒤 마고Les Deux Magots에서 진한 쇼콜라 한잔 또는 카페 드 플로르Café de Flore에서 진한 에스프레소 한잔을 추천!

메트로로
13 정거장

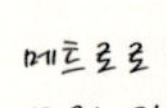

16:30 몽마르트르 언덕 Montmartre (본문 P308~314)

- 사크레쾨르 성당Basilique du Sacré-Cœur, 테르트르 광장Place du tertre, 달리 미술 관Espace Montmartre salvador Dali 등 관광
- 아멜리에 영화에 나오는 카페 데 두 물랭Café des 2 Moulins에서 커피 한잔의 여 유 즐기기

선택한 유람선에 따라 하차지가 달라짐.
대략 30분 소요

21:30 유람선 타기 (본문 P98~101)

파리의 아름다운 풍광을 즐기기 위한 최적의 선택! 파리의 유람선은 해질녘에 타 러 가는 것이 좋다.

10:00 베르사유 궁전 혹은 오베르쉬르오와즈 (본문 P359~364, 370~374)

16:00 (시내로 돌아와) 오페라 가르니에 **Opéra Garnier** 또는
오랑주리 미술관 **Musée d'orangerie** (본문 P250~251, 242~243)

오페라 가르니에와 함께 갤러리 라파예트Galeries Lafayette, 프랭땅 백화점Printemps PARIS
등 유명 백화점과 상점 구경

도보 약 20분

19:30 저녁 식사 (본문 P262)

오페라 지역에 있는 일본 식당에서 라면이나 한식 즐기기

도보 약 20분

22:00 룸바르 거리에 있는 재즈바에서 재즈 감상 (본문 P221)

지베르니, 르와르 고성지대, 몽생미쉘, 라발레 아울렛,
디즈니랜드 등 근교 지역 선택 (본문 P344~378)

10:00 생 루이 섬 Île Saint-Louis (본문 P187)

- 고즈넉한 분위기의 생 루이 섬을 산책
- 베르티용 아이스크림을 맛보아도 좋고, 강변에 앉아 사색의 시간을 보내도 좋다.

메트로+도보 약 25~30분

11:30 로댕 미술관 Musée Rodin (본문 P160~163)

도보 약 10분

13:30 마레 지구의 상점, 박물관, 시장(본문 P202, 205)

- 쉐 자누Chez Janou에서 프로방스식 음식을 맛보거나, 예쁜 카페에 들러서 샐러드류의 간단한 식사를 즐겨보기를 추천
- 빈티지 제품이 많은 상점에서 옷, 가방, 액세서리 등을 저렴하게 구입하거나 구경

도보 약 25분

16:30 앵발리드 저택 Hôtel des Invalides (본문 P159)

메트로로 2 정거장 또는 도보 약 25분

19:00 저녁 식사 (본문 P168)

레 코코트Les cocotes에서의 저녁 식사 추천

도보 5분

20:30 마르스 공원 Champs de Mars (본문 P158)

파리지앵들처럼 풀밭에 둘러앉아 플라스틱 컵에 와인 따라 마시기

메트로로 6 정거장

22:00 몽파르나스 타워 Tour Montparnasse (본문 P337~338)

- 전망대에 올라 파리 풍경 감상하기
- 몽파르나스 타워 56층 르 시엘 드 파리 레스토랑Le ciel de Paris에서 야경 보며 칵테일 한 잔 추천

10:00 국립중세박물관 **Musée National du Moyen Age** 또는 오데옹 극장 **Théâtre de l'Odéon**, 팡테옹 **Panthéon** (본문 P285)

12:30 점심 식사 (본문 P282, 303)

- 헤밍웨이가 즐겨 찾았다는 폴리도르Polidor에서 식사
- 뤽상부르그Luxemburg 공원 산책(점심용 샌드위치를 사와서 공원에서 소풍을 즐겨도 좋다.)

M5 Jacques Bonsergent역에서 하차

14:30 생 마르탱 운하 **Canal Saint-Martin** (본문 P100)

생 마르탱 운하 산책

메트로로 9정거장

16:00 베르시 빌라주 **Bercy Village** (본문 P344~347)

- 베르시 공원, 프랑수아 미테랑 도서관Bibliothèque Nationale François Mitterrand 등 관광
- 저녁 식사하기

메트로 약 30분

21:00 리도쇼 또는 물랭루즈쇼 감상 또는
몽마르트르 지역의 라팽 아질 카바레 가기 (본문 P316, 323)

Paris, les coins et les recoins

Area 1
CHAMPS ÉLYSÉES
샹젤리제
시크한 매력

 주요 동선 한눈에 보기

파리의 시크한 매력이 담겨 있는 거리. 파리를 상상하면 샹젤리제 거리를 떠올리지 않을 수 없다. 파리의 여행자라면 샹젤리제의 개선문을 배경으로 사진 한 장 찍는 것은 필수 코스일 것이고, 찻길 한가운데로 뛰어들어 중앙선 위에서 사진 찍는 위험을 감수하게 할 만큼 매력 있는 거리이다. 내로라하는 명품들이 즐비하고, 웬만한 고가 브랜드는 다 찾아볼 수 있으며, 고급스러운 레스토랑과 바들이 쇼핑에 지친 이들과 이곳의 럭셔리한 느낌을 즐기고자 하는 사람들, 인근 사무실의 사람들에게 쾌적한 쉼터를 제공한다.

유명 호텔 커피숍에서 종종 헐리우드 배우들을 목격할 수 있는 이곳은 최고급 관광지인 만큼 물가가 상당히 비싸다. 고로, 지갑이 가볍다면 소비의 장소보다는 트랜디한 감각을 흡수하는 장소로 여겨 보자. 어떤 것을 사지 않는 눈으로만 즐기는 쇼핑이라도 샹젤리제 거리는 설레임이 있어서 즐겁다.

Rue Lable
Rue de Chazelle
Rue de Courcelles
Mon
M
Parc de Monceau
12
Av. de Wagram
Rue Poncelet
Rue de Chazelle
Bd de Courcelles
Courcelles
M
Rue d'Armaillé
Av. des Temes
Rue Daru
Ternes
M
Rue Murillo
Rue Brunel
Av. Hoche
La Maison du Chocolat
Rue des Acacias
Hotel Elysees
Ceramic
Cathédrale
Saint-Alexandre-Nevsky
de Paris
Hilton Arc
De Triomphe
Paris Hotel
Av. Carnot
Jean pierre cohier
Av. de Wagram
Royal Monceau
Rafiles Paris
Rue de Courcelles
Argentine
M
Rue Beaujon
Rue Chalgrin
Av. Hoche
Faubourg-du-Roule
Av. de Friedland
och
Charles de
Gaulle-Étoile
M RER
01 Arc de triomphe
de l'Étoile
Rue Baizec
Rue Washington
Rue de Berri
Rue de Presbourg
A Publicis Drug Store
Av. Victor Hugo
Rue Vernet
a MOOD
Saint-Philippe-du-Roule M
Kléber M
B Louis Vuitton
M
George V
Hotel
Lancaster
Rue Paul Valéry
Rue la Pérouse
Av. Kléber
Rue Lauriston
Av. d'Iéna
Avenue des Champs Élysées
Rue La Boétie
b 02
La Durée
Rue de Bassano
Av. George V
c Av. des Champs Elysées
C Monoprix
Rue de Ponthie
Rue Galilée
Léon de bruxelles
l'Alsace d
Chaillot
Rue Lincoln
Abercrombie & Fitch
Frank
Roos
Rue Copemic
D
Av. Kléber
Pershing
Hall
E M
Artcurial
11 Galerie-Musée Baccarat
Four Seasons
Hotel George V
Rue de Mangnan
Boissière M
Rue de Lubeck
Rue de Cheillot
La Tremoille
Rue François 1er
Gran
Rue Boissière
American
Cathedral
In Paris
Rue Marbeuf
Alain Ducasse au Plaza Athénée
e
f Bar du Plaza Athénée
Rue Bayard
Av. Kléber
Av. d'Iéna
Pl. de l'Alma
Théâtre des
Champs Elysées 06
Maison Blanche g
Av. Pierre 1er de Serbie
Musée de la Mode
09 et du Costume
Alma-
Marceau M
Av. Montaigne
Musée National des Arts
Asiatiques Guimet 10
Iéna M
Palais de Tokyo 08 07 Musée d'Art moderne
de la Ville de Paris
Tokyo Eat h
Cours Albert 1er
V
Av. du Président Witson
Av. d'Iéna
Rue Fresnel
Av. de New York
Voie Expresse Rive Gauche
ro
Esplanade
u Trocadéro
Av. de New York
Port dela Bourdonnais
RER Pont de
l'Alma
Quai d'Orsay
American
Cathedral
In Paris

Spot

★★★
01 Arc de triomphe de l'Étoile 에뚜알 개선문

★★★
02 Avenue des Champs Élysées 샹젤리제 거리

★★★
03 Petit Palais & Grand Palais 프티 팔레 & 그랑 팔레

★★
04 Pont Alexandre III 알렉상드르 3세 다리

★★★
05 Place de la Concorde 콩코르드 광장
  5-1 ★ Palais de l'Élysées 엘리제궁전

★
06 Théâtre des Champs Elysées 샹젤리제 극장

★
07 Musée d'Art moderne de la Ville de Paris
파리 시립근대예술미술관

★
08 Palais de Tokyo 팔레 드 도쿄

★
09 Musée de la Mode et du Costume 의상 박물관

★
10 Musée National des Arts Asiatiques Guimet
기메 동양 미술관

★
11 Galerie-Musée Baccarat 바카라 박물관

★★
12 Parc de Monceau 몽소 공원

★
13 Musée Cernuschi (Arts de l'Asie)
세르누치 박물관

Shopping

★   **A** Publicis Drug Store 퍼블릭 드러그 스토어
★★★ **B** Louis Vuitton 루이 비통
      C Monoprix 모노프릭스
      D Abercrombie & Fitch 아베크롬비 & 피치
★★   **E** Artcurial 아트큐리얼 복합문화공간

Food & Drink

★★   **a** MOOD 무드
★★★ **b** La Durée 라 뒤레
★★★ **c** Léon de bruxelles 레옹 드 브뤼셀
★★   **d** l'Alsace 알자스
★★   **e** Alain Ducasse au Plaza Athénée
       알랭 두카스 플라자 아테네
      f Bar du Plaza Athénée 플라자 아테네 바
★★   **g** Maison Blanche 메종 블랑시
★★   **h** Tokyo Eat 도쿄 잇
★   **i** Jean pierre cohier 장 피에르 코히에
★   **j** La Maison du Chocolat 라 메종 뒤 쇼콜라

01

Arc de triomphe de l'Étoile
악끄 드 트히엉프 드 레뚜알

에뚜알 개선문

Web arc-de-triomphe.monuments-nationaux.fr
주소 Place Charles de Gaulle, 75008 Paris
전화번호 01 55 37 73 77
운영 시간 10~3월 : 10H~22H30, 4~9월 : 10H~23H
*폐관 45분 전까지 입장 가능
휴일 1/1, 5/1, 5/8(오전만), 7/14(오전만), 11/11(오전만), 12/25
입장료 일반 9.5€, 학생 6€, 18세 미만 무료
가는 방법 M 1・2・6, RER A Charles de Gaulle Etoiles

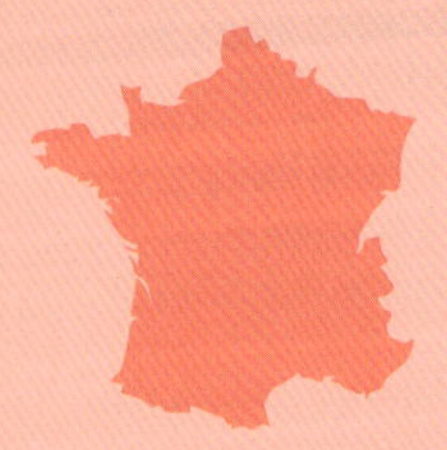

샹젤리제 거리 끝에 있는 에뚜알 개선문은 "세계의 중심을 파리로!"라고 외쳤던 나폴레옹에 의해 높이 50m, 너비 45m, 깊이 22m의 규모로 지어졌다. 웅장한 느낌의 이 건축물은 1806년에 종결된 러시아와 오스트리아 연합군을 물리친 아우스터리츠 전투Battle of Austerlitz에서 승리한 것을 기념하기 위해 지어졌는데, 로마 제국처럼 위대한 제국을 이루고자 꿈꾸었던 나폴레옹은 군사들의 사기 충전을 위해 전쟁 때마다 "우리는 승리의 개선문 아래를 지나 고향으로 돌아갈 것이다."라고 말했다고 한다. 로마 시대에 개선문 아래로의 행진이 허락된 자는 영웅뿐이었으므로, 새로운 땅을 정복한 황제와 그 부하들이 개선문 아래로 개선 행진을 하는 것은 대단히 영광스런 일이었을 것이다.

나폴레옹은 그의 군대의 최고 장군부터 신입 병사까지 이름과 고향, 각자들의 특기와 좋은 포지션을 잘 알고 있어 군사들로부터 두터운 신임을 얻었던 것으로 알려져 있다. 그러한 그였기에 군사들에게 했던 그 약속을 꼭 지키고 싶었으리라.

1806년 나폴레옹은 2개의 개선문을 계획하게 된다. 먼저 계획된 것이 루브르 박물관 앞에 있는 카루젤 개선문(P238)이었고, 두 번째 계획된 개선문은 원래 Rue Saint-Antoine생 앙뚜안 길에 건축될 계획이었으나, 규모가 더 크고 웅장하며 교통의 요지에 위치하여 많은 사람들이 볼 수 있는 자리여야만 한다는 나폴레옹의 주장에 따라 1806년 8월 15일 샹젤리제 거리인 지금의 샤를 드골 광장Place Charles de Gaulle : 1970년 샤를 드골 장군이 죽으면서 그의 죽음을 애도하기 위해 개선문이 위치한 광장을 샤를 드골 광장으로 부른다.으로 위치가 수정되어 머릿돌을 두게 되었다.

하지만 나폴레옹은 이 개선문이 완공되었을 때 세인트 헬레나에 유배되어 있었기 때문에 결국 살아서 그 모습을 보지 못하고, 1840년 유해가 되어 이 개선문을 지나 앵발리드(현재 군사박물관 P159)에 안치되었다고 한다.

소곤소곤

아우스터리츠 전투의 승리를 기념하기 위해 나폴레옹이 세운 첫 번째 개선문인 카루젤 개선문이 생각보다 작은 것(나폴레옹은 작은 키 때문에 키에 대한 컴플렉스가 있었다)에 실망해서 더 웅장한 크기의 개선문을 원했고, 이것이 에뚜알 개선문을 건축하게 된 계기가 되었다는 설도 있다. 하지만 그저 설일 뿐 역사적으로 증명된 것은 아니라는 것.

1 전쟁에 참가했던 장군들의 이름이 새겨진 벽
2 불꽃이 꺼지지 않는 화로
3 라 마르세예즈
4 개선문을 중심으로 펼쳐진 방사선 도로 (출처 : 구글맵)

개선문 아치 안쪽 벽에 적혀 있는 것들은 나폴레옹 1세 때 여러 전쟁에 참가했던 558명의 프랑스 장군들의 이름이며 밑줄이 그어진 이름은 전쟁 중 사망한 장군들이다.

개선문 아래에는 1년 내내 불꽃이 꺼지지 않는 화로가 있는데, 이는 1920년 1차 세계대전에 참전했던 이름이 밝혀지지 않은 용사를 기리기 위한 무덤이며, 매년 11월 11일 1차 세계대전 종전기념일에 기념식을 거행한다.

상젤리제 거리에서 개선문을 바라볼 때 오른쪽에 위치한 부조는 프랑수아 뤼드François Rude의 작품인 '라 마르세예즈'이다. 마르세유 의용군들이 혁명 이후 파리로 상경하면서 부른 노래를 처음 접하는 파리 사람들은 '마르세이 사람들이 부르는 노래'라는 뜻으로 '라 마르세예즈La Marseillaise'라고 이름을 붙였고, 현재 프랑스의 애국가이기도 하다.

파리는 개선문을 중심으로 12개의 도로가 방사선 모양으로 뻗어 있는 도시인데, 개선문이 세워질 당시에는 다섯 개의 도로만 형성되어 있었고, 나폴레옹

3세 때 오스만 남작의 〈파리 근대화 프로젝트〉로 12개의 대로가 뻗게 되었다. 개선문을 둘러싸고 12개로 뻗어지는 방사선 모양의 거리 모습이 별의 형상을 갖고 있다고 하여, 샤를 드 골 에뚜알Charles de Gaulle Étoiles : Étoiles은 프랑스어로 '별'이라는 뜻이라는 지하철 이름이 붙여졌다.

227개의 계단을 올라 전망대에 오른 후 파리 시내를 내려다보면 에뚜알 개선문과 일직선 상에 위치해 있는 카루젤 개선문과 신개선문이 시원하게 눈에 들어온다.

소곤소곤

신 개선문, 에뚜알 개선문, 카루젤 개선문은 모두 일직선 상에 있다. 루브르 궁전 앞 카루젤 개선문에서 콩코르드 광장의 오벨리스크까지는 1km, 오벨리스크에서 드골 광장의 에뚜알 개선문까지는 2km. 에뚜알 개선문에서 신 개선문까지는 4km 이다. 더욱 놀라운 일은 카루젤 개선문─에뚜알 개선문─신 개선문의 크기도 거리에 비례하여 2배씩 커진다는 것이다. 프랑스의 영광이 이 세 개의 개선문을 지나며 점점 확장된다는 의미를 나타내는 것일까?

02

Avenue des Champs Élysées

아브뉘 데 샹제리제

샹젤리제 거리

가는 방법

M 1·13 Champs Élysées Clemenceau,

M 1·2·6 Charles de Gaulle Etoiles,

M 1 George V,

M 1·9 Franklin D. Roosevelt

세계적인 명품 부티크와 카페, 레스토랑 등으로 화려함의 극치를 보여주는 샹젤리제Avenue des Champs Élysées : 원래는 '샹—엘리제'이지만 연음 현상으로 '샹젤리제'로 발음된다는 각각 〈Avenue—큰 길, des—복수형 부정관사, Champs—들판, Élysée—(그리스 신화에서) 낙원〉을 의미하여 '낙원의 들판길'로 번역할 수 있겠다.

샤를 드 골 광장에서 방사선 모양으로 뻗은 12개 길 중 가장 큰 대로인 샹젤리제 거리는 본래 습지였던 것을 앙리 4세의 왕비인 마리 드 메디치Marie de Medici가 튈르리 정원을 확장하면서 산책로로 조성한 길이었는데, 이것에 나폴레옹 3세와 오스만 남작의 파리 근대화 프로젝트 때 막대한 예산을 투입하여 파리의 번화가로 자리잡게 한다. 콩코르드 광장까지 약 2.6km, 폭은 70m인 이 대로에는 내로라하는 유명 브랜드 상점, 고급 레스토랑, 럭셔리한 카페 등이 많아 거리를 따라 둘러보는 것만으로 감각이 충전되는 느낌이다. 말끔하게 깎아진 가로수들이 늘어서 있는 이 거리는 1838년 건축가 자크 히토르프Jacques Hittorff가 설계한 기하학적 정

프랑스식 정원의 특징

프랑스식 정원의 특징은 깍두기 모양의 나무와 쫙 뻗은 큰 대로라고 할 수 있다. 샹젤리제 거리나 베르사유 궁전의 정원 양식을 보면 이해가 될 것이다. 참고로, 프랑스식 정원이 기하학적이라면 영국식 정원은 자연의 지형을 중시하여 자연을 그대로 두는 방식을 취하고 있다는 점도 알아 두자. 연못이라든가 불규칙적, 비대칭적인 나무들이 그 예가 될 것이다.

원으로, 튈르리 정원(P240 참조)에서 신 개선문까지 뚫어져 있는 직선 축을 더욱 강조해 준다.

얼핏 보기에 길이 시원하게 뚫려 있어서 에뚜알 개선문까지 걸어서도 충분히 갈 수 있을 것 같아 보이지만, 샹젤리제 거리를 끝까시 도보로 기려고 하면 꽤 많은 시간이 걸리고 또한 체력이 소모된다는 점을 알아 두자. (샹젤리제 거리를 걷다가 중간에서 개선문까지 버스를 이용해서 이동하고자 하면 73번을 이용하면 좋다.)

상젤리제에서 새해 카운트 다운을

샹젤리제 거리에서 새해맞이 카운트 다운 행사에 참여해 보면 어떨까?

매년 12월 31일이 되면 새해맞이 카운드 다운을 위해 전세계에서 사람들이 모인다. 각 나라의 관광객은 물론 수많은 파리지앵들이 샹젤리제 거리를 가득 메운다. 이 날은 소매치기와 치한들을 조심해야 한다. 사람이 많이 모이는 날이니 어쩌면 당연한 이야기다. 안전을 위해 가급적 혼자 다니지 말고 일행과 함께 다니도록 한다. 새해 인사는 'Bonne année보나네'라고 하면 된다. 유럽식 인사인 볼을 맞대고 쪽쪽 소리를 내는 비주Bisous를 하기도 한다. 1월 1일 0시가 되면 크리스마스를 위해 예쁘게 장식해 두었던 조명이 모두 꺼진다.

03

Petit Palais & Grand Palais
쁘띠 빨레 & 그헝 빨레

프티 팔레/그랑 팔레

주소 Avenue Winston Churchill, 75008 Paris
전화번호 01 53 43 40 00
가는 방법 M 1•13 Champs-Elysées Clémenceau

프티 팔레 Petit Palais

Web www.petitpalais.paris.fr
운영 시간
화~일요일 : 10H~18H *17H까지 입장 가능
입장료 무료(단, 기획전시는 유료)
휴일 월요일, 공휴일

그랑 팔레 Grand Palais

Web www.grandpalais.fr
운영 시간 전시에 따라 다름
입장료 일반 9€, 학생 6€ (전시에 따라 다름)

❶ 프티 팔레

1900년 파리 만국박람회 때 지어진 프티 팔레(직역하면 '작은 궁전')와 그랑 팔레(직역하면 '큰 궁전')는 서로 마주 보고 있다.

먼저, 현재 파리시립미술관이 들어서 있는 프티 팔레는 1900년 파리 세계박람회 개최를 앞두고 미술품의 전시를 위해 지어진 곳이다. 전시관이 비교적 넓어 작품 관람에 쾌적한 환경을 제공하고 안뜰과 정원이 있으며, 이오니아 양식의 기둥이 세워져 있는 화려한 현관과 둥근 천장이 돋보인다. 예쁜 궁전의 형상을 하고 있는 이곳에서는 20세기까지의 예술가들의 작품들을 볼 수 있으며, 앤틱 콜렉션들과 중세 작품들, 프랑스와 이탈리아 르네상스의 귀중한 예술 오브제들을 볼 수 있다. 또한 플랑드르 화풍과 네덜란드 화풍의 작품들과 함께 쿠르베Courbet, 카르포Carpeaux, 세잔Cézanne, 부이라드Bouillard 등의 19세기 프랑스 회화와 조각 작품, 아르누보 작품들을 감상할 수 있다. 프티 팔레에서는 무료로 상설 전시 관람이 가능하여 숨가쁜 파리 일정에서 편안한 마음으로 예술 작품을 대할 수 있는 곳이므로 그냥 지나치기에는 아쉬움이 남는다.

❷ 그랑 팔레

유리로 된 지붕이 독특한 그랑 팔레의 외관은 웅장하며 엄숙한 느낌을 주는 고전주의 양식의 석조와 아르누보 양식의 철제가 혼합된 형태로, 건축 당시에는 혁신적이라 할 수 있는 기마르 양식Style Guimard으로 지어져 화제가 된 건물이다. 밤이면 내부에서 뿜어져 나오는 빛이 유리 지붕을 통과하여 청동상을 비추는 모습이 아름다운 이곳에서는 세계적인 작가들의 대형전을 볼 수 있으며, 수시로 전시가 바뀌므로 홈페이지를 통해 전시를 확인하고 방문하는 것이 좋다.

TIP1 배낭(백팩)을 메고 전시관에 입장할 수는 없으니 반드시 지하 물품보관소에 가방을 맡기고 입장하도록 한다.

TIP2 **Mini Palais** 미니 팔레

Web www.minipalais.com

주소 Avenue Winston Churchill, 75008 Paris

전화번호 01 42 56 42 42

운영 시간 10H~다음날 1H

예산 음료 6€, 칵테일 13€, 점심 19€~

가는 방법 M 1·13 Champs Élysées Clemenceau

그랑 팔레 정문으로 나와 센 강변 쪽으로 가다 보면 미니 팔레가 있다. 관람 후 미니 팔레에서 커피 한 잔의 여유를 즐기는 것도 좋겠다.

아무 생각 없이 길을 걷다가 우연히 만나면 깜짝 놀라게 되는 곳이 이곳이다. 파리의 무채색과는 달리 골드색의 조각들이 무척이나 화려하게 느껴지는 이곳은 파리 만국박람회를 기념하기 위해 1899년에 만들어졌는데, 다리 이름에 러시아 황제 이름을 붙인 것이 흥미롭다. 아르누보 양식의 청동 램프, 큐피트와 아기 천사 조각들이 우아함을 더한다. 예전에 방영된 드라마 〈파리의 연인〉에도 등장한 곳이어서 더욱 친근하게 느껴진다.

TIP

아르누보 양식 Art Nouveau

19세기 말에서 20세기 초 유럽뿐만 아니라 미국, 남미까지 유행했던 아르누보 양식은 '새로운 예술'로도 직역할 수 있는데, 산업혁명의 영향으로 모든 것이 기계화되고 획일화되면서 기존과 같은 똑같이 베껴내는 그림이나 사상을 담는 예술에 염증을 느낀 예술가들이 새로운 표현을 추구하게 되면서 발달하게 된 양식이다. 20세기 초 파리 건축물에서 특히 많이 볼 수 있는 이 양식은 담쟁이 덩굴처럼 이어지는 유기적 곡선이나 불꽃의 형태 그 안에 있는 추상적, 직선적인 움직임의 모티브들을 넣은 양식들의 조합이라고 볼 수 있다

소곤소곤

왜 프랑스 곳곳에는 외국 사람들의 이름을 붙여둔 걸까?

파리에는 2차 세계대전 당시 독일에게 점령당한 프랑스를 구해준 연합군으로 참전했던 미국 대통령 프랭클린 루즈벨트 이름을 딴 1호선 Franklin D. Roosevelt역도 있고 러시아 황제 알렉산드르 3세의 이름을 딴 이 다리도 있고, 1/2차 세계대전에 전사했던 유명한 장군들의 이름을 딴 거리 이름들도 곳곳에 보인다. 프랑스의 존속에 관계가 깊고 역사적으로 중요한 인물에 대해서 프랑스인들은 그들이 외국인일지라도 자신들의 역사에 기록하고 싶어하는 것이 아닐까 한다. 한번 새겨지면 쉽게 바꾸기 어려운 길과 지하철 역에도 외국인의 이름을 쓴다는 것은 정치적, 외교적인 목적도 있었겠지만 그만큼 그들의 마음이 열려 있다는 의미 아닐까.

04

Pont Alexandre III

퐁 알렉상드흐 뜨와

알렉상드르 3세 다리

가는 방법

M 1·13 Champs-Élysées-Clemenceau
RER C, M 8·13 Invalides

05

Place de la Concorde
쁠라스 드 꽁꼬르드

콩코르드 광장

주소 Place de la Concorde, 75008 Paris
가는 방법 M 1·8·12 Concorde

무시무시한 단두대가 설치되었던 처형 장소. 광장 중앙에는 4년에 걸쳐 바다를 통해 가져온 오벨리스크가 있다. 이것은 1829년 부르봉 가문의 마지막 왕인 샤를 10세Charles X에게 이집트에서 보낸 선물로, 고대 이집트의 룩소르 신전에 있던 것이라고 한다. 오벨리스크는 23미터의 높이에 무게가 230톤이나 나가는 화강암으로, 람세스 2세의 정치적 업적을 상형 문자로 적어 놓은 것이다. 오벨리스크의 하단에 당시 운반 상황이 그려져 있다. 또, 좌우에는 로마 성 베드로 광장Piazza San Pietro 앞의 분수와 나보나 광장Piazza Navona의 분수를 모방한 두 개의 분수대가 설치되어 있고, 프랑스 8대 도시의 여신상이 프랑스의 발전을 위하여 회의를 하는 모습으로 주변에 놓여 있어 우아한 느낌을 더해 준다.

1 분수대 2 여신상

상젤리제 거리와 튈르리 정원 사이에 위치한 이 광장은 18세기 중반에 건축가 앙 주 가브리엘Jacques-Ange Gabriel에 의해 북쪽에만 주택이 있는 8각형 모양으로 설계 되었다. 처음엔 루이 15세의 동상을 세우기 위해 만들어졌고 그 이름도 루이 15 세 광장이었지만, 프랑스 대혁명의 혼란기에 〈혁명 광장〉으로 이름을 바꾸고 왕 의 동상이 있던 자리에는 단두대가 세워지게 된다. 쉴 새 없는 사형 집행 덕에 이 광장은 핏자국이 지워지는 날을 보기가 어려웠다고 한다. 그리고 1795년 혁명 정 부는 혼란기를 벗어나 국민들이 서로 화합하기를 원한다는 뜻으로 현재의 이름인 콩코르드 광장Concorde : '일치, 화합, 조화'의 의미으로 이름을 바꾸었다.

TIP1 **또 다른 평등의 의미, 기요틴Guillotione 단두대**

높이 두 기둥 사이로 사선의 칼날이 툭 털어진다. 무겁게 떨어지는 칼날이 엎드린 사형수의 목을 예리하게 잘라 머리와 목이 분리되면 서 피가 사방으로 튀게 하는 사형 도구. 바로 기요틴이다. 기요틴이 탄생하기 전 죄수들의 처형은 계급에 따라 다른 방식으로 이루어졌다고 하는데, 평민은 목을 베는 참수형에, 귀족들은 목을 매는 교수형에 처해졌다고 한다. 하지만 8~19세기 에 쓰였던 사형 도구인 기요틴은 계급에 상관없이 누구나 똑같은 방법으로 처형 시킴으로써 평등을 실현하고자 나온 도구라고 하니 사형제도까지도 평등을 주장 했던 프랑스인들의 신념이 대단하게 느껴진다.

당시 외과의사였던 조제트 기요틴의 제안으로 시작하여 프랑스 혁명이 계속되던 1792년부터 공식 사용되었고, 공식적인 사형 도구로 정해진 후 2년 반 동안 이 광장에서 처형된 사람은 루이 16세, 마리 앙투아네트, 혁명군 지도자 당통과 로 베스 피에르를 포함하여 모두 1,119명으로 추정되지만, 이보다 더 많을 것이라 는 설이 지배적이라고 한다. 프랑스에서는 20세기까지 계속 단두대를 사용하다가 1960년대부터 사용 횟수가 줄어들기 시작하였고, 1981년 9월에 사형 제도를 법 으로 금지하면서 단두대도 폐기하였다.

광장 입구에는 동그란 모양의 회전 관 람차Grand Roue de Paris가 있는데, 이 회 전 관람차를 타고 파리의 전경을 구경 해 보는 것도 재미있다(입장료 : 일반 10€, 어린이 5€, 두 바퀴 반 이용). 이 용이 끝난 후 포토존에서 사진을 찍는 데, 가격은 비싸지만 추억으로 남기고 싶은 사람은 구매해도 좋겠다(10€).

광장에서 튈르리 정원에 들어가 산책 을 하고 루브르 박물관 쪽으로 걸어 보는 코스도 운치가 있고, 상젤리제 거 리 쪽으로 걸어가 개선문까지 산책을 하는 것도 추천하는 코스이다.

 **TIP2**

Palais de l'Élysées
엘리제궁전

주소 55 rue du Faubourg Saint Honoré, 75008 Paris

상젤리제 거리 오른쪽 위쪽에 위치 한 이곳은 1871년 이래 지금까지 대 통령이 집무를 보는 관저로 루이 15 세의 연인 퐁파두르 부인과 나폴레옹 의 부인인 조세핀이 머물기도 했던 장 소이다. 내부 관람은 일 년에 단 한 차례 문화 유산 개방의 날Journées du Patrimoine(9월 셋째주 주말)에 가능하다 고 한다.

샹젤리제 거리와 대각선 방향으로 교차하며 샤넬, 구찌, 아르마니, 셀린느 등 럭셔리한 브랜드 부티크들이 집합되어 있는 몽테뉴 거리Avenue Montaigne 끝에 자리한 공연장으로 3개의 독립된 극장을 한 건물에 모아 1913년에 개관했다. 발레, 전통적인 연극과 함께 전위적인 연극을 상연하며, 세계적인 음악가들의 정기 공연 역시 눈길을 끌 만하다. 홈페이지를 통해 입장권 구입이 가능하지만, 저렴한 좌석의 경우 직접 방문해서 구매해야 한다. 운이 좋으면 5€대에서 저렴한 좌석 확보가 가능하다고 하니, 프랑스에서의 공연 경험을 원한다면 추천할 만한 곳이다. 물론 좋은 좌석은 70~80€ 이상으로 가격대가 높다.

06

Théâtre des Champs Elysées
떼아트흐 데 샹 젤리제

샹젤리제 극장

Web www.theatrechampselysees.fr
주소 15 avenue Montaigne, 75008 Paris
전화번호 01 49 52 50 00
가는 방법 M9 Alma Marceau

TIP

Avenue Montaigne^{아브뉴 몽떼뉴}
몽테뉴 거리

쇼핑을 원하거나 특별한 식사, 공연을 원하는 이에게 추천하는 거리이다. 거리 곳곳에 한국에서는 보기 드문 고급 외제차들이 즐비하게 주차되어 있는 것을 볼 수 있다. 이 거리에서는 세계적으로 알려진 브랜드들을 모두 만날 수 있어서 효율적인 쇼핑을 할 수 있다는 장점이 있다.

07

Musée d'Art moderne de la Ville de Paris

뮤제 다흐 모덴 드라 빌 드 파히

파리 시립근대예술미술관

Web www.mam.paris.fr

주소 11 avenue du Président Wilson, 75116 Paris

전화번호 01 53 67 40 00

운영 시간 화~일요일 : 10H~18H, 목요일 : 10H~22H (야간개장)

휴일 월요일, 공휴일

입장료 상설전 무료, 기획전 유료

가는 방법 M9 léna

1961년에 오픈한 파리 시립근대예술박물관은 근대 미술과 현대 미술의 작품 컬렉션을 무료(상설전시의 경우)로 볼 수 있는 곳이다. 상설전시에서는 20세기의 주요 예술 작품들이 9,000여 점 넘게 전시되고 있는데, 야수파인 마티즈의 〈춤〉 벽화는 물론, 피카소의 큐비즘, 입체주의 미술, 추상 미술, 신 사실주의 미술과 개념 미술 등 현대 미술의 주요한 예술 운동에 관련된 방대한 양의 작품을 감상할 수 있다. 또 이 전시장에는 예술 관련 서점이 있어, 그 동안 궁금했던 작가의 작품집들을 감상하며 시간을 보내기 좋다. 날씨가 따뜻하고 좋은 날은 야외 카페에서 차 한잔하는 여유도 즐겨보자.

미술관 카페에서 차를 즐기고 있는 파리지앤느들

08

Palais de Tokyo
빨레 드 도쿄

팔레 드 도쿄

Web www.palaisdetokyo.com

주소 13 avenue du président Wilson, 75116 Paris

전화번호 01 47 23 54 01

운영 시간 12H~24H (12/24, 12/31 : 12H~18H)

휴일 월요일, 1/1, 5/1, 12/25

입장료 일반 8€, 26세 이하/학생 6€, 18세 미만 무료
*매월 첫 번째 월요일 18H 이후 무료 입장 가능

가는 방법 M9 léna

철학적인 고뇌와 생각, 개념들이 있는 현대 미술 작품을 볼 수 있는 전시관으로, 주로 유명한 신진 작가들의 작품이 전시된다. 1937년 국제박람회 개최 당시 일본관으로 지어진 건물이기 때문에 〈Palais de Tokyo : 도쿄 궁전〉이란 이름을 얻게 되었다. 마치 공사가 마무리 되지 않은 것 같은 느낌의 전시관 내부 모습이 인상적인데, 뛰어난 기획력이 돋보이는 전시들을 관람할 수 있어 현대 미술 전공자나 관심이 있는 자라면 반드시 들러야 하는 곳이다. 개장 시간이 자정까지이므로 늦은 시간에 여유롭게 현대 미술을 감상하고자 하는 사람에게 아주 적합하다. 뒤에서 소개할 도쿄 잇Tokyo Eat이 전시관 안에 위치하고 있으니 핫한 느낌의 도쿄 잇에서의 저녁 식사도 추천할 만하다. 신나면서노 세련된 음악들과 약간은 들떠 있는 분위기가 낮과는 아주 다르다. 낮에는 비교적 조용하게 식사와 음료를 즐길 수 있는 공간이니, 이용에 참고하도록 하자.

09

Musée de la Mode et du Costume

뮤제 드 라 모드 뒤 꼬스튬

의상 박물관

Web www.paris.fr/loisirs/musees-expos/musee-galliera/p5854
주소 10 avenue Pierre 1er de Serbie, 75116 Paris
전화번호 01 56 52 86 00
운영 시간 10H~18H
휴일 월요일
입장료 일반 8€
가는 방법 M9 Iéna

이탈리아 르네상스 양식의 갈리에라 궁전을 개조하여 만든 이 박물관에서는 프랑스 복식 변천사를 볼 수 있다. 18세기부터 현대까지 프랑스의 귀족과 시민들의 의상 변천사를 한눈에 볼 수 있어서 정말 흥미롭다. 고전 영화에서나 보았음직한 신발, 양산, 모자 등의 오래된 소품과 복식 관련 사진, 판화 등의 컬렉션 관람이 가능한데, 기획 전시 때는 전시가 달라지기도 하고 전시 준비 기간에는 문을 닫기도 하니 반드시 홈페이지를 확인하자. 패션 전공자라면 꼭 들러 봐야 하는 곳이라고 생각된다. (2013년 봄까지는 내부 공사로 닫을 예정임)

평소 아시아 문화에 대한 관심이 높았던 에밀 기메Emile Etienne Guimet가 개인 소장품을 모아 리옹에 세웠던 미술관을 1888년 파리의 지금 자리로 옮겨와 세운 미술관으로, 개인으로부터 기증된 수많은 수집품과 루브르 미술관에서 이관된 작품 등을 통하여 방대한 아시아 작품을 보유하고 있다. 한국, 중국, 일본, 인도, 동남아시아, 중앙아시아와 히말라야 등지의 미술품이 전시되어 있으며, 한국 전시관은 3층에 위치하고 있다.

파리지앵들의 동양에 대한 관심과 생각들을 엿볼 수 있는 장소이니 동양에 대한 그들의 시선에 대해 궁금하다면 한번 들러보도록 하자. 전시관을 방문한 파리지앵들과 아시아의 문화에 대해 대화를 나눠 보는 것도 좋겠다. 경험에 의하면 동양 미술관을 방문한 사람들은 대체로 동양 문화에 대해 호감도가 상당히 높다. 다른 문화와 생김새를 갖고 있는 사람들과의 대화는 사물과 세상에 대한 또 다른 시선을 갖게 해 줄 수 있을 거라는 생각이 든다.

10

Musée National des Arts Asiatiques Guimet

뮤제 나시오날 데 자흐 아지아티끄 기메

기메 동양 미술관

Web www.guimet.fr
주소 6 place d'Iéna, 75016 Paris
전화번호 01 56 52 53 00
운영 시간 10H~18H *17H15까지 입장 가능
휴일 화요일, 1/1, 5/1, 12/25
입장료 상설전 : 일반 7.5€, 학생 5.5€
상설전 +기획전 : 일반 9.5€, 학생 7€
가는 방법 M9 Iéna

TIP1

뒤에서 소개할 몽소 공원 옆 세르누치 박물관Musée Cernuschi 에서도 동양 예술품 감상이 가능하며, 상설전의 경무 무료 입장이 가능하다. (P138 참고)

화려한 크리스탈 제품들로 볼거리가 가득한 이곳은 우리나라에서는 유명세가 덜 하지만 세계적으로 유명한 크리스탈 브랜드인 바카라Baccarat의 제품을 전시한 박 물관이다. 프랑스 로렌 지역 마을의 하나인 바카라Baccarat에 프랑스의 왕 루이 15 세가 크리스탈 제조 허가를 내줌으로써 그 역사가 시작되어, 오늘날까지 프랑스 대통령의 식기 제품으로 이용되고 있다고 한다. 장인들의 솜씨를 엿볼 수 있는 고급스러운 장식품들로 가득해서 한 번쯤 방문해볼 가치가 있는 곳이며, 보석류 나 크리스탈 제품에 관심이 있는 사람들이나 전공자들에게는 더욱 추천하고 싶은 장소이다. 제품의 가격대는 상당히 높은 편이다.

'왜 내 인생에서는 단 한 번도 이런 고급 크리스탈 식기를 쓸 일이 없을까?'하 고 한탄하는 사람이 있다면, 이 박물관 안에 있는 레스토랑 〈크리스탈 룸 바카 라Crystal Room Bacarrat〉에서의 식사를 추천한다. 크리스탈 식기 위에 세계적 요리사 인 기 마땅Guy Martin이 제안하는 식사를 할 수 있는 곳이자 세계적인 디자이너 필 립 스탁이 인테리어를 맡은 장소로, 고급스러운 프랑스식 식사를 할 수 있다. 이 곳은 기품 넘치는 식사를 할 수 있는 곳이니 드레스 코드(여성의 경우 원피스, 남 성은 정장류)를 반드시 준수하는 것이 좋다. (예약 : 01 40 22 11 10, 월~토요일 : 12H15~14H15, 19H15~22H30, 메뉴(전식+본식+디저트) 130€, 단품 28~30€ 정도)

Philippe Starck필립 스탁

재치와 유머가 가득한 디 자이너 필립 스탁은 파리 에서 태어난 인테리어와 제품 디자이 너이지만 모터 사이클, 미네랄 워터 병, 주방기기, TV, 램프, 의자, 마우스, 시계, 욕실용품에 이르기까지 우리 삶 을 둘러싼 모든 것들을 포함하고 있다. 그는 유수의 레스토랑과 호텔의 인테 리어 디자인으로도 유명한데, 그가 디 자인한 홍콩의 펠릭스Felix 레스토랑의 남자 화장실은 통유리로 되어 있어 홍 콩의 전경을 볼 수 있다. 그의 작품 중 에 일반인에게 가장 많이 알려져 있는 것이라면 단연 주시 살 리프Juicy Salif이다. 이것 은 레몬을 짜는 주방용 품으로 착즙기 본연의 기능을 충실히 하면서 도 디자인적인 완성도 가 뛰어난 작품이라고

Juicy Salif

할 수 있다. 서울의 종로타워에 위치한 탑 클라우드도 그가 디자인한 곳이라 고 한다.

11

Galerie-Musée Baccarat

갤러리 뮤제 바까하

바카라 박물관

고즈넉한 분위기로 파리지앵들의 사랑을 받는 몽소 공원은 파리 시내의 공원들과는 조금 다른 분위기를 가지고 있다. 깎아 놓은 듯 가지런히 정렬되어 있는 정원 양식에 눈이 익은 사람이라면 이 공원이 갖고 있는 다른 분위기를 쉽게 알아챌 수 있을 것이다. 나무들이 자연스러운 자신의 모습을 뽐내고 있으며 공원 한 곳에 위치한 호수와 그 주변으로 놓여진 조각상들, 그리스식 건축물을 연상케 하는 건축물들이 이색적이다. 그 주변으로 한가로이 산책을 하는 사람들의 모습에서는 여유로움이 한껏 묻어난다.

영국식 정원으로 꾸며져 있는 파리의 북동쪽에 위치한 이 공원은 1776년 이 장소의 소유자였던 오를레앙 공작이 작가이자 화가 출신인 건축가 카르몽텔Louis Carrogis Carmontelle을 고용하여 정원을 만들게 된 것이 계기가 되어, 지금과 같은 9ha르 크기의 아담한 녹지 공간이 조성되었다. 카르몽텔은 그리스 신전, 풍차, 스위스 농가, 피라미드 등 여러 나라의 건축물을 작은 크기로 만들어 산책로 중간 중간에 비치함으로써 파리의 여느 공원과는 다른 아기자기함을 갖춘 정원을 조성하였고, 지속적인 확장을 통해 현재의 크기로 면적이 넓혀졌다. 시내와는 사뭇 다른 느낌의 이곳에는 관광객 수가 적어서 좀 더 파리지앵들과 섞이는 느낌이 드는 장소이다.

Parc de Monceau

빠끄 드 몽소

몽소 공원

Web www.jardin.paris.fr

주소 35 Boulevard Courcelles, 75017 Paris

전화번호 01 56 52 53 00

운영 시간 11~3월 : 7H~20H, 4~10월 : 7H~22H

휴일 화요일, 1/1, 5/1, 12/25

입장료 무료

가는 방법 M2 Monceau

13

Musée Cernuschi
(Arts de l'Asie)

뮤제 세흐누치

세르누치 박물관

Web Cernuschi.paris.fr

주소 7 avenue Vélasquez, 75008 Paris

전화번호 01 53 96 21 50

운영 시간 10H~18H *17H30까지 입장 가능

휴일 월요일

입장료 상설전 무료, 기획전 유료

가는 방법 M2 Monceau

동양 문화의 매력에 빠져든 유럽 사람들이 보이는 동양 문화에 대한 높은 관심과 어쩌면 동양인들보다 더욱 동양인스럽게 행동하거나 생각하는 모습을 볼 때, 깜짝 놀라게 된다. 이 세르누치 박물관도 그러한 곳이었다. 어디서 이 진귀한 보물들을 다 가져왔을까. 정말 대단한 수집가임에 틀림없다는 생각이 드는 이 곳의 설립자 앙리 세르누치Henri Cernuschi. 그가 그토록 매력을 느꼈던 아시아 문화가 어떤 모습이었을지 궁금해진다. 서로 다른 문화와 생김새를 갖고 태어나, 또 다른 나라를 보는 일은 참 매력적인 일임에 틀림없다. 그 안에서 새로운 생각과 철학, 습관 등을 발견하는 일은 기존에 갖고 있었던 편견을 무너뜨리거나 사고를 유연하게 하는 아주 중요한 계기가 된다는 생각을 해본다.

아시아의 문화에 매력을 느껴 세계 여행을 다니며 아시아 관련한 예술품을 모은 설립자인 앙리 세르누치의 이름을 따서 이름 지어진 이 박물관은 설립자가 1898년 이 모든 보물들을 파리에 기증한 것이 그 시작이 되어 2005년 대대적 정비를 통하여 만여 점이 넘는 중국, 일본, 한국 등의 아시아 예술품과 유적들을 전시하는 규모 있는 박물관이 되었다. 기품 있고 고요하며, 박물관 옆에 있는 몽소 공원이 한눈에 보이는 창 밖의 경치는 이 전시관을 더욱 특별하게 보이게 한다. 관광객들보다는 파리지앵들이 관람을 즐기는 곳으로, 파리에서의 일정이 여유가 있다면 방문해보길 추천한다.

Shopping
쇼핑할 곳

사실 샹젤리제 거리가 유명한 것은 원하는 것은 뭐든지 다 있는 쇼핑의 천국이기 때문일 것이다. 이름만 대면 알 법한 유명한 상점들이 즐비한 곳이기에 몇몇 소개된 곳을 돌아보기 보다 길을 따라가며 하나하나 둘러보는 재미를 느껴보기 바란다.

A **Publicis Drug Store**
퍼블릭 드러그 스토어

Web www.publicisdrugstore.com
주소 133 avenue des Champs Elysées, 75008 Paris
전화번호 브라스리(간단한 식사와 음료를 판매하는 곳) 01 44 43 77 64, 부티크 01 44 43 75 07
영업 시간 월~금요일 : 8H~다음날 2H, 토/일요일 : 10H~다음날 2H
가는 방법 M 1·2·6 RER A Charles de Gaulle Etoiles

에뚜알 개선문 앞에 위치한 숍으로 광고회사가 운영하고 있는 건물이라서인지 그 모습부터 특이하다. 다양한 부티크과 약국, 그리고 세련된 바Bar가 있어 눈길을 끈다. 특이한 외관의 모습과 샹젤리제 거리 노른자 땅을 차지하고 있는 관계로 많은 이들의 궁금증을 불러일으키는 이곳은 괜찮은 와인, 향신료, 유기농 주스, 슈에무라 등의 화장품, 디자이너들이 만든 고급 볼펜이나 열쇠고리 등 다양한 제품들을 구비하고 있다. 선물용으로 괜찮은 제품들을 많이 보유하고 있지만, 가격대가 높으니 이점을 참고하자.

B Louis Vuitton
루이 비통 : 루이 비똥

Web www.louisvuitton.com
주소 101 avenue des Champs Élysées, 75008 Paris
영업 시간 월~토요일 : 10H~20H, 일요일 : 10H~19H
휴일 1/1, 5/1, 12/25
가는 방법 M1 George V

말이 필요 없는 유명 브랜드 루이비통의 본점이다. 큰 규모에도 불구하고 항상 제품을 구매하고자 하는 사람들로 북적이며, 쾌적한 쇼핑 분위기 조성과 안전을 고려해 실내 인원 수를 제한하기 때문에 성수기에는 밖에서 줄을 서서 기다려야 할 정도다.
깔끔하면서도 고급스러운 내부 인테리어와 한국에는 수입되지 않는 제품들을 둘러보는 것만으로도 즐거운 경험이 된다. 택스 리펀을 받기 위해서는 여권을 지참해야 하니, 구매 계획이 있다면 반드시 가져가도록 한다. 워낙 많은 사람들이 오는 곳이다 보니 물건을 구매할 때는 이곳 본점보다는 몽테뉴 거리에 위치한 매장(22 Avenue Montaigne, 75008 Paris / M 4•1•9 Franklin D. Roosevelt)이나 생제르망 데프레 광장에 위치한 매장(6 Place Saint-Germain des Prés, 75006 Paris / M4 Saint-Germain des Prés)을 이용하는 것이 편리하다.

TIP1

Espace Louis Vuitton
에스파스 루이 비통

주소 60 rue de Bassano, 7층
영업 시간 월~토요일 : 12H~19H, 일요일 : 11H~19H

루이비통에서는 신인작가들의 후원을 위한 갤러리를 운영하고 있다. 같은 건물의 7층에 위치한 갤러리이며 무료로 관람할 수 있다. 세련된 감각을 중시하는 패션 브랜드가 선정한 젊은 작가들의 기량은 어떨까? 이곳으로 가려면 상점 입구를 등지고 오른쪽으로 가야 한다. 그러면 또 다른 입구가 보일 것이다. 방향 잡기가 어렵다면 주소를 참고하자. 관람 후 발코니에 나가면 세계에서 가장 아름다운 길이라는 샹젤리제의 전망을 다른 시각에서 구경할 수 있다. 파리지앵들은 꼭 들르는 곳이라고 하니, 시간이 된다면 방문해 보면 좋겠다.

TIP2

"안녕하세요? 한국 분이신가요?"
이국 땅에서 듣는 고국의 언어에 반가운 얼굴로 고개를 돌려보니, 중국인 아주머니가 생글생글 웃고 계신다. 이유인즉슨 '혹시 아르바이트 하지 않겠느냐, 본인이 원하는 루이비통 가방을 사다 줄 수 있겠냐'는 것인데, 루이비통은 1인당 1개만 판매하는 원칙이 있어서 원하는 수의 가방을 구매하지 못했다는 것이다. 괜찮겠지 하는 생각에 승낙해서 들어갔다가 상점에서 쫓겨나는 망신을 당하는 경우도 꽤 있다고 하니, 주의해야 하겠다.

C Monoprix
모노프릭스 : 모노프히

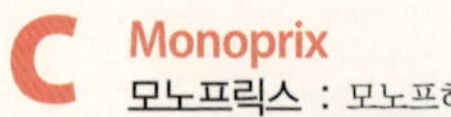

Web www.monoprix.fr
주소 52 avenue des Champs Élysées, 75008 Paris
영업 시간 9H~자정
가는 방법 M 1•9 Franklin D. Roosevelt

자정까지 문을 여는 Monoprix. 파리 대부분의 식품점은 저녁 7~9시 사이에 문을 닫는다. 늦은 시간까지 대형 할인 마트가 문을 여는 우리나라와는 달라 당황스럽기도 하다. 샹젤리제의 모노프릭스 상점은 이러한 우리들의 고민을 알고 있다는 듯 파리의 상점답지 않게 늦은 시간까지 문을 열고 있다. 식품과 생필품 외에도 부르주아, 로레알, 약국 화장품과 의류, 란제리류 등 다양한 물건을 판매하고 있어 이용하기에 편리하다. 저가 와인 구매도 가능하다.

E Artcurial
아트큐리얼 복합문화공간 :
아흐큐히알

Web www.artcurial.com

주소 7 rond-point des Champs-Élysées, 75008 Paris

전화번호 01 42 99 16 20

영업 시간 10H30~19H

휴일 일요일

가는 방법 M 1·9 Franklin D. Roosevelt

클래식한 인테리어와 화려한 장식들이 마치 귀족의 저택에 초대된 듯한 느낌을 준다. 이곳은 예술품 전문 경매장으로 1층에 위치한 예술가들의 작품과 예술 전문 서점이 자리잡고 있다. 서점에서는 건축, 패션, 디자인, 예술, 사진 등 다양하고 방대한 양의 예술 서적들을 볼 수 있다. 작가의 사인이 있는 책이나 오리지널 예술 작품들을 구매할 수 있지만, 가격은 비싼 편이다. 경매 날짜에 맞춰 가면 경매 장면도 볼 수 있으니, 샹젤리제 거리를 지날 때 잠시 들러보도록 하자. 이 예술 경매장은 파리의 로맨틱 키스 사진으로 유명한 로베르 두와노Robert Doisneau 사진 작가의 〈파리 시청 앞에서의 키스〉가 한화 2억 4천만 원 정도인 15만 5천 유로에 낙찰된 장소이기도 하며, 드라마 〈파리의 연인〉에 소개된 적도 있어서 친근하게 느껴진다.

D Abercrombie & Fitch
아베크롬비 & 피치 :
아베흐크홈비 에 피쉬

Web www.abercrombie.com

주소 23 avenue des Champs Élysées, 75008 Paris

전화번호 01 53 76 86 26

영업 시간 월~토요일 : 10H~20H, 일요일 : 11H~19H

휴일 화요일

가는 방법 M 1·9 Franklin D. Roosevelt

처음 들어갔을 때 깜짝 놀랐다는 말이 딱 어울릴 것이다. 샹젤리제 거리 일부를 커다랗게 점유하고 있는 이곳은 들어가는 입구부터 남달랐다. 육중한 문은 잘 생긴 훈남들이 지키고 있었고, 그들을 지나쳐서 잘 정돈된 정원을 들어서며 만나게 된 저택 같은 건물! 이곳은 의류 매장으로 뉴욕에서 잘 알려져 있는 아베크롬비 앤 피지 브랜드 매장이다.

현란하면서도 느낌 좋은 음악들이 고급 서라운드 음향 시스템을 통해 흘러나오고, 전체적인 분위기는 약간 어두운 것이 클럽과 같은 느낌이다. 층마다 잘 생긴 남성과 예쁜 여성들이 리듬에 몸을 맡기고 있었다. 프랑스와 사뭇 다른 스타일에 새로운 충격을 받았던 곳이다. 사진에는 담지 못했지만, 웃통을 벗어 던진 조각 같은 몸매의 사나이와 폴라로이드 사진도 함께 찍을 수 있는 곳이다. 멋진 남성들을 많이 배치한 묘한 마케팅이 눈길을 끄는 곳이니, 샹젤리제 거리에 간다면 들러보도록 하자. 가격대는 높은 편이다.

b La Durée
라 뒤레 : 라 뒤헤

Web www.laduree.fr
주소 75 avenue des Champs Elysées, 75008 Paris
전화번호 01 40 75 08 75
영업 시간 월~금요일 : 7H30~23H, 토요일 : 7H30~00H, 일요일 : 7H30~22H
가는 방법 M1 George V

a MOOD
무드 : 무드

Web www.mood-paris.fr
주소 114 Avenue des Champs-Elysées 75008 Paris
전화번호 01 42 89 98 89
영업 시간 11H30~15H, 17H~다음날 2H (금/토요일 : 11H30~15H, 17H~다음날 4H) *17h~20h의 해피 타임 : 모든 음료 50% 인하
예산 점심 17.5~23.5€
가는 방법 M1 George V

해피 타임을 이용하면 칵테일을 포함한 모든 음료를 50% 할인된 가격으로 즐길 수 있어서 더 즐거운 무드는 게이샤 사진 등 오리엔탈 스타일로 꾸며져 있는 전통 프렌치 레스토랑이다. 시크하면서도 현대화된 분위기가 매력적인 이곳은 샹젤리제 거리에서 한잔하기에 딱 좋은 곳이다. 물론 식사도 가능하다.

파리에서 꼭 맛보아야 하는 아이템 마카롱macaron : 아몬드가루, 계란흰자, 밀가루, 설탕 등으로 만드는 지름 5cm 정도의 동그란 모양의 당도 높은 프랑스 고급과자은 1533년 이탈리아 메디치가에 의해 프랑스로 전해진 뒤 현재까지 차와 곁들여 먹는 최고의 간식으로 파리지앵들의 사랑을 받아 왔다. 윤기 흐르는 두툼한 비스킷 속에 캐러멜, 피스타치오, 초콜릿 등 다양한 맛을 담는 데 주안점을 둔다. 마카롱하면 이 집을 빼놓을 수 없다. 1862년 처음 오픈한 이래 오랜 세월 동안 럭셔리하면서도 고급스러운 파리지앵들의 사교장으로 사랑받은 곳이며, 파리 박람회 때 전 세계로 알려졌다. 먹기 아까운 파스텔 톤의 바삭하고도 달콤한 마카롱은 카페 알롱제Café Allonge : 흔히 아메리카노로 불리는 물을 많이 넣은 커피와 참 잘 어울린다. 선물용으로 많은 사람들이 구입하는 것을 볼 수 있다. 이외에 예쁜 케이크와 파이들도 눈길을 사로잡는다.

마카롱

C Léon de bruxelles
레옹 드 브뤼셀 : 레옹 드 브휙쎌

Web www.leon-de-bruxelles.fr
주소 63 avenue des Champs Élysées, 75008 Paris
전화번호 01 42 25 96 16
영업 시간 11H45~24H, 금/토요일 : 11H45~다음날 1H
예산 15~20€
가는 방법 M1 George V

한국에서는 포장마차나 식당에서 저렴하게 먹을 수 있는 홍합 요리이지만, 프랑스에서 먹으면 그 맛도 느낌도 다르다. 레옹 드 브뤼셀은 200여 년 전 브뤼셀 푸줏간 거리 뒷골목에서 시작한 홍합요리 전문점이다. 전통의 맛을 느껴 보고 싶다면 화이트 와인과 샐러리, 양파 등을 넣어 만든 깔끔한 국물 맛인 물 마리니에르Moule Mariniere를 추천(프랑스어로 홍합은 '물Moule'이라고 발음)한다. 홍합을 넣은 샐러드류도 맛이 좋다. 런치 타임 메뉴를 이용하면 더욱 저렴하게 식사할 수 있다. 파리 곳곳에 지점이 있으니, 홈페이지를 통해 미리 찾아보면 더욱 편리하게 이용이 가능하다. 오페라 지역(30 Bld des Italiens, 75009 Paris)에 위치한 레옹 드 브뤼셀과 생제르망데프레 지점(131 Bld Saint Germain, 75006 Paris)도 관광지와 인접해 있어 인기가 좋으니 이용에 참고하도록 하자.

TIP1

생제르망데프레 지역에 위치한 피에르 에르메Pierre Hermé도 최고의 마카롱을 만드는 곳으로 유명하다.

TIP2 La Durée Salon de Thé
라 뒤레 살롱 드 테

항상 관광객들로 넘쳐나는 샹젤리제에서 벗어나 조금 조용한 곳에서 최고급 마카롱을 즐기고 싶다면, 콩코르드 광장에서 5분 거리(콩코르드 광장 위쪽으로 뻗어 있는 Rue Royal 도로에 위치)에 있는 〈라 뒤레 : 16-18 rue Royale, 75008 Paris / 01 42 60 21 79〉로 가기를 추천한다. 점심 시간을 피한다면, 관광객보다는 현지인들이 많이 찾고 있으므로 비교적 조용한 분위기에서 마카롱과 치 한 잔의 시간을 가질 수 있다.

TIP

홈페이지에서 10% 할인 쿠폰을 다운받아 인쇄해 가자. (아쉽게도 인기가 많은 위치에 있는 샹젤리제 지점과 생제르망데프레 지점은 할인 쿠폰 행사를 하지 않는 경우가 많다.)

d l'Alsace
알자스 : 알자스

Web www.restaurantalsace.com
주소 39 avenue des Champs Elysées, 75008 Paris
전화번호 01 53 93 97 00
영업 시간 연중 무휴 24시간
예산 점심 20€
가는 방법 M 1•9 Franklin D. Roosevelt

프랑스에서 보기 드문 24시간, 365일 영업하는 알자스 요리 전문 비스트로이다. 알자스 지방은 화이트 와인이 유명한데, 게브르츠트라미너Gewurztraminer, 리슬링Riesling, 피노그리Pinot Gris 등의 포도 종자로 만들어진 드라이한 맛의 회이트 와인과 소시지와 햄, 슈크르트Choucroute : 식초에 절인 양배추를 함께 맛보자. 또는 직원에게 맛있는 음식을 추천받아 보자. 그날 가장 좋은 재료로 만들어지는 가장 맛있는 요리를 맛보는 비결이다.

e Alain Ducasse au Plaza Athénée

알랭 두카스 플라자 아테네 :
알랑 뒤까스 오 쁠파자 아떼네

Web www.alain-ducasse.com

주소 25 avenue de Montaigne,
75008 Paris

전화번호 01 53 67 65 00

영업 시간 12H45~14H15, 19H45~
22H15

휴일 월~수요일 점심, 토/일요일
7/13~8/21, 12/25, 연말연초

예산 코스 메뉴 360€

가는 방법 M9 Alma Marceau

프랑스 최고급 레스토랑 중 하나로 가격과 서비스 면에서 단연 뛰어난 곳이다. 화려하고 럭셔리한 분위기가 일품인 이곳은 영화 〈섹스 앤 더 시티Sex And The City〉에 등장해 더욱 유명해진 느낌이다. 미슐랭 3스타 레스토랑이며 먹는 것에 돈을 많이 아끼지 않는 것으로 잘 알려진 프랑스인들은 자신들의 특별한 기념일을 이곳과 같은 최고급 식당에서 보내는 경우가 많다고 한다. 좋은 곳에서 식사를 하며 시간을 보내는 것이 가장 멋지게 시간을 보낼 수 있는 방법 중 하나라고 생각하는 것이다. 파리에서의 정말 특별한 식사를 계획하고 있다면 참고하도록 하자. 고급 레스토랑에 대한 에티켓 및 이용방법은 이 책의 앞 부분(P 00)에 자세히 나와 있다.

f Bar du Plaza Athénée

플라자 아테네 바

주소 39 avenue des Champs Elysées,
75008 Paris

전화번호 01 53 67 65 00

영업 시간 18H~다음날 2H

예산 음료 15~30€

가는 방법 M9 Alma Marceau

플라자 아테네 호텔 내에 위치한 바Bar로, 멋쟁이들이 드나드는 곳으로 유명한 장소이다. 다른 바에 비해서 드레스 코드가 꽤 까다로우니. 이곳을 방문할 때는 옷차림에 신경을 쓰자. 세련된 음악과 실내 분위기가 돋보이며, 고급스럽기로 유명한 호텔 내에 위치한 만큼 가격대도 높은 편이지만. 파리에서의 황홀한 밤을 만끽하기에는 아주 좋은 장소이다.

앞서 소개한 알랭 두카스 플라자 아테네와 같은 건물에 있다.

g Maison Blanche

메종 블랑시 : 메종 블랑슈

주소 15 avenue Montaigne, 75008
Paris

전화번호 01 47 23 55 99

영업 시간 월~금요일 : 2H~14H/20H~
23H, 토/일요일 : 20~22h

휴일 주말 점심, 8/9~8/25

예산 점심 50~70€

가는 방법 M 1•9 Franklin D.
Roosevelt, M9 Alma-Marceau

고급스러운 몽테뉴 거리에 위치한 엘리제 극장Théâtre des Champs Elysées의 꼭대기 층에 자리잡은 레스토랑으로, 감각 있는 요리와 깨끗한 분위기를 자랑한다. 창가 쪽에 앉으면 센 강을 바라보며(탁 트인 전망은 아니지만) 식사를 즐길 수 있으며 빛나는 앵발리드의 황금색 돔을 볼 수 있다.

h Tokyo Eat
도쿄 잇

Web www.palaisdetokyo.com
주소 13 avenue du président Wilson, 75116 Paris
전화번호 01 47 20 00 29
영업 시간 매일 12H~23H
예산 점심 27€, 음료 4€
가는 방법 M9 léna

팔레 드 도쿄 전시관 안에 위치해 있으며, 감각적인 느낌의 인테리어가 돋보이는 이곳은 탁 트이고 약간은 소란스런 느낌이 다분하지만, 모던한 트랜드를 느끼게 한다. 둥근 모양으로 식탁 위에 달려 있는 것은 바로 조명이 아니라 스피커라는 사실이 재미있다. 비트 있는 음악들을 들으며 식사를 즐길 수 있는 분위기를 좋아한다면 저녁 식사 때 이곳을 찾도록 하자. 굳이 식사를 하지 않고 알코올 음료를 즐기는 것도 추천할 만하다.

i Jean Pierre Cohier
장 피에르 코히에 :

장 뻬에흐 코이에

주소 207 rue du Faubourg Saint-Honoré, 75008 Paris
전화번호 01 42 27 45 26
영업 시간 월~금요일 : 7H30~20H, 토요일 : 7H30~19H
휴일 일요일
가는 방법 M2 Ternes

빵 맛 좋기로 유명한 프랑스. 이 나라 사람들이 매일 먹는 바게트 빵은 잘 알려져 있다시피 그들의 주식이다. 우리가 쌀로 밥을 지어 먹듯 그들은 바게트 빵 한 덩어리와 고기, 야채들을 함께 먹는다.

미식가로 이름난 파리지앵들이 사는 파리에는 웬만한 빵집의 빵이 다 맛있다. 하지만 그래도 그 중에서 최고를 가리고 싶은 것이 사람의 마음인 것일까? 이곳은 파리시에서 선정한 〈2006년 최고의 바게트 장인〉으로 선정된 장 피에르 코히에Jean Pierre Cohier가 운영하는 곳으로 매일 엘리제 궁전에 25개의 바게트를 납품하는 '대통령이 먹는 바게트'로 소문나 알려진 곳이라고 한다. 24시간 숙성을 거친 최고의 반죽을 24분간 구워 내는 것이 맛의 비결이라고 하니, 빵에 특별한 관심이 있는 사람이라면 그냥 지나치기 어려운 정보가 아닐까 생각이 든다. 빵집의 바Bar에서 갓 구운 빵을 커피와 먹을 수도 있다.

j La Maison du Chocolat
라 메종 뒤 쇼콜라

Web www.lamaisonduchocolat.com
주소 225 rue du Faubourg Saint Honoré, 75008 Paris
전화번호 01 42 27 39 44
영업 시간 월~토요일 : 10H~19H30, 일요일 : 10H~13H
가는 방법 M2 Ternes

수준 높은 초콜릿을 맛보고 싶다면 이곳을 주목하자. 멕시코, 마다가스카르 등지에서 가져온 원료로 뉴욕, 도쿄 등에 지점을 내면서 세계적인 명성을 얻고 있는 곳이다. 파리 시내에도 지점이 여러 곳이라 접근성이 좋다.

TIP

파리에 있는 다른 지점들

8 boulevard de la Madeleine, 75009 Paris
19 rue de Sèvres, 75006 Paris
120 avenue Victor Hugo, 75116 Paris
Printemps Haussmann, 75009 Paris
52 rue François 1er, 75008 Paris
Carrousel du Louvre 99 rue de Rivoli, 75001 Paris
Roissy CDG -Terminal 2E - 95742 Roissy CDG Paris
Roissy CDG-Terminal 2F1 - 95742 Roissy CDG Paris
Orly Ouest - Hall 2 - 91550 - Orly Paris

파리의 신도시 라데팡스(La Défense)

Web www.ladefense.fr
가는 방법 RER A, M1 La défense -Grand arche

상젤리제 거리에 있는 Charles de Gaulle – Étoile역에서 메트로 1호선이나 RER A선으로 15분이면 도착할 수 있는 라데팡스는 무채색의 고즈넉한 건물들이 즐비한 파리 중심지의 모습과는 완전히 다른 현대적인 모습이다. 엄격히 말하자면 이곳은 파리 시내가 아니라 파리 외곽 지역에 위치하는 신도시이다. 메트로 1호선을 이용할 경우 종착역인 La défense-Grand arche역에 내리면 라데팡스에 도착할 수 있으므로, 사실 부도심치고는 너무 가깝다는 생각을 하지 않을 수가 없다.

이곳은 파리에서 보기 힘든 초고층 건물들이 가득한 면적 80ha에 달하는 유럽에서 가장 넓은 신생 사업 개발 구역이라고 한다. 프랑스의 주요 기업과 다국적 기업의 본사를 유치하기 위해, 또 오페라와 상젤리제에 부족한 사무실 공간을 보완하기 위해 1957년부터 조성 계획을 시작하고 여러 번 도면을 수정하면서 30여 년에 걸쳐 완성하였다. 이 도시에서는 완벽하게 차도와 인도를 분리하기 위해 버스, 택시, 지하철, 승용차 등의 모든 교통은 지하로만 다닐 수 있게 하였으며, 지상으로는 사람들만 다닐 수 있는 매연 없는 이상적인 도시 설계를 현실화하였다. 특수 재료로 땅을 덮어 지하의 소음을 완벽하게 차단하였고, 전기, 가스, 수도 등의 설비도 지하에 설치하여 도시 전체가 약간 공중에 떠 있는 구조로 설계되었다. 삭막하고 무미건조한 고층 빌딩 숲 대신 건축물 하나에도 예술적인 감각을 도입하였고, 탁 트인 도보 공간에는 야외 미술관처럼 리차드 세라Richard Serra, 미로 Miro, 세자르César 등 전세계 유명 예술가들의 조각품 54점을 설치하여 볼거리를 만들었다. 해질녘이나 밤에는 건축물들의 조명이 발산하는 빛들로 더욱 묘한 느낌을 가질 수 있으므로, 해가 질 때쯤 이 지역을 방문해 보는 것도 좋다.

(라데팡스에 있는 건축물 및 예술 작품 목록과 지도는 홈페이지(www.ladefense.fr/cat/tourisme/museedeladefense)에서 다운로드 가능하다.)

01 La Grande Arche 신 개선문 : 그랑드 아르슈

Web www.grandearche.com
주소 1 parvis de la Défense, 92092 Paris la Défense
전화번호 01 49 07 27 55
운영 시간 매일 10H~19H, 4~8월 : 10H~20H
입장료 일반 10€, 학생 8.5€
가는 방법 M1, RER A La Défense

라데팡스의 상징으로 불리는 신 개선문은 상젤리제 개선문의 2배 크기인 높이 105m로 준공되었다. 미테랑 대통령의 그랑 트라보Grands Travaux 계획의 일환으로, 1989년 7월 14일 프랑스 혁명 200주년 기념으로 만들어진 것으로 덴마크 건축가 오토 폰 스프레켈슨Johan Otto Von Spreckelsen이 설계하였다. '인류의 영광을 위한 새로운 개선문'이라는 뜻에서 '인간 개선문'으로 불리기도 한다. 흰 대리석과 반투명 유리로 되어 있어. 햇빛 아래에서 더욱 눈이 부시는 이 건축물 안에는 각종 전시장과 회의장이 있으며 이곳에 드리워진 마치 공사 중인 것처럼 보이게 하는 천막은 구름을 의미한다고 한다.

높이 100m 지점에는 전망대가 있어서. 파리의 전경을 한눈에 볼 수 있다. 굳이 전망대까지 올라가지 않더라도 신 개선문에 올라서서 파리의 중심지를 내려다보면, 루브르 박물관 앞에 있는 카루젤 개선문, 상젤리제 거리 에뚜알 광장에 있는 개선문, 그리고 신 개선문이 8km 일직선의 길에 있다는 것을 확인할 수 있다. 파리의 과거, 현재, 미래라는 의미를 내포하는 개선문을 통한 역사적 중심축을 살린 도시 설계가 매우 흥미롭다.

Les Grands Travaux 그랑 트라보

그랑 트라보는 '대(大)공사'라는 뜻으로 1981년에 당선된 프랑스 대통령 프랑수아 미테랑Fransois Mitterrand 대통령이 추진한 파리 재개발 프로젝트이다. 미테랑 대통령은 국민들의 삶의 질을 향상시키고, 세계 속에서 프랑스의 위상을 높이기 위해 노력했던 대통령으로 알려져 있다.

이 프로젝트를 통해 세워지거나 증축된 문화 예술 관련 유명 건축물은 다음과 같다.

신개선문(Grand Arche)
루브르 박물관의 유리 피라미드(Pyramid de Louvre)
오르세 박물관 (Musee d'Orsay)
오페라 바스티유(Opéra Bastille)
재무성(Ministere des Finances)
아랍세계연구소(Institut du Monde Arabe)
라 빌레트(La Villette)
프랑수아 미테랑 국립도서관(Bibliothèque Nationale François Mitterrand)

A LES 4 TEMPS

사계절 (복합쇼핑센터) : 레 꺄트흐 떵

Web www.les4temps.com
주소 15 parvis de la Défense, 92092 Paris la Défense
운영 시간 월~토요일 : 10H~20H, 일요일 : 11H~19H

날씨가 춥거나, 비가 오거나, 눈이 와도 편리한 쇼핑 지역이 있으니, 바로 라데팡스익 〈l ES 4 TEMPS 센터〉이다. 지하철과 바로 연결이 되어 있고, 관광객보다는 파리지앵들이 많이 이용하는 복합쇼핑센터이기 때문에 여유 있는 쇼핑을 즐길 수 있다. 값싸고 괜찮은 스포츠 용품들을 파는 데끼뜰롱Decathelon, 프랑스 전자 상가 프낙FNAC 등 프랑스 고유의 브랜드까지 다양한 제품들을 구매할 수 있다. 하지만 모든 제품을 구비하고 있는 것이 아니므로, 구매하기를 원하는 브랜드 제품이 있다면 미리 홈페이지를 통해 정보를 확인하고 가도록 하자.

Area 2
INVALIDES &
TOUR EIFFEL
앵발리드 & 에펠탑
파리의 상징

주요 동선 한눈에 보기

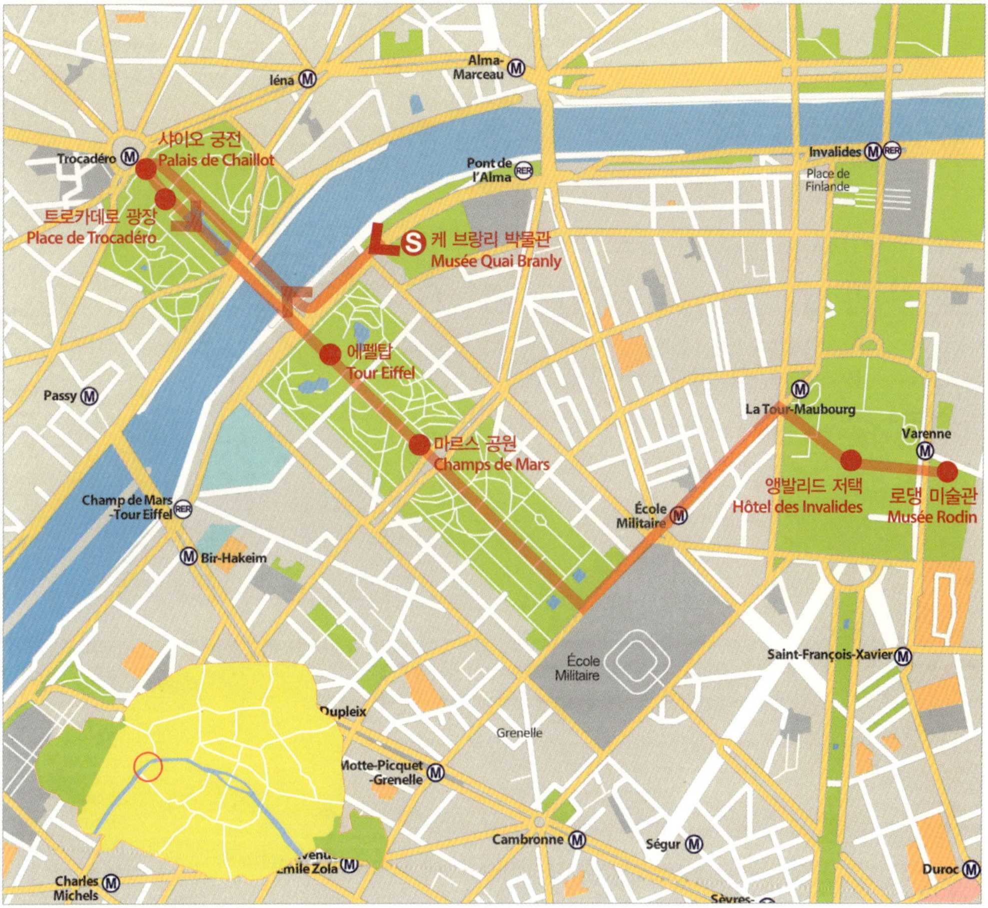

파리의 상징 에펠탑을 보러 가는 날. 오늘은 미리 챙겨야 하는 것이 있다. 바로 고소한 향 가득한 바게트 빵 샌드위치와 올리브, 토마토 색이 고운 샐러드. 숙소에서 가까운 마트에서 저렴하게 사 두자. 이제 랑스 자크 시라크Jacques Chirac 대통령 때 지어진 건축가 장 누벨의 작품 케 브랑리 박물관에 들러 오세아니아, 아프리카 등의 전시물을 보자. 그리고 에펠탑을 가장 잘 볼 수 있다는 샤이오 궁전 앞에서 트로카데로와 이어지는 멋진 에펠탑의 모습을 보고 감탄해 보자. 영원히 남을 멋진 사진도 물론 잊지 말아야 할 것이다. 그리고 이제 에펠탑을 지나 마르스 공원에 털썩 앉아 다시 에펠탑을 바라보자. 담요를 깔고 잔디에 누워도 좋다. 에펠탑을 바라보며 충분히 여유를 즐겼다면 로댕 박물관에 들러 생동감 넘치는 로댕의 작품을 감상하고, 날씨가 좋다면 로댕 박물관의 공원에도 잠시 머물러 보자. 그리고 에펠탑 바토버스나 유람선을 타며 센 강변의 야경을 감상하자.

Avenue Henri Martin
Av. Victor Hugo
Square Lamartine
Rue de la Pompe
Rue de Longchamp
Rue Decamps
Av. d'Eylau
Av. Kléber
Av. Pierre 1er de
Iéna
Av. Henri Martin
Rue Greuze
Av. du Président Wilson
Rue Fresnel
Rue de la Pompe
Rue Scheffer
Av. Georges Mandel
Rue de la Tour
Bd. Jules Sandeau
Rue de Siam
Av. d'Iéna
Rue Louis David
Trocadéro
02 Palais de Chaillot
Rue Benjamin Franklin
Octave Feuillet
03 Place de Trocadéro
Av. Paul Doumer
Port de La Bourd
Musée Qu
01
Rue Maspéro
Bd. Émile Augier
Rue de la Pompe
Rue Desbordes-Valmore
Rue Vineuse
Av. New York
10 BATOBUS
Rue Vital
Rue Nicolo
Rue de la Tour
Bd Delessert
Pont d'Iéna
Av. de la Bo
Rue de Passy
Port de Suffren
04 Tour Eiffel
Av. Élise
Av. Gustave Eiffel
La Muette
Rue Bois le Vent
Passy
Av. Frémiet
Quai Branly
Av. de Suffren
Boulainvilliers
Av. Charles Floquet
05 Champs de
Rue des Vignes
Rue Singer
Rue Raynouard
08 Maison de Balzac
Rue d'Ankara
Lycée
Av. de Lamballe
Champ de Mars -Tour Eiffel
Mercure Paris Centre Tour Eiffel
Rue du Ranelagh
Rue de l'Assomption
Bir-Hakeim
Rue Nélaton
Rue de la Fédératio
Avenue du Pdt Kennedy
Port de Grenelle
Rue Dessaix
09 Fondation Le Corbusier
Av. Léopold II
Voie Georges Pompidou
Quai de Grenelle
Bd. de Grenelle
Rue du Docteur Finlay
Rue Jean de la Fontaine
Rue Daniel Stern
Rue Duplex
Rue Gros
Port de Grenelle
Beaugrenelle
Dupleix
Av. Théophile Gautier
Timhotel Tour Eiffel
Hotel Adadio Paris Tour Eiffel
La Motte-Picquet -Grenelle
Rue Félicien David
Quai Louis Blériot
Rue Linois
Rue Émeriau
Rue Saint-Charles
Rue Letellier
Port de Javel Haut
Rue de Lourmel
Rue Fondary
de Rémusat
Rue Ginoux
Avenue Émile Zola
Mirabeau
Av. de Versailles
Av. Emile Zola
Charles Michels
Av. Emile Zola
Rue de Théâtre
Javel
Javel André Citroën
Rue Violet
Rue Gramme
Rue de Javel
Rue des Entrepreneurs
Rue Wilhem
Rue de la Convention
Rue de l'Église
Commerce

Alma-
Marceau
New York
Cours Albert 1er
Coura la Reine
Le Grand Palais
Petit Palais
Palais
Bateaux-Mouches
0 100 200m
Pont de l'Alma
Voie Express Rive Gauche
Invalides
Voie Express
Quai d'Orsay
American Cathedral In Paris
Place de Finlande
Rue Cognacq-Jay
Rue de l'Université
Rue de l'Universi
Université
Rue Malar
Rue Fabert
Av. Rapp
Av. Bosquet
Bd. de la Tour-maubourg
Rue Saint-Dominique
Rue Sédillot
Rue Saint-Dominique
Rue Cler
Les Cocottes
Le Violon d'Ingres
Café Constan
abc
Rue de Grenelle
Av. Bosquet
Rue Duvivier
La Tour-Maubourg
Av. de la Bourdonnais
Av. Émile Deschanel
Varenne
06
Hôtel des Invalides
07
Musée Rodin
Rue Chevert
École Militaire
Av. de Tourville
Av. de Tourville
Av. Duquesne
Av. de Ségur
Lycée Victor Duruy
Pl. Joffre
Av. de Suffren
École Militaire
Saint-François-Xavier
Rue d'estrées
Grenelle
Av. de Lowendal
Av. de Saxe
Av. de Ségur
Av. de Breteuil
Rue Eblé
Bd. de Grenelle
Rue Pérignon
Rue Duroc
Cambronne
Ségur
Duroc
Rue Cambronne
Sèvres-Lecourbe
Rue Miollis
Rue Jean Daudin
Rue de Sèvres
Hôspital Necker
H
Rue de l'Am

01

Musée Quai Branly

뮤제 께 브항리

케 브랑리 박물관

Web www.quaibranly.fr

주소 37 quai Branly, 75007 Paris

전화번호 일반 문의 : 01 56 61 70 00, 예약 : 01 56 61 71 72

운영 시간 화/수/일요일 : 11H~19H, 목~토요일 : 11H~21H

휴일 월요일, 5/1, 12/25

입장료 상설전 8.5€, 상설전+기획전 10€

*뮤지엄 패스 사용 가능

가는 방법 RER C Pont de l'Alma, M9 Alma - Marceau

화려한 서구 문화에 비해 주목받지 못했던 비서양권 문명을 재조명하기 위해 2006년 6월 20일 케 브랑리 박물관이 문을 열게 되었다. 이곳은 아프리카, 아시아, 오세아니아, 아메리카 지역 토착 예술품 30여만 점을 소장하고 있으며 그 중 3,500여 점을 전시하고 있다.

문화의 다양성에 대한 재인식을 목적으로 개관한 박물관의 기획 의도 때문일까? 건축가 장 누벨Jean Nouvel이 설계한 이 박물관은 유리판, 자연목, 콘크리트, 식물들이 융합되어 있는 미래 지향적인 디자인이 독특하게 느껴진다.

길이 220m, 높이 10m의 유리벽으로 둘러싸여 있으며, 본관, 테라스, 행정동, 미디어테크 등 총 4개의 건물로 구성되어 있다. 이 박물관 입구의 다양한 식물종으로 구성되어 있는 1.8ha의 정원도 눈길을 끈다.

박물관 본관으로 들어서서 나선형으로 이어지는 오르막을 천천히 걷다 보면 자연스럽게 전시실로 이어지는데, 전시 공간은 홀과 방으로 구성되어 있으며, 테마별로 전시품을 배치하고 있다.

시대별, 문화별로 구성된 전시를 통해 각 대륙 인류들의 삶의 방식을 엿볼 수 있으며, 조명이 전체적으로 어두워 전시 관람 시 집중도가 높다. 박물관 정원에 있는 카페 브랑리Café Branly의 테라스에서는 에펠탑이 보이니 전시 관람 후 에펠탑을 바라보며 휴식을 즐기면 좋겠다.

내부 전시관으로 올라가는 나선형 길

TIP1

장 누벨Jean Nouvel

프랑스 출신의 세계적인 건축가로, 과감하고 창조적이며 독자적인 디자인의 건축 설계를 하였으며, 건축물과 주변 환경과의 조화를 중요하게 생각하는 건축가로 유명하다. 특히 그는 건물로 통과하는 빛과 그림자, 그 안에서 투영되는 투명성을 강조하여 대지와 건축물이 조화를 이루도록 하였기 때문에 빛의 장인이라고도 불린다. 2008년 건축 분야의 노벨상이라 불리는 프리츠커 건축상Pritzker Architecture Prize을 수상한 바 있다.

정원도 세운다?! – 수직 정원

이 박물관에는 녹색의 생명력이 묻어나는 200종의 이끼와 풀, 그리고 물과 영양분의 자동 공급 시스템을 통해 만들어진 정원이 있는데, 이것이 바로 패트릭 블랑Patrick Blanc : 프랑스 국립과학연구소 소속의 식물학자의 수직 정원Vertical Garden이다.

내부 전시실의 모습과 외관

거대한 날개를 펼치고 있는 형상의 이 건물은 1878년 만국박람회 때 바로크 양식으로 지었던 건물을 1937년 카를뤼Jacques Carlu, 아제마Léon Azéma, 브왈로Louis-Hippolyte Boileau 세 명의 건축가에 의해 지금의 모습으로 완성하였다고 한다. 건물의 외부는 조각과 양각으로 장식된 신고전주의 건축 양식을 자랑하고 있다. 내부에는 샤이오 궁전 영화관, 국립 프랑스 문화재박물관, 해양박물관, 인류박물관 등이 있다.

거대한 날개를 펼치고 있는 형상의 샤이오궁

02

IIIIIIIIIIIIIIIIIIIIIIIIIIIIIIIIIIIIIIIIIIIIIIIIIIII

Palais de Chaillot

빨레 드 샤이오

샤이오 궁전

IIIIIIIIIIIIIIIIIIIIIIIIIIIIIIIIIIIIIIIIIIIIIIIIIIII

Web www.citechaillot.fr/en/
주소 1 place du Trocadéro et du 11 Novembre, 75116 Paris
전화번호 01 58 51 52 00
가는 방법 M 4·6 Trocadéro

TIP **카페 카를뤼 Café Carlu**

샤이오 궁전 안에 있는 카페로, 2~4€ 정도로 음료를 마실 수 있으며 커다란 창을 통해 에펠탑을 마주 대하며 휴식을 취할 수 있다. 에펠탑을 바라보면서 차를 마신다는 것 자체만으로도 훌륭하지만, 이곳의 인테리어 제품들은 유명 디자이너들의 작품이어서 더 좋다.

샤이오 궁전에서 바라본 에펠탑과 트로카데
로 광장

'샤이오 언덕'으로 불리던 이곳은 1823년 스페인 절대 왕정에 대한 반란이 일어났을 때 프랑스군이 진격하여 스페인의 남부에 위치한 트로카데로 요새를 점령한 것을 기념하기 위하여 1827년부터 '트로카데로 광장'으로 이름을 바꾸었다고 한다. 지대가 높은 탓에 에펠탑 너머 맞은편으로 보이는 육군사관학교 학생들이 군사 훈련을 할 때 고난이도의 고지 점령 훈련을 하던 곳이었으나, 지금은 트로카데로 광장 앞 샤이오궁에서 바라보는 에펠탑의 풍경이 아름다워 에펠탑을 감상하고 사진 촬영을 하는 장소가 되었으며, 1년 내내 관광객이 끊이시 않는, 꼭 방문해야 하는 유명한 장소가 되었다.

TIP 감동을 배가시키는
에펠탑 보기

지하철역에서 내린 후, 트로카데로 광장으로 나가는 이정표를 따라간다. 계단이나 에스컬레이터를 이용해 출구로 나간 후 오른편으로 고개를 돌려 광장 중앙에 있는 포쉬Ferdinand Foch : 1차 세계대전 당시 총 사령관 기마상을 바라보며 진행 방향으로 계속 걷는다.

이때 주의할 점은 아직은 절대 왼쪽으로 고개를 돌리지 말아야 한다는 것. 기마상까지 대략 일직선 상의 위치에 다다랐을 때가 바로 에펠탑을 바라보아야 할 순간이다. 고개를 왼쪽으로 돌린다.

Place de Trocadéro

쁠라스 드 트호까데호

트로카데로 광장

03

가는 방법 M 4·6 Trocadéro

04

Tour Eiffel

뚜흐 에펠

에펠탑

Web www.tour-eiffel.fr

주소 Parc du Champ de Mars, 75007 Paris

전화번호 08 92 70 12 39 (분당 0.337€ 유료 통화)

운영 시간 9H30~23H, 6월 17일~8월 28일 : 9H~24H

*폐관 1시간 15분 전 입장 마감

입장료

3층 : 13.4€, 만12~24세 11.8€, 만 4~11세 9.3€

2층 : 8.2€, 만12~24세 6.6€, 만 4~11세 4.1€

계단 : 4.7€, 만12~24세 3.7€, 만 4~11세 3.2€

가는 방법 RER C Champ de Mars Tour Eiffel,
M6 Bir-Hakeim, M 6·9 Trocadéro

파리를 상징하는 가장 대표적인 구조물 에펠탑은 파리에 방문한 사람이라면 누구나 한 번쯤은 들러 사진을 촬영하는 명소 중의 명소임에 틀림없다.

이 유명한 구조물은 1889년 프랑스 혁명 100주년 기념으로 개최된 만국박람회 때 세워진 높이 274m의 건축물로, 건축가 구스타브 에펠Gustave Eiffel에 의해 설계되었다.

지금은 전 세계인의 사랑을 받는 파리의 주요 상징물이지만 세워질 당시에는 파리와 전혀 어울리지 않는 고층 철제 건물이라는 이유로 파리의 경관을 아끼고 사랑하는 파리지앵들의 엄청난 반대에 부딪혔다고 한다.

"아니, 이 아름다운 파리에 저렇게 뼈대가 앙상한 철탑이 들어서다니 말이 됩니까?"

"왜 저렇게 높아? 파리 시내 어디서든 저 구조물이 보이네요. 앞으로 저 철제탑을 계속 보고 살아야 한다니, 정말 괴롭네요!"

에펠탑 완공 이후 유명한 문학가인 모파상은 '에펠탑이 보이지 않는 유일한 곳'이라면서 매일 에펠탑 2층에서 식사를 했다는 일화가 전해질 정도이다.

이러한 시민들의 격렬한 반대와 차가운 외면 속에 있었던 에펠탑은 건립 당시 20년 후에 철거하도록 되어 있었지만, 프랑스 군대의 송신탑으로 이용되면서 해체되지 않았고, 현재의 모습으로 남아 있게 된다.

에펠탑에는 3개의 전망대가 있다. 지상 57m에 위치한 제 1전망대에는 에펠탑의 역사를 소개하는 단편 영화를 상영하고 박물관과 우체국이 있으며, 115m의 제 2전망대에는 고급 프랑스 레스토랑인 〈쥘 베른Jules Verne〉이 위치하고 있다. 에펠탑에서의 로맨틱한 식사를 원한다면 한 번쯤 방문해 보는 것도 좋지만 가격 대비 서비스가 그리 좋지 않다고 하니 참고하자.

꼭대기 층 전망대인 274m의 제 3전망대에서는 360도로 펼쳐지는 파리 시내의 모습을 볼 수 있다. 송신탑 안테나를 포함하면 그 높이는 324m에 이른다.

에펠탑을 오르려면 길게 늘어선 줄을 참을성 있게 기다려야 한다. 홈페이지에서 예약하면 길게 줄을 서지 않아도 되지만, 취소/환불이 안 된다는 점을 알아두자.

낮에는 철제물로 보이던 에펠탑이 해가 지면 매 시간 0분~10분 사이 반짝이는 조명쇼를 시작(새벽 1시 종료)한다. 파리 시내 어느 곳에서든 볼 수 있으니 어두워지면 에펠탑이 있는 쪽을 바라보자. 특히 앞에서 소개한 여러 종류의 유람선(P98)을 타면서 관람하면 감동이 더 클 것이다.

1 낮의 에펠탑
2,3 조명쇼가 펼쳐지는 밤의 에펠탑

소곤소곤

파리에는 왜 높은 건물이 많지 않을까?

에펠탑이 아름다운 이유는 바로 파리에 있기 때문이라고 한다.

그도 그럴 것이 에펠탑이 가장 아름답게 보인다는 트로카데로 광장에서 보면 에펠탑이 낮은 건물 사이에서 독보적으로 높다는 것을 알 수 있다. 해가 지고 에펠탑이 반짝이는 시간이 되면 더 낯설고 신비하며 이국적인 느낌이 더욱 강렬해진다. 왜 이렇게 멋진 걸까?

물론 구스타브 에펠의 훌륭한 설계 실력도 한 몫을 하겠지만, 에펠탑의 주변이 에펠탑에게 관심을 집중하기에 완벽한 환경이기 때문이 아닐까 생각해 본다. 마치 무대에서 여주인공에게 스포트라이트를 비추어 그녀의 몸짓, 눈빛, 숨소리까지도 집중할 수 있도록 하는 것과 같은 바로 그 환경 말이다. 파리에서는 10층 이상의 고층 건물을 보기가 쉽지 않다. 물론, 라네팡스 지역이나 몽파르나스 빌딩 등 고층 건물이 아예 없는 것은 아니지만, 뉴욕의 맨하탄이나 서울의 테헤란로의 빌딩 숲을 떠올려 보면 상대적으로 파리에는 고층 건물의 수가 무척 적다는 사실을 깨달을 수 있다.

고층 빌딩이 빼곡한 빌딩 숲 속에 있는 에펠탑을 상상해 보자. 수많은 불빛들이 반짝이는 그 곳에 에펠탑이 있다면 특별한 느낌보다는 수많은 높고 멋진 건물들 중 하나라는 생각이 들지 않겠는가.

파리에 고층 건물이 많지 않은 것은 도시를 받치고 있는 땅과 밀접한 관계가 있다고 한다. 파리의 지반이 석회암을 다량 내포하고 있는 데다가, 상하수도 사업으로 인하여 지하에는 에멘탈 치즈처럼 구멍이 숭숭 비어 있는 곳이 많아서 높은 건물을 우후죽순 지을 경우 파리 전체가 무너져 버릴 수도 있기 때문에, 건물 하나를 짓더라도 수많은 연구와 시뮬레이션을 거친다고 한다. 게다가 도시 경관이 망가지는 것을 원치 않고, 전통과 옛것을 소중히 생각하는 프랑스인들이기 때문에 고층 건물 허가를 엄격하게 제한하고 있다고 한다.

©dalbera

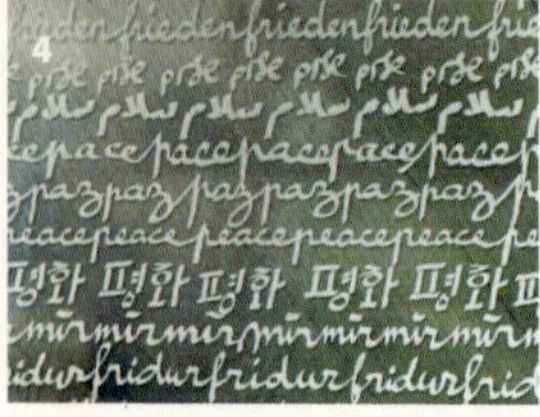

1 샹 드 막스
2 에꼴 밀리떼르
3, 4 평화의 벽

'샹 드 막스Champs de Mars'의 Champs는 '밭, 벌판'이라는 뜻이고, Mars는 전쟁의 신인 '마르스'를 말한다. 따라서 샹 드 막스는 '(전쟁의 신) 마르스의 벌판'이라는 뜻이 된다. 샹 드 막스 입구 쪽에 보이는 건물은 에꼴 밀리떼르Ecole Militaire로, 우리나라로 치면 육군사관학교인데 그 앞의 정원에 딱 어울리는 이름이라는 생각이 든다.

샹 드 막스의 입구에는 눈에 띄는 조형물이 있는데, 바로 〈평화의 벽Mur Pour la Paix〉이며 각국의 언어로 평화라는 단어가 쓰여 있다(물론 한국어도 있다).

날씨가 좋은 날에는 샹 드 막스의 잔디밭에 앉아 에펠탑을 바라보며 일광욕과 피크닉을 즐기는 사람들을 쉽게 발견할 수 있다. 여름 밤에는 한잔의 맥주나 와인을 즐기는 사람들도 많다. 이곳 주위로 조깅이나 운동을 즐기는 파리지앵의 모습도 자주 볼 수 있다.

샹 드 막스 풀밭 위에서 샌드위치나 와인을 즐기자

8호선 Ecole Militaire에꼴 밀리떼르 역 근처의 사거리에 〈쇼피Shopi〉라는 이름의 대형 슈퍼마켓이 있다. 그곳에서 먹거리를 구입하거나 샹젤리제 거리에 있는 모노프릭스Monoprix에서 3€ 내외의 샌드위치나 샐러드, 바게트와 음료, 각종 과일들을 사서 이곳을 방문하면, 에펠탑을 바라보며 즐기는 파리에서의 특별한 식사를 할 수 있다.

05

Champs de Mars
샹 드 막스

마르스 공원

가는 방법 M8 Ecole Militaire

06

Hôtel des Invalides
호뗄 데 쟁발리드

앵발리드 저택

Web www.invalides.org

주소 129 rue de Grenelle, 75007 Paris

전화번호 08 10 11 33 99

운영 시간 10~3월 : 10H~17H(일요일 10H~17H30)
4~9월 : 10H~18H(일요일 10H~18H30, 매주 화요일은
21시까지 야간 개장) *폐관 30분 전까지 입장 가능

휴일 매월 첫번째 일요일(7~9월 제외), 1/1, 5/1, 12/25

입장료 일반 9€, 4~9월 중 화요일 17H 이후 입장 시 7€

가는 방법 M8 Latour-Maubourg/Invalides,
M13 Varenne/Saint François-Xavier/Invalides,
RER C Invalides

번쩍이는 금색 돔 형태의 지붕이 뭔가 중요할 것 같은 느낌을 주는 이곳은 나폴레옹의 유해가 묻혀 있는 장소로 알려진 곳이다.

사실 이곳은 루이 14세가 부상당한 군인이나 은퇴한 노병을 위하여 요양소 겸 병원으로 지은 건물이 시초가 되었다. 프랑스 혁명 당시에는 무기 저장고로 사용되기도 했으며 현재 군사박물관으로 사용하고 있어서, 어마어마한 양의 군사 관련 의복, 총, 그림, 마차, 대포 등 다양한 전시품들을 볼 수 있으므로 역사적인 사건들에 관심이 많은 사람이라면 한 번쯤 방문해볼 만하다.

세워질 당시 부상당한 군인이나 노병들의 쉼터와 치료 장소로 이용되었던 곳이기 때문에 지금도 '불구의, 온전치 못한' 이란 뜻의 '앵발리드Invalides'로 불리고 있다. 1840년 헬레나 섬에서 이송된 나폴레옹의 유해는 붉은 빛의 대리석 관에 안치뇌어 있으며 옆에는 그의 부인 조세핀이 무덤이 있다.

앵발리드 저택으로 들어가는 입구에 위치한 18문의 대포는 1차 세계대전 기념 축포를 발사했던 것으로, 2차 세계대전 당시 독일군이 약탈해갔던 것을 돌려받은 것이라고 한다. 전시관에서는 상설전 외에 프랑수아 1세의 검, 앙리 4세 때의 전투 장비, 나폴레옹 유물, 앙리 2세의 갑옷 전투 복장의 변천사 등 전쟁과 관련된 다양한 기획 전시도 열린다.

07

Musée Rodin
뮤제 호당

로댕 미술관

Web www.musee-rodin.fr
주소 79 rue de Varenne, 75007 Paris
전화번호 01 44 18 61 10
운영 시간 10H~17H45(17H15까지 입장 가능), 수요일 : 10H~20H45, 정원 : 10H~17H(10~3월)
휴일 월요일, 1/1, 5/1, 12/25
입장료 상설전 : 일반 7€, 만 18세~25세 5€
상설전+기획전 : 일반 10€, 만 18세~25세 7€
정원만 : 1€
*매월 첫째 주 일요일 무료 입장 가능
가는 방법 M13 Varenne

1730년대에 로코코풍으로 지어진 귀족 저택 〈비롱 저택Hotel de Biron〉을 미술관화 한 곳으로 로댕이 생을 마감하기 전 9년 동안 이곳에서 작품 활동을 했다고 한다.

그가 죽고 2년 뒤 그의 작업실이었던 이곳은 로댕의 주요 작품을 전시하는 미술관으로 공개되었다. 아늑한 분위기로 파리 사람들에게 특히 사랑을 많이 받고 있는 정원에는 〈생각하는 사람〉, 〈지옥의 문〉, 〈칼레의 시민〉 등의 작품이 있다. 미술관 내부에 전시되어 있는 낭만적인 작품인 〈키스〉는 너무나도 사실적이어서 모델을 직접 석고 뜬 것이 아니냐는 의혹도 받았다고 하니 디테일을 꼭 확인해 보자.

로댕의 조각들과 정원수들이 아름답게 어우러진 정원만 둘러보더라도 참 좋은 로댕 미술관에서는 로댕의 애인이자 제자였던 카미유 클로델Camille Claudel의 작품도 함께 감상할 수 있어서 더 좋다.

성이 자신의 명성을 넘어설지도 모른다는 위기감 때문이었는지, 애매모호한 태도로 일관하며 결국 그녀를 버리고 자신의 조강지처에게로 가버린다. 열정적으로 로댕을 사랑했던 그녀는 로댕에 대한 분노, 원망과 집착, 배신감 등으로 혼란을 겪게 되고 그것을 극복하려 예술혼을 불사르면서 조각 활동을 하던 것도 잠시, 결국 그녀의 삶은 피폐하게 되고 창조적 에너지까지 소멸시켜버린다.

아름답고 총명하며, 천재적인 재능을 가졌던 까미유 끌로델! 그녀는 결국 우울증과 피해망상에 사로잡혀 30여 년 동안 정신병원에 수감되어 있다가 79세에 생을 마감하게 된다.

여류 조각가로서 로댕의 그늘에 가려 알려지지 않았던 그녀의 인생이 최근 재조명되면서 영화, 소설 등을 통해 공개가 되고 있다. 이제는 많은 사람들이 로댕의 작품에서 적지 않게 그녀의 손길이 지나갔음을 알게 된 것이다.

여성이기 때문에 더욱 그림자에 가려져야만 했던 그녀. 로댕이 이성적이고 사실적인 스타일의 작품을 구현했다면, 그녀는 그녀 특유의 감성적이고 섬세한 표현 방식으로 작품을 만들었다. 유독 마음에 상처가 되는 자인했던 일들이 많았던 그녀의 일생에 대한 이야기가 마음 한 구석을 애잔하게 한다.

❶ 칼레의 시민

〈칼레의 시민Les Bourgeois de Calais〉은 1347년 영국과 프랑스의 백년전쟁에서 영국 왕 에드워드 3세가 프랑스의 북쪽 도시 칼레Calais를 공격하여 시민 전체가 몰살당할 위기에 처했을 때, 시민 대표 6명이 죽음을 각오하고 목에 밧줄을 맨 채 왕 앞에 나서게 된 상황을 묘사한 것인데, 시민 대표들은 자신들의 목숨을 내놓으며 대신 시민들의 목숨을 살려달라고 간청했다. 당시 임신 중이던 에드워드 3세의 아내 필리바 왕비는 사형 판결이 곧 태어날 아이에게 좋지 않을 것이라는 생각에 이 시민 대표들을 살려줄 것을 부탁하였고, 아내의 간청을 들은 왕은 그들을 살려주게 된다. 용감한 시민 대표 6명은 자신들과 시민들의 목숨을 모두 구한 것이다.

이 유명한 일화를 토대로 만든 작품인 〈칼레의 시민〉이 처음 공개되었을 때, 사람들은 '자신들의 목숨을 기꺼이 내놓은 진정한 순교자'의 영웅적인 모습이 아니라는 이유로 무척 실망했다고 한다.

하지만 작품을 잘 보자. 절망과 공포 사이를 오가는 심리 상태, 슬픔과 고뇌 등 인간적 갈등이 엿보이지 않는가. 바로 그것이 로댕이 표현하고자 했던 것이다. 내면의 갈등과 고독까지 표현하고자 했던 로댕의 생각을 알 수 있다.

 뛰어났던 어느 여류 조각가의 이야기

5살에 진흙으로 만든 자신의 작품을 구워 먹었다고 할 정도로 흙을 좋아하고, 자신의 작품을 사랑했던 그녀는 뛰어난 미모와 천재적인 재능을 가졌던 여류 조각가, 까미유 끌로델이다. 19세이던 그녀는 43세의 유명 조각가 로댕을 만나 그의 수제자가 되어 함께 작품 활동을 하면서, 무려 24세의 나이 차이를 뛰어넘는 사랑에 빠지게 된다. 그 사랑을 통해 로댕은 예술적 영감을 얻게 되고, 그들은 열정적으로 예술혼을 불태우며 작품과 사랑을 함께 하게 된다.

까미유 끌로델은 로댕의 아이를 갖게 되면서 로댕의 동반자로서의 삶을 결심하게 되지만, 로댕은 그녀의 천부적인 재능에 대한 질투였는지, 그녀의 명

❷ 지옥의 문

로댕의 최고 걸작으로 꼽히는 〈지옥의 문La Porte de l'Enfer〉은 원래 1880년 장식 미술관의 입구로 사용하기 위해 프랑스 정부가 그에게 의뢰한 것이었으나, 미처 완성하지 못하고 세상을 떠나 그의 제자들이 로댕의 스케치에 따라 비로소 완성하게 된 작품이라고 한다.

지옥의 문에는 우골리노 백작, 파올로와 프란체스카 등 단테의 신곡 〈지옥편〉에 등장하는 인물들을 묘사한 부분들이 있으며, 조각들 하나하나가 생기가 넘친다. 성난 파도를 연상시키는 지옥의 바다에서 발버둥치며 추락하며 부둥켜 안으며, 고통 속에 쓰러져가는 수많은 인체들의 흐름을 표현하고 있다.

이 작품 상단에 있는 〈생각하는 사람Le Penseur〉은 고통에 빠진 사람들을 내려다보며 자신의 운명에 대해 생각하는 모습을 표현한 것으로, 〈지옥의 문〉 작품의 중심 개념을 나타내고 있다. 이것이 독립적인 작품으로도 만들어진 것이 우리가 많이 알고 있는 〈생각하는 사람〉이다.

〈생각하는 사람〉은 미켈란젤로의 말년 작품인 바티칸 시스티나 예배당 벽화 〈최후의 심판〉에 나온 사람의 형상을 차용하여 만든 작품으로, 인간 세상을 내려다보며 고뇌하는 모습을 표현하였다. 라이너 마리아 릴케Rainer Maria Rilke의 장편소설 〈말테의 수기〉에 나오는 '사람들은 이 도시에 살려고 오지만, 내가 보기엔 이 도시에서 사람들은 모두 죽어 가는 것 같다.'라는 글에서 영감을 얻어 작품을 만든것으로 알려져 있다.

〈지옥의 문〉의 꼭대기에 세 망령 모습으로 표현되어 있는 사람의 모습은 아

담이다. 아담의 살짝 구부러져 힘이 빠진 손가락은 미켈란젤로의 작품 〈천지창조〉에서 신의 손가락이 닿기 직전에 살짝 손가락을 구부렸던 인간의 교만함을 인용하여 표현한 것이라고 한다.

지옥의 문 오른쪽 아래는 정열적으로 키스를 하는 두 사람이 있다. 그들은 서로를 열정적으로 사랑하지만 운명의 장난처럼 엇갈린 인연 때문에 불륜 관계가 되면서 지옥에 오게 된 비극적인 사랑의 주인공 파올로와 프란체스카이다. 이것 또한 〈키스〉라는 독립적인 작품으로 만들어졌다.

TIP2 | 우골리노 백작과 그의 아들들

1288년 이탈리아 전역은 교황파와 황제파의 싸움으로 혼란을 겪고 있었다. 이탈리아 피사Pisa 출신의 우골리노Ugolin della Gherardesca 백작은 원래 교황파였지만, 당시 함께 권력을 잡고 있었던 조카 니노 비스콘티Nino Visconti와 갈등을 겪다가 니노가 행정관으로 세력을 잡게 되자 그를 몰아내기 위하여 황제파인 루지에리 우발디니Ruggieri degli Ubaldini 대주교와 결탁을 하였다. 하지만 우골리노가 루지에리 대주교의 조카를 죽이게 되면서 대주교는 우골리노를 반역죄로 몰아 우골리노와 그의 아들, 손자들까지 탑 속에 감금시킨다. 탑 속에 갇힌 이들은 며칠 동안 물 한 모금 먹지 못했고, 결국 우골리노의 아들과 손자들은 아사하고 만다. 우골리노는 아들을 잃은 슬픔에도 배고픔의 본능을 이기지 못하고 결국 그의 아들과 손자의 시체를 먹었다고 한다.

하지만 단테는 우골리노가 시체를 먹었는지 먹지 않았는지 정확하게 묘사하지 않았다. '굶주림이 슬픔보다 더 강력했다.'라며 탄식하는 우골리노의 모습을 통해, 읽는 이로 하여금 그 상황을 추측하게 할 뿐이다.

TIP3 | 파올로와 프란체스카

프란체스카 가문과 정략 결혼으로 맺어져 있던 파올로 가문의 상속자는 파올로의 형 조반니였다. 하지만 그는 절름발이에 성격이 난폭하여 평이 좋지 못했다. 결국 파올로 가문은 프란체스카와 조반니의 결혼이 성사되도록 하기 위해 미남인 파올로를 마치 형인 조반니인 양 꾸며 프란체스카 공주에게 청혼을 하게 하고, 잘생기고 부드러운 파올로에게 한 눈에 반한 그녀는 청혼을 받아들이게 된다.

첫날 밤, 자신 옆에 자고 있는 남자를 발견하고 프란체스카는 깜짝 놀라게 되고,

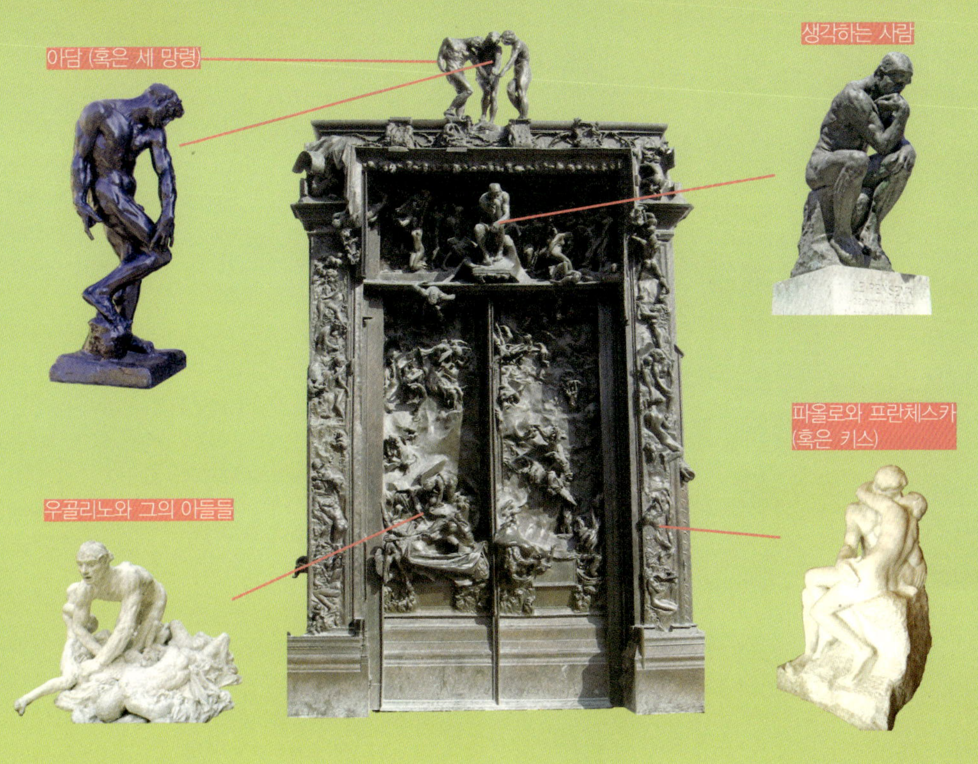

뒤늦게 속은 것을 알았지만 그녀의 마음을 알아줄 사람은 아무도 없었다. 한편, 프란체스카를 진심으로 사랑하게 된 파올로는 이제 형의 아내가 되어 버린 그녀에 대한 안타까운 마음을 갖고 있다가 결국 그녀와 용서받을 수 없는 불륜을 저지르고 만다. 결국 조반니에게 발각되어 그들은 목이 베이게 되고, 이승에서 이루지 못한 사랑을 지옥에서 이어가게 되는 것이다. 이 이야기는 13세기 말 실제로 있었던 사건을 배경으로 지어진 이야기이라고 한다. 〈키스〉는 지옥의 차갑고 매서운 바람과 채찍 사이에서도 떨어질 수 없는 그들의 애처로운 사랑을 표현한 작품이다.

어디선가 본 것 같은 지옥의 문?

TIP4

〈지옥의 문〉 작품은 오르세 미술관 2층에서도 볼 수 있고, 우리나라에 있는 로댕 박물관에서도 볼 수 있다. 여기서 '어떤 것이 과연 진품일까?'하는 의문이 생길 것이다. 정답은 '모두 다 진품!'인데, 회화의 경우 한 가지 작품만이 진품이 될 수 있는 것에 반해 이렇게 청동이나 석고로 주조해서 만든 작품의 경우에는 여러 개로 복제가 가능하다.

하지만 복제가 가능하다고 수백, 수천 개를 만들면 예술품으로서의 가치가 떨어지므로, 예술가에 의해 작품의 수를 한정짓게 된다. 〈지옥의 문〉의 경우 12개의 원본이 있으며, 우리나라에 있는 로댕의 작품 번호는 7번이고, 파리 로댕 미술관에 있는 것은 2번이다. (한국에서 로댕의 〈지옥의 문〉을 관람하고 싶다면 숭례문 근처에 위치한 플라토(구 로댕 미술관)로 가면 된다) 예술가에 의해 작품의 수를 한정하게 되는 것은 사진과 판화 등의 경우에도 마찬가지다.

1799년 프랑스 투르Tours 지방에서 태어난 프랑스의 대표적인 문학가로 알려져 있는 오노레 드 발자크Honore de Balzac가 1840년부터 1847년까지 7년간 살았던 곳을 기념관으로 만든 곳이다. 그는 처음에는 법학 공부를 시작하였으나 곧 법률 공증인의 길을 포기하고, 자신이 원하는 대로 작가의 길을 걷기 시작했다고 한다. 19세기 낭만주의 사조가 팽배하던 시절에 사실주의와 신비주의적 작품을 써내어, 근대 사실주의의 대가로 손꼽히는 그는 누구보다도 열정적으로 작품을 쓴 작가로 알려져 있다. 책상 앞에서 평균 18~20시간을 앉아 매일 수십 잔의 커피를 마시면서 쉬지 않고 글을 썼다고 하니, 정말 정력적인 작가임에 틀림없다. 그의 대작인 〈인간 희극La Comedie humaine〉은 자신의 소설들을 프랑스 사회 전체를 이해하는 수단으로 만들겠다는 원대한 계획으로 시작하여, 한 소설에 등장했던 인물을 다른 소설에 재등장시키는 기법을 사용하였고, 하나의 통일된 사회에서의 인간의 생활과 사회상, 정서 등을 묘사했다. 20년 동안 작품을 재구성하여 모두 85편에 이르는 분량으로 쓰여진 유례를 찾아볼 수 없는 방대한 작품으로 19세기 프랑스 사회의 모습을 예리하고 회의적이고 염세적이며, 거친 문체 등으로 표현하여 냉대와 찬사를 동시에 받았던 작품이다.

08

Maison de Balzac
메종 드 발자끄

발자크 기념관

주소 47 rue Raynouard, 75016 Paris

전화번호 01 55 74 41 80

운영 시간 10H~18H

휴일 월요일, 공휴일

입장료 상설전 : 무료, 기획전 일반 4€/학생 3€/14세~26세 2€

가는 방법 M6 Passy, M9 La Muette

대 문호가인 발자크는 생계가 어려웠음에도 많은 여인들과 염문을 뿌리고 다닌 것으로 유명하며, 그것으로 인해 또한 빚이 더 많았다고 한다. 항상 빚쟁이들에게 쫓기는 삶 때문에 파리 시내에서만 10번 넘게 이사를 했다고 하는데, 그가 살았던 집 중 하나인 16구의 이 집을 파리시에서 발자크 기념관으로 운영하고 있다. 발자크가 이 집을 좋아했던 이유가 바로 빚쟁이들을 피해 도망가기 좋은 뒷문의 비밀 출구 때문이라는 재밌는 소문도 있다. 정열적으로 사랑하고, 열정적으로 작품을 썼던 대 문호 발자크는 1832년부터 사귀어 온 한스카 부인과 1850년 3월 결혼식을 올렸으나, 그해 8월 18일, 병세 악화로 51세의 생애를 마친다.

09

Fondation Le Corbusier

퐁다시옹 르 꼬흐뷔지에

르 코르뷔제 재단

Web www.fondationlecorbusier.fr

주소 8-10 square du Docteur Blanche, 75016 Paris

전화번호 01 42 88 41 53

운영 시간 월요일 : 13H30~18H, 화~목요일 : 10H~18H, 금/토요일 : 10H~17H

휴일 일요일, 월요일 오전, 공휴일

입장료 일반 5€, 학생 3€

가는 방법 M9 Jasmin

르 코르뷔제가 1923년과 1924년 사이에 직접 설계하고 세운 건축물인 16구에 위치한 라 호슈의 집Maison La Roch을 전시관으로 사용하고 있는 르 코르뷔제 재단Fondation Le Courbuier에는 르 코르뷔제 작품 세계를 알 수 있도록 해주는 다양한 문서와 밑그림, 조형 작품, 판화, 사진 자료, 설계도 등이 소장되어 있으며, 건축가의 고향인 스위스에 있는 르 코르뷔제에 센터Centre Le Corbusier와 함께 대표적인 르 코르뷔지에 박물관으로 꼽힌다.

흰색 콘크리트와 철근의 깔끔한 느낌과 전면 형태의 곡선 모양, 띠 유리창 등 당시 획기적인 입체주의 스타일로 지어진 이곳은 스위스 바젤 출신의 부유한 은행가이자 현대 미술 애호가였던 라우엘 알베르트 라 호슈Raoul Albert La Roche를 위해 지은 집이었다고 한다. 그리고 그 집은 르 코르뷔제 재단에 기증되어 전시관이 설립되게 되었다.

은은하게 위쪽에서 빛이 새어 들어오도록 설계된 창문은 라 호슈 씨가 특히 좋아하였던 회화와 입체주의 예술 작품 컬렉션이 공간 안에서 돋보이도록 설계된 것이니, 눈여겨 보도록 하자.

르 코르뷔제 생전에 창설을 추진해 온 재단은 그의 사후 3년 뒤인 1868년 7월에 문을 열어 관계자들의 만남과 토론 추최, 작품 대여, 연구 등의 활동을 진행하고 있다고 한다. 현대 건축에 관심 있는 사람은 놓치지 말고 방문하자.

 현대 건축에서 빼놓을 수 없는 건축가 르 코르뷔제

르 꼬르뷔제Le Corbusier(1887~1965)는 현대 건축의 아버지라 불리는 건축가로, 스위스의 10프랑짜리 화폐에 얼굴이 인쇄되어 있을 정도로 유명한 건축가이다. 그는 오직 자연만이 인간에게 영감을 줄 수 있으며, '집은 살기 위한 기계'라는 생각을 가지고 있었다. 그의 건축 철학은 현대에 살고 있는 우리들의 주거 공간에도 큰 영향을 미쳤는데, 그 예가 바로 주상복합건물이다. 2차 세계대전 이후의 건축적 과제는 〈주거 공간을 어떻게 하면 효율적일 것인가〉였는데, 그의 기능주의적 건축은 효율적인 공간을 만들어 내었다. 그가 1947~52년에 만든 〈마르세유의 거대 아파트 유니테 다비타시옹Unite d'Habitation〉은 주상복합건물의 걸작으로 알려져 있다. 그 외에도 건축물의 기능을 중시하면서도 자연과의 조화를 고려한 옥상정원과 실내 공간의 자유로운 변화가 가능하도록 만든 움직이는 벽, 철골 구조와 늘 함께 지어지던 건물 하층의 벽을 없애고 마치 원두막처럼 디자인한 실험적인 건축물, 고른 일조량을 위해 설계된 가로로 긴 창문 등을 통하여 실험적이면서 미학적인 아름다움을 함께 추구했던 건축가이다. 시대의 흐름을 예견하며 변화를 주도한 건축가 르 꼬르뷔제의 1922년에 도시 계획에서 이미 기하학적 고층 건물이 빼곡한 현재의 도시와 닮은 수직 도시가 스케치되어 있었다고 한다. 그는 스위스 출신이지만 프랑스에서 활동하였기 때문에 프랑스에서도 중요한 건축가이며, 프랑스 내 주요 작품으로는 파리 근교 푸아시Poissy의 빌라 사보이Villa Savoye, 프랑스 남쪽 지방 마르세유Marseille의 거대 아파트 유니테다비타시옹Unite d'Habitation, 콘크리트로 만들어졌지만 자유로운 형상이라 세상을 깜짝 놀라게 한 롱샹Romchamps 교회당 등이 꼽히고 있다. 파리에서 차로 5시간 정도 거리에 위치하고 있는 롱샹 교회〈10 Place 14 Juillet, 70250 Ronchamp〉의 실내에는 전기 조명이 없고 벽에 나 있는 창문을 통해 들어오는 자연 채광에 의존하여 내부를 밝히고 있어서, 빛을 효과적으로 수용하는 건축물의 아름다움을 느낄 수 있다.

롱샹 성당

바토 버스는 투어 버스처럼 주요 관광지를 돌면서 중간 중간 타고 내릴 수 있는 유람선이다. 에펠탑 근처에서도 정차하므로 에펠탑 관광을 마치고 여유로운 시간을 가져보면 좋겠다. 오픈 투어 버스와 묶어서 파는 티켓도 있으니 바토 버스에 대한 자세한 내용은 홈페이지를 참고하고, 바토 버스 외에 기타 파리의 유람선에 대한 자세한 설명은 P98을 참조하자.

10

BATOBUS
바토뷔스

바토버스

Web www.batobus.com

요금 1day Pass : 15€, 2day Pass : 18€, 5day Pass : 21€, Annual Pass : 60€

정차 지역 Tour Eiffel, Musée d'Orsay, St-Germain-des-Prés, Notre-Dame, Jardin des Plantes, Hôtel de Ville, Louvre, Champs-Elysées

Food & Drink
먹을 곳

Christian Constant 씨의 세 레스토랑

맛좋고 푸짐하기로 유명한 크리스티앙 꽁스땅Christian Constant 씨의 세 개의 레스토랑이 7구의 Rue Saint-Dominique생 도미니끄 길에 이어져 있다. 파리지앵들에게 이미 소문이 많이 난 곳으로, 언제든 방문해도 만족할 만한 식사를 할 수 있다. 게다가 도보 10분 거리에 에펠탑이 위치하고 있어서 식사 후 에펠탑 주변이나 센 강을 산책할 수 있어서 더 좋다.

a Les Cocottes
레 코코트 : 레 꼬꼬뜨

주소 135 rue Saint-Dominique, 75007 Paris
영업 시간 매일 12H~15H, 19H~22H30
예산 20~40€
가는 방법 M8 Ecole Militaire

프랑스의 유명 식당들은 미리 예약하지 않으면 자리가 없어 식사를 하지 못할 가능성이 높다. 예약하는 것이 귀찮고 번거로운 사람들에게는 매우 불편한 일이 아닐 수 없다. 이러한 사람들에게 합리적인 가격대와 훌륭한 맛으로 유명한 레스토랑인 레 코코트les cocottes의 운영 시스템은 반갑게 느껴질 것이다.

이곳은 예약을 받지 않고 선착순으로 좌석을 배치하기 때문에, 영업 시작 시간에 맞춰서 가면 기다릴 필요도 없이 원하는 좌석에서 서비스를 받을 수 있다.

이 집의 메인 요리들은 프랑스 주물 냄비의 대표 브랜드인 스타우브Staub 제품에 담겨 나오는 맛있는 찜 요리인데, 조리 시간이 비교적 짧고 입 속에서 살살 녹는 듯한 매력적인 식감을 선사한다. 계절에 맞는 신선한 재료들로 만들어진 요리들이 눈과 입을 즐겁게 해주며, 채식주의자를 위한 샐러드도 준비되어 있다. 모든 음식이 맛있어서 어떤 음식을 선택해도 실패할 확률이 적으나, 영어를 잘 하는 직원들에게 그날의 재료에 따라 좋은 음식을 추천받는 것이 좋으며, 경영자인 크리스티앙 꽁스땅Christian Constant씨가 직접 선정한 와인 메뉴는 이 집의 음식과 잘 어울리는 와인 리스트로 채워져 있으니, 곁들이면 좋겠다.

이 집에서는 꼭 맛보아야 하는 특별한 것이 있는데, la fabuleuse tarte au chocolat de Christian Constant라는 다크 쵸콜렛으로 만든 케이크이다. 너무 달지 않고, 깊은 초콜릿의 맛이 느껴지는 이 디저트는 이 집 최고의 인기 디저트라고 한다. 디저트에 경영자의 이름까지 붙일 정도이니, 그 자신감은 미루어 짐작할 수 있겠다. 캐주얼한 느낌의 이 레스토랑은 바Bar 스타일의 높은 테이블과 의자를 사용하니, 참고하자.

b Le Violon d'Ingres
앵그르의 바이올린 :
르 비올렁 뎅그흐

주소 135 rue Saint-Dominique,
75007 Paris
전화번호 01 45 55 15 05
영업 시간 12H~14H30, 19H~22H30
예산 점심 50~80€
가는 방법 M8 Ecole Militaire

'Voilon d'Ingres'은 꽁스땅Constant 씨가 어린 시절부터 좋아했던 화가인 앵그르Jean-August-Dominique Ingres를 생각해서 지은 이름이라고 한다. 어려운 환경에서 자란 화가 앵그르는 바이올린을 켜며 생계를 유지했는데, 바이올린 연주 솜씨 또한 훌륭했다고 한다. 현재 프랑스어로 Le Violon d'Ingres은 '취미'를 뜻하는 표현이기도 하다.

이 레스토랑은 친근하면서도 고급스럽고 세련된 느낌의 품격 있는 장소로, 음식 가격대는 높지만, 점심 메뉴를 이용하면 비교적 합리적인 가격대로 음식을 맛볼 수 있다.

조명을 받아 더욱 반짝이는 바닥, 고급스러운 가죽 쇼파 형식의 식탁 의자와 그 위에 가방과 코트를 얹을 수 있는 반짝이는 금속 거치대가 보이고, 내부의 왼쪽 벽에는 고급스럽지만 부담스럽지 않은 와인 셀렉션이 돋보인다.

정치가, 사업가들이 주로 드나드는 곳으로 알려진 이곳은 캐주얼한 분위기의 레스토랑이 아니니 옷차림에 신경을 쓰는 것이 좋으며, 수준 있는 프랑스 음식을 합리적인 가격대로 맛보고 싶다면 추천할 만한 곳이다.

보통의 고급 식당들이 130~200€대의 가격을 보이는 것에 비하면 이곳은 합리적인 가격대에 속한다. 영어 메뉴판이 준비되어 있으며, 예약을 미리 하지 않으면 식사하기 힘든 장소이니 반드시 예약을 하도록 하자.

c Café Constant
콩스탄트 카페 : 까페 꽁스땅

Web www.cafeconstant.com
주소 139 rue Saint-Dominique,
75007 Paris
전화번호 01 47 53 73 34
영업 시간 12H~14H30, 19H~22H30
예산 점심 16€~
가는 방법 M8 Ecole Militaire

2003년에 오픈한 곳으로 콩스땅 씨가 할머니께서 해주셨던 요리 레시피를 바탕으로 만든 비스트로Bistro 요리를 선보이는 카페이다. 사람들이 바글바글한 비스트로를 만들고 싶다고 하는 그의 목적에 맞게 오진에는 커피와 크루와상을 먹을 수 있고, 점심에는 간단한 식사를 맛볼 수 있으며, 저녁에는 술 한잔과 담배를 피우며 친구들과 담소를 나눌 수 있는 편안한 자리를 만들어서, 격식보다는 편안한 분위기가 느껴진다. 가격은 비교적 저렴하다.

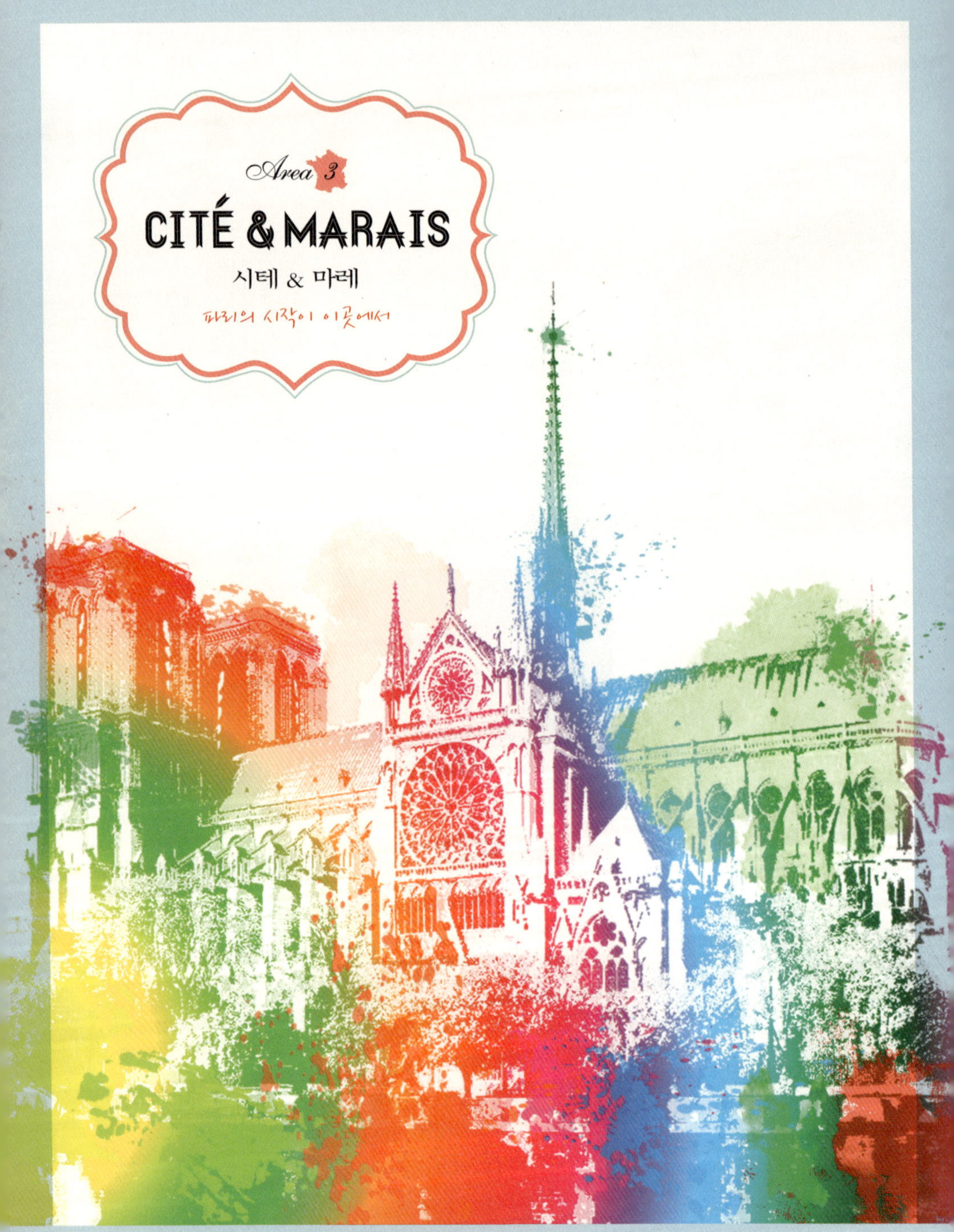
Area 3
CITÉ & MARAIS
시테 & 마레
파리의 시작이 이곳에서

 ## 주요 동선 한눈에 보기

파리의 발상지나 다름 없는 시테 섬인 만큼 섬과 그 주위에는 가볼 만한 관광지가 매우 많다. 본격적으로 시테 섬으로 가기 전에 센 강을 가로지르는 다리 위에서 경관을 보자. 퐁네프 다리에서는 보행자 전용 다리인 예술의 다리도 보이고 한가로이 떠다니는 유람선도 볼 수 있으며, 멀지 않은 곳에 있는 노트르담 성당도 보인다. 이제 시테 섬으로 발걸음을 옮기자. 시테 섬은 중세 시대 파리의 정치적, 종교적 중심지 역할을 하였다고 하는데, 그래서 그런지 이른 아침햇살을 받으며 산책하는 시테 섬은 북적이는 사람들 속에서도 평온하면서도 진지하고 깊은 운치가 있다. 이곳에 오면 제일 먼저 고딕 건축 양식의 진수를 보여 주는 노트르담 대성당의 섬세한 조각들과 웅장한 규모에 반하게 될 것이다. 관광객들로 북적이는 시테 섬 옆에 있는 생 루이 섬도 들러보자. 작은 다리 하나 건넜을 뿐인데

조용하고도 묘한 파리의 골목길 느낌을 풍성하게 갖고 있다. 그리고 〈시청 앞에서의 키스〉라는 작품의 배경이 되는 르네상스 양식의 건축물 파리 시청을 지나 유대인 지구라고 불리는 마레 지구에 가자. 예쁜 부티크들과 물건들이 가득하여 거리를 배회하는 재미를 더해 줄 것이다.

Réaumur-Sébastopol
Musée des Arts et Métiers 18
Arts et Métiers
Palais-Royal
Rue de Richelieu
Rue d'Aboukir
Rue Hérald
Rue de Louvre
Rue Étienne Marcel
Rue de Turbigo
Rue des Gravilliers
Rue Chapon
Rue Croix des Petits Champs
Rue Coquillière
Rue du Colonel Driant
ounseil stitutionnel
Étienne Marcel
Saint-Eustache
Rue Saint-Martin
al-Louvre
Rue Saint-Honore
Les Halles
Les Halles
Châtelet-Les Halles RER
Rambuteau
Rue Berger
ain-l'Auxerrois
Rue de Rivoli
Rue Rambuteau
Louvre-Rivoli
Rue des Halles
Clinique du Louvre H
Rue de Rivoli
Rue du Pont Neuf
Bd. De Sébastopol
Rue de Renard
Rue du Temple
Rue des Archives
Châtelet
01 Pont des Arts
Pont Neuf
02 Pont Neuf
Voie Georges Pompidou
Place du Châtelet
Hôtel de Ville
Mariage Frère D
Quai de Conti
Quai de l'Horloge
09 BHV
Rue de Rivoli
Pont Neuf
Conciergerie 03
Cité
Quai de Gesvres
08
Hôtel de Ville
Rue de Lobau
Rue Mazarine
Palais de Justice 04
Sainte-Chapelle 05
Bd. Du Palais
Quai des Orfèvres
Pont Notre-Dame
Rue de Seine
Quai de l'Hôtel de Ville
Saint-Ge
Rue Dauphine
Pont Notre-Dame
Saint-Michel-Notre-Dame
Île de la Cité
Rue Chanoinesse
Pont Marie
Saint-Michel RER
Quai de Bourbon
Cathédrale Notre-Dame de Paris 06
b La sarrasin et le froment Crêperie
a
Mon Vieil Ami
A Pylones
Bd. Saint-Germain
Rue du Petit Pont
La Cure Gourmande B
Odéon
Église Saint-Julien-le-Pauvre
Berthillon C
Rue de Seine
Quai d'Orléans
Pont de l'Archevêché
Île Saint-Lo
Rue de Condé
Cluny La-Sorbonne
Rue Saint-Jacques
Quai de la Tournelle
Rue du Petit Pont
Pont de la Tournelle
Maubert-Mutualité
Rue St-Michel
ais du ourg
Sorbonne
Collège de France
Rue des Ecl
Rue Mon
In

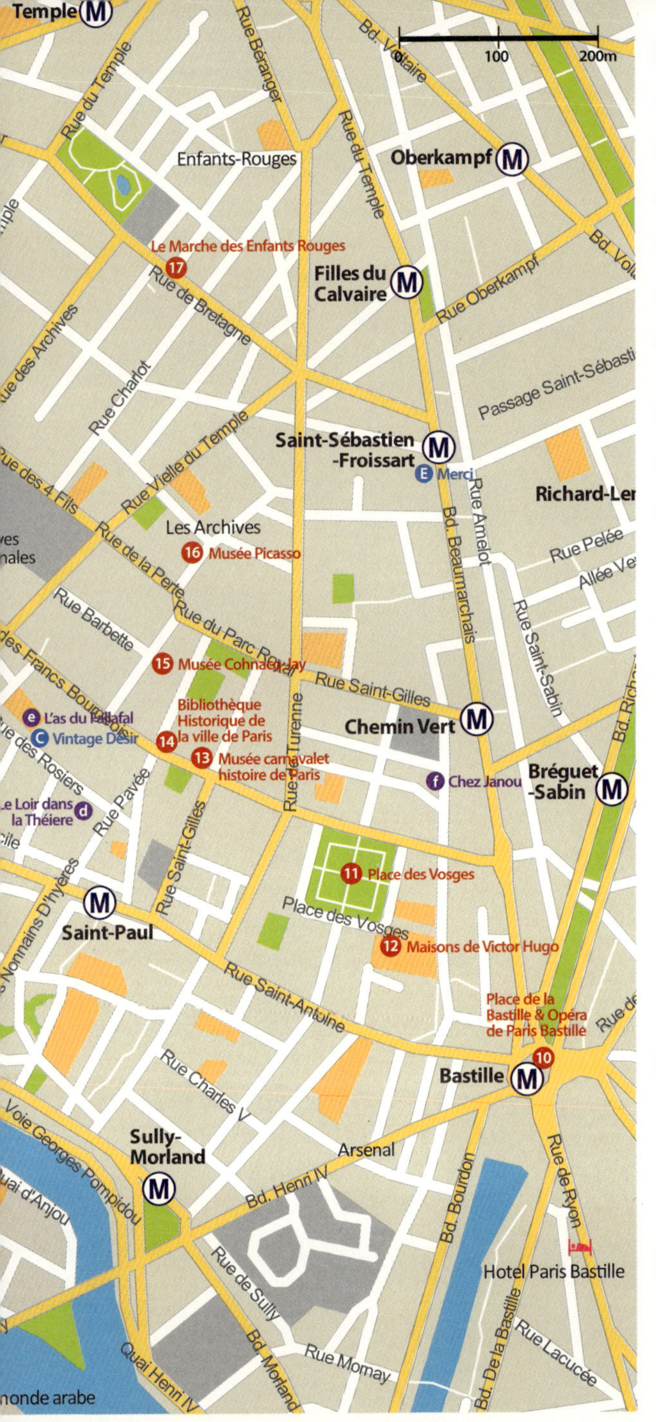

Spot

★★
01 Pont des Arts 예술의 다리

★★
02 Pont Neuf 퐁네프

★★
03 Conciergerie 콩시에르주리

★
04 Palais de Justice 최고 재판소

★★★
05 Sainte-Chapelle 생트 샤펠 성당

★★★
06 Cathédrale Notre-Dame de Paris 파리 노트르담 대성당

★★
07 Île Saint-Louis 생 루이 섬

★★★
08 Hôtel de Ville 파리 시청

★
09 BHV·비에이치브이 백화점

★
10 Place de la Bastille & Opéra de Paris Bastille 바스티유 광장 & 바스티유 오페라 극장

★★
11 Place des Vosges 보주 광장

★
12 Maisons de Victor Hugo 빅토르 위고의 집

★★★
13 Musée carnavalet histoire de Paris 카르나발레 박물관

★
14 Bibliothèque Historique de la ville de Paris 파리 역사도서관

★
15 Musée Cohnacq-Jay 코냐크 제이 박물관

★
16 Musée Picasso 파리 피카소 미술관

★★
17 Le Marche des Enfants Rouges 앙팡 루즈 시장

★
18 Musée des Arts et Métiers 예술과 직업 박물관

Shopping

★ **A** Pylones 필론

★★ **B** La Cure Gourmande 라 퀴르 구르망 과자 전문점

★★★ **C** Mariage Frère 마리아주 프레르

★★ **D** Vintage Désir 빈티지 가게

★★ **E** Merci 메르시

Food & Drink

★★ **a** Mon Vieil Ami 내 오래된 친구

★★ **b** La sarrasin et le froment Crêperie 메밀과 밀

★★ **c** Berthillon 베르티용

★★ **d** Le Loir dans la Théiere 찻잔에 빠진 너구리

★★ **e** L'as du Fallafal 팔레펠 가게

★★★ **f** Chez Janou 쉐 자누

01

Pont des Arts
뽕 데 자흐

예술의 다리

차는 다닐 수 없는 보행자 전용 다리인 예술의 다리는 루브르 궁전과 프랑스 학사원 사이를 이어주는 다리로, 파리지앵들의 더없이 좋은 산책로이다. 19세기 상류층들을 위한 산책로로 만들어져서 이들에게 통행료까지 받았다고 전해지는 이 다리는 철제로 만들어져 처음 세워졌을 때 에펠탑이 미움을 받았듯이 흉측한 철조물이라는 원성을 듣기도 했다고 한다.

사실 이 다리가 아름다운 이유는 다리 자체의 아름다움보다는 주위 풍경덕이 큰데, 맑은 날 석양이 질 무렵 붉게 물든 퐁네프의 자태를 감상하는 것만으로도 황홀한 경험이 될 만큼 좋은 경관을 자랑한다. 덕분에 이곳의 풍경에 심취해 있던 많은 예술가들의 작품들이 남아 있으며, 예술가들의 전시 장소로 활용되는 곳이기도 하다. 한여름의 늦은 밤에는

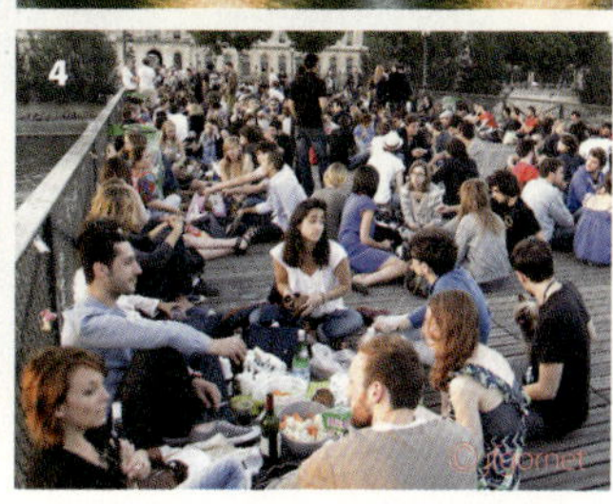

1 예술의 다리 낮의 모습
2 예술의 다리 밤의 모습
3 한적한 예술의 다리
4 예술의 다리에서 유쾌한 시간을 보내는 젊은이들

이 다리에서 맥주나 와인을 즐기는 젊은이들이 많이 보이는데, 파리의 센 강을 바라보며 운치 있는 한잔을 즐기고 싶다고 한다면 반드시 추천하고 싶은 곳이다. 슈퍼에서 산 저렴한 와인이라도 값과는 상관없이 더욱 맛있고 특별하게 느껴질 것이다.

르누아르의 Le Pont des Arts(1867)

아래 그림은 인상주의 화가로 유명한 르누아르가 그린 작품이다. 예술의 다리를 배경으로 한 이 작품은 센 강변의 선착장에서 사람들이 배에 타고 내리는 당시의 풍경을 묘사하였다. 인상주의가 태동하던 시점에 그려진 작품답게 정오의 내리쬐는 빛을 표현한 흔적이 보인다. 그림 속 화판 아래쪽에 위치한 푸른 빛의 그림자가 시간을 알려주는 듯하며, 화가가 있었던 자리가 어디였는지를 짐작하게 한다. 배에 타고 내리는 사람들의 의복을 통해 당시 유행하던 복식 형태를 볼 수 있으며, 마치 스냅 사진처럼 소란스럽고 분주한 느낌으로 사람들의 모습을 포착했다. 이 작품의 배경이 되는 예술의 다리는 지금과 똑같은 모습의 철제 다리라는 것을 이 작품을 통해 알 수 있다.

파리 시내뿐만 아니라 프랑스 곳곳에는 예술가들의 작품 배경이 되는 장소들이 많다. 밀레의 〈만종〉, 고흐의 〈오베르 쉬르 우아즈의 교회〉 등 직접 그 그림이 그려진 장소를 지금도 가 볼 수 있다. 100년 전 예술가들은 무엇을 느끼고, 무엇을 보았기에 그 장소를 그렸던 것일까? 그들을 매혹시켰던 장소의 매력에 빠져보고 싶다는 생각을 자주 해본다.

질리에트 비노슈와 드니 라방이 주연한 영화 〈퐁네프의 연인들〉의 배경지로 더욱 유명한 퐁네프는 1578년에 만들기 시작해 1607년 완성된 파리에서 가장 오래된 다리이다. 파리에서 가장 오래된 다리임에도 불구하고, Pont은 '다리', Neuf는 '새로운, 새 것'이란 뜻을 갖고 있어, 가장 오래된 다리가 '새로운 다리'라는 약간은 아이러니한 이름을 갖고 있다.

왜 많고 많은 이름 중 '새로운 다리'라는 이름을 붙였을까? 16세기만 해도 센 강에 놓여진 모든 다리에는 집이 지어져 있었다. 그런데 당시 전 유럽을 휩쓸고 간 흑사병으로 인구의 절반 이상이 죽자, 당시의 의사들은 도시에 바람이 통하지 않아서 갖은 전염병이 생긴다고 생각하였다. 이러한 의견을 수렴한 앙리 4세는 센 강의 다리 위에 집을 짓지 못하도록 명령을 내렸으며, 최초로 순수 교량 역할만 하는 다리가 완공되었다. 그리고 새로운 형태의 다리이기 때문에 이것의 이름을 '새로운 다리'라는 뜻의 '퐁네프Pont Neuf'로 붙였다고 한다. 다리 중앙 광장에는 앙리 4세의 기마 동상이 서 있고, 20개의 반원형 돌출부에는 쉼터가 마련되어 있어서 사랑을 속삭이는 커플들의 모습이 자주 보이며, 햇빛과 바람을 즐기며 독서를 하는 사람들의 모습도 보인다.

영화에서처럼 아름답고 낭만적이지만 〈퐁네프의 연인들〉 영화의 실제 촬영 장소는 이 다리를 똑같이 본떠 만든 세트장이었다고 한다.

퐁네프에서 바라본 예술의 다리와 유람선, 그리고 에펠탑

02

Pont Neuf

뽕 뇌프

퐁네프 (네프 다리)

가는 방법 M7 Pont Neuf, M1 Louvre-Rivoli

보수 공사 중인 콩시에르주리

센 강을 걷다 보면 14세기 파리의 모습을 간직한 고딕 양식의 멋진 건물이 눈길을 끈다. '건물 관리인'이란 뜻을 가진 참으로 유럽스러운 이 건물은 본래 필립 4세의 집무실겸 주거지로 사용되던 궁전으로 아름다운 외관을 자랑하지만, 프랑스 혁명 기간(1789~1794) 중 감옥으로 사용되던 곳이라는 것이 반전을 준다. 마리 앙투아네트, 로베르 피에르, 당통 등 2,600여 명이 단두대로 가기 전 이곳에 머물렀다고 전해진다. 1914년 감옥을 폐쇄했고 현재 내부를 일반인들에게 공개하고 있다. 마리 앙투아네트가 두 달 반 동안 지냈던 독방과 감옥의 모습들을 재현해 두었다.

Conciergerie

꽁씨에흐주히

콩시에르주리

Web conciergerie.monuments-nationaux.fr

주소 2 boulevard du Palais, 75004 Paris

전화번호 01 53 40 60 97

운영 시간 3~10월 : 9H30~18H *폐관 30분 전까지 입장 가능

휴일 1/1, 5/1, 12/25

입장료 일반 8.5€, 학생 5.5€ *뮤지엄 패스로 무료 입장 가능, Sainte-Chapelle +Conciergerie 통합 입장권 판매(일반 12.5€, 학생 8.5€)

가는 방법 M4 Cité

04

Palais de Justice
빨레 드 주스티스

최고 재판소

Web www.ca-paris.justice.fr
주소 4 boulevard du Palais, 75001 Paris
전화번호 01 44 32 52 52
가는 방법 M4 Cité

생트 샤펠 성당 바로 옆에 위치한 화려하고 웅장한 이 멋진 건물은 현재 최고 재판소와 사법 관련 건물로 이용되고 있는 곳이다. 로마 제국이 파리를 지배할 때부터 14세기 샤를 5세가 루브르 궁전으로 궁을 옮기기 전까지 이곳은 왕권의 상징인 궁전이 있었던 곳으로, 왕궁이 이전되고 1793년 4월 혁명군 재판 위원회가 첫 재판을 시행하면서 대법원의 역할을 하게 되었다.

법원 안으로는 관광을 위한 입장이 허락되지 않고 있으나, 밖에서 잠깐의 사진 촬영은 가능하다.

05

Sainte-Chapelle
썽 샤펠

생트 샤펠 성당

Web sainte-chapelle.monuments-nationaux.fr
주소 4 boulevard du Palais, 75004 Paris
전화번호 01 53 40 60 80
운영 시간 3~10월 : 9H30~13H, 14H~18H, 11~2월
: 9H~13H, 14H~17H *폐관 30분 전까지 입장 가능, 매
주 수요일 야간 개장(3월 15일~9월 15일)
휴일 1/1, 5/1, 12/25
입장료 일반 8€, 학생 5€ *뮤지엄 패스 사용 가능,
Sainte-Chapelle+Conciergerie 통합 입장권 판매(일반
12.5€, 학생 8.5€)
가는 방법 M4 Cité

파리에서, 아니 프랑스 전역에서 개인적으로 가장 아름답다
고 생각되는 성당을 꼽으라고 한다면, 주저없이 선택하고
싶은 곳이다. 워낙 인기가 많은 탓에 길게 늘어선 줄을 피
하기는 어렵지만 기다린 만큼 만족스러운 방문이 될 것이라
확신한다.

가방 검색대를 통과하여 입장하면 다시 한 번 표를 구매하
기 위한 줄이 기다리고 있다. 하지만, 가방 검색대 줄에 비
해서는 훨씬 짧은 줄이다.

그 동안 웅장한 느낌의 성당을 보아 왔다면 게다가 바로 길
건너편에 위치한 파리 노트르담 대성당에 비한다면, 이곳은
자그만한 성당이라는 생각이 들 수도 있다. 하지만 일단 성
당 안으로 들어서면 빈티지한 색감의 벽과 문양들이 눈길을
사로잡는다. 벽면의 특이하고 멋스럽게 꾸며져 있는 작은
스테인드 글라스도 인상적이다.

1층은 원래 왕궁의 시종, 궁정 관리인 등 평민들이 예배를 드리던 곳이었다고 한다. 그리고 좁다란 계단을 올라 2층으로 올라가면, 이 성당의 하이라이트인 화려한 색감의 스테인드 글라스에 360도로 둘러싸인 본당 예배당에 도착한다. 왕족들이 예배를 드리던 예배당인 이곳의 벽면에는 15개의 스테인드 글라스가 만들어져 있는데, 14개의 스테인드 글라스는 창세기부터 예수님의 부활까지 1,113개의 역사적인 장면들을 묘사한 것이고, 마지막 하나는 남대서양에 있는 세인트 헬레나 섬에서 발견된 예수 그리스도의 성물이 생트 샤펠에 도착하기까지의 역사를 묘사한 모습이라고 한다.

생트 샤펠은 예수 그리스도가 썼던 것으로 추정되는 가시면류관과 십자가 조각을 보관하기 위하여 독실한 신자였던 루이 9세의 명으로 1246년에 기공되어 1248년에 완성된 성당이다. 그 이유로 성물에 대해서도 스테인드 글라스로 표현되어 있다. 스테인드 글라스 그림은 왼쪽에서 오른쪽으로, 아래에서 위쪽의 순서로 보면 그 내용을 이해할 수 있다. 이곳에 보관되어 있었던 성물들은 현재 노트르담 대성당에서 보관 중이다.

1 아름다운 스테인드 글라스
2 장미의 창. 샤를르 8세가 기증한 창으로 요한 계시록을 담은 86개의 스테인드 글라스로 이루어져 있다
3 12사도의 동상. 중세 목각 작품의 좋은 예로 예배당에 있는 12개의 기둥을 장식하고 있다.

햇살이 비스듬하게 들어올 때 방문하면 제 맛!

긴 줄을 생각하면 아침 일찍 가는 것이 좋지만, 가장 멋지게 성당의 스테인드 글라스 빛을 감상하기 위해서는 햇살이 비스듬히 들어오는 시간에 둘러보는 것이 가장 좋다.

찬란한 햇살이 스테인드 글라스를 향해 쏟아지며 발하는 반짝이는 빛들은 반드시 경험하고 직접 보아야만 느낄 수 있는 감동이기 때문에 꼭 추천하고 싶다. 보통 해가 질 무렵의 오후에 햇빛이 멋지게 들어온다. 마치 보석상자와 같은 황홀함이랄까.

06

Cathédrale Notre-Dame de Paris

꺄떼드할 노트흐 담 드 파리

파리 노트르담 대성당

Web www.notredamedeparis.fr

주소 Cathédrale Notre-Dame de Paris, 75004 Paris

전화번호 01 42 34 56 10

운영 시간 월~금요일 : 8H~18H45, 토/일요일 :
8H~19H15, 전망탑 : 10H~17H30(10~3월), 10H~18
H30(4~9월), 10H~23H(7~8월 토/일요일만)

휴일 1/1, 5/1, 12/25

입장료 성당은 무료, 전망탑 : 일반 8.5€, 학생 5.5€

가는 방법 M4 Cité, M4/RER C Saint-Michel

뾰족한 첨탑을 가진 길고 높은 이 건물은 12세기 중세 고딕 건축 양식의 걸작으로 꼽히는 파리 노트르담 대성당이다. Notre노트르는 '우리들의', Dame 담은 '여인'이란 뜻으로 노트르담은 '우리들의 여인' 즉, 성모 마리아를 뜻하여, 성모 마리아에게 바치는 큰 성당을 지은 것이 바로 노트르담 성당이다. 1163년 모리스 드 쉴리Maurice de Sully 주교에 의해 건축되기 시작하여 약 3세기에 거쳐 완공된 이곳은, 1760년 루이 16세의 결혼식, 1804년 나폴레옹의 황제 대관식 등 국가의 중요 의식이 거행되었던 곳이다. 이러한 역사를 가진 파리 노트르담 성당이 특별히 우리에게 익숙한 것은 아마도 빅토르 위고의 소설 〈노트르담의 꼽추Notre-Dame de Paris : 노트르담 종지기 꼽추이자 추한 외모를 가진 카지모도와 아름다운 집시 여인 에스메랄다의 이룰 수 없는 사랑 이야기〉의 역할이 컸으리라 생각된다. 성당 정면에서 봤을 때 보이는 두 개의 탑 중 남쪽 탑(정면을 바라보았을 때 오른쪽)은 노트르담의 꼽추가 힘겹게 당기면서 쳤던 종으로, 엠마뉴엘 종이라고도 부른다.

★ 추천 관람 순서

정면(서쪽) – 남쪽 – 동쪽 – 북쪽 – (원한다면) 노트르담 탑 올라가기 – 성당 내부 – 포앙제로 밟기 노트르담의 서쪽 정면에서 바라보았을 때 보이는 중앙의 동그란 창은 시작도 끝도 없는 완벽한 하나님의 영광을 나타내며, 2명의 천사 사이에 아기 예수를 안은 성모 마리아가 있다. 그들의 머리가 중앙원에 위치하여 마치 후광이 그려진듯 겹쳐 보인다.

그 아래 즉, 3개의 문 위에 위치한 왕들은 예수의 조상인 유대의 왕들인데, 1793년 대혁명 때 프랑스의 왕들로 착각하여 혁명가들에 의해 파괴되었던 것을 복원가 비올레 르뒥Eugène Viollet-le-Duc이 복원하였다. 본래의 유대왕들의 모습은 국립중세박물관Musée National du Moyen Age : '클뤼니 박물관'이라고도 함에서 21개의 머리만을 볼 수 있다.

대성당은 최후의 심판 문, 성모 마리아의 문, 성 안나(예수님의 외할머니)의 문 3개의 문으로 이루어져 있다.

먼저 최후의 심판 문은 중앙에 있는 문으로 산자와 죽은자를 심판하러 오신 예수님의 모습이 조각되어 있다.

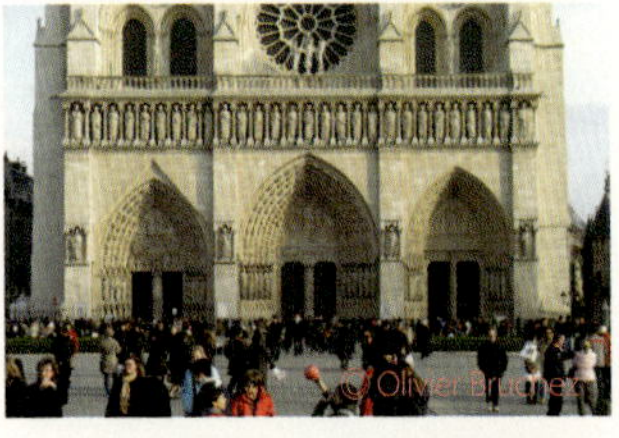
3개의 문

문 위의 부조를 보자. 아래쪽 연옥에서 잠을 자고 있다가 천사의 나팔 소리에 깨어 미카엘 대 천사장에게로 가서 영혼의 무게를 재고 있고, 죄를 많이 지은 영혼은 악마에 의하여 오른편 지옥으로 끌려가는 모습이 보인다. 왼쪽의 구원받은 영혼들은 하늘 나라 보좌 위에 앉아 있는 예수를 향하고 있다. 예수의 좌우에는 요한과 성모 마리아가 인간들을 위해 예수에게 중재를 하고 있다. 바깥 여섯단의 아치형 부조는 하늘나라 심판대를 상징하며, 아랫단 왼편의 아브라함이 하늘나라를, 오른편의 무서운 악마는 지옥을 의미한다.

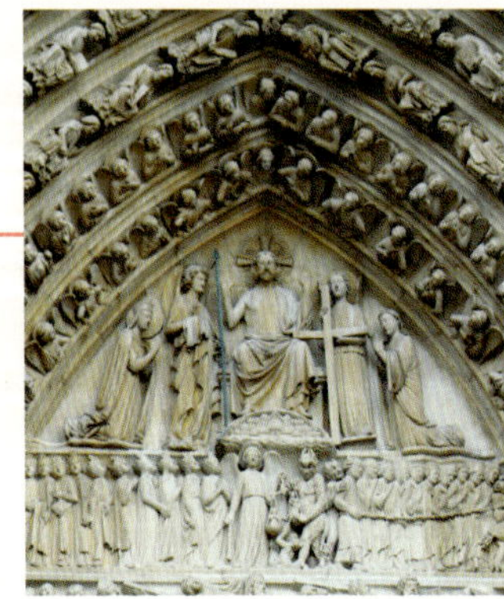
최후의 심판 문

성모 마리아의 문은 가장 왼쪽에 위치한 문으로 성자와 왕들이 성모 마리아를 둘러싸고 있는 모습을 표현한 13세기 정교한 조각 예술의 결정판이다. 이 문의 아름다운 부조는 중세 판화의 주요 모델로 등장하는데, 아기 예수를 안고 있는 성모 마리아의 머리 위에는 선지자들이 여호아가 이스라엘 민족에게 준 언약의 궤를 둘러싸고 있는 모습이 보이고, 그 위에는 예수와 사도들이 마리아의 임종을 애도하고 있다. 그 위에는 성모의 대관식 장면이 보인다. 중앙 기둥 좌우에는 세례 요한과 스데반 집사와 함께 프랑스 초대 주교로 하느님을 증거하다가 로마 병사들에게 체포되어 몽마르트르에서 순교한 생드니Saint-Denis 신부의 모습이 보인다.

성모의 문

목이 잘린 생드니 신부

생 드니 신부님이 언덕에 올라 순교를 하게 되자, 몽마르트르(순교자의 산)라는 이름이 그 언덕에 붙여지게 되고, 그가 돌아가신 자리에는 세계 최초의 고딕 양식 건물인 생드니 성당이 생긴다. (P308 참조)

마지막으로 우측에 있는 문이 성녀 안나의 문이다. 중앙 기둥은 5세기경에 파리의 주교였던 마르셀 성인이 괴물을 물리치고 파리를 구원한 내용이 표현되어 있고, 중앙 기둥 윗쪽의 3단계로 구분된 부조 중 가장 윗 부분에는 아기 예수를 안고 있는 성모 마리아가 루이 7세와 모리스 드 쉴리 주교에게 둘러싸인 모습이 표현되어 있다. 그 아래에는 성모 마리아의 일생을 조각한 부조로 노트르담 성당의 정면이 건설되기 60년 전인 1160년에 다른 성당에 사용되었던 것을 옮겨 놓은 것이므로 이 성당에서 가장 오래된 부조 중의 하나이다. 맨 아래 부분은 성모 마리아의 부모인 요하임과 성녀 안나에게 바쳐진 것으로 그들을 기리기 위한 부조이디. 이 성녀 안나의 문을 통해 성당 내부로 들어갈 수 있다.

성녀 안나의 문

이렇게 중세 고딕 건축물에 있는 부조들을 자세히 살펴보면 어떤 이야기인지 대략 짐작을 할 수 있는데, 이는 글을 읽지 못하는 사람도 예수님과 하나님, 성모 마리아 등 카톨릭의 주요 내용들을 쉽게 알 수 있도록 하기 위함이었다고 한다.

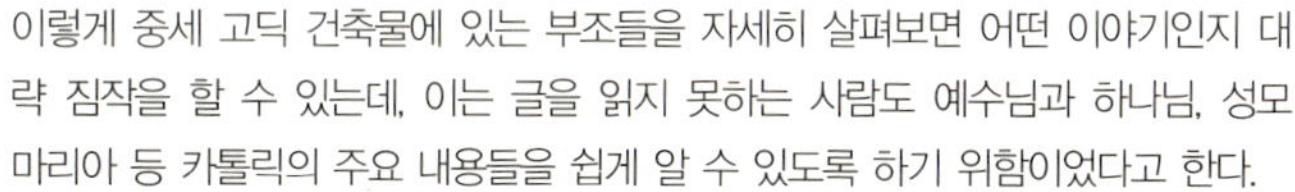

❷ 남쪽

정면 감상이 끝났다면 성당을 마주 본
상태에서 네모 모양으로 잘 다듬어져
프랑스식 정원 양식을 엿볼 수 있는
오른편 길로 들어서 보자. 이곳에서 성
당의 남쪽을 든든하게 받치고 있는 갈
빗대 모양의 부벽을 보고 있노라면 중
세의 건축 기술에 절로 감탄하게 된다.
스테인드 글라스로 화려하게 장식되어
있는 높은 고딕 양식의 건물이 무너지
지 않도록 지지대 역할을 해주는 것이
라고 한다.

성당 남쪽의 모습

❸ 동쪽

노트르담 뒷태, 즉 동쪽은 정면과 사
뭇 다른 느낌이어서 놀라움을 준다. 성
당 동쪽에는 요한 23세 광장이 있는
데, 그 중앙에는 1845년 만들어진 고
딕 양식의 성모 마리아 분수대가 있다.
이 작은 정원에는 휴식을 취하거나 산
책을 하고 있는 관광객과 파리지앵들
의 모습이 묘하게 섞여 있다.

성당 동쪽과 정원의 모습

TIP

라흐슈베쉐 다리 Pont de l'Archevêché

대성당의 남쪽면에 나 있는 길에서 동쪽 광장으로 이동하다 보면 오
른쪽으로 라흐슈베쉐 다리가 있는데(P172 지도 참조), 이 다리의 철창
에 연인, 여행자, 파리지앵들이 남기고 간 자물쇠들이 빼곡하게 달려 있다. 파리
의 유서 깊은 장소에 메시지를 적은 자물쇠를 남기고 싶다면 자물쇠를 준비해 가
자. 또, 이 다리 위에서는 파리 노트르담 대성당 남쪽면의 아름다운 자태를 감상
할 수 있으니 놓치지 말자.

❹ 북쪽

북쪽의 벽면에는 수십 개의 괴물 형상을 한 석조 장식들이 있는데, 이것을 '가고일Gargoyle'이라고 부른다. 빗물을 받아내는 낙수받이의 역할을 하는 이 석상들의 의미는 흉측한 외모를 이용하여 악한 영혼이 성스러운 교회에 침범하지 못하도록 하는 파수꾼으로, 우리나라 사찰에서 볼 수 있는 사대천왕과 같은 역할이라고 한다.

파리의 멋진 풍경을 보고자 한다면 이쪽에 위치한 입구를 이용하여 탑에 올라보자. 387개의 계단을 따라 탑에 오르면 가고일을 배경으로 바라본 파리 시내 전경을 사진으로 담을 수 있다.

1 성당 북쪽의 모습
2 가고일
3 탑에 올라 가고일을 옆에 두고 바라본 파리

❺ 내부

성당의 내부를 관람할 때는 민소매옷이나 짧은 치마 또는 바지를 피하고 단정한 옷차림을 하는 것이 좋으며, 조용히 관람하도록 한다. 노트르담은 7,800개의 파이프를 가진 웅장한 파이프 오르간이 유명하며 미사 시간에 그 소리를 들을 수 있다. 이 성당에서는 특히 13m의 둥근 모양으로 13세기 스테인드 글라스의 화려함을 그대로 간직한 장미의 창이 유명한데, 북쪽으로 난 장미의 창이 가장 멋있으니 꼭 보도록 한다.

이곳은 1455년 잔다르크의 명예 회복 재판이 열렸던 장소로도 유명하다. 잔다르크는 백년전쟁 후반, 종교 재판에서 마녀로 몰려 화형 당했지만, 그녀의 명예 회복 재판이 열린 곳이 바로 이 곳이며, 1920년 로마청에 의해 카톨릭 성녀가 되었다.

마녀로 몰려 화형을 당했던 성녀 잔다르크. 성당 안으로 들어가서 입구를 등진 상태에서 오른쪽 안쪽에 있다.

노트르담 성당은 파리에만 있는 것이 아니다

노트르담 성당은 보통 도시마다 한 개씩 있다. 예를 들어 머스타드로 유명한 디종 지방에도 〈디종 노트르담 성당〉이 있고, 뜨거운 태양이 아름다운 꼬드 다 쥐르 지방의 니스에도 〈니스 노트르담 성당〉이 있다. 그래서 파리의 노트르담 성당을 부를 때의 정식 명칭은 〈파리 노트르담 성당〉이다.

❻ 포앙제로

마지막으로 성당 정문 앞 도로 위에 청동별을 찾아 보자. 이곳이 바로 파리 거리 측정의 기점이 되는 포앙제로Point Zero이기 때문이다. 이 포앙제로를 밟으면 다시 파리에 올 수 있다고 하는 재미있는 이야기가 있는데, 이곳을 밟는 사람들의 모습도 그들의 성격에 따라 참 다르다. 어떤 이는 그냥 가볍게 한 번 밟고 지나가는가 하면 어떤 이는 포앙제로 위에 드러눕기도 한다.

TIP1 프랑스 뮤지컬 〈노트르담 드 파리〉의 'Le Temps des Cathedrales(대성당의 시대)'를 준비해 가서 들어 보자. 감동이 배가 된다.

TIP2 어둠이 깔린 밤에 바라보는 노트르담 성당의 모습은 그 분위기가 많이 다르다. 방문객들로 붐비고 활기차던 대낮의 노트르담 성당과 달리 한밤의 노트르담은 고요하고 적막한 느낌이 든다. 따로 시간을 내기 어렵다면 해질녘에 유람선을 타면서 잠깐 감상해보자.

1 멀리서 본 생 루이의 모습
2, 3, 4
생 루이의 숍에서 파는 여러 가지 물건들

많은 사람들이 방문하고 있는 파리 노트르담 성당과 달리 성당의 바로 뒷편에 위치하여 걸어서 채 몇 분 걸리지 않는 거리에 있는 이곳을 찾는 관광객은 많지 않다. 섬 내부에는 지하철역이 없고 버스 정류장 2개가 있다. 거리는 차가 많이 다니지 않거나 통행 제한이 되어 있어서 조용히 걷기에 아주 좋다. 센 강변을 따라 나 있는 산책로는 여행의 피로를 풀어주고, 17세기 이후에 지어진 오래된 건물들이 고스란히 남아 있어서 파리의 옛 정취를 느낄 수 있다. 노트르담 성당이 있는 시떼 섬과는 생 루이 다리Pont st louis로 연결되어 있고 바스티유 광장과는 쉴리 다리Pont de sully로, 마레 지구와는 마리 다리Pont marie로 이어져 있다. 고즈넉한 느낌이 아주 매력적이어서 그냥 한 바퀴 휙 돌아봐도 파리스러움을 가득 느낄 수 있다. 조용한 파리의 산책길을 원한다면 이곳을 놓치지 말자.

생 루이 섬에는 센 강변으로 내려가는 계단이 여러 개 있으니 강변에서의 조용한 산책을 원한다면 한 번 방문해 보자.

07

Île Saint-Louis
일 썽 루이

생 루이 섬

08

Hôtel de Ville

오뗄 드 빌

파리 시청

Web www.paris.fr
주소 4 rue de Rivoli, 75004 Paris
전화번호 01 42 76 43 43
가는 방법 M1 Hotel de Ville

'HÔTEL DE VILLE'라는 이름을 언뜻 보면 호텔 이름 같지만 이곳은 호텔이 아니라 시청이다. 시청사라고는 믿기 힘들 정도로 화려하고 아름다운 르네상스 양식의 건물로, 루이 9세가 파리 시민에게 시장 선출권을 부여한 것을 계기로 지어졌으며 이후 1871년 화재로 전소되었으나, 1882년 지금과 같은 모습으로 복구하였다.

내부에는 고전 건축 양식을 볼 수 있는 고풍스러운 연회장이 국내외 내빈을 맞을 준비를 하고 있으며, 유명한 예술 작품이 전시돼 있다. 견학하려면 반드시 예약을 해야 한다. 겨울에는 시청사 바로 앞에 무료 야외 스케이트장이 들어서고, 여름에는 비치볼장이 들어서서 사람들로 북적인다.

로맨틱한 파리 사진의 대명사 〈시청 앞에서의 키스〉

50년대 보그 잡지에 기재되어 파리의 로맨틱 키스를 전세계에 알리는 데에 큰 몫을 했던 사진이 있다. 사진작가 로베르 두와노Robert Doineau의 〈시청 앞에서의 키스Le Baiser de l'hotel de ville〉라는 작품이다. (해당 사진은 인터넷에서 검색하면 쉽게 찾아볼 수 있다.)

여행을 하다 보면, 파리 곳곳에서 진한 키스를 나누는 연인들의 모습을 볼 수 있는데, 사실 이 사진은 작가에 의한 연출이었다고 한다. 2005년 자신이 이 사진의 여주인공이라 주장하며, 초상권을 요구하는 7명의 할머니들의 요구로 여러 번의 재판과 곤욕을 치루기도 했지만, 결국 사진의 주인공은 다른 분이라는 것이 밝혀졌다.

이곳에서 연인과의 키스 연출 사진 한 장, 어떨까? 부끄러움은 잠시. 그 추억은 오래 갈 것이다.

시청사 건물에 적혀 있는 글귀 Liberté리벡떼, Egalité에갈리떼, Fraternité프하떼흐니떼는 각각 자유, 평등, 박애를 뜻한다. 또한 그들의 삼색 국기는 자유는 파랑, 평등은 하양, 박애는 빨강으로 표현하여 이 3대 정신에 대해 말하고 있다.

1 시청 앞에 들어선 스케이트장
2 파리 시청의 야경

09

BHV
베 아슈 베

비에이치브이 백화점

Web www.bhv.fr
주소 55 rue de la Verrerie, 75004 Paris
전화번호 01 42 74 90 00
운영 시간 9H30~19H30, 수요일 : 9H30~21H, 토요일 9H30~20H
휴일 일요일
가는 방법 M1 Hôtel de Ville

프랑스어 발음으로 B는 '베', H는 '아슈유', V는 '베'라고 발음하여, '베아슈베'라고 불리는 이 백화점은 파리의 중심지인 시청 앞에 위치하여 접근성이 뛰어나다. 고풍스러운 느낌의 이곳에는 문구류, 전자제품, 식재료, 식기, 인테리어 제품, 각종 소품, 화구, 가구 등 주거와 생활에 관련된 상품이 많다. 파리의 다른 백화점에 비해서는 소박한 느낌이 있지만 인테리어나 DIY에 관심이 있는 사람이라면 들러볼 만하다. 라파예트 백화점이나 프랭땅 백화점에 비해서는 규모도 작고 물건 수도 적지만, 이곳을 더 좋아하는 파리지앵들도 많다고 하니 여유가 된다면 한 번 들러 보자.

SOLDES는 세일이라는 뜻. 세일 기간의 BHV 백화점의 모습

❶ Place de la Bastille 바스티유 광장

이곳에는 14세기에 건축된 높이 30m, 폭 25m의 성채가 있었다고 한다. 그 오래된 성채는 17세기부터 감옥으로 사용되었으니 사람들에게는 대역죄를 저지른 자들만이 가게 되는 무서운 감옥으로 보였으리라. 하지만 혁명 당시, 이곳의 수감자는 불과 7명. 더구나 국사범은 한 명도 없고, 4명의 화폐 위조범, 2명의 미친 사람, 1명의 아버지의 요청으로 들어가게 된 방탕한 자식밖에 없었다고 한다. 1789년 7월 14일 불합리한 정치에 진절머리를 느낀 성난 파리 시민 약 1만 명은 시의 요새이며 정치범을 수용하는 바스티유 감옥을 습격하여 그 성을 함락시켰고 그에 장병들은 무참히 살육당했다. 민중들의 노여움을 제대로 보여줬던 이 사건이 바로 5년여 동안의 피비린내를 전국에 불러온 프랑스 대혁명의 시발점이 되는 사건이었다고 한다. 현재 바스티유 감옥의 옛 모습은 전혀 찾아볼 수 없으며, 바스티유 오페라와 카페, 상점 등이 있는 번화가가 되었다. 이 광장의 중앙에는 7월 혁명과 2월 혁명에 의해 희생된 시민들을 기리기 위한 기념탑이 있으며, 역사를 기억하는 추모기념 행사가 이뤄지는 장소이기도 하다.

10

|||||||||||||||||||||||||||||||||||||||||||||||

Place de la Bastille &
Opéra de Paris Bastille

쁠라스 드 라 바스티으 &
오뻬하 드 뻬히 바스티으

바스티유 광장 & 바스티유 오페라 극장

|||||||||||||||||||||||||||||||||||||||||||||||

Web www.operadeparis.fr
주소 Place de la Bastille, 75004 Paris
전화번호 01 40 01 19 70
입장료 5~75€
*공연과 좌석등급에 따라 차이가 남
가는 방법 M 1·5·8 Bastille

❷ Opéra de Paris Bastille
바스티유 오페라 극장

루브르 박물관 앞의 유리 피라미드가 만들어진 이유와 같이 그랑 트라보 프로젝트의 일환으로 프랑스 혁명 200주년을 기념하여 세워진 오페라 극장이다. 최신식 설비와 이동 무대, 2,700석의 세계에서 가장 큰 규모의 오페라 하우스로 일년 내내 수준 높은 공연이 열려 파리지앵들의 문화 생활을 담당하고 있는 곳이기도 하다.

마레 지구 Marais

구불구불 길의 모양이 일정하지 않고, 볼거리들이 숨어 있는 마레 지구는 파리 시청사 건물을 기준으로 하여 퐁피두 센터 방향으로 있는 길과 바스티유 광장으로 나 있는 길을 축으로 그 안에 포함되는 지역을 이르는 말이다. 이곳에서는 아름다운 17세기 저택들을 무료로 둘러볼 수 있는가 하면, 유태 문화가 만들어내는 이국적인 분위기도 느낄 수 있다.

이곳은 예술적인 면모를 갖고 있는 장소들이 곳곳에 있고, 독특하고 품위 있는 디자인 상품을 취급하는 상점들을 발견할 수 있어서, 열심히 뒤져보면 주옥 같은 것들을 만날 수 있는 흥미진진한 지역이다.

'늪지'라는 뜻을 갖고 있는 마레 지구는 원래 사람이 살지 못하던 습지 지역이었는데, 간척과 개간 작업이 이뤄지면서 1605년 보주 광장이 만들어지고, 르네상스 형식의 화려한 대저택들이 하나 둘씩 들어서게 되었고, 19세기에는 상업과 보석업 등이 크게 성장했다고 한다.

그리고 오스만의 도시 정비 계획의 일환으로 더 이상 큰 건물을 짓거나, 큰길을 내는 것이 불가능해지자, 작은 건물들이 지역의 곳곳에 들어서면서 지금처럼 넓이가 불규칙한 길이 만들어졌다. 19세기부터 20세기 초에 유럽으로 이민을 온 유태인들이 이 지역에 터를 잡으면서 유태인 지역으로도 자리잡게 되었는데, 현재는 파리의 유태인들 중 3% 정도만이 이 지역에 거주한다고 한다. 그럼에도 불구하고, 유태인 레스토랑, 상점, 빵집, 교회 등을 볼 수 있어서 독특한 분위기가 느껴진다.

2차 세계대전 후인 1960년에는 극빈층이 주로 사는 빈곤 지역이 되었으나, 1970,80년대 영화, 연극 관련 예술가들이 둥지를 틀면서 예술적인 면모를 갖게 되었으며, 동성애자들이 모이기 시작하였다. 1990년대에는 프랑스 정부가 주체가 되어 20여 개의 저택을 박물관으로 이용하고 있어서 예전의 모습을 엿볼 수 있다.

보주 광장에서 소풍 즐기기

광장의 풀밭 위에서 간단한 소풍을 즐기고 싶다면 미리 치즈나, 햄, 샐러드를 싸온 후 이 근처의 유명한 빵집 르르방 뒤 마레 빵집Le Levain du Marais : 32 rue de Turenne, 75003 Paris에 가서 바삭한 바게트 빵 하나를 사오도록 하자. 바삭한 바게트 안에 햄과 치즈 등을 집어 넣고, 한 입 베어 물면 예쁜 광장에서 즐기는 피크닉이라 더욱 즐겁다.

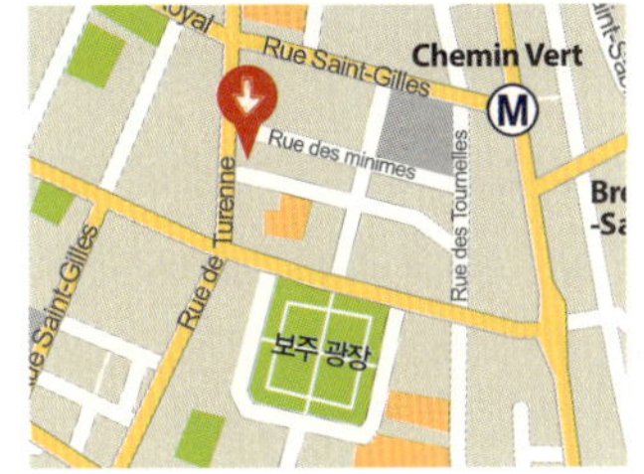

붉은빛 벽돌과 석재의 재료로 건축된 저택들로 둘러싸인 이곳은 파리에서 가장 오래된 고즈넉한 분위기의 광장으로, 과거 늪지 지대였던 장소를 개간하여 만들었다는 것이 놀랍게 느껴진다. 1612년 앙리 4세의 명으로 세워진 파리 최초의 광장으로, 광장이 세워진 이후 르네상스 형식의 귀족 저택이 들어서게 되어 이 광장은 명실상부 귀족들의 만남의 장으로 활성화되었다고 한다. 베르사유 궁전의 개관으로 인하여 귀족들이 베르사유 지역으로 이사를 가자 신흥 계급이었던 부르주아 계급이 이 지역에 살게 되면서 더욱 상업이 활발해졌다. 원래 왕실을 위한 광장으로 지어졌던 탓에, 혁명 이후 광장 중앙에 루이 13세의 동상이 세워지고, 이름도 여러 번 바뀌게 되었는데, 프랑스 최초로 세금 납세의 의무를 지킨 보주 지역프랑스 북동쪽에 위치한 현재의 로랭 지역을 기리는 의미에서 1799년부터 보주 광장으로 이름이 붙여지게 된다.

가로 140m, 세로 140m의 정사각형 광장에는 36채의 건물이 빼곡히 들어서 있는데, 이 저택들의 1층은 주로 골동품이나 예술 작품, 책을 판매하는 상점, 카페 등으로 이용되고 있으며, 과거 대문호 빅토르 위고, 정치가 리슐리외 등이 거주했던 곳이기도 하다. 현재 이 지역은 햇빛을 즐기거나 산책을 하고자 하는 파리지앵들의 발걸음이 끊이지 않는 인기 좋은 광장이다.

11

Place des Vosges

뻴라스 데 보주

보주 광장

주소 Place des Vosges, 75004 Paris
가는 방법 M1 Saint-Paul, M8 Chemin vert

보주 광장을 방문했다면, 광장을 둘러싸고 있는 르네상스 스타일의 주택가 건물에 있는 빅토르 위고의 집을 방문해 보자. 프랑스에서 가장 위대한 작가 중 한 명으로 꼽히는 빅토르 위고는 우리에게는 〈노트르담의 꼽추〉, 〈레미제라블〉과 같은 작품으로 잘 알려져 있는 작가이다. 그는 방대한 문학 작품을 쓰면서도 정치에도 적극적으로 뛰어든 사람이기도 했는데, 그를 기억하는 사람들은 그를 자유와 사람을 사랑하고, 정의를 섬기는 사상가로 불렀다고 한다.

이 저택Rohan-Guéménée은 그가 망명 생활을 보냈던 영국 해협의 건지 섬에 있는 오뜨 빌 하우스Hauteville House와 함께 빅토르 위고 일생에서 가장 긴 시간을 보냈다고 알려진 곳이다.

1851년 나폴레옹 3세의 쿠데타에 반대했다는 이유로 국외로 추방을 당해 벨기에를 거쳐 영국 해협의 저지 섬과 건지 섬에서 19년간이나 망명 생활을 하였던 빅토르 위고는 망명 생활 동안 그 유명한 〈레미제라블〉 작품을 완성하였는데, 레미제라블Les Miserables은 '극도로 빈곤한 사람들'이라는 뜻이다. 전시는 그가 추방되기 전, 추방되었을 때, 추방된 후 이렇게 세 시대로 나눠져 있으며, 그가 생전에 사용했던 물건들이 그대로 방안에 복원되어 있어서 감동이 전해진다. 마지막 방의 침실에는 1885년 그가 사망 시 누웠던 침대가 재현되어 있다. 1885년 그가 죽자 국민적인 대 시인으로 추앙되어, 국장으로 장례가 치뤄지게 된다. 그는 사망 시 자신의 유품들을 남기며, 가난한 사람들을 위한 관을 사는 것에 이 돈을 사용해 달라는 유언을 남겼다고 한다. 어릴 때부터 저명한 작가이자, 정치가를 꿈꾸던 그의 유해는 프랑스의 국가적 영웅들이 묻힌다는 팡테옹(P290 참조)에 안치되어 있다. 보주 광장에 위치한 이곳에서 대문호의 삶을 회상해 보자.

12

Maisons de Victor Hugo

메종 드 빅토흐 위고

빅토르 위고의 집

Web www.musee-hugo.paris.fr

주소 6 place des Vosges, 75004 Paris

전화번호 01 42 72 10 16

운영 시간 10H~18H

휴일 월요일, 공휴일

입장료 상설전 무료

가는 방법 M1 Saint-Paul, M8 Chemin vert

13

Musée carnavalet histoire de Paris

뮤제 까흐나발레 이스투아흐 드 빠리

카르나발레 박물관

Web carnavalet.paris.fr
주소 23 rue de Sévigné, 75003 Paris
전화번호 01 44 59 58 58
운영 시간 10H~18H *17H15까지 입장 가능
휴일 월요일, 공휴일
입장료 상설전 무료, 기획전은 유료
가는 방법 M1 Saint-Paul, M8 Chemin vert

파리의 역사를 알고 싶다면 이곳으로 가보자. 마레 지구에 위치하고 있는 이 박물관은 르네상스 스타일로 지어졌던 저택을 박물관으로 바꾼 것으로, 그 소장품들이 가구부터 초상화, 풍경화, 역사화, 여러 가지 장신구 등으로 다양하여 마치 16, 17세기 때의 프랑스 귀족 집을 방문한 것 같은 느낌이 든다. 1560년에 처음 설립되어 17세기 때에는 어느 무역인에게 팔렸다가, 1866년 파리 시청이 소유하게 되면서 이곳에 예술 작품들을 보관하게 되었다.

1층에서는 앙리 4세와 카트린 드 메디치의 초상화 등을 볼 수 있으며, 2층에는 루이 14세와 루이 16세의 방을 재현해 두었다. 프랑스 혁명을 집중적으로 조명하고 있는 혁명 당시의 그림이나 기요틴의 모형 등도 관람할 수 있어서, 프랑스 역사의 중요한 인물이나 사건들을 보기에 좋은 곳이다. 상설전은 무료로 입장이 가능하니, 저택에 초대된 느낌으로 한번 들러보자.

14

Bibliothèque Historique de la ville de Paris

비빌리오떼끄 이스또힉끄 드 라 빌 드 빠히

파리 역사도서관

주소 24 rue Pavée, 75004 Paris
전화번호 01 44 59 29 40
운영 시간 10H~18H
휴일 일요일
가는 방법 M1 Saint-Paul

현재 파리 역사도서관으로 사용되고 있는 이곳은 앙리Henri 2세의 딸인 디안 드 프랑스Diane de France를 위해 1585년에 착공된 건물로 건물 곳곳에 있는 활과 화살, 사냥개, 사슴 등의 장식이 보인다. 이것은 사냥을 무척 좋아했던 디안 드 프랑스의 취향을 고려한 장식이라고 한다. 그 후 이 저택은 당시 파리 고등법원 수석 판사였던 라모아뇽Guillaume de Lamoignon에게 팔렸는데, 그 탓에 현재 건물의 현판에는 〈라모아뇽의 저택〉이라는 뜻으로 'Hotel de Lamoignon'라는 글자가 쓰여 있다.

이 현판의 좌우 두 천사를 잠시 주목하자. 왼쪽에 위치한 천사는 거울을 들고 있으며, 오른쪽 천사는 뱀을 들고 있다. 거울은 진실을, 뱀은 신중함을 뜻한다고 하는데, 이는 좋은 사법기관으로서의 주요 덕목이라고 볼 수 있다.

라모아뇽 가에 인수된 이 건물은 곧바로 왕실의 건축가였던 로베르 드 코뜨Robert de Cotte에게 의뢰되어 개조되고 증축되었으며, 프랑스 작가인 부알로Boileau, 마담 세비녜Sévigné, 의사이자 문학가인 기 팡땅Guy Patin, 고전극 작가인 라신Jean-Baptiste Racine 등의 유명인들이 드나들면서 18세기 중반까지 파리의 사교계와 문학계의 중심지로 사용되었다고 한다. 하지만 사교의 중심이 베르사유 지역으로 옮겨가면서 쇠퇴하였고 혁명의 시대를 거치면서 심하게 훼손되어 빈약한 거주지로 전락되고 만다.

마레 지구에 가장 오래된 건축물 중 하나인 이 건물이 제대로 관리되지 않고 있는 것을 안타깝게 여긴 파리시는 1928년에 이 건물을 구입하여 대대적인 복원과 정비 작업을 진행하였고, 그 결과 1969년 파리 역사 도서관Bibliothèque Historique de la Ville de Paris으로 개장하게 되었다.

15

Musée Cognacq-Jay
뮤제 꼬냑끄 제이

코냐크 제이 박물관

카르나발레 박물관에서 도보 5분 거리에 있는 이 곳은 왕권이 강했던 시대의 화려하다못해 사치스러운 취향을 느낄 수 있는 곳이다. 1929년 사마리탕 백화점의 설립자인 에르네스트 꼬냑Ernest Cognacq이 모은 수집품으로 오페라 지역인 카푸신 거리에 세워졌던 박물관으로, 1990년 이곳 마레의 도농 저택으로 장소를 옮겼다. 자녀가 없었던 그는 자신의 이름과 아내 마리 루이즈 자이Marie Louis Jay의 이름을 따서 박물관 이름을 지었으며, 현재 이곳은 파리시의 소유로 18세기의 회화, 조각, 보석, 가구 등을 전시하고 있다. 베르사유 궁전만큼 화려함을 느낄 수 있는 곳으로 장식 예술에 대해 관심 있는 사람에게 추천한다.

Web www.cognacq-jay.paris.fr

주소 8 rue Elzévir, 75003 Paris

전화번호 01 40 27 07 21

운영 시간 10H~18H

휴일 월요일, 국경일

입장료 상설전 무료

가는 방법 M1 Saint-Paul, M8 Chemin Vert

16

Musée Picasso

뮤제 피까소

파리 피카소 미술관

Web www.musee-picasso.fr

주소 5 rue de Thorigny, 75003 Paris

전화번호 01 42 71 25 21

운영 시간 9H 30~17H30, 4~9월 : 9H30~18H

휴일 화요일, 1/1, 12/25

입장료 일반 8.5€, 학생 6.5€

가는 방법 M1 Saint-Paul, M8 Saint Sébastien Froissart, M8 Chemin vert

피카소의 작품을 가장 많이 보유하고 있는 미술관으로, 스페인 남부 말라가 출신 피카소가 가장 사랑했고 열심히 활동했던 지역이 바로 이 파리라는 것은 많은 사람들에게 알려진 내용이다. 이 미술관은 1937년 피카소 사망 이후, 유가족들의 기증으로 5,000여 점되는 작품을 소장하게 되었고, 1985년부터 작품을 전시하여 운영하게 되었다.

바로크풍으로 지어진 17세기 저택을 개조하여 만든 미술관은 총 20개의 전시실로 나누어져 있으며, 피카소의 시대별로 시시각각 변모하는 다양한 작품의 세계와 열정을 보여주고 있다.

단, 파리 피카소 미술관은 2013년 여름까지 보수 공사로 전시를 중단한다. 보수 이유는 소장품의 개수에 비해 작품을 전시할 수 있는 곳이 너무 작아서 한번에 최대 300점밖에 전시하지 못한다는 문제점을 개선하기 위해서라고 하니, 보수 공사 후 더욱 좋아질 피카소 미술관을 기대해 본다.

17

Le Marche des Enfants Rouges

르 막쉐 데 쟝팡 후즈

앙팡 루즈 시장

주소 39 rue de Bretagne, 75003 Paris
운영 시간 8H30~13H, 16H~19H30, 일요일 : 8H~14H
가는 방법 M8 Filles du Calvaire

이곳은 1615년에 만들어진 광장으로 삶의 생동감이 느껴지는 재래 시장으로 이용되고 있다. 파리 재래 시장의 풍경은 우리나라와 그리 다를 것 없지만, 색색깔 올려둔 야채와 과일이 참 귀엽고 예쁘다는 생각을 하게 된다. 오래된 빈티지한 옷을 파는 노점상은 특이한 아이템을 구하려는 사람들로 붐비고, 이곳 노점에서 파는 크레페도 맛있다.

'앙팡루즈'라는 말은 '빨간 어린이'라는 뜻으로 직역할 수 있는데, 예전에 이 장소에 고아원이 있었는데 그 어린이들이 항상 빨간 옷을 입고 있었던 것에 유래하여 이렇게 이름이 지어졌다고 한다.

시장 한켠에 위치한 빈티지 포토 전문점으로 표기되어 있는 포토그라피에서는 재미 있는 사진 작가들의 작품들을 볼 수 있어서 흥미롭다.

가장 활기찬 모습의 시장을 보려면 토요일 아침에 가는 것이 좋다.

18

Musée des Arts et Métiers

뮤제 데 자흐 에 메티에흐

예술과 직업 박물관

Web www.arts-et-metiers.net

주소 60 rue Réamur, 75003 Paris

전화번호 01 53 01 82 00

운영 시간 화/수/금~일요일 : 10H~18H,

목요일 : 10H~21H30 *17H15까지 입장 가능

휴일 월요일, 5/1, 12/25

입장료 상설전 : 일반 6.5€, 학생 4.5€ (상설전은 매월 첫 번째 일요일과 매주 목요일 18H 이후 입장 시 무료), 기획전 : 5€ 정도의 추가요금 발생

가는 방법 M 3·11 Arts et Métiers

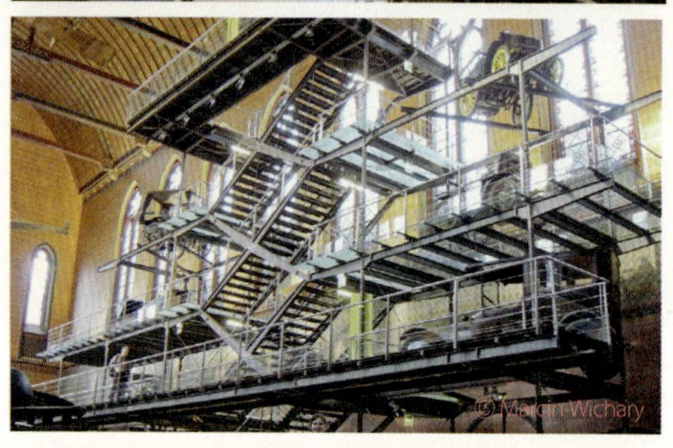

16세기부터 현재에 이르기까지의 기술을 보여주는 8000여 개에 이르는 물건들이 전시되어 있어서, 과학 기술과 예술적 감수성의 연관성에 대해 고민하는 사람이라면 관심 있게 볼거리가 많은 박물관이다. 시대에 따라 달라지는 기술을 통하여 그 시대 사람들의 생각과 관심들을 엿볼 수 있다. 이곳은 특히 어린이들에게 호기심을 줄 만한 것들이 많아서 어린이를 동반한 여행자나 현지인들이 많이 찾는 곳이다. 원래 18세기에 지어진 수도원을 개조한 곳으로 1802년부터 박물관 역할을 하고 있다.

A Pylones
필론

Web www.pylones.com
주소 57 rue Saint louis en l'ile, 75004 Paris
전화번호 01 46 34 05 02
영업 시간 매일 10H30~19H30
가는 방법 M7 Pont Maire

유명 관광지에서 가끔 만날 수 있는 필론에서는 톡톡 튀는 색감이 즐거운 다양하고 앙증맞은 제품들을 판매하고 있다. 실용성과 디자인을 겸비한 디자이너들의 제품이 많아 눈길을 끈다. 가격대는 높은 편이나, 특별한 선물을 위한 제품이나 개인 소장용으로 구매할 만한 괜찮은 제품들이 많다 보니, 늘 인기가 많은 곳이다. 파리 곳곳에 위치하고 있지만, 이 곳 생 루이 섬의 지점이 다른 곳보다 조용해서 천천히 둘러보기 좋다.

Shopping
쇼핑할 곳

B La Cure Gourmande
라 퀴르 구르망 과자 전문점 :
라 퀴흐 구흐멍

Web www.la-cure-gourmande.com
주소 55 rue Saint louis en l'ile, 75004 Paris
전화번호 01 46 34 57 71
영업 시간 10H30~21H, 금/토요일 : 10H30~22H
가는 방법 M7 Pont Maire

노란색의 외관이 독특하게 느껴지는 이곳은 파리에만 6개의 지점을 갖고 있고, 스페인, 벨기에에서도 만날 수 있는 수제 과자 전문점이다. 쿠키, 누가, 초콜릿, 사탕 등 간식거리로 적합한 제품들을 판매하고 있는데, 쿠키나 초콜릿 맛을 미리 보고 구매할 수 있으니 원한다면 직원에게 문의하도록 하자.
포장지의 일러스트들이 따뜻하고 정겨워서 선불용으로 많은 사람늘이 찾으며, 알루미늄 통tin에 들어 있는 제품은 과자를 다 먹고 다른 용기로도 활용할 수 있어 실용적이다. 홈페이지를 통해 다른 지역에 위치한 지점들의 위치를 검색해볼 수 있다.

C Mariage Frère
마리아주 프레르 :
마히아주 프헤흐

Web www.mariagefreres.com
주소 30 rue du Bourg Tibourg, 75004 Paris
전화번호 01 42 72 28 11
영업 시간 10H30~19H30
예산 12€
가는 방법 M1 Hôtel de Ville

한국에서도 인지도가 꽤 높은 차(茶) 브랜드로 가족이나 친구들에게 선물용으로 구입하기에 참 좋은 아이템이다. 파리 내에 마리아주 프레르 상점이 많이 있지만, 마레 지구에 있는 마리아주 프레르는 그 자리에서 차를 마실 수 있기 때문에 더 좋다. 베스트셀링 아이템은 꽃향기가 진한 '마르코 폴로'로 알려져 있지만, 직원에게 풀잎 향이 더 많이 났으면 좋겠다라던가, 나무 향을 원한다는 등 자세하게 원하는 스타일을 얘기하면, 더 좋은 선택을 할 수 있도록 친절히 조언해준다. 향기도 미리 맡아볼 수 있다.

D Vintage Désir

빈티지 가게 : 벙타쥐 데지흐

주소 32 rue des Rosiers, 75004 Paris
전화번호 01 40 27 04 98
영업 시간 매일 11H~21H
예산 셔츠류 5€~, 원피스 5€~, 가죽자켓 15€~, 스카프/넥타이 1€~
가는 방법 M1 Saint-Paul

옛 추억을 떠오르게 해주는 빈티지 제품들. 프랑스에는 유독 그런 제품들이 많다. 이곳은 개성 있는 스타일을 만들어주는 제품들을 저렴한 가격으로 구매할 수 있어서 즐거운 곳이다. 오래되어 상표조차 없는 옷도 있지만, 그 와중에 명품도 찾을 수 있다. 물론 원하는 물건들이 나올 때까지 산더미처럼 쌓여 있는 옷을 한 장 한 장 살펴보고, 가방이나 신발들을 뒤져보아야 하는 수고가 필요하지만 매력적이고 희귀한 아이템을 구할 수 있다는 설레임에 그 수고로움마저도 재미로 느껴진다. 간판에 'Coiffeur'라고 적혀 있는데 이는 미용실이란 뜻이어서 더 이색적이다.

마레 지구의 또다른 빈티지 숍
발품을 팔면 좋은 물건을 만날 확률이 높아지는 법! 빈티지 제품에 반해 버렸다면, 아래의 가게들도 들러보자.

• Free 'P'star 프리피스타
Web www.freepstar.com
주소 <지점1> 8 rue Sainte-Croix de la Bretonnerie, 75004 Paris
<지점2> 61 rue de la Verrerie, 75004 Paris *이곳이 시청역에서 더 가까움
<지점3> 20 rue de Rivoli, 75004 Paris
전화번호 <지점1> 01 42 76 03 72
<지점2> 01 42 78 00 76
<지점3> 01 42 77 63 43
영업시간 <지점1> 월~금요일 : 11H~21H, 토/일요일 : 12H~21H
<지점2> 월~토요일 : 11H~21H, 일요일 : 14H~21H
<지점3> 월~토요일 : 10H~21H, 일요일 : 12H~21H
가는 방법 M 1•11 Hôtel de Ville

E Merci

메르시 : 메흐씨

Web www.merci-merci.com
주소 111 Boulevard Beaumarchais 75003Paris
전화번호 01 42 77 00 33
영업 시간 10H~19H
휴일 일요일
가는 방법 M8 Saint-Sébastien - Froissart

멀티 편집샵 메르시는 판매 수익의 100%를 아프리카 남동쪽 인도양에 있는 섬나라인 마다가스카르 어린이들의 교육 시설을 위한 기부금으로 쓴다는 특별한 곳으로, 19세기에 지어진 450여 평 되는 벽지 공장을 리노베이션했다고 한다. 넓고 쾌적한 공간의 구석 구석에 가구, 주방용품, 옷, 신발, 필기도구 등 다양한 제품이 전시되어 있는데. 정상 매장보다 30~40% 저렴하다는 점이 아주 매력적으로 느껴진다. 1층에 위치한 분위기 좋은 카페의 한쪽 벽면으로 가득 채워져 있는 책들이 전시용이 아니라 판매되는 헌책이라는 것도 특이하다. (2/4/10/20€로 값이 구별되어 있다.) 본관 1층에는 패션 부티크, 2층에는 소품과 장식품 코너. 지하에는 레스토랑과 조명/주방용품 코너, 크리스티앙 토투Christian Tortu의 꽃가게와 카페 등이 있다.

b La sarrasin et le froment Crêperie

메밀과 밀 :

사하신 에 르 프호멍 크헵페히

주소 86 rue St Louis en l'ile, 75004 Paris

전화번호 01 56 24 32 06

가는 방법 M7 Pont Marie

생 루이 섬에 있는 조용한 분위기의 크레페 전문점으로 친절하며, 점심 메뉴 이용 시 10€도 안 되는 가격으로 식사용 크레페와 디저트 크레페 그리고 크레페와 가장 잘 어울리는 음료인 시드르를 맛볼 수 있다. (크레페에 관한 자세한 설명은 P90 참조)

a Mon Vieil Ami

내 오래된 친구 :

몽 비에이 아미

Web www.mon-vieil-ami.com

주소 69 rue Saint Louis en l'ile, 75004 Paris

전화번호 01 40 46 01 35

영업 시간 수~일요일 : 12H~14H, 19H~23H

휴일 월/화요일, 1월, 8월 3주간

예산 25€~

가는 방법 M7 Pont Marie

내 오래된 친구라는 정겨운 이름의 오래된 비스트로, 현대적인 감각이 돋보이는 레스토랑이다. 고즈넉한 느낌의 생 루이 섬에서 괜찮은 프랑스식 식사를 하고 싶다면, 이곳을 들러보길 추천한다. 단, 인기가 많은 레스토랑이라 미리 예약을 해야 한다는 것을 잊지 말자. 음식은 전통 프랑스 음식에 창의적 감각이 돋보이는 아이디어를 접목하였다.

Food & Drink
먹을 곳

Web www.berthillon.fr
주소 31 rue Saint Louis en l'Ile, 75004 Paris
전화번호 01 43 54 31 61
영업 시간 10H~20H
휴일 월/화요일
예산 3.5~6.5€
가는 방법 M7 Pont Marie

영국 왕실에 납품한다는 유명 아이스크림 전문점으로 알려져 있는 이곳은 늘 많은 사람들로 북적이는 인기 장소이다. 테이크 아웃은 당연히 가능하며, 조용히 실내에서 아이스크림을 즐길 수도 있다. 단, 70여 가지의 아이스크림 중 실내에서 먹고 갈 경우 20여 종만 선별해서 판매하니, 이 점을 참고해서 주문하도록 하자.

d **Le Loir dans la Théiere**
찻잔에 빠진 너구리 :
르 로아르 당 라 티에흐

주소 3 rue des Rosiers, 75004 Paris
전화번호 01 42 72 90 61
영업 시간 매일 9H30~19H
예산 커피/차 4€, 브런치 17.5€, 식사 15~20€
가는 방법 M1 Saint-Paul

항상 사람들로 북적이는 이 곳은 이상한 나라의 앨리스에 등장하는 캐릭터 이름을 따온 이름의 카페로, Le Loir dans la Théiere는 직역하면 '찻잔에 빠진 너구리'가 되겠다. 벽면 가득 소설 이야기를 그려 두어 포근하고도 독특한 느낌이 드는 곳이다. 커피와 차를 마시며 달콤한 케이크 디저트도 즐길 수 있어서, 마레 지구를 다닐 때 자주 들르게 되는 곳이다. 식사도 가능하니 이용에 참고하자.

TIP

마레 지구의 Rue des Rosiers
Le Loir dans la Théiere와 L'as du Fallafal는 마레 지구에서 유태인 타운의 중심지 거리로 불리는 '장미나무 거리'라는 뜻의 로시에르 길(Rue des Rosiers)에 위치해 있다. 로시에르 길의 바닥은 돌로 되어 있어서, 최소한 100년 전으로 돌아간 느낌이다. 이곳에는 아기자기한 상점들과 간간히 보이는 그림들, 간판의 예스러움들이 감각을 충전시킨다. 지하철 역에서 약간 걸어야 하지만, 이국적인 느낌이 가득한 곳이니, 놓치지 말자.

L'as du Fallafal
팔레펠 가게 : 라스뒤 팔라펠

주소 34 rue des Rosiers, 75004 Paris
전화번호 01 48 87 63 60
영업 시간 12H~24H, 금요일 : 12H~16H
휴일 토요일
예산 5~7€
가는 방법 M1 Saint-Paul

이 지역을 다니다 보면 사람들이 케밥이나 샌드위치처럼 보이는 것을 한손에 들고 다니며 먹는 모습을 볼 수 있다. 이것은 유대인 음식으로 알려진 팔레펠로, 이집트 콩으로 만든 동그란 모양의 크로켓과 가지, 오이, 양배추 등을 넣고 소스를 뿌려먹는 음식이다. 유대인 지구로도 불리는 마레 지구에 왔으니, 간식으로 한 번 즐겨보자. 이 가게에 가장 많은 사람들이 줄을 서서 기다린다.

f **Chez Janou**
쉐 자누

Web www.chezjanou.com
주소 2 rue Roger Verlomme 75003 Paris
전화번호 01 42 72 28 41
영업 시간 매일12H~15H, 19H30~24H
예산 20€
가는 방법 M8 Chemin vert

안락한 분위기에서 프로방스 요리를 맛볼 수 있는 곳으로 가격이 저렴한 편이다. 허브 향기 가득한 프랑스 남부의 가정식을 맛보고 싶다면 꼭 추천하고 싶다. 관광객도 현지인도 많이 찾는 곳으로 늘 북적이는 편이다. 든든한 가정식으로 한끼 식사를 할 때는 디저트도 잊지 말자. 달콤한 크렘 브륄레 Crème brûlée를 추천한다.

TIP

크렘 브륄레 Crème brûlée
크림을 뜻하는 '크렘'과 태우다는 뜻의 '브륄레'의 합성어로 '불에 태운 크림'이라고 직역할 수 있는 프랑스식 디저트, 우유, 바닐라빈, 달걀 등이 들어간 커스터드 크림 위에 설탕을 뿌리고 먹기 직전에 설탕을 불에 녹여 캐러멜화한다. 설탕이 녹으면서 만들어지는 바삭한 겉면을 숟가락으로 톡톡 부순 다음 그 아래의 고소하고 부드러운 크림을 즐기는 디저트이다.

Area 4
ETIENNE MARCEL
& CHÂTELET
에티엔 마르셀 & 샤틀레
세련되고 새로운 느낌의 파리

주요 동선 한눈에 보기

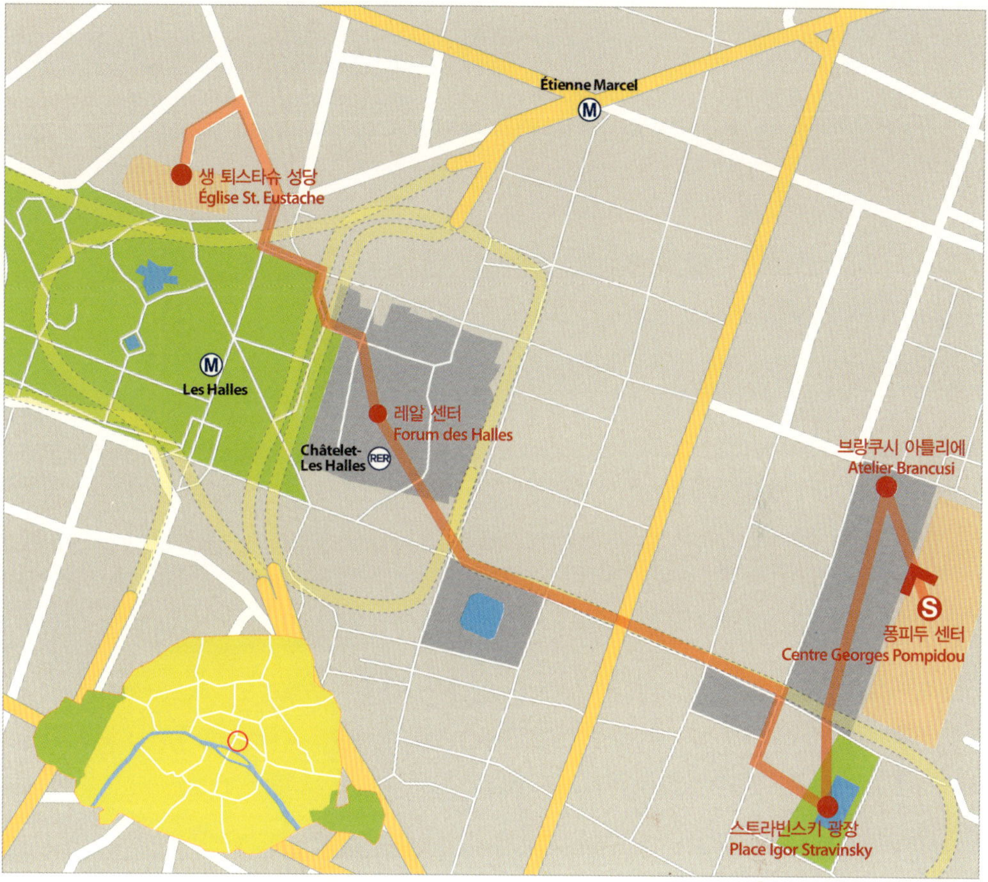

파이프가 엉기성기 붙어 있는 총천연색 건물의 모습이 신선하다. 파리에서 가장 지저분한 느낌을 주던 레알 지구에 새로운 스타일의 건물인 퐁피두 센터를 건립하여, 이 지역을 복합 문화 공간으로 바꾼 조르주 퐁피두 대통령의 노력이 대단하게 느껴진다. 퐁피두 도서관에는 널찍한 장소에서 책과 자료들을 보기 위해 온 파리지앵들로 붐빈다. 이곳에 방문했다면 6층에 있는 조르주 카페에 들르자. 파리의 전망이 한눈에 내려다보이는 장소에서의 커피 한잔은 정말 향긋하다. 근처 재즈바 골목에는 수준 높은 뮤지션들의 공연이 자주 있으니 촉촉한 음악과 함께하는 밤을 보내고 싶다면 고려해보자. 이 지역에는 젊은이들의 쇼핑센터로 소문나 있는 포럼 레알이 있으며, 포럼 레알의 지하에는 무려 8개의 지하철 노선이 지나가서 교통의 요지임을 느끼게 해준다. 저렴한 로컬 브랜드 숍이 입점되어 있으므로 합리적인 쇼핑을 할 때 도움이 된다.

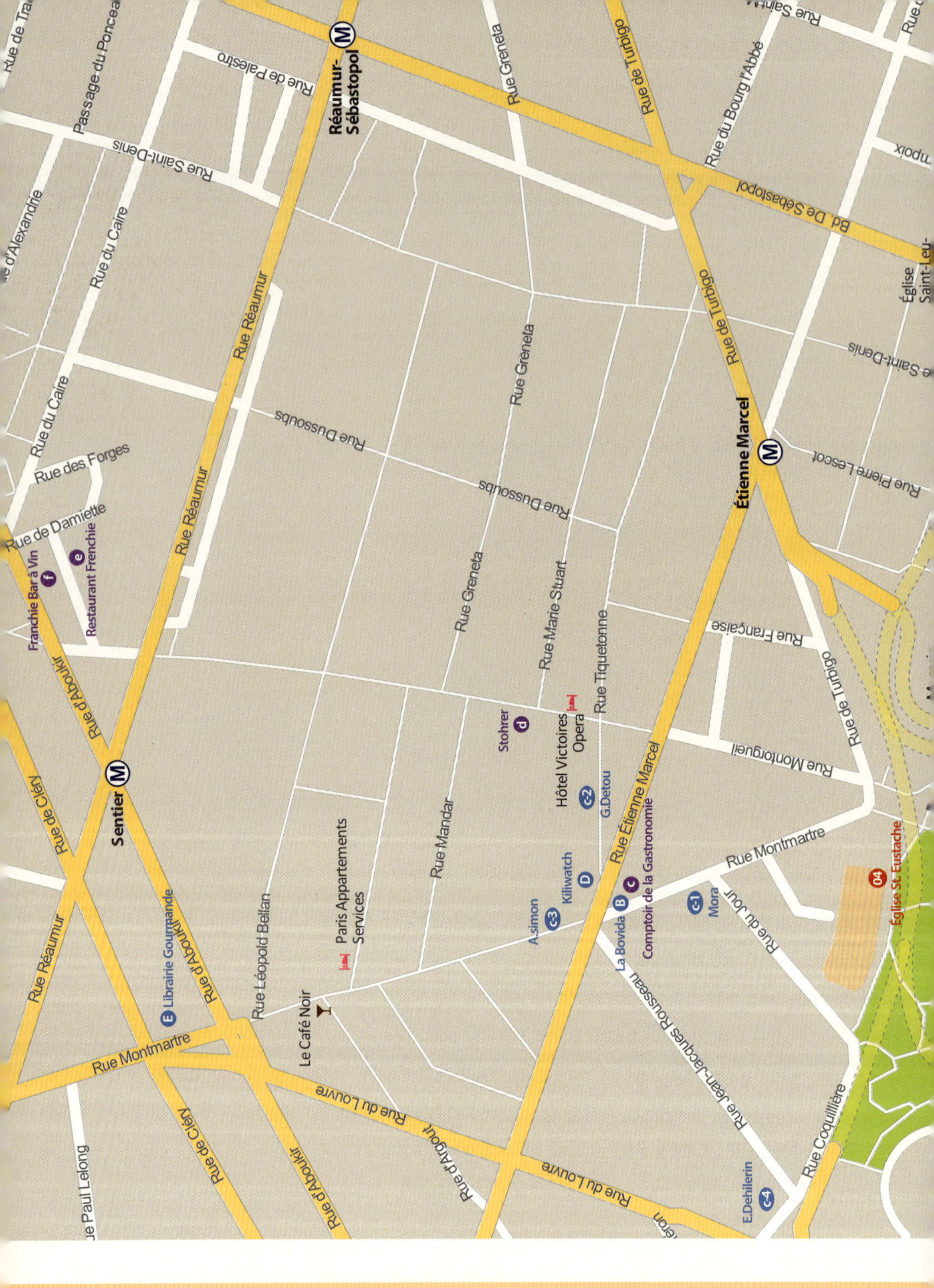

Rue de Tra...
Passage du Ponceau
Rue de Palestro
Réaumur-Sébastopol
Rue Saint-Denis
Rue Greneta
Rue de Bourg l'Abbé
Rue de Turbigo
Rue Saint-...
Rue de ...
Bd. De Sébastopol
Église Saint-Leu-
Rue d'Alexandrie
Rue du Caire
Rue Réaumur
Rue Dussoubs
Rue Greneta
Rue de Turbigo
e Saint-Denis
Rue du Caire
Rue des Forges
Rue Dussoubs
Étienne Marcel
Rue Pierre Lescot
Rue de Damiette
Rue Réaumur
Rue Greneta
Rue Française
f Franchie Bar à Vin
e Restaurant Frenchie
Rue Marie Stuart
Rue Tiquetonne
Rue d'Aboukir
Rue de Turbigo
d Stohrer
Hôtel Victoires Opera
Rue Montorgueil
Sentier
Rue de Cléry
G2 G.Detou
Rue Étienne Marcel
Rue Montmartre
Rue Mandar
Kiliwatch
D
Rue Montmartre
Église St. Eustache
Paris Appartements Services
A.simon
G3
La Bovida B
c
Comptoir de la Gastronomie
G1 Mora
04
Rue Léopold Bellan
E Librairie Gourmande
Rue d'Aboukir
Rue du Jour
Rue Réaumur
Le Café Noir
Rue Jean-Jacques Rousseau
Rue de Cléry
Rue Montmartre
Rue du Louvre
E.Dehilerin
G4
Rue Coquillière
e Paul Lelong
Rue de Cléry
Rue d'Aboukir
Rue du Louvre
Rue d'Argout

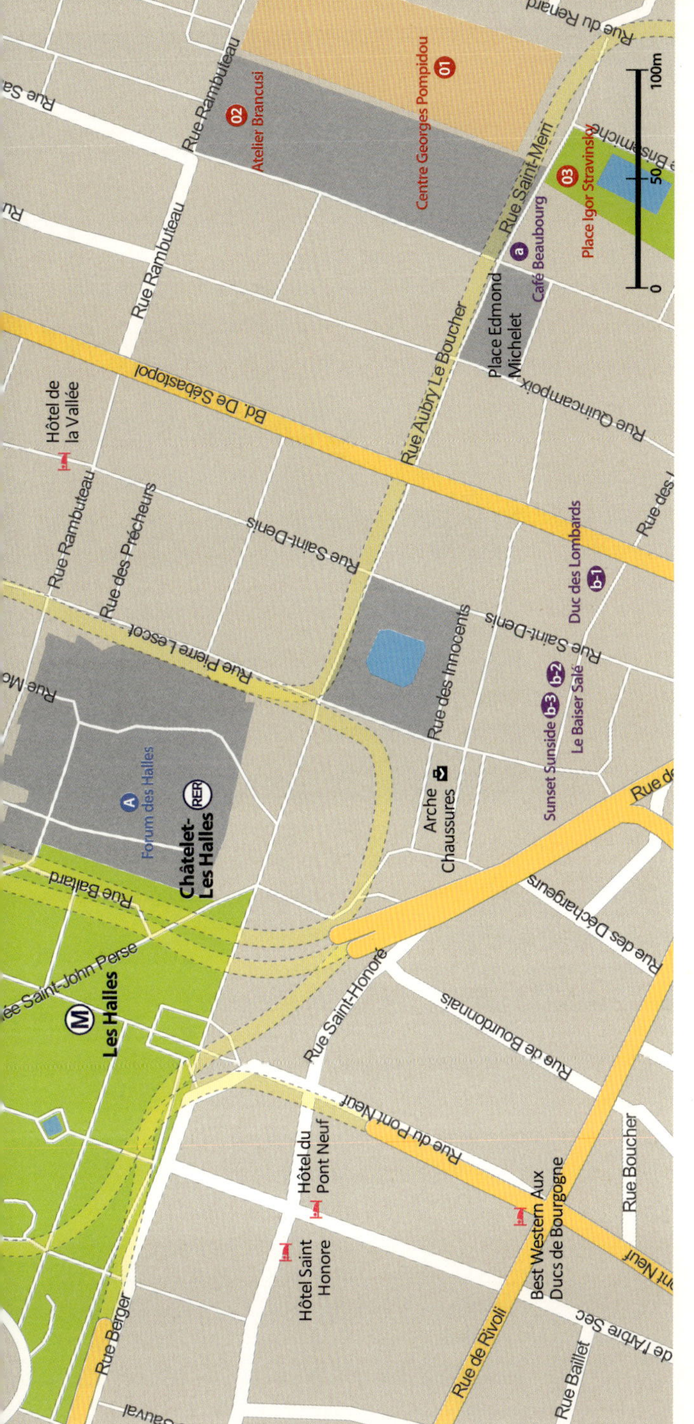

Rue du Renard
Rue Sa
Rue Rambuteau
Atelier Brancusi
02
Centre Georges Pompidou
01
Rue Rambuteau
Rue Saint-Merri
Place Igor Stravinsky
03
Café Beaubourg
a
Rue Auby Le Boucher
Place Edmond Michelet
Rue Quincampoix
Rue de Brisemiche
Ru
100m
50
0
Hôtel de la Vallée
Bd. De Sébastopol
Rue des I
Rue Rambuteau
Rue des Prêcheurs
Rue Saint-Denis
Rue Pierre Lescot
Rue des Innocents
Rue Saint-Denis
Duc des Lombards
b-1
Rue Mo
Sunset Sunside
b-3
b-2
Le Baiser Salé
Forum des Halles
A
Arche Chaussures
Châtelet-Les Halles
RER
Rue Ballard
Rue des Déchargeurs
Rue de
Les Halles
M
ée Saint-John Perse
Rue Saint-Honoré
Rue de Bourdonnais
Hôtel du Pont Neuf
Rue du Pont Neuf
Best Western Aux Ducs de Bourgogne
Rue Boucher
Hôtel Saint Honore
Rue de Rivoli
de l'Arbre Sec
nt Neuf
Rue Baillet
Rue Berger
Sauval

Spot
★★★
01 Centre Georges Pompidou 퐁피두 센터
★★
02 Atelier Brancusi 브랑쿠시 아틀리에
★★
03 Place Igor Stravinsky 스트라빈스키 광장
★★
04 Église St. Eustache 생 퇴스타슈 성당

Shopping
★ A Forum des Halles 레알 센터
B La Bovida 라 보비다
C 베이킹 용품 판매점
C-1 Mora 모라
C-2 G.Detou 지 데투
C-3 A.simon 에이. 시몬
C-4 E.Dehilerin 이 데일랑
★★ D Kiliwatch 킬리워치
E Librairie Gourmande 요리 전문 서점

Food & Drink
★ a Café Beaubourg 보브르 카페
★★ b 재즈바
b-1 Duc des Lombards 뒤크 데 룸바르
b-2 Le Baiser Salé 베제 살레
b-3 Sunset Sunside 선셋 선사이드
★★★ c Comptoir de la Gastronomie
콩투와르 드 라 가스트로노미
★★ d Stohrer 스토레
★★ e Restaurant Frenchie 프렌치 레스토랑
★★★ f Franchie Bar à Vin 프렌치 바 아 뱅

Centre Georges Pompidou
썽트르 조르주 퐁피두

퐁피두 센터

Web www.cnac-gp.fr
또는 www.centrepompidou.fr
주소 Place Georges Pompidou, 75004 Paris
전화번호 01 44 78 12 33
운영 시간 11H~21H *20H 입장 마감
휴일 화요일
입장료 일반 : 11~13€, 만 18~25세 : 9~10€ *전시 내용에 따라 다름
가는 방법 M11 Rambuteau, RER A·B·D Châtelet Les Halles, M 1·4·7·11·14 Châtelet Les Halles

이곳은 보통 퐁피두 센터로 불리지만, 정식 명칭은 Centre National d'Art et de Culture Georges-Pompidou(CNAC), 즉 국립 조르주 퐁피두 예술 문화 센터이다.
무채색의 건물들 사이에서 빨강, 노랑, 초록, 파랑 등의 원색이 돋보이는 퐁피두 센터는 멀리서 보더라도 주위의 전통적인 분위기의 건물과 확연히 달라서 눈에 띈다. 이 건물은 거대한 철골과 배관들이 그대로 건물 밖으로 드러나 있어서, 건축 시 마감이 제대로 된 것이 맞는지 의구심이 들게 한다. 1969년 당시 프랑스 대통령이었던 조르주 퐁피두Georges Pompidou 대통령은 노천시장과 쓰레기 처리장으로 지저분했던 파리의 심장부인 레알Les Halles 지역을 문화 공간으로 탈바꿈시키기 위해 파리 중심부 재개발 프로젝트 정책을 추진했다고 한다. 그 계획의 일환으로 1971년 건축 공모전을 진행하였고, 그 결과 영국 출신 건축가 리처드 로저스Richard George Rogers와 이탈리아 출신 건축가 렌조 피아노Renzo Piano의 공동 설계 작품이 채택되었다.

각 색이 의미하는 바는 다음과 같다.

① **빨강** 순환체계. 사람들이 다니는 길, 에너지의 길

② **파랑** 공기가 흐르는 통로(신선한 공기를 불어 넣거나 오염된 공기를 빼내는 역할)

③ **노랑** 전기가 흐르는 길

④ **초록** 물 공급 배관

⑤ **흰색** 공기가 빠져나가는 환기구

두 건축가는 우아하고 고전적인 양식의 건축물이 즐비한 파리에 이질적인 느낌의 초 현대적인 건축물을 지어 호기심과 충격을 동시에 전해주고자 하였으며, 디자인과 구성뿐 아니라 소재까지도 현대적인 소재인 유리, 강철, 알루미늄 등을 사용하여, 더욱 실험적으로 느껴지도록 하였다.

1977년 완공되었을 때 이 센터 창설에 특히 힘을 기울인 조르주 퐁피두 대통령 이름을 붙여 개관하였다. 단일화된 건물 사용 방법을 탈피하고자 센터 내에 전시 공간을 비롯하여 카페, 레스토랑, 극장, 공연, 쇼핑 시설 등을 입점시켰으며, 프랑스의 대표 복합 문화센터로 활용되고 있다. 현재 이곳은 소장품 3만 점 중 매달 1천여 점씩 수시로 바꿔가며 전시를 하고 있어서 다양하고 풍부한 예술 작품을 즐길 수 있으며, 독창적이고 차별화된 브랜드 입점을 통해 문화 예술을 즐기면서도 좋은 제품을 만나는 쇼핑을 즐길 수 있다. 또 분위기 좋은 카페와 레스토랑에서 휴식을 취할 수 있다. 음악과 음향 연구소, 공연과 영화까지 즐길 수 있는 공간이 조성되어 있어서, 그야말로 파리의 특별한 복합 문화 공간이다.

그들은 시장으로 이용되던 이 지역에 새로운 느낌의 종합문화센터를 만들고자 실험적인 건물을 설계하였다. 건물 내부에 있어야 할 전기 배선, 환기통, 승강기, 철근, 수도관 등을 건물 밖으로 빼내고 파이프를 복잡하게 연결하여 공장 같은 느낌을 주고 있으며, 빨강, 노랑, 초록, 흰색, 파랑색의 원색을 사용하여 어디에서 보아도 주변의 건물과는 아주 다른 분위기를 연출하도록 하였다.

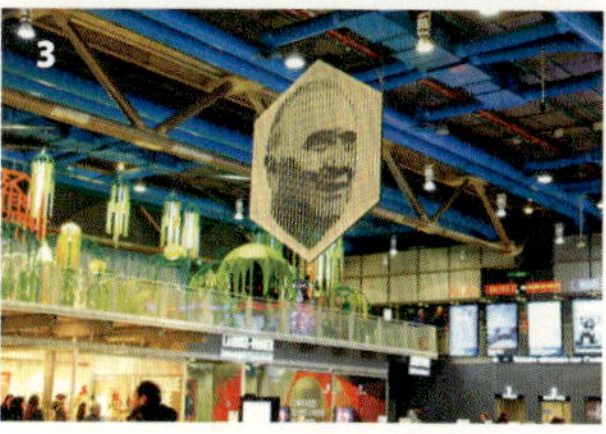

1 초록, 파랑, 흰색의 파이프들
2 빨간색으로 불이 켜진 듯 보이는 길에 에스컬레이터가 설치되어 있다. 사람들이 다니는 길을 표시한 색깔
3 천장의 파란색 파이프

F0 지하에는 각종 공연장이 마련되어 있고, 0층(우리나라 기준으로 1층)에는 인포메이션 센터와 표 파는 곳, 우체국, 서점, 엘리베이터, 어린이들을 위한 갤러리, 전시회장과 도서관 입구 등이 있다.

1 0층에서 지하로 내려가는 계단   **2,3** 0층 라운지의 모습   **4** 0층에 있는 어린이 갤러리

TIP1

퐁피두 센터 0층 서점에서 도서 구입하고 우체국에서 발송하기

퐁피두 센터에는 훌륭한 예술 책들이 많다. 특히 타센Tashen 출판사에서 나온 책들이 예술 관련 서적으로 유명하다. 어린이들을 위한 동화책도 그림들이 예뻐서 한 권 정도는 사 두고 싶어지고, 사진 관련 책들은 어찌나 퀄리티가 좋은지 집에 두고 가끔씩 꺼내 보고 싶어진다. 또한 20세기 초반 작가들의 작품을 모은 작품집에도 눈길이 간다.

이 모든 책들을 사고 싶은 욕심은 굴뚝 같지만, 짐 무게가 느는 것이 걱정이라면 퐁피두 센터 0층(서점을 바라본 방향으로 왼쪽)에 우체국이 있으니, 책을 구입한 후 우체국에서 오렌지색 상자를 이용하면 경제적인 가격(43€)으로 물건들을 한국으로 보낼 수 있다. 도착할 때까지 소요되는 시간은 대략 5~10일 정도이다.

TIP2

무료 WI-FI 이용하기

무료로 WI-FI를 사용할 수 있는 곳을 찾고 있다면, 퐁피두 센터가 제격이다. 자신의 이메일 주소를 넣고 로그인을 하면 3시간 동안 무료로 사용이 가능하다. 이것도 번거롭다면, 체인점인 맥도날드에서도 무료 WI-FI 사용이 가능하다.

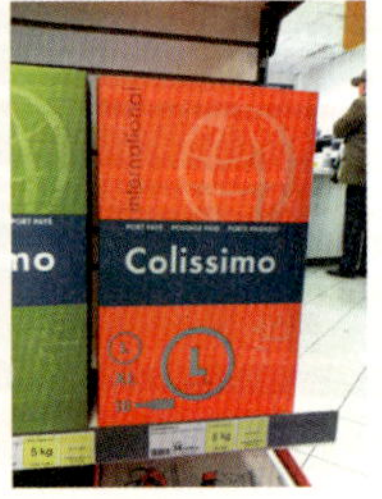

오른쪽 오렌지 상자에 최대 7kg까지 물건을 넣어 보낼 수 있다.

F1, F2, F3

1층과 2층 사이에 만들어진 공간에는 디자인 제품을 살 수 있는 숍과 카페들이 있어서 쇼핑과 휴식을 즐길 수 있다. 센터 내부에 있는 유리 덮개로 덮인 에스컬레이터를 타고 각 층으로 올라갈 수 있으며, 2층과 3층에는 도서관이 위치해 있고 다양한 종류의 예술 도서와 비디오, 어학관련 기기 등이 구비되어 있다. 도서관 입구는 0층에 있으며 미술 전시관으로 들어가는 입구의 반대쪽인 Rue Beaubourg(보브르 길)쪽에 있다.

F4, F5

퐁피두 센터를 찾은 가장 많은 사람들이 방문하는 4층과 5층은 예술 작품을 감상할 수 있는 전시관으로, 4층은 1960년대 이후 미술 작품을, 5층 전시관은 1905년부터 1960년대 사이 작품을 전시하고 있다. 보통의 경우 연대순으로 작품을 전시하지만, 이곳에서는 현대 미술에 보다 가까워지도록 하기 위해 1960년대의 작품을 먼저 관람할 수 있도록 해 두었다는 것이 재미있게 느껴진다. 현대 미술의 선구자들의 작품은 물론 초현실주의, 다다이즘Dadaism, 앵포르멜Informel, 플럭서스Fluxus 등 20세기의 주요 미술 운동을 반영하는 비디오, 디자인, 회화, 오브제 등의 작품을 감상할 수 있다.

F6

6층에는 기획 전시를 위한 3개의 갤러리와 파리의 전망이 한눈에 내려다보이는 전망대, 그리고 세련된 느낌의 조르주 카페가 있다. 통유리를 통해 파리 전망을 볼 수 있어 더 특별한 곳이다.

모던한 분위기에 맞게 주요 요리는 창작 요리로 제공이 되며, 음료만 마실 수도 있는 곳이다. 퐁피두 센터를 방문했다면, 이곳 실내의 창가나 실외의 테라스 테이블 자리에 앉아서 파리의 전망을 보며 휴식하는 여유를 제안한다.

TIP3 Bibliothèque Centre Pompidou
풍피두 센터 도서관

Web www.bpi.fr

주소 Place Georges Pompidou, 75004 Paris

운영 시간 월~금요일 : 12H~22H, 토/일요일 : 11H~22H

*폐장 1시간 전까지 입장 가능. 일부 공휴일에 따라 개장 시간이 다름

휴일 화요일, 5/1

입장료 무료

예술 관련 서적, 백과사전류, 비디오 자료, 음악 등에 관심이 많은 사람이라면 퐁피두 센터 도서관을 추천한다. 퐁피두 센터에 있지만 미술 전시관으로 들어가는 입구의 반대쪽인 Rue Beaubourg보브르 길 쪽에 입구(0층)가 있으며, 간단한 가방 검사만 통과하면 무료 입장이 가능하다.

책이 놓인 공간들의 색색깔 디자인이 더욱 즐거움을 주는 이 도서관의 시청각 자료를 빌려주는 곳에서는 비디오 관람까지 가능하다. 참고로, 도서관 내에서 1€로 즐길 수 있는 자판기 커피는 2층 매점 옆에 있다.

TIP4 조르주 카페 Le Georges
주소 Place Georges Pompidou, 75004 Paris

전화번호 01 44 78 47 99

영업 시간 12H~24H

휴일 화요일

예산 커피와 음료 : 3~7€, 식사 : 20~75€

가는 방법 M11 Rambuteau, RER A•B•D Châtelet Les Halles, M 1•4•7•11•14 Châtelet Les Halles

02

Atelier Brancusi

아뜰리에 브항꾸시

브랑쿠시 아틀리에 (박물관)

현대 조각의 아버지라고 불리는 콩스탕탱 브랑쿠시|Constantin Brancusi의 아틀리에를 재현한 박물관이다. 브랑쿠시는 1847년에 루마니아의 시골 마을에서 태어나 자신이 예술 세계를 파리에서 발산한 조각가로, 사물의 형태를 단순화하고 추상화하여 더욱 생동감 있고 극적인 긴장감을 표현한 작품을 만든 사람으로 유명하다. 그는 로댕의 제자이기도 했는데, 스승인 로댕은 사실적인 인체의 표현력이 돋보이는 작품을 만들었으나, 브랑쿠시는 간결하고 추상적인 형태들을 통하여 조각 스스로가 원천적인 생명력을 갖도록 재질을 살리면서 이미지를 구현하는 방식으로 작품을 했다. 이 곳에서는 그의 조각 작품, 데생 등을 다양하게 볼 수 있으며, 무료로 전시 관람이 가능하다.

주소 Place Georges Pompodou, 75004 Paris

전화번호 01 44 78 12 33

운영 시간 14 H~18H

휴무 화요일

입장료 무료

가는 방법 M11 Rambuteau, RER A·B·D Châtelet Les Halles, M 1·4·7·11·14 Châtelet Les Halles

03

Place Igor Stravinsky

쁠라스 이고흐 스트하빈스키

스트라빈스키 광장

풍피두 센터를 마주 보고 오른쪽에 위치한 광장으로, 빙빙 돌아가는 조형물, 부드럽게 물을 뿜어내는 입술, 화려한 색의 커다란 새 등 재미난 형상의 조형물들이 춤을 추고 있는 분수가 광장 중앙에 자리잡고 있다. 이 작품은 러시아 출신 현대 음악가인 스트라빈스키Igor Stravinsky의 〈봄의 제전〉을 형상화한 것으로, 파리 최초의 현대식 분수이다.

설치된 작품들은 프랑스를 대표하는 현대미술가 니키 드 생 팔Niki de Saint-Phalle과 장 팅겔리Jean Tinguely의 작품들이다. 날씨 좋은 날은 예술가들의 공연도 있으며, 파리지앵들이 소풍처럼 나와 한가로운 시간을 보내는 곳이다.

04

Église St. Eustache

레글리즈 성 띄스따슈

생 퇴스타슈 성당

Web www.saint-eustache.org

주소 2 Impasse Saint Eustache, 75001 Paris

전화번호 01 42 36 31 05

운영시간 월~금요일 : 9H30~19H, 토요일 : 10H~19H,

일요일 : 9H~19H

입장료 무료

가는 방법 RER A·B·D Châtelet Les Halles,

M 1·4·7·11·14 Châtelet Les Halles

갖은 수난과 화형의 고통에서도 끝까지 신앙을 지켰다고 알려진 로마의 장군 우스타쉬Eustache 성인의 이름을 따서 이름이 지어진 이 성당은 프랑수아 1세의 집권 때인 1532년에 지어지기 시작하여 1640년에 완공이 되었다. 조용한 분위기이면서 엄숙하고 아름다운 모습으로 유명한 이 성당은 길이 105m, 폭 43.5m 내부 천장 높이 33.46m로 높게 지은 건물 안에 스테인드 글라스가 화려하며, 건물 주변으로 갈빗대와 같은 지지대의 모습이 있는 고딕 양식과 우아하고 화려한 조각들이 새겨져 있는 르네상스 양식이 혼재되어 있다.

성당 내부에는 8,000여 개의 파이프를 갖고 있는 오르간이 있고 공간 울림이 좋아서 음악가들이 곡을 발표하던 곳으로 사용되었으며 현재도 음악 연주회가 열리기도 한다. 이 지역에 거주했던 역사적 인물들의 종교 의식을 거행했던 장소로도 유명한데, 리슐리외Richelieu 추기경의 세례식, 극작가 몰리에르Molière의 세례식과 장례식, 고전음악의 대가 륄리Lully의 결혼식, 천재 음악가 모차르트Mozart 어머니의 장례식, 정치가 미라보Mirabeau의 장례식 등이 이곳에서 있었다.

성당 앞 광장에는 앙리 드 밀러Henri de Miller의 조각 레쿠드 L'Ecoute : '듣는 사람'이라는 뜻가 있다.

❶ 샤틀레 지역

A Forum des Halles
레알 센터 : 포럼 데 알

Web www.forumdeshalles.com
주소 101 Porte Berger, 75001 Paris
전화번호 01 44 76 96 56
영업 시간 10H~20H
휴일 일요일, 국경일
가는 방법 RER A•B•D Châtelet Les Halles, M 1•4•7•11•14 Châtelet Les Halles

무려 8개의 지하철 노선이 지나가는 교통의 요지에 위치해 있는 레알 센터는 상점을 비롯하여, 레스토랑, 서점 등 다양한 시설이 들어서 있는 복합 센터이다. 교통이 좋아 시간 절약에 많은 도움이 되며, 실용적인 브랜드들이 많아 젊은 파리지앵들이 좋아하는 쇼핑 지역이기도 하다. 항상 많은 사람들로 활기찬 느낌인 이곳은 예전에는 레알 지구의 중앙 시장터였다고 한다. 현재 레알 센터 외부 모습을 바꾸는 대대적인 공사가 진행 중이지만, 내부의 상점, 지하철, 레스토랑 등의 시설은 그대로 이용이 가능하다. 사람이 많은 지역에서는 소매치기를 조심하는 것을 늘 잊지 않도록 하자.

Shopping
쇼핑할 곳

❷ 에티엔 마르셀 지역

B La Bovida
라 보비다 : 라 보비다

Web www.labovida.com
주소 6 rue Montmartre, 75001 Paris
전화번호 01 42 36 09 99
영업 시간 10H~19H
휴일 일요일
가는 방법 M4 Etienne Marcel

1921년에 수입품이나 육류 등을 판매하던 곳으로 현재는 알아주는 전문가들이 이용하는 상점이 되었다. 향신료, 주요한 요리 기구 등 요리를 위해 필요한 것들을 구비하고 있다.

C 베이킹 용품 판매점

요리에 관심이 있는 사람이나 요리 전공자라면 반드시 들러 보고 싶은 쿠킹/베이킹 용품 전문 가게들이 에티엔 마르셀 지역에 옹기종기 모여 있다. 그 상점들을 소개한다.

C-1
Mora 모라 : 모하

Web www.mora.fr
주소 13 rue Montmartre, 75001 PARIS
전화번호 01 45 08 19 24
영업 시간 월~금요일 : 9H~18H15, 10H~13, 토요일 : 13H45~18H30
휴일 일요일
가는 방법 M4 Les Halles, M 4 Etienne Marcel

몽마르트르길 13번지에 있는 작은 상점이지만, 품질 좋은 제품들을 한꺼번에 모아두어 편리하게 구매할 수 있는 주방용품 전문점이다. 특히 과자 제조자(파티세리)들과 초콜릿 제조자(쇼콜라티에)들에게 특히 인기가 있는 곳으로, 잔과 칼, 그리고 비싸지만 퀄리티가 좋은 고급스러운 요리책들이 구비되어 있다. 전 세계에서 파티세리 셰프들이 타르트와 케이크 모형, 스파츌라 등을 구매하기 위해 이곳을 들른다고 한다. 파리에서 제일 좋은 초콜릿 모형 틀을 구매할 수 있는 곳이라고 하니 관심이 있는 사람은 참고하자. 매트퍼Matfer 주방 제품을 구매할 수 있어서 더 유명한 곳이다.

C-2
G.Detou 지 데투 : 쥐 데뚜

Web gdetou.com
주소 58 rue Tiquetonne, 75002 Paris
전화번호 01 42 33 96 43
영업 시간 월~토요일 : 8H30~18H30
휴일 일요일
가는 방법 M4 Les Halles

다양한 식재료와 요리 재료를 판매하는 곳이다. G. Detou라는 가게 이름은 프랑스어로 J'ai de tout!나는 조금씩 모든 것을 갖고 있어요라는 말을 재미있게 소리나는 대로 쓴 것이다. 소박한 선물용으로 좋은 잼, 꿀, 향신료, 건조된 버섯 등도 구매 가능하다. 물리학을 이용한 요리에 관심 있는 사람들을 위해 화학 식품 첨가물인 알긴산나트륨Sodium Alginate : 식품의 점도를 증가시키고 촉감을 향상시키기 위한 식품 첨가물로 케첩, 마요네즈 등의 점착제 등으로 이용됨, 겔란검Gellan Gum : 곧은 사슬 모양의 다당류, 식품의 점착성을 증가시키고 유화 안정성 증진을 통해 물성과 촉감을 향상시키기 위한 식물의 첨가물 등도 판매하고 있다.

C-3
A.simon 에이 시몬 : 아 씨몽

Web www.simon-a.com
주소 48 rue Montmartre, 75001 Paris
전화번호 01 42 33 71 65
영업 시간 월요일 : 13H30~18H30, 화~금요일 : 9H~18H30, 토요일 : 10H~18H30
휴일 일요일
가는 방법 M4 Les Halles

파리지앵 셰프들이 접시부터 잔, 팬, 나무주걱 등의 조리 도구를 구입할 때 간다고 알려져 있는 곳으로, 합리적인 가격대와 좋은 품질로 소문나 있다. 향신료와 시럽믹스 등 부엌에서 필요한 다양한 제품들이 구비되어 있다.

C-4
E.Dehillerin
이 데일랑 : 으 데이르항

Web www.e-dehillerin.fr
주소 18 rue Coquillière, 75001 Paris
전화번호 01 42 36 53 13
영업 시간
월요일 : 9H~12H30/14H~18H,
화~금요일 : 9H~18H
휴일 일요일, 공휴일
가는 방법 M4 Les Halles

1820년 오픈한 곳으로 전통 있는 쿠킹, 베이킹 용품점이다. 큰 규모이고, 저렴한 가격을 자랑하지만, 물건들이 너무 많아서 원하는 물건 찾기가 조금 어렵고 가격표가 붙어 있지 않은 제품이 많아 번거롭다. 하지만 저렴한 가격에 괜찮은 제품을 찾을 수 있는 확률이 높은 곳이니 참고하도록 하자.

D Kiliwatch
킬리워치

Web www.espacekiliwatch.fr
주소 64 rue Tiquetonne, 75002 Paris
전화번호 01 42 21 17 37
영업 시간 월요일 : 14H~19H15,
화~토요일 : 11H~19H45
휴일 일요일
가는 방법 M4 Etienne Marcel

트랜드에 민감한 사람이라면 반드시 들러야 하는 곳으로 아기자기하고 특이한 물건들이 가득한 중고품 위주로 판매하는 빈티지 숍이다. 파리지앵들은 시크하고 개성 있는 스타일 연출을 위해 빈티지 제품과 명품 브랜드를 적절하게 섞어서 자신의 스타일 감각을 살린다는 것은 이미 많이 알려진 이야기이다.

이곳은 감각 있는 레이어드 룩의 완성을 위한 독특한 아이템들을 구매할 수 있는 곳으로 멋스러운 부츠, 가방, 액세서리, 빈티지한 청바지들이 가득하다. 히피풍의 옷을 입은 직원들의 모습도 세련돼 보인다. 여성용 제품뿐만 아니라 남성용 의류나 액세서리도 방대한 양으로 보유하고 있어서, 남성 구매자들의 발걸음도 상당히 많은 곳이다. 물건들이 많으니, 시간을 갖고 천천히 둘러보면 괜찮은 제품을 구매할 수 있다.

E Librairie Gourmande
요리 전문 서점 : 리브레리 구흐멍드

Web www.librairiegourmande.fr
주소 92-96 rue Montmartre, 75002 Paris
전화번호 01 43 54 37 27
영업 시간 11H~19H
휴일 일요일, 공휴일
가는 방법 M3 Sentier, M4 Etienne Marcel, M 8·9 Grands Boulevards

Librairie는 '서점'이란 뜻이고, Gourmande는 '미식(식도락)을 즐기는'이라는 뜻으로, 미식가들은 위한 전문 서점이기 때문에 유명 요리사들의 책, 일반 요리책, 포도주 관련 책, 제과 관련 책, 디저트, 칵테일 등 요리에 관련된 좋은 책들이 아주 많이 구비되어 있다. 대부분의 서적들이 프랑스어로 되어 있지만, 사진이 같이 실려 있고 요리에 관련된 프랑스어를 배울 수 있다는 장점이 있다. 영어로 된 책도 꽤 많이 찾을 수 있으니, 찾기가 어렵다면 직원에게 문의하도록 하자.

a Café Beaubourg
보브르 카페 : 꺄페 보브흐

주소 43 rue Saint Merri, 75003 Paris
전화번호 01 48 87 63 96
영업 시간 매일 8H~다음날 1H,
토/일요일 : 8H~다음날 2H
예산 음료 5~10€, 식사 14€
가는 방법 M 11 Rambuteau,
RER A·B ·D Châtelet Les Halles,
M 1·4·7·11·14 Châtelet Les Halles

현대적인 느낌의 심플하면서도 미니멀한 인테리어의 이곳은 유명 공간 프로듀서인 질베르 코스테(Gilbert Costes) 형제의 작품이라고 한다. 식사시간 때는 많이 붐비지만 그 외의 시간에는 다소 여유롭게 시간을 보낼 수 있다. 2층에 있는 창가 자리에서는 퐁피두 센터를 바라보며 식사 또는 음료를 즐길 수 있어서 더욱 특별하다. 세련된 장소에서 좋은 음악과 커피를 함께 즐겨 보자.

1, 2차 세계대전 이후 미국 흑인 연주자들이 프랑스로 이주해 오면서 프랑스의 재즈 문화는 급격히 발전했다고 한다. 룸바르Lombards 길에는 우리들의 멋진 연주를 들을 수 있는 공연장겸 바, 카페가 있다. 미리 홈페이지 등으로 연주자들의 일정을 확인하고 예약을 하고 가면 더욱 좋은 선택이 될 수 있을 것이다.
파리에서 실력 있는 재즈 연주자들의 공연을 감상할 수 있는 곳들을 소개한다.

b-1
Duc des Lombard
뒤크 데 룸바르 : 뒤끄 데 룸바흐

Web www.ducdeslombards.com
주소 42 rue des Lombards, 75001 Paris
전화번호 01 42 33 22 88
영업 시간 19H~23H *공연 20H~22H
예산 28~35€
가는 방법 RER A·B·D Châtelet Les Halles, M 1·4·7·11·14 Châtelet Les Halles

b-2
Le Baiser Salé
베제 살레 : 르 베제 살레

Web www.lebaisersale.com
주소 58 rue des Lombards, 75001 Paris
전화번호 01 42 33 37 71
영업 시간 공연 : 19H30, 22H
예산 12~20€
가는 방법 RER A·B·D Châtelet Les Halles, M 1·4·7·11·14 Châtelet Les Halles

b-3
Sunset Sunside
선셋 선사이드

Web www.suneset-sunside.com
주소 60 rue des Lombards, 75001 Paris
전화번호 01 40 26 46 60
영업 시간 공연 : 20H, 21H30, 22H
예산 12~22€
가는 방법 RER A·B·D Châtelet Les Halles, M 1·4·7·11·14 Châtelet Les Halles

Comptoir de la Gastronomie

콩투와르 드 라 가스트로노미 :
꽁뚜아흐 드 라 갸스트호노미

Web www.comptoir-gastronomie.com
주소 34 rue Montmartre, 75001 Paris
전화번호 01 42 33 31 32
운영 시간 식품점 : 6H~20H,
레스토랑 : 월~목요일 12H~23H, 금~토
요일 12H~자정
휴일 일요일
가는 방법 M4 Etienne Marcel

포숑이나 에디아르 식료품점보다는 규
모가 작지만 파리지앵 사이에서 너무
나도 유명한 식품점으로, 1894년에 오
픈한 이래 푸아그라, 송로버섯, 캐비어,
와인, 식용 달팽이 등의 고급 식재료를
판매하고 있다. 이곳은 특히 거위 또는
오리 가슴살, 푸아그라 등의 오리 관련
식재료가 좋기로 유명하다. 푸아그라
Foie Gras는 송로버섯, 캐비어와 함께 세
계 3대 진미로 불리는 고급 식재료로,
지방 함량이 높아서 맛이 풍부하며 기
름지고 매끄러우면서도 입에서 사르르
녹는 부드럽고 크리미한 맛이 일품이

며, 간의 맛이 역겹거나 지나치게 두드
러지지 않는다. 이러한 맛의 살찐 간을
얻기 위해서 평소에는 자유롭게 오리
를 놓아 기르다가 마지막 2~3주간 움
직이지 못하도록 고정시킨 후, 옥수수
사료를 강제로 먹여 사육하는데, 이 과
정을 가바주Gavage라고 한다. 이런 과
정 때문에 동물 학대라는 비난이 일기
도 한다.

프랑스 남부 페리고르Perigord 지방과
북동부의 알자스Alsace 지방에서 기른
오리의 간이 유명하며, 가게 한쪽에는
레스토랑이 있어서, 이곳의 최고급 식
재료로 만들어낸 음식을 맛볼 수 있다.
푸아그라를 만들기 위해 포동하게 살
을 찌운 오리의 지방층이 두꺼운 가슴
살인 Magret de canard는 가장 고급
스러운 가슴살 재료로 불리며, à point
아 뿌앙이나 saignant쎄녕으로 구운 후
포도주와 함께 시식하면 좋다.

1 식재료를 판매하는 곳
2 가게 한쪽에 위치한 레스토랑의 모습

TIP

고기 굽기 정도

à point 아 뿌앙 : 피가 흐르지 않도록
꼭 맞게 익힘

saignant 쎄녕 : 겉만 살짝 익힌 상태
bien cuit 비양 퀴이 : 속까지 잘 익힌 상
태. 프랑스 사람들은 질기다는 이유로
선호하지 않는다.

Stohrer

스토레 : 스토헤

Web www.stohrer.fr
주소 51 rue Montorgueil, 75002 Paris
전화번호 01 42 33 38 20
영업 시간 7H30~20H30
가는 방법 M4 Etienne Marcel

파리에서 가장 오래된 제과점으로 알
려진 이곳은 무려 280여 년의 역사를
자랑하며, 2004년 영국 엘리자베스 여
왕이 다녀간 후 더욱 유명해진 느낌이
다. 1730년 니콜라 스토레Nicolas Stohrer
가 문을 연 후 지금까지 같은 자리에
서 18세기의 제과 레시피를 그대로 이
어가고 있으며, 특히 르 퓌 다무르Le
Puits D'amour와 바바 오럼Baba au rhum이
유명하다.

Baba바바는 4가지의 형태로 발전되었
는데, 그 중 바바 오럼은 럼주 향기가
독특하고 강하므로 알코올 향기와 묘
한 풍미가 가득하다. 달콤한 바바를
맛보고 싶다면 커스터드 크림과 건포
도를 가미한 알리 바바Ali Baba나 크림
과 붉은 과일류를 얹어 만든 바바 샹
틸리Baba Chantilly를 추천한다.

바바 오럼 Baba au rhum

이곳을 오픈한 셰프 스토레 씨는 폴란드 왕 스타니스라스Stanislas의 딸 마리아 레슈친스카Marie Leszczyska가 루이 15세와 결혼하면서, 프랑스에 데려온 사람으로 1725년부터 5년 동안 베르사유 궁전에서 일한 후 이곳에 제과점을 열게 되었다고 한다. 그는 바바 오럼Baba au rhum을 처음 만든 셰프로 알려져 있는데, 그에 대한 일화는 아래와 같이 전해진다.

스타니스라스Stanislas왕의 여행 중에 브리오슈Brioche : 버터와 달걀이 많이 들어가 특히 부드러운 프랑스 빵가 말라버려 딱딱해지자 그 빵을 부드럽게 하기 위해 스토레 씨는 말라가Malage라는 와인에 빵을 담그고 건포도와 커스터드 크림, 샤프란가장 비싼 향신료로, 붓꽃과의 일종으로 암술을 말려서 사용 특유의 독특한 향과 쓴맛, 단맛이 있다 향을 가미하여 곁들인 것을 왕에게 바쳤는데, 그의 후계자들이 1835년부터 말라가 와인 대신 럼주와 향신료가 들어있는 설탕 시럽을 사용함으로써 바바 오럼을 만들게 되었다고 한다.

왼쪽은 바바 오럼, 오른쪽의 크림 얹어져 있는 것은 바바 샹틸리

 **Restaurant Frenchie**
프렌치 레스토랑 :
헤스토항 프항시

Web www.frenchie-restaurant.com
주소 5 rue du Nil, 75002 Paris
전화번호 01 40 39 96 19 *월~금요일 15H~17H에 전화 예약 가능
영업 시간 월~금요일 : 19H~22H30
휴일 토/일요일
예산 전식+본식 또는 본식+디저트 34€, 전식+본식+디저트 38€
가는 방법 M3 Sentier

파리지앵 사이에서 평이 좋은 곳으로, 저녁에 전식과 본식, 디저트를 38€ 정도에 맛볼 수 있는 곳이다. 음식이 맛있고 합리적인 가격대를 자랑하면서 음식과 잘 어울리는 와인이 좋으며, 넓지 않지만 편안하고 캐주얼하면서도 세련된 분위기가 좋다 보니, 예약을 하지 않으면, 식사해 보기가 너무 어렵다. 프랑스에서 기억이 남는 식사를 하고 싶다면, 이곳을 추천한다. 다시 말하지만 음식은 너무 맛있지만 예약이 쉽지 않다는 것이 공통된 의견이니 참고하자.

f **Franchie Bar à Vin**
프렌치 바 아 뱅 :
프랑시 바 아 방

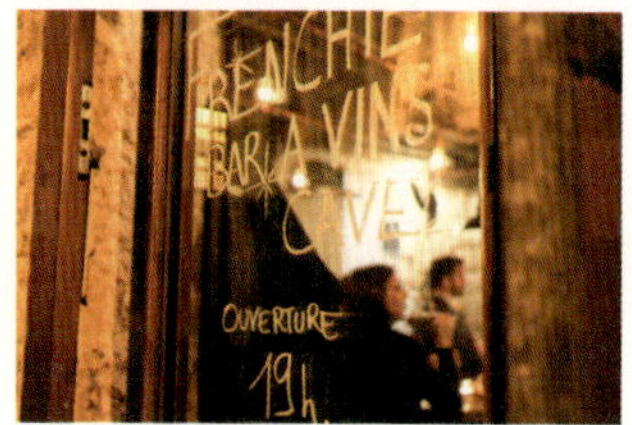

Web www.frenchie-restaurant.com
주소 6 rue de Nil, 75002 Paris
영업 시간 19H~22H30
휴일 토/일요일
예산 15~30€
가는 방법 M3 Sentier

예약을 하지 않아도 된다는 장점이 있지만, 금세 자리가 다 차 버리기 때문에 오픈 시간 전에 가서 미리 기다리는 것이 좋다. 제철 재료의 공급에 따라 상시 바뀌는 메뉴가 더욱 신선하게 느껴지는 이곳은 점심 서비스가 없고, 토요일, 일요일은 쉬며, 오로지 주중 저녁에만 문을 연다. 그리 넓지 않는 홀의 자리에 높은 의자들이 있는 캐주얼 바Bar로 꾸며져 있는 이곳은 친구들과 와인을 마시기에 아주 적합한 곳이다. 와인도, 음식도 비교적 저렴해서 더욱 합리적으로 느껴지는 곳이니, 친구들과 가볍게 한잔을 할 수 있는 곳을 찾고 있다면, 이곳을 주목하자.

Area 5
LOUVRE & OPÉRA
루브르 & 오페라
가장 유명한 박물관과
볼거리, 살거리, 먹거리가 있는 곳

주요 동선 한눈에 보기

파리는 어쩌면 이렇게 전시관도 많고 작품들도 많을까. 예술가들의 혼이 담긴 가격을 정할 수 없는 예술품들이 있는 루브르 박물관에서 전 세계의 사람들에게 둘러싸인 모나리자를 감상해 본다. 레오나르도 다빈치의 숨결도 느껴 보고, 이집트 미술, 메소포타미아 미술과 중세, 르네상스, 로코코, 바로크, 신고전주의 등 서양 미술사 책에서나 보았음직한 작품을 하나하나 감상한다. 너무 많은 작품들이 버겁게 느껴진다면, 가이드 기기를 빌려서 관람해 보자. 루브르 박물관 관람을 끝내고 나오면 튈르리 정원의 벤치에 앉아 피곤한 발을 쉬자. 그리고 오랑주리 미술관에서 모네의 수련 연작을 감상하자. 모네의 작품에 딱 맞춘 오랑주리 미술관에서는 하루 종일 머무르며 망중한을 즐겨도 좋겠다는 생각이 든다.

Rue La Boétie
Rue d'Astorg
Bd. Malesherbes
Rue Lavoisier
Rue des Mathurins
Rue de l'Arcade
La Vaissellerie
Bd. Haussmann
Rue de Provence
Rue de Provence
Rue Joubert
Rue de Rome
Rue de Mogador
Havre Caumartin
Rue Auber
Printemps PARIS
Café Pouchkine
Orion
13
Galeries La
Chaussée
-La Fayett
Auber
Bd. Haussmann
Musée Jaquesmart Andre
14
Bd. Haussmann
Rue de Courcelles
Rue de la Baume
Paroisse
Saint-Philippe
du Roule
Av. Myron Herrick
Rue du Faub. Saint-Honoré
Rue La Boétie
Miromesnil
Rue d'Anjou
Rue de Penthièvre
Saint-Philippe-du-Roule
Palais de
l'Elysée
Rue de l'Elysée
Rue d'Aguesseau
Rue d'Anjou
Rue Boissy d'Anglas
Place de la Madeleine
Rue Royale
Rue du Faub. Sait-Honoré
Hôtel Opera
Marigny
Newhotel
Robin
Hediard
K
Nicolas
J
Fauchon
Madeleine
La Maison du Chocolat
A-4
Bd. de Madeleine
Église de la Madeleine
10
Rue de Séze
Rue de Caumartin
Rue Godot de Mauroy
Rue Tronchet
Rue Greffulhe
Musée du Parfum Fragognard
11
Opéra Garnier Restaurant
Opéra Garnier
12
Le Grand Café
Café de la Paix
Pierre Marcolini
A-3
Rue Scribe
Rue Auber
Opéra
Place de l'Opéra
Bd. des Capucines
Rue Daunou
Rue de la Paix
Rue Volney
Rue des Capucines
D
Repetto
Lavinia
H
Hôtel Le
Burgundy
Rue du Faub. Sait-Honoré
Rue Cambon
Edouard 7
Hôtel Opéra
Rue Danielle Casanova
Hôtel Ritz
Place Vendôme
09
Le Crillon
Rue Saint-Florentin
Rue Cambon
Rue du Faub. Sait-Honoré
Av. Gabriel
Concorde
Hôtel Bes
Paris Louv
Les Beaux
Logis de Paris
Maison Goyard
G
Rue de Castiglione
Rue du Faub. Sait-Honoré
Water Bar
Colette
Thomass
d
c
C
B
Angelina
Le Meunce
C
Chantal Thomass
Michel Cluizel
A-1
Rue Saint-Roch
Rue de Rivoli
Tuileries
M
06
Jeu de Paume
Rue de Rivoli
s Élysées
ours la Reine
pidou
Musée de l'orangerie
05
Jardin des Tuileries
04
Musée des Arts décora
03
Rue de Rivol
Quai des Tuileries
Quai d'Orsay
re des
Etrangeres
éennes
L'Assemblée
Nationale
Place de la Concorde
Arc du Triomphe Carrouse
02
Quai Anatoie France
Hôtel de
Beauhamais
Rue de Lille
Rue de Solférino
Assemblée
Nationale
Musée d'Orsay
Quai Anatoie France
Pont Royal
n de
nie
Rue Saint-Dominique
Bd. Saint-
Hôtel Le
Bellechasse
Quai Vo

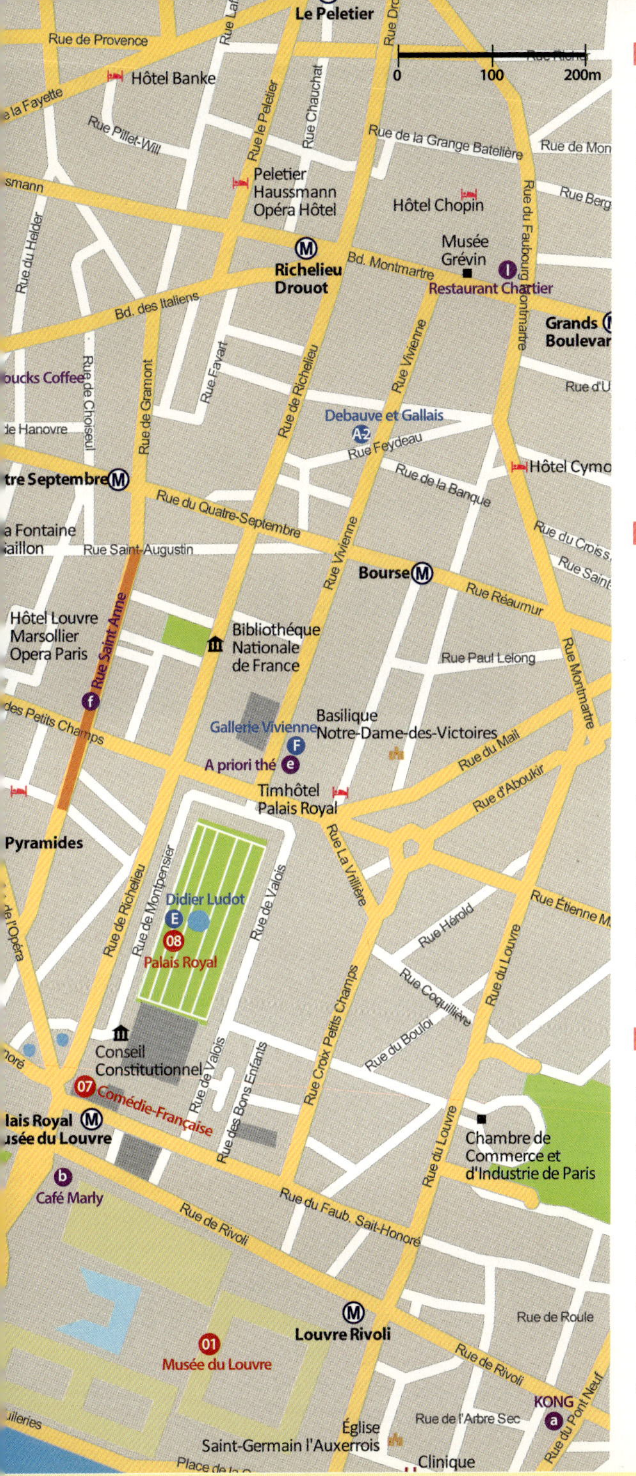

Spot

★★★ 01 Musée du Louvre 루브르 박물관
★★ 02 Arc du Triomphe Carrousel 카루젤 개선문
★★ 03 Musée des Arts décoratifs 장식예술박물관
★★ 04 Jardin des Tuileries 튈르리 정원
★★★ 05 Musée de l'orangerie 오랑주리 미술관
★★ 06 Jeu de Paume 주 드 폼
★ 07 Comédie-Française 코메디 프랑세즈
★★ 08 Palais Royal 로얄 궁전
★★ 09 Place Vendôme 방돔 광장
★★ 10 Église de la Madeleine 마들렌 성당
★★ 11 Musée du Parfum Fragonard 프라고나르 향수 박물관
★★★ 12 Opéra Garnier 오페라 가르니에
★★★ 13 Galeries Lafayette 갤러리 라파예트
★★ 14 Musée Jaquesmart Andre 자크마 앙드레 미술관

Shopping

A 초콜릿 가게들
A-1 Michel Cluizel 미쉘 클뤼젤
A-2 Debauve et Gallais 도보브 에 갈레
A-3 Pierre Marcolini 피에르 마르콜리니
A-4 La Maison du Chocolat 메종 뒤 쇼콜라
B Chantal Thomass 샹탈 토마
★★★ C Colette 콜레트
D Repetto 레페토
E Didier Ludot 디디에 뤼도
★★ F Gallerie Vivienne 갤러리 비비안
G Maison Goyard 고야드
★★★ H Lavinia 라비니아
★★ I Fauchon 포숑
★★ J Nicolas 니콜라스
★★ K Hediard 에디아르
★★★ L Printemps PARIS 파리 프랭땅 백화점
★ M La Vaissellerie 라 베셀르리

Food & Drink

a KONG 콩
★ b Café Marly 카페 마를리
★★★ c Angelina 안젤리나
★★★ d Water Bar 워터 바
★ e A priori thé 아 프리오리 테
★ f Rue Saint Anne 일본 음식점 거리
★ g Starbucks Coffee 스타벅스커피
★★ h Café de la Paix 평화 카페
★★ i Le Grand Café 르 그랑 카페
★★ j Opéra Garnier Restaurant 오페라 가르니에 레스토랑
k Café Pouchkine 푸시킨 카페
★★ l Restaurant Chartier 샤르티에 레스토랑

01

루브르 박물관

Web www.louvre.fr
주소 Palais du Louvre, 75001 Paris
전화번호 01 40 20 50 50
운영 시간 월/목/토/일요일 : 9H~18H, 수/금요일 : 9H~21H45
휴일 화요일, 1/1, 5/1, 12/25
입장료 일반 : 10€(매달 첫째 일요일, 7월 14일은 무료 입장), 수/금요일 18시 이후 6€
*만 25세까지, 금요일 18시 이후 무료 입장 가능(단, 여권 반드시 지참)
가는 방법 M 1·7 Palais Royal Musée du Louvre

루브르 박물관은 장소 자체가 거대한 예술품으로 느껴지는 곳이다. 소장품들의 수준은 굳이 말하지 않아도 될 정도이고, 그 방대한 양은 한달 내내 관람을 하여도 부족할 정도라고 알려져 있다. 몇날 며칠을 방문하더라도 보고 느낄 것이 너무나도 많아서 더욱 즐거운 장소가 바로 루브르 박물관이다.

루브르 박물관이 유명한 데는 웅장한 외관도 한 몫을 한다. 12세기에 초석이 놓여 고풍스러운 왕궁의 모습을 하고 있는 건물들과 묘하게 어울리는 유리 피라미드는 현대와 과거의 조화를 보여주는 듯하다. 개인적으로 이곳을 방문할 때는 야간 개장이 있는 수요일과 금요일 저녁 6시 이후의 시간을 선호하는데, 그 이유는 관광객들이 빠져나가 조용하게 작품을 감상할 수 있다는 장점과 함께 루브르 박물관의 화려한 야경을 감상할 수 있다는 이점이 있기 때문이다. 해가 지고, 피라미드 사이로 빛이 새어나오는 환상적인 밤의 루브르 박물관 모습을 반드시 감상하길 추천한다. 낮에 본 루브르 박물관의 전경이 지적이고 고풍스러운 느낌이라면, 밤에는 주변의 빛들로 인해 무도회장처럼 화려하고 새로운 장소에 온 것처럼 신비롭다.

로서의 모습을 보여주기 시작했다. 본격적인 박물관으로서의 역할은 1793년 8월 10일부터였으며, 초기에는 루이 16세 때 왕실이 수집한 각종 미술품을 보관하고 전시하는 정도였으나, 나폴레옹 1세 집권 후 수많은 예술품과 유물들이 매입, 수집되면서 대규모 미술관으로서의 면모를 띠게 되었고, 나폴레옹 3세 때인 1874년에는 루브르 궁전의 구조가 많은 예술품을 소장하고 전시하기에는 너무 좁고 동선이 어렵다고 하여 지금과 같이 쉴리Sully관, 리슐리외Richelieu관, 드농Denon관이 있는 직사각형의 구조로 증축하였으며, 마침내 본격적인 박물관의 역할을 할 수 있게 되었다.

미테랑 대통령 재임 중에는 〈그랑 트라보Grand Travaux〉(P147 참조)의 일환으로, 루브르 박물관을 더욱 세계적인 박물관으로 성장시키기 위해 개조와 증축을 통한 전시실 확장, 동선 재구성 등 전시 관련 서비스를 확대하는 한편 지하 주차장과 쇼핑몰 등의 편의 시설도 함께 발전시켰다. 현재 루브르 박물관의 주요 출입구로 사용되면서 파리의 상징물로 알려져 있는 유리 피라미드도 이 그랑 트라보 프로젝트 기간에 만들어진 것이다. 중국계 미국인 건축가이자 유명 모더니즘 건축가인 이오 밍 페이Ieoh Ming.Pei가 설계한 작품으로, 지상에서 모아진 빛이 지하의 광장까지 효과적으로 전달되는 피라미드형 구조를 통해 루브르 박물관 내 숍이 위치한 지하까지도 밝고 쾌적한 느낌이다. 게다가 투명한 유리를 통하여 사방의 궁전 풍경이 투과되어 루브르 박물관에 현대적이고 세련된 새로운 이미지를 부여하면서도 기존의 고전적인 느낌이 공존하는 완벽한 조화를 보여준다고 평가받고 있다.

사실 이곳은 궁전이었던 곳을 박물관으로 사용하고 있는 것인데, 그 역사는 다음과 같다.

세계적인 궁전 건축의 하나인 루브르는 1190년 필리프 아우구스트Philippe Auguste 왕에 의해 착공되어 센 강을 따라 지어졌다. 외적의 침입으로부터 파리를 보호하기 위한 목적으로 요새의 형태로 지어진 이곳은 지금도 지하 홀의 곳곳에서 돌을 쌓아 만들었던 중세 요새의 모습을 발견할 수 있다. 그리고 프랑수아 1세에 의해 본격적인 왕궁의 모습을 갖추게 되었고 시대가 바뀌면서 왕들의 취향에 따라 증축과 개축이 계속된다.

루이 14세가 처소를 베르사유 궁으로 옮기면서 이곳은 왕실의 예술품을 보관하는 공간으로 변모하였고, 1699년부터 〈살롱전〉을 개최하며 박물관으

이곳의 작품들을 하루만에 다 보는 것은 불가능하다. 좋은 작품의 경우 시간을 두고 감상해야 하니 전시된 작품을 다 감상하기에는 더더욱 시간이 절대적으로 부족하다. 따라서 자신이 감상하고자 하는 작품들을 미리 계획하여 효율적으로 관람을 하는 것이 좋다. 박물관에서는 각국의 언어로 된 지도를 나눠주고 있으며, 지도에는 유명한 작품들의 사진이 부착되어 있으므로, 동선을 정할 때 참고하도록 한다. 박물관에 소장되어 있는 예술품들은 아는 만큼 보이는 것이 대부분이므로 개인적으로 작품에 대해 미리 꼼꼼하게 공부를 하고, 현장에 와서는 원작과의 대면 시간을 가지며 깊은 감동을 느껴 보면 좋겠다. 만약 미리 공부할 여유가 없었다면 루브르 박물관에서 대여할 수 있는 오디오 가이드 기기를 이용(6€, 여권 등 신분증 맡길 것)하거나, 루브르 박물관 전문 해설가 팀의 해설을 듣도록 한다.

루브르 박물관에 오는 사람들은 대부분 박물관의 예술품을 감상하러 온 사람들이지만 그들의 지갑과 소지품을 노리는 소매치기도 많이 있으니, 각별히 주의해야 한다. 가능하면 루브르 박물관을 관람하는 날에는 귀중품을 소지하지 않는 것이 좋다.

또, 사진 촬영이 가능한 곳이더라도 촬영 시 반드시 플래시를 꺼야 작품이 훼손되지 않고 다른 사람들의 감상을 방해하지 않는다.

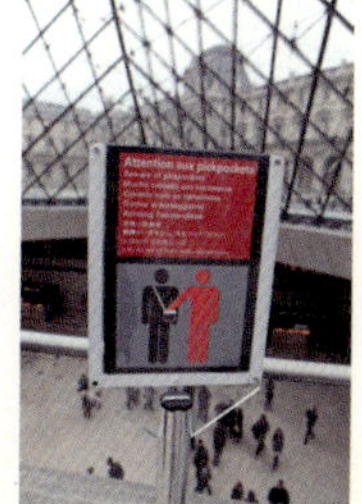

소매치기 조심!

예상하겠지만, 박물관 안으로 들어가려면 대개 긴 줄을 서야 한다. 입장하려는 사람이 많아서이기도 하지만, 프랑스 내 대부분의 박물관에서 시행하는 가방 검사가 그 주요 원인이다. 입장객 한 사람 한 사람의 가방을 검사하다 보니 시간이 걸리고, 줄이 길어질 수 밖에 없다.

검색대 통과 후 에스컬레이터나 계단으로 한층 내려가면, 넓은 나폴레옹 홀이 나오는데, 이 홀에 배치되어 있는 티켓 자동 판매기나 창구에서 입장권을 구매할 수 있다. 루브르 박물관 피라미드 입구 앞으로 뮤지엄 패스 소지자의 줄이 따로 지정되어 있어서, 일반 줄에 비해 대기시간이 짧다. 짧은 줄과 긴 줄에 사람들이 기다리고 있다면, 짧은 줄은 뮤지엄 패스권을 갖고 있는 사람들을 위한 줄이라고 보면 된다.

나폴레옹 홀의 모습

루브르 박물관 나폴레옹 홀에 위치한 부티크의 2층에서는 박물관에서 본 작품들의 모작이나 기념품들을 구매할 수 있다. 작품 관람 후 이곳에서의 감동을 집에서도 느껴보고 싶다면 둘러볼 만하다. 모나리자와 같은 멋진 조각들이 작은 사이즈로 만들어져 있고, 로코코 형식의 예쁜 식기구, 나침반 등 인테리어 제품으로 사용하면 좋은 물건들을 판매하고 있다.

루브르 부티크 밀로의 비너스 모작

TIP2 **유리 피라미드 외의 다른 입구**

날씨가 춥거나 비가올 때는 지하에 있는 〈역 피라미드 쪽〉으로 입장하기를 추천한다. 지하철에서 바로 연결되고, 대기시간도 짧으며 실내이기 때문에 대기 시간이 있더라도 좀 더 쾌적하다.

가는 방법 M 1·7 Palais Royal Musée du Louvre빨레 드 호와얄 뮤제 뒤 루브르 역에서 내려서, 〈Musée du Louvre〉라고 표시된 이정표를 따라 출구로 나간다. 이정표를 계속 따라가면, Le Carrousel du Louvre르 카루젤 뒤 루브르 지하 쇼핑 지역이 나오고, 진행 방향으로 직진하다 보면, 역 피라미드를 만날 수 있다. 지하철역이 루브르 박물관으로 들어가는 입구와 이렇게 바로 연결되어 있기 때문에 어렵지 않게 역 피라미드 앞에 있는 박물관 입구를 찾을 수 있다.

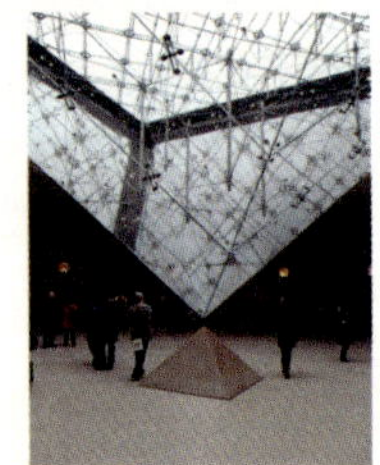

〈다빈치 코드〉라는 소설 및 영화에는 루브르 박물관에 관한 이야기들이 나온다. 하지만 이는 사실이 아닌 허구의 이야기라고 하는데…

Q. 666개의 유리판으로 이뤄진 유리 피라미드?

A. 실제로는 603개의 다이아몬드 형태와 70개의 삼각형으로 이뤄져 있다.

Q. 소설 속에서 루브르 관장이자 시온 수도회의 수장인 자크 소니에르가 그림을 떼어내면서 작동시켰던 보안 철문은 어디에 있나?

A. 존재하지 않는 철문이다.

Q. ARAGO^{아라고}라고 적힌 동그란 모양의 동판의 정체는?

A. 파리 시내에만 135개 박아 놓은 남-북 표시 동판으로, 소설책에서는 자오선 표시라고 하지만 실제로는 프랑스 천문학자 아라고를 기념하기 위함이라고 한다.

Q. 영화에서 소피가 도청장치를 던져 버렸던 화장실 위치는?

A. 루브르 박물관 내에 존재하지 않는 화장실. 즉, 세트였다는 사실.

Q. 역피라미드 아래에는 정말 성배가 묻혀 있나?

A. 역피라미드 아래에는 지하 주차장이 있으며, 성배는 발견되지 않았다고 한다.

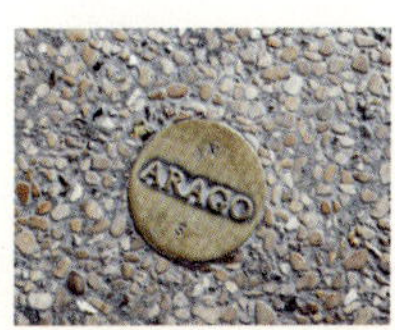

동판 아라고

TIP3 일요일에도 문을 여는 르 카루젤 뒤 루브르
(Le Carrousel du Louvre)

상점들이 문을 닫는 일요일. 쇼핑을 계획하고 있다면 정답은 루브르 박물관의 카루젤 뒤 루브르이다. 대부분의 상점이 문을 닫는 일요일에도 이곳 상점들은 문을 연다.

이곳은 유리로 된 피라미드를 통해 햇빛이 들어오기 때문에 지하에 위치해 있음에도 쾌적한 느낌이 든다. 최신 음반/DVD 매장, 수제 초콜릿으로 알려진 메종 드 쇼콜라, 헤어/액세서리 제품 등으로 유명한 아가타, 핸드 크림의 록씨땅, 디자이너 제품이 가득한 필롱, 화장품 전문점인 세포라, 프랑스의 고급차 전문 브랜드인 마리아주 프레르, 자연 친화적 제품 나튀르 앤 데쿠베르트, 애플 스토어 등 한국인들에게 잘 알려진 브랜드들이 모여 있어서 쇼핑하기에 좋다. 쇼핑을 마치고 1층에 있는 푸드 코트에서 저렴한 식사를 즐길 수 있다.

루브르 박물관 내 3개의 관과 주요 작품 소개

01 리슐리외관 Richelieu

지하 층의 제 3전시실에는 프랑스의 조각과 이슬람 미술품, 함무라비 법전이 새겨진 석판이 있으며, 1층에는 중세실, 르네상스실, 17세기실이 있고, 나폴레옹 3세실은 호화로운 장식 미술의 세계를 보여준다. 2층 회화 전시실은 플랑드르 화파와 네덜란드 화파 18전시실의 메디치 갤러리 루벤스가 마리 드 메디치의 의뢰를 받아 제작한 24점의 대형 그림이 전시되어 있다.

02 쉴리관 Shlly

지상 층에 고대 이집트, 그리스, 지중해 및 페르시아 유물을 전시하며 그 중 12전시실의 가장 완벽한 인체의 비율을 구현한 밀로의 비너스는 많이 알려져 있는 작품이다. 2층의 회화 전시관에서는 17세기부터 19세기까지의 프랑스 회화 작품을 전시하고 있다.

03 드농관 Denon

1층 전시실로 들어가는 입구에서는 여신 사모트라케의 승리의 여신 니케가 우아한 모습으로 맞이해준다. 1층에는 이탈리아 회화 전시실이 있는데, 그 중 6전시실에는 루브르박물관에서 가장 유명한 모나리자가 전시되어 있다.

04 주요 작품 소개

함무라비 법전비 Code des lois de Hammurabi

(작자 미상, 기원전 1750년)
Richelieu관 0층 Salle 3

로마법의 기초가 되는 이 법전은 바빌론 왕국이 가장 번성한 국가를 이루었을 때인 기원전 1750년 바빌론 제 1왕조의 6대왕이었던 함무라비 왕이 통치하던 시기에 만들어졌다. 함무라비 법전은 1901년 프랑스 고고학팀에 의해 현재 이란의 한 도시에서 발견되었는데, 원래 바빌론 왕국에 만들어진 법전이 왕국의 패전으로 인해 12세기경에 옮겨진 것으로 추정되고 있다. 발굴 이후 6개월간의 해독 작업 끝에 각인된 글이 해독이 되었는데, 오늘날의 민법, 상법, 형법, 재산법, 사회법을 연상시키는 내용들이 적혀 있으며, 이자 채무, 세금, 유산 상속 등 상법에 관련된 조항과 양자 입양 결혼 등의 민법 조항, 간음 절도 등에 대한 형법 조항, 공공사업에 관한 언급도 찾아 볼 수 있어서 당시 사회상도 엿볼 수 있는 귀중한 자료로 인정받고 있다.
현대법의 기초라고 불리는 로마법의 기초가 되는 법전이라고 하니 그 의의가 크다 하겠다.

밀로의 비너스 Vénus de Milo
(작자 미상, 기원전 2세기)
Sully관 0층 Salle 16

그리스인들은 인간 중심적이고 현세적인 생각을 갖고 있었다고 한다. 그들은 더욱 높은 수준의 이상적인 아름다움을 구현하기 위하여 수학적인 질서인 황금 비율을 적용하였는데, 이 〈밀로의 비너스〉는 황금 비율을 적용한 완벽한 인체의 아름다움을 구현한 작품으로 알려져 있다. 기원전 2세기에 제작된 것으로 추정되며, 1802년에 에게 해Aegean Sea의 밀로 섬에서 출토되어 〈밀로의 비너스〉라는 이름을 얻게 되었다. 높이 204cm의 크기에 두 팔이 없는 이 조각상은 8등신의 몸매에 탄탄한 복근이 있는 배와 동그란 가슴 라인이 아름다우며, 매끄러운 표면으로 피부가 표현되어 있다. 허리와 엉덩이의 비율이 1 : 1.618로 황금 비율을 보여 주고 있으며 흘러내리는 천을 멈추려는 듯, 오른쪽 다리에 무게 중심을 두고 왼쪽 다리를 살짝 구부린 모습과 천의 섬세한 주름 등을 통해 생동감 있는 움직임과 관능미를 우아하게 표현하고 있다.

사모트라케의 니케
Victoire de Samothrace Niké
(작자 미상, 기원전 190년)
Denon관 0층 Escalier daru (다뤼 계단)

뱃머리에 살짝 내려선 승리의 여신 니케. 한 발은 안착했지만 나머지 한 발은 아직 닿지 않았고, 강한 맞바람이 하늘하늘한 소재의 옷을 몸에 달라붙게 하여 아름다운 육체의 선이 여실히 드러난다. 두 날개의 깃털 하나하나가 사실적이며 몸짓이 우아하다. 이 작품은 머리기 없고 두 팔이 떨어져 나가 있음에도 불구하고, 어떻게 대리석으로 이렇게 정교하면서 생동감 있는 작품을 만들었을까 히는 감탄이 나온다. 헬레니즘 시대의 뛰어난 조각 작품으로 기원전 190년경, 로도스의 유다모스는 안티오코스 3세와의 시데 해전에서 승리를 거두고, 그 승리를 기념하여 총 2.45m 정도의 높이로 최고급 대리석인 파로스 대리석을 깎아 승리의 여신상을 전승 기념물로 만들어 사모트라케 섬에 세운 것으로 추정한다. 1863년 프랑스 영사 샹푸아소가 사모트라케 섬에서 캐낸 승리의 여신 니케는 발견 당시 100토막이 넘게 산산조각난 돌무더기에 불과했다. 하지만 루브르 복원팀이 아주 완벽하게 복원에 성공함으로써 그 누구도 예상하지 못했던 자태를 뽐내며 부활하게 된 것이라고 하니 더욱 놀라움을 금할 수 없다.
1950년 발견된 손목부터 손가락까지의 오른손 토막을 통해, 승리의 나팔을 부는 모습이라든가, 월계수 화관을 들고 있었다는 등 여신의 몸짓에 대한 여러 추정이 나오고 있다.

요한복음 2장 1~11절에 나오는 가나의 혼인잔치에서 일어난 예수님의 기적을 그린 작품으로, 1562년에 이탈리아의 베니스에 있는 산조르조마조레San Giorgio Maggiore 수도원 식당의 그림으로 주문받은 작품이다. 풍부한 색채와 대범한 스케일의 화면 구성으로 베네치아 화풍의 독특한 성격을 보여주는 화가 베로네제의 작품으로, 위풍 있는 건축물을 무대로 하여 벌어진 성대한 잔치 장면은 성서가 전하는 유대인들의 혼인잔치가 아니라 당대의 인물과 풍속으로 대체되었다.

혼인잔치가 열리는 곳은 이탈리아 베로나 지역에서 출토된 빛깔의 대리석으로 만든 코린트식 주두가 돋보이는 건물로, 건물의 난간에서 음식을 준비하고 술과 음식을 날라오는 사람들 아래로 가로로 길게 'ㄷ'자 형식으로 잔칫상이 놓여져 있는데, 이곳 중앙에는 예수님과 성모 마리아가 앉아 있고 그 외 사람들은 당대 이탈리아 귀족이거나, 이국적인 의상을 입은 동방 사람들로 묘사하였다. 이 잔치의 주인공인 신랑, 신부는 왼편 가장 앞쪽에 있다. 하객과 하인들 모두 합쳐 약 130명의 인물들이 모여 있는 이 작품은 높이 6m에 길이가 9m가 넘는 초대형 그림이며, 루브르 박물관에서 가장 큰 그림으로 알려져 있다. 때문에 감상 시 그림 가까이에 서서 이리저리 움직이며 그림에 몰입해 본다면, 하객들의 웃음소리, 시종을 부르는 소리, 음악 소리, 술이 따라지는 소리가 들리는 듯하며 그림 속에 흡수되어 특별한 잔칫날의 즐거움을 함께 경험해 볼 수 있을 것이다.

신고전주의 미술의 창시자라고 불리는 다비드의 1807년 작품으로 1804년 12월 4일 파리 노트르담 성당에서 거행되었던 나폴레옹의 대관식을 그린 것이다. 이 그림에는 나폴레옹 스스로가 대관한 후에 황후가 될 조세핀에게 관을 씌워 주는 장면이 묘사되어 있으며, 교황 비오 7세가 나폴레옹의 등 뒤에서 축복하는 모습이 보인다. 이러한 구성은 나폴레옹의 권력이 스스로의 힘에 의해 만들어진 것이라는 암시를 하고 있다. 작품에 묘사되어 있는 100여 명의 주변 인물들은 실제 대관식에 참석한 인물들이다. 작가는 정확하고 섬세한 묘사를 위해 이 작품이 만들어지는 기간 동안 등장 인물을 따로 불러서 그들의 초상화를 그려 넣었다고 한다.

하지만 실제 대관식에 참석하지 않았음에도 불구하고 그려진 인물이 있었으니, 바로 그의 어머니 레티치아였다. 나폴레옹 어머니 레티치아는 조세핀과의 결혼을 반대하여 이날 대관식에도 참석하지 않았지만, 작가는 가족과의 불화를 겪고 있는 나폴레옹의 치부를 감추기 위해 나폴레옹 앞에 있는 십자가 뒷편의 귀빈석에 그의 어머니가 착석한 모습을 그렸다. 나폴레옹은 이 작품을 보고 굉장히 흡족해 했다고 한다. 그의 위풍당당한 모습과 조세핀의 뛰어난 아름다움의 묘사, 고전적인 우아함과 웅장한 분위기가 물씬 풍기는 구도와 개체들의 섬세한 묘사, 풍부한 색채, 세련된 형태미는 이 작품에 빠져들게 하는 주요 요소라고 생각된다. 1810년 이 작품으로 다비드는 프랑스 최고 훈장인 〈레종도뇌르 훈장Légion d'honneur〉을 수여받기도 한다.

베르사유 궁전에 가면, 이 작품과 쌍둥이처럼 꼭 빼닮은 〈나폴레옹 1세 대관식〉이 있다. (P362 참조)

모나리자 Monna Lisa, La Joconde

(레오나르도 다빈치Leonardo da Vinci, 1503~1506)
Denon관 1층 Salle 7

레오나르도 다빈치의 걸작 〈모나리자〉에서 '모나Mona'는 이탈리아어로 유부녀에 대한 경칭이며, '리자Lisa'는 피렌체의 부유한 상인 지오콘 부인의 이름으로, 모나리자라는 작품명 대신 〈라 지오콘〉으로 불리기도 한다.

명실상부 루브르 박물관에서 가장 유명한 작품이며, 전세계에서 이 그림을 보러 오는 이들로 인하여 작품 앞은 늘 북적이고, 작품에 방탄 유리까지 설치된 채 전시되어 있다. 안정적인 삼각형 구도를 이루고 있는 여인의 상체는 정면이 아니라 오른쪽으로 약간 틀어져 있는 반측면의 모습으로, 관람자가 보는 위치에 따라 달라 보인다. 속눈썹과 눈썹이 없는 것은 미완성의 표시가 아니라 당시 이마를 넓게 보이게 하려는 화장법으로 알려져 있으며, 눈과 입주변의 윤곽을 손가락으로 문질러 지우는 스푸마토Sfumato 기법으로 그려져 묘한 느낌을 준다. 배경은 가까운 곳으로 명확하게 보이는 붉은색과 멀리 물러나는 듯 보이는 푸른색의 특징을 통해 대기를 묘사하여 공간감을 표현하는 방식인 '대기 원근법'을 사용하였고, 실제 자연에서 관찰되는 지리학적 특징들을 반영하여 몽환적 느낌으로 표현하였다.

이탈리아의 거장 레오나르도 다빈치의 최고의 작품이 왜 프랑스에 있을까?

당시 이탈리아에서 발달한 르네상스 형식의 예술, 건축물의 문화를 보고 한눈에 반해 버린 프랑수아 1세는 프랑스에서도 르네상스와 같은 우아하고 아름다운 문화를 발전시키고 싶어서, 당시 최고의 예술가로 알려져 있었던 레오나르도 다빈치를 초청하였다고 한다. 레오나르도 다빈치는 초청에 응하였고, 1516년 프랑스로 이주할 때 바로 이 걸작품 〈모나리자〉를 프랑스로 가지고 왔었다고 한다. 그는 프랑스의 루아르 지역에 있는 끌로뤼세Clos Lucé라는 성에서 숨을 거두면서 자신의 마지막 후원자였던 프랑수아 1세에게 이 작품을 선물로 주었다고 전해진다.

롤랭 대주교와 성모 La Vierge du chancelier Rolin

(얀 반 에이크Jan Van Eyck, 15세기경)
Richelieu관 2층 Salle 5

왼쪽에 화려하게 수 놓아진 옷을 입고 있는 근엄한 얼굴의 모델은 40년 넘게 부르고뉴 공국의 재상이었던 니콜라스 롤랭이다. 부르고뉴 공국은 현재 디종Dijon이라는 도시를 수도로 두고 있는 파리에서 300km 정도 떨어진 지역이다. 이 작품은 예수님과 성모 마리아 앞에서 기도하는 롤랭 재상의 모습을 그린 초상화로, 플랑드르 회화 작가인 얀반 에이크의 놀라운 묘사력을 보여주고 있다. 얀 반 에이크는 유화의 발명자로도 알려져 있다.

한 천사가 성모의 머리 위에 왕관을 씌우려 하고 있고, 아기 예수는 롤랭 재상에게 축성을 내리고 있다. 이들이 있는 아치가 있는 회랑은 기하학적 문양의 대리석 바닥으로 이뤄져 있다. 롤랭 재상과 성모 마리아 뒤쪽 아치 밑에는 작지만 섬세하게 장미꽃과 백합(성모 마리아의 상징), 공작새 세 마리(불멸의 상징)가 그려져 있다. 롤랭 재상의 뒤쪽 원경에는 세속적인 도시의 모습(주택과 건물, 언덕 위에 펼쳐진 포도밭)이 그려져 있고, 오른쪽 성모 마리아의 뒤쪽 원경에는 천상의 모습(커다란 고딕 양식의 성당)이 묘사되어 있다. 이 두 지역을 잇는 아치형의 다리에서는 사람들 모습을 볼 수 있다.

나무판에 그려진 55cm 가량의 이 작품을 대할 때에는 돋보기를 준비하는 것이 좋다. 돋보기를 가져와서 보면, 너무나도 작게 그려진 그림들에서조차 극도로 세밀하고 사실적인 묘사와 놀라우리만큼 완벽한 마무리를 발견할 수 있다.

메두사호의 뗏목 Le radeau de la Méduse

(테오르드 제리코Théodore Géricault, 1819)

Denon관 1층 Salle 77

왼쪽으로부터 파도가 크게 일어 돛을 덮치려 하고, 왼쪽 아래의 두 구의 시체 중 한 구가 서서히 바다로 미끄러져 간다. 오른쪽에 위치한 사람들은 절망 속에서 구조선이 오기를 기다리며 필사적인 구호의 몸부림을 치고 있지만 왼쪽 아래에 있는 사람은 죽은 동료의 시체를 안고는 허망한 모습으로 상념에 잠겨 있다.

삼각형의 구도 속에서 여실히 드러나 보이는 삶과 죽음의 극적인 표현이 뛰어난 이 작품은 400여 명을 태우고 식민지인 세네갈로 항해하던 중 암초에 부딪혀 난파되었던 프랑스 배 메두사호가 12일 동안 표류하게 되면서 겪게 된 일을 재구성하여 작품화한 것이다. 사람들은 대부분 파도에 휩쓸려 죽거나 굶주림과 목마름으로 죽어갔고, 그 죽음의 그림자 속에서 기적적으로 생존한 사람은 15명이었다고 한다. 살아남은 자들은 기아로 인해 시체를 뜯어 먹어야 했고, 병마와 고통과 싸워야 했다.

이 작품을 그린 제리코는 정부가 은폐하려는 이 비극적인 사건을 그리기 위해 생존자를 만나고 시체 안치소에서 시체 연구를 하였으며, 생동감 있는 표현을 위해 목수를 시켜 뗏목의 모형을 만들기도 하는 등의 노력을 했다고 한다.

루브르 박물관 빨리 들어가기
카루젤 개선문을 루브르 박물관 쪽에서 바라본 기준으로 오른쪽에는 내리막길로 나 있는 계단이 있다. (화살표로 표시한 지점) 루브르 방문관 입장 시 유리 피라미드 입구에 사람이 많을 때는 이 쪽을 이용하는 것도 시간을 아낄 수 있는 방법이다.

02

Arc du Triomphe Carrousel
아끄 뒤 트히옴프 까후젤

카루젤 개선문

주소 Place du Carrousel, 75001 Paris
지하철 M 1·7 Palais Royal Musée du Louvre

루브르 박물관의 유리 피라미드 건너편 튈르리 정원에 세워진 이 개선문은 오스텔리츠 전투에서 승리한 나폴레옹이 세운 8개의 기둥을 가진 개선문으로, 로마의 콘스탄티누스 개선문을 본 떠 만들었으나 나폴레옹이 생각보다 크기가 작은 것에 실망하여 에뚜알 광장에 높이 30m의 개선문을 건축하는 계기가 된 것으로 알려져 있다.

건축 당시 카루젤 개선문의 꼭대기에는 나폴레옹이 베네치아에서 가져온 네 마리의 말이 얹어져 있었으나 그가 실각한 후 마차를 탄 여신상으로 바뀌었다. 이 개선문은 지금은 소실되어 자취를 발견할 수 없는 튈르리 궁전의 출구 역할을 하던 문이라고 하니, 당시 지어졌던 튈르리 궁전의 규모를 살짝 짐작할 수 있다.

이곳에서 샹젤리제 거리를 바라보면 멀리 일직선상에서 에뚜알 개선문을 발견할 수 있어서, 일직선으로 기획된 중심 도로의 모습을 짐작할 수 있다. (P123 참조)

03

Musée des Arts décoratifs
뮤제 데 자흐 데꼬하티프

장식예술박물관

Web www.lesartsdecoratifs.fr

주소 107 rue de Rivoli, 75001 Paris

전화번호 01 44 55 57 50

운영 시간 화~일요일 : 11H~18H *17H30까지 입장 가능, 목요일 : 11H~21H *20H30까지 입장 가능

휴일 월요일

입장료 일반 9.5€, 학생 8€

가는 방법 M 1·7 Palais Royal Musée du Louvre

유명한 디자이너들이 박물관에 전시되어 있는 유물들을 통하여 작품의 모티브를 찾기도 한다는 것은 이미 잘 알려진 이야기이다. 많은 관광객들이 찾는 곳은 아니지만, 패션, 장신구, 가구, 시각 디자인, 광고 등 디자인 관련 직종이나 학업에 몸담고 있는 사람이라면, 반드시 들러보기를 추천하는 한 박물관을 소개한다.

이곳은 16세기부터 만들어진 직물과 의복, 귀걸이, 목걸이 등의 보석을 포함한 장신구들을 볼 수 있는 곳이다. 무려 86,000여 개나 되는 이 박물관의 소장품은 90%가 제품을 만든 사람이나 소장가의 기부에 의한 것이라고 한다. 예스러운 물건들뿐만 아니라, 현재 패션의 거장이라고 불리는 샤넬Chanel, 피에르발망Pierre Balmain, 크리스챤 디올Christian Dior, 입생로랑YvesSaint-Laurent, 크리스티앙 라크로와Christian Lacroix, 알렉산드르 막크퀸Alexander McQueen 등의 작품들도 함께 전시되고 있다.

특별 전시는 시기에 따라 다양한 주제로 기획, 구성되어 디자인적으로 흥미롭고 새로우며, 기발한 아이디어의 작품들을 볼 수 있는 전시가 주로 기획되고 있다.

이곳은 루브르 박물관에서 도보 2분 거리에 위치하고 있다.

04

Jardin des Tuileries

자흐당 드 뛸르히

튈르리 정원

주소 Place de la Concorde, 75008 Paris
가는 방법 M 1•8•12 Concorde 또는 M1 Tuileries

파리에 살면서 가장 좋았던 것 중의 하나가 산책과 조깅, 피크닉, 일광욕 등을 즐길 수 있는 크고 작은 공원이 많다는 점이었다. 이른 아침이나 휴일에 도보로 가서 시간을 보낼 수 있는 예쁜 공원들이 있다는 것이 마음에 평안을 주고, 사색과 명상의 시간을 가질 수 있도록 도와준다는 것을 알게 된 것도 이때의 경험 때문이었다. 그래서 나는 마음의 여유 없이 바쁠 때에는 잠시라도 시간을 내어 걷는 시간을 갖는다. '급할수록 돌아가라'는 속담은 모두가 잘 알고 있는 속담이지만, 어떻게 돌아가야 할지 몰라서 사색의 시간들을 포기하고 시간에 쫓기며 삶을 살아가던 나에게 잠시의 시간만 있으면 풀밭에서의 뒹굴거리는 파리지앵들의 모습은 어떻게 살 것인가에 대한 성찰을 할 수 있게 해주었다. 그들은 공원뿐만 아니라, 건물의 계단, 길거리 등 어디든 휴식과 여유를 즐길 수 있는 공간만 있으면 앉거나 누워 햇빛과 바람, 대화와 사색을 즐긴다.

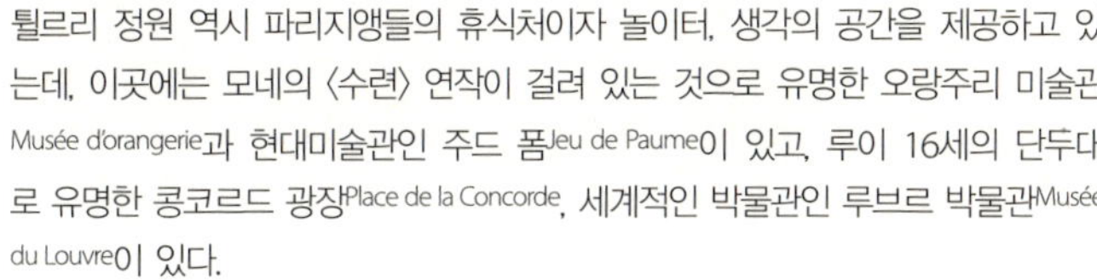

틸르리 정원 역시 파리지앵들의 휴식처이자 놀이터, 생각의 공간을 제공하고 있는데, 이곳에는 모네의 〈수련〉 연작이 걸려 있는 것으로 유명한 오랑주리 미술관 Musée d'orangerie과 현대미술관인 주드 폼Jeu de Paume이 있고, 루이 16세의 단두대로 유명한 콩코르드 광장Place de la Concorde, 세계적인 박물관인 루브르 박물관Musée du Louvre이 있다.

공원 곳곳에 세워져 있는100여 점의 18, 19세기 조각 작품들이 고즈넉한 운치를 더하는 틸르리 정원은 중앙에 위치한 팔각형 인공 호수 가장자리로 아름드리 나무가 키워지고 있고, 그 주변은 산책을 즐기는 사람들, 의자에 몸을 기대고 책을 읽거나 사색에 잠긴 사람들, 조깅을 하는 사람들로 가득 차 있다.

이곳은 16세기 앙리 2세의 왕비인 이탈리아 출신 카트린 드 메디치Catherine de Médicis가 자신의 고국 스타일의 정원을 만들게 한 것이 계기가 되었으나, 샹티이, 퐁텐블로, 보르비콩트, 베르사유 궁전 조경 등 프랑스 주요 성의 정원 설계를 맡았던 앙드레 르 노트르André Le Nôtre : 17세기 프랑스 조경 건축가로 기하학적으로 정연하세 구성되는 프랑스식 정원 양식을 만든 창시자가 프랑스식 정원으로 설계하고 1664년 완성하였다. 설계 당시 틸르리 궁전이 함께 지어졌으나 1871년 파리코뮌1871년 3월 28일부터 5월 28일 사이에 파리 시민과 노동자들의 봉기에 의해서 수립된 혁명적 자치 정부시가전 중 궁전은 소실되었고 정원의 모습만 볼 수 있게 되었다.

루브르 박물관에 입장하기 전 혹은 박물관 관람 후 파리지앵들처럼 벤치에 기대앉아 미리 준비한 샌드위치를 베어 물어보자.

1 틸르리 정원의 인공 호수와 여유로운 사람들. 오벨리스크와 개선문이 보인다.
2 정원의 모습
3 틸르리 정원에서 바라본 루브르 박물관
4 날씨 좋은 날이면 자리 쟁탈전이 벌어지는 틸르리 공원의 녹색 벤치

05

Musée d'orangerie

뮤제 도항주리

오랑주리 미술관

Web www.musee-orangerie.fr

주소 Place de la Concorde, 75008 Paris

전화번호 01 44 77 80 07

운영 시간 9H~18H *17H30까지 입장 가능

휴일 화요일, 5/1, 7/14 오전, 12/25

입장료 일반 7.5€, 학생 5€(매달 첫째 일요일 무료)
*오랑주리미술관+오르세미술관 통합 입장권 : 14€(오랑주리미술관 단독 입장권 : 7.5€, 오르세미술관 단독 입장권 : 8€)

가는 방법 M 1•8•12 Concorde

틸르리 정원 내에 위치한 오랑주리 미술관은 6여 년간의 대대적인 공사를 마치고 2006년 재개관했다. 원래 틸르리 궁전의 오렌지 나무 온실이 있던 자리에 지어졌다고 해서 '오랑주리 미술관'이라는 이름을 얻게 된 이 미술관은 새 단장 후 인상주의의 창시자라고 불리는 클로드 모네가 그의 인생 말년에 그린 수련 연작을 감상하기에 최적의 장소가 되었다. 그 이유는 이 미술관의 전시관 자체를 모네의 수련 연작 작품 크기에 맞춰 타원형으로 만들었기 때문이다. 한 방의 벽을 가득 메울 정도로 큰 크기의 작품은 그가 살았던 지베르니의 저택에 꾸며 둔 호수의 모습을 그린 것인데, 빛과 공기를 충분히 머금은 듯한 그의 부드러운 색감과 섬세하게 흐르는 터치가 가득한 작품이다. 이 대작을 자연 채광을 이용한 완벽한 장소에서 감상할 수 있다는 사실이 그림을 감상하는 이에게 더욱 큰 감동을 준다. 책의 후반부에서 소개하는 지베르니(P375 참조)에 다녀온 후 관람하면 더 생생한 감동을 느낄 수 있을 것이다.

작품 관람 시 사진 촬영은 허용되나 플레시 사용은 작품 훼손의 이유로 엄격히 금하고 있으니 주의하자.

오랑주리 미술관의 제 3전시실에는 1927년 미술관 개관 이래 인상파에서 1930년까지의 근대 회화 중심으로 피카소, 세잔, 르누아르 등의 작품을 전시하고 있으며, 그 수준과 기획력이 뛰어나므로 기대하고 둘러보아도 좋을 곳이다. 규모가 크지 않고 핵심적인 주요 작품이 전시되어 있어서 편안하게 작품을 감상할 수 있다.

TIP **미술관 입장료와 금같이 소중한 시간 이렇게 아끼자!**

일정이 바쁜 여행자들에게는 입장 대기줄을 기다리는 시간도 금같이 귀하다. 오랑주리 미술관과 오르세 미술관 모두를 방문할 계획이라면, 통합 입장권을 구매하길 추천한다. 입장료도 조금 절약되는 데다 통합 입장권을 사용하게 되면 일반 줄에 비해 입장 대기줄이 훨씬 짧은 〈티켓 소지자를 위한 입구〉로 들어갈 수 있기 때문이다. 보통 오랑주리 미술관보다 오르세 미술관이 입장 대기줄이 길 때가 많기 때문에 오랑주리 미술관을 먼저 방문해서 통합 티켓을 구매하고, 4일 안에 오르세 미술관을 방문하면 좋다. 오랑주리 미술관과 오르세 미술관은 도보 15분 거리에 있다. 구매할 때는 해당 미술관에서 통합 티켓으로 사겠다고 하면 된다.

Un Billet jumelé Musée de l'Orangerie et Musée d'Orsay, S'il vous plaît! 엉 비에 주믈레 뮤데 드 로랑주히 에 뮤제 독세, 씰 부쁠레

1, 2 오랑주리 미술관
3, 4 모네의 수련 연작

06

Jeu de Paume

주 드 폼

주 드 폼

Web www.jeudepaume.org
주소 1 place de la Concorde, 75008 Paris
전화번호 01 47 03 12 50
운영 시간 화요일 : 11H~21H, 수~일요일 : 11H~19H
*관람 종료 시간 30분 전까지 입장 가능
휴일 월요일, 공휴일, 1/1, 5/1, 12/25
예외) 12/24, 12/31은 17시에 관람 종료
입장료 일반 8.5€, 학생 5.5€ *매달 마지막 화요일, 17시 이후 입장 시 학생과 만 25세까지 무료 입장 가능 (단, 여권, 학생증 반드시 지참)
가는 방법 M 1·8·12 Concorde

콩코르드 광장에 있는 튈르리 공원의 입구를 바라보았을 때 왼쪽에 위치한 곳으로, 오랑주리 미술관과 쌍둥이처럼 똑같이 생긴 건물에 있는 주 드 폼은 현대미술전시관이다. 관광객보다는 예술 관련 전공을 하는 현지인들에게 유명한 이곳은 19~20세기의 사진, 비디오, 뉴미디어 작품을 주로 선보이는 갤러리이다.

현대미술을 전공한 필자에게 이곳은 전시가 있을 때면 놓치지 않고 반드시 방문해야 하는 장소였다. 파격적이고 신선하며 실험적인 감각의 현재 나와 같은 시대를 살고 있는 작가들의 작품들이 뛰어난 기획력으로 구현되는 장소이기 때문에, 현대 미술에 조예가 깊은 사람이나 관련 전공자들은 꼭 둘러보기를 추천한다.

전시 준비를 위해 문을 닫을 때도 있으니, 헛걸음을 하지 않기 위해서는 전시일정을 미리 홈페이지에서 체크하고 가는 것이 좋다.

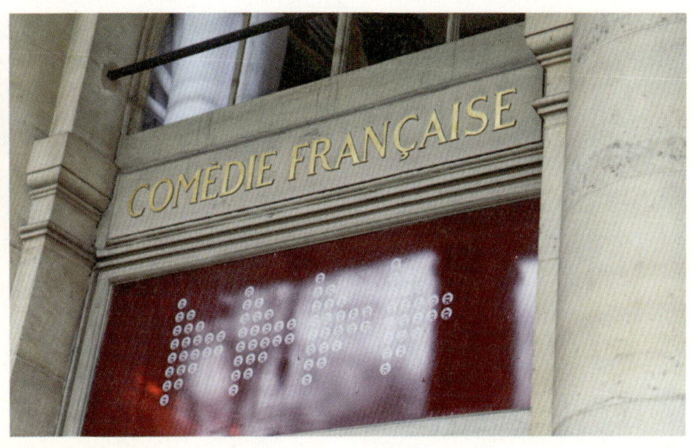

루브르 박물관의 역 피라미드 앞에 있는 코메디 프랑세즈 기념품과 입장권 파는 곳. 공연 관련 음악. 영상 자료와 표 구입이 가능하다.

07

Comédie-Française

꼬메디 프항세즈

코메디 프랑세즈

Web www.comedie-francaise.fr
주소 Place Colette, 75001 Paris
전화번호 08 25 10 16 80
가는 방법 M 1•7 Palais Royal Musée du Louvre

1680년에 지어진 건물로 영국의 '로열 셰익스피어', 러시아의 '말리 극장'과 함께 세계 3대 극단 중 하나로 꼽힌다. 17세기 고전극이 주로 열리고, 입장료와 작품명은 홈페이지를 통해 확인이 가능하다. 루브르 박물관 역 피라미드가 있는 공간에서 코메디 프랑세즈 부티크에 가면, 일 년 동안의 공연 계획이 나와 있는 브로셔를 무료로 받을 수 있으며, 입장권 구매도 가능하다

고전작품을 주로 다루기 때문에 약간 지루한 느낌이 들 수도 있지만, 프랑스 전통 연극 공연에 관심이 있다면 추천할 만하다. 무엇보다 전통 있는 건물에서 즐기는 공연이라서 더욱 특별하다.

표는 코메디 프랑세즈 극장에 문의하거나, 루브르 박물관의 역 피라미드 앞에 있는 코메디 프랑세즈 부티크에서도 문의 및 구입 가능하다.

TIP

카페 르 느무르 Café Le Nemours

코메디 프랑세즈 오른편에 위치한 카페 르 느무르는 안젤리나 졸리와 조니뎁 주연의 영화 〈투어리스트〉에 등장하는 카페이다. 여주인공이 커피를 마시며 편지를 불태우는 장면을 찍은 이곳은 로얄 궁전 정문 기둥의 바로 앞에 위치해 있다.

루이 13세 때의 재상인 리슐리외Cardinal Richelieu의 저택으로 다니엘 뷔랑Daniel Buren의 설치 미술을 볼 수 있는 곳이다. 이 건물의 안뜰 회랑에는 좋은 레스토랑과 부티크들이 있으며, 리슐리외 정원에서는 햇빛 좋은날 여유를 즐기고 있는 파리지앵들의 모습을 볼 수 있다.

다니엘 뷔랑이 260개의 대리석 기둥에 검정색과 흰색으로 스트라이프Stripe 무늬를 그려 넣어 진열한 설치 미술 작품은 〈두 개의 고원Les Deux Plateaux〉이라는 제목으로 1986년에 완성된 것이다.

08

Palais Royal
빨레 호아얄

로얄 궁전

주소 Place du Palais Royal, 75001 Paris
입장료 무료
가는 방법 M 1•7 Palais Royal Musée du Louvre

다니엘 뷔랑 Daniel Buren

TIP

1938년에 태어난 프랑스 작가로, 정형화된 회화의 개념을 비판하고, 새로운 콘셉트의 시각 예술을 추구한 개념 미술Art Conceptuel 작가이다. 그의 고유한 스타일을 나타내는 시그너처Signature인 스트라이프Stripe 무늬는, 그가 1965년 몽마르트르 주변에 위치한 직물 시장인 생 피에르 시장Marché Saint Pierre을 거닐다가 우연히 발견한 블라인드용 줄무늬 천에서 영감을 얻은 것이라고 한다. 그는 흔하고 보편적인 스트라이프 무늬를 미술관, 공공장소 등에 배치함으로써 그 장소 자체가 작품이 되도록 하였고 그곳을 방문한 관람객들이 예술 작품으로 탄생한 공간을 통해 새로운 시각적 경험을 할 수 있도록 하였다. '예술'이라는 어렵게 포장되어 있는 장르가 아닌 개성을 무시한 줄무늬를 이용한 작품으로 대중과 예술과의 거리를 좁히고, 좀 더 가깝게 소통하고자 했던 그의 생각이 담겨 있는 듯하다.

루이 14세의 기마상을 세우기 위해 설계된 광장이었으나 프랑스 혁명 때 기마상이 파괴되었고, 그 후 원래 이땅의 주인인 방돔 공작의 이름을 따서 '방돔 광장'이라 불리게 되었다. 광장 중앙에는 나폴레옹 1세의 1805년 오스테를리츠 전투 승전 기념탑이 세워져 있는데, 이것은 적으로부터 빼앗은 1,250개의 대포를 녹여서 만들었다고 한다. 44m의 탑에는 전투 장면들이 조각되어 있다. 원기둥 꼭대기의 동상은 시대마다 바뀌었는데, 처음에는 카이사르 복장을 한 나폴레옹이 세워졌으며, 나폴레옹의 실각 후에는 앙리 4세의 동상이 세워졌고, 그 후 루이 18세에 의해 군복을 입은 나폴레옹의 동상으로 다시 바뀌게 되어 지금의 형상을 유지하고 있다.

09

Place Vendôme

쁠라스 방돔

방돔 광장

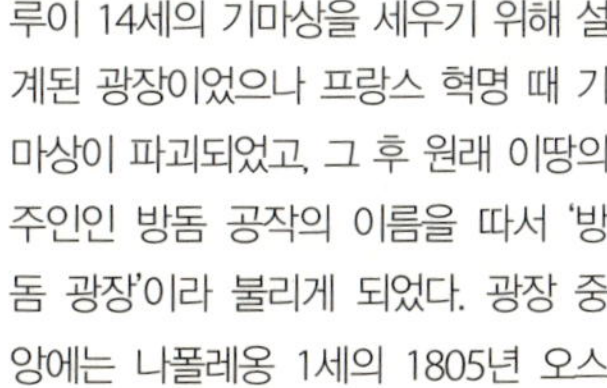

주소 Place Vendôme, 75001 Paris
가는 방법 M1 Tuileries, M 7·14 Pyramides

광장 주변으로 고급 호텔과 유명 브랜드점이 들어서 있어 파리 부자들의 발길이 끊이지 않으며, 쇼메, 미키모토 샤넬 등 보석을 사랑하는 사람이라면 이름만 들어도 가슴 설레는 세계 최고의 주얼리 숍들이 모여 있는 곳이다.

크리스마스 장식으로 파리가 특별히 아름다워지는 12월에 파리에 머물게 된다면 반드시 해가 진 후에 방돔 광장을 방문하도록 히지. 가로등과 함께 각종 장식들이 불빛을 뿜어내어 낮보다 훨씬 화려하고 우아한 모습의 광장으로 변하기 때문이다. 파리의 뼈가 시린 추위를 잊어버릴 만큼 아름답다. 고급스러운 상점들의 우아하게 꾸민 크리스마스 장식도 함께 즐기자.

* 방돔 광장 12번지는1849년 사망 때까지 쇼팽이 살던 곳이다.

1764년, 루이 15세 때에 건축을 시작하였으나 1842년이 되어서야 완공을 하게 되었다. 의회, 재판소, 도서관 등 다양한 용도로 사용되다가 루이 18세 때에 카톨릭 성당으로 용도가 바뀐다. 그리스 신전 스타일의 외관으로 코린트 양식의 기둥이 둘러싼 외벽에는 성인들의 조각이 있으며, 내부는 19세기 조각으로 꾸며진 아름다운 성당이다.

매주 일요일 9시 30분, 11시에는 성가와 오르간 연주가 펼쳐진다. 이 성당 주변으로 최고급 식재료를 판매하는 것으로 알려진 에디아르, 포숑 등의 상점들과 마리아주 프레르, 니콜라스 같은 기호 식품 상점(뒤 코너에서 소개) 등이 있으니, 관심이 있는 사람이라면 들러보자.

10

Église de la Madeleine
에글리즈 드 라 마들렌

마들렌 성당

Web www.eglise-lamadeleine.com
주소 Place de la Madeleine, 75008 Paris
전화번호 01 44 51 69 00
운영 시간 매일 9H30~19H
가는 방법 M 8·12·14 Madeleine

TIP 그리스 양식 건축물의 기둥에는 세 가지 중요한 양식이 있는데, 각각의 양식은 기둥 머리(주두) 부분을 통해 가장 간단하게 구별할 수 있다.

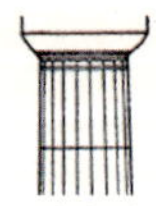

도리아 양식   이오니아 양식   코린트 양식

도리아 양식(Doric order) : 단순하고, 장엄하고 남성적인 느낌의 기둥 양식

이오니아 양식(Ionic order) : 기둥의 머리 부분(주두)이 양의 뿔처럼 둥글게 말린 모양으로 섬세하고 우아한 느낌의 기둥 양식

코린트 양식(Corinthian order) : 아칸더스[Acanthus] 잎과 덩쿨이 얽힌 모양으로 만들어져서 모양이 화려하며, 신전 등 가장 중요한 건축물에 많이 사용되었던 기둥 양식

11

Musée du Parfum Fragonard

뮤제 듀 파팡 프하고나흐

프라고나르 향수 박물관

Web www.fragonard.com

주소 9 rue Scribe, 75009 PARIS

전화번호 01 47 42 04 56

운영 시간 월~토요일 : 9H~18H, 일요일/공휴일 : 9H~17H

가는 방법 M 3·7·8 Opéra

향수를 제조하거나 관심이 있는사람이라면 한 번쯤 가 보고 싶어하는 도시 그라스Grasse는 프랑스 남쪽에 위치한 작은 도시로, 파트리크 쥐스킨트Patrick Suskind의 소설 〈향수—어느 살인자의 이야기〉의 배경이 되는 곳이기도 한다. 이 지역은 온화한 기후이면서 향수의 원료가 되는 장미, 자스민, 라벤더 등 다양한 식물이 자라고 있어서, 향수의 고향, 향수의 중심 도시라고 불리고 있다.

프라고나르 향수 박물관은 오랜 역사를 가진 그라스의 향수 회사인 프라고나르Fragonard가 운영하는 곳이다. 19세기 중반에 건축된 저택을 박물관으로 개조하여 1983년 문을 연 곳으로 화려한 내부 장식이 돋보이며, 향수병 디자인의 역사와 제조 방법 등을 볼 수 있는 전시들이 있어 향수 역사에 대한 이해를 돕는다. 관람 후 상점에서 마음에 드는 상품을 구입할 수도 있다.

12

Opéra Garnier

오페하 가흐니에

오페라 가르니에

Web www.operadeparis.fr

주소 Place de l'Opéra, 75009 Paris

전화번호 01 72 29 35 35

운영 시간 10H~17H *16H30까지 입장 가능

휴일 월요일, 1/1, 5/1

입장료 일반 9€, 학생 6€, 만 10세 이하 어린이 무료

가이드 투어(영어) : 매주 수/토/일요일 11H30, 14H30

*비용은 13,5€, 26세 이하 9,5€ (자세한 내용은 홈페이지나 매표소에 확인)

가는 방법 M 3·7·8 Opéra

건물의 외관만으로도 화려하고 고급스러운 파리의 일면을 느낄 수 있는 이 건축물은 1875년 19세기 프랑스를 대표하는 건축가 장 루이 샤를 가르니에Jean-Louis-Charles Garnier(1825~1898)가 설계를 맡은 오페라 하우스이다. 나폴레옹 3세의 지휘하에 파리의 도시 계획과 정비가 한창이었던 1861년 오페라 재건축을 위해 있었던 콩쿠르에서 대상을 받은 작품으로, 건축 당시에는 Opéra de Paris파리의 오페라라고 불렸으나 1989년 Opéra Bastille오페라 바스티유가 건축되면서 건축가의 이름을 따서 오페라 가르니에Opéra Garnier로 불린다.

이곳은 프랑스 작가 가스통 르루Gaston Leroux의 소설 〈오페라의 유령〉의 배경이 된 극장으로도 유명한데, 천재적인 음악성을 지녔지만 추악한 얼굴 때문에 사람들 앞에 나서지 못하고 유령 행세를 하는 한 남성이 사랑하는 여가수 크리스틴을 돕는 장소가 바로 이 오페라 극장이다.

초창기에는 오페라 공연 위주의 장소였으나, 1989년 바스티유 오페라 극장 완공 후 발레 공연이 더 많아지고 있다. 기회가 된다면 발레 공연 일정을 확인해 보자. 학생이면 10€ 미만으로 가장 저렴한 좌석에서 관람을 할 수 있다. 좋은 좌석에 비해서는 부족함이 많겠지만, 아름다운 오페라 가르니

에에서 관람하는 발레 공연인 만큼 큰 감동으로 다가올 것이다. 공연 관람 시에는 청바지나 운동화 등 너무 캐주얼한 복장은 피하는 것이 좋다.

공연을 볼 여유가 되지 않는다면 공연이 없는 시간을 이용해 제공하는 가이드 투어에 참가하면 좋다. 홈페이지를 통해 정확한 스케줄은 확인하고 가도록 하자.

몽환적이면서도 환상적인 1964년 마르크 샤갈이 그린 대형 천장화도 놓치지 말자.

화려하고 장식적인 요소가 가득한 방들을 구경하는 것도 큰 재미이며, 무용수들의 아기자기하고 예쁜 소품, 옷, 신발 등을 전시하고 있는 전시관은 반드시 구경해 보자. 고즈넉한 느낌이 매력적인 기념 부티크 숍에는 공연 DVD, 클래식 음악 CD, 발레리나들의 모습을 만든 작은 오브제 작품이나 그림, 토슈즈, 무용 가방, 뱃지, 기념 엽서 등을 판매하고 있다.

1 샤갈의 천장화
2 오페라 가르니에 그랜드 홀
3 오페라 가르니에 중앙 홀과 계단

파리는 구석구석 참 볼 것이 많다. 그곳들을 기웃거리다 보면, 상점들을 방문할 시간을 갖는 것은 그리 쉽지 않다. 시간에 쫓기는 바쁜 여행자들을 위해 웬만한 물건들을 다 모아두는 장소가 있었으니, 바로 백화점이다.

오페라 지역에 위치한 갤러리 라파예트 백화점과 파리 프랭땅 백화점은 이미 많은 사람들에게 잘 알려진 쇼핑 지역이다. 사실 이 오페라 지역에는 백화점 외에도 ZARA, H&M, ETAM, 베네통 등 많은 쇼핑센터들이 위치하고 있어서 효율적인 쇼핑이 가능하다.

이 지역의 백화점에는 사람들이 항상 많다은데, 이렇게 인기가 많은 이유는 명품 브랜드부터 로컬 브랜드까지 다양한 제품들이 모여 있으며 그 날 구매한 금액의 총 합이 175€가 넘으면 세금 환급까지 받을 수 있다는 이점에 있다고 볼 수 있다. 게다가 관광지와 근접한 지리적 장점 덕분에 오페라 지역의 백화점을 이용하는 사람들이 많아, 이곳에서는 각별히 소매치기를 조심해야 한다.

라파예트 백화점은 백화점이지만 단지 쇼핑만을 하기 위한 곳은 아니다. 아르누보 양식의 독특한 장식들과 철제와 유리로 만들어진 화려한 천장 돔이 인상적인 갤러리 라파예트는 우리들에게 에펠탑의 설계자로도 잘 알려진 구스타브 에펠의 작품이다. 유리 돔을 통과하여 천장에서부터 쏟아지는 자연광이 인공조명과 어우러져 백화점 내부가 더욱 밝게 느껴진다. 마치 궁전의 일부를 인용해서 만든 것 같은 화려한 내부 인테리어가 돋보이는 이곳은 총 7만여 점의 아이템을 구비하고 있고, 지하에는 고급 식재료를 판매하는 식품관까지 구비되어 있어서, 빠르고 효율적으로 쇼핑을 하고자 하는 이들에게 적합하다. 하지만, 관광객이 많고, 이용 고객수가 많아 여유 있는 쇼핑을 하는 것은 어려우니, 조용한 분위기에서 쇼핑을 즐기고 싶은 이에게는 불편한 장소로 느껴질 수도 있겠다.

이 건물의 7층에는 무료로 개방하고 있는 전망대가 있다. 무료이지만 돈을 내고 들어가는 전망대 못지않게 아름다운 파리 시내의 전경을 감상할 수 있다.

13

Galeries Lafayette
갤러히 라빠예뜨

갤러리 라파예트

Web www.galerieslafayette.com
주소 40 boulevard Haussmann, 75009 Paris
전화번호 01 42 82 34 56
운영 시간 월~수요일/금/토요일 : 9H30~20H,
목요일 : 9H30~21H
휴일 일요일
가는 방법 M 7•9 Chaussée d'Antin La Fayette

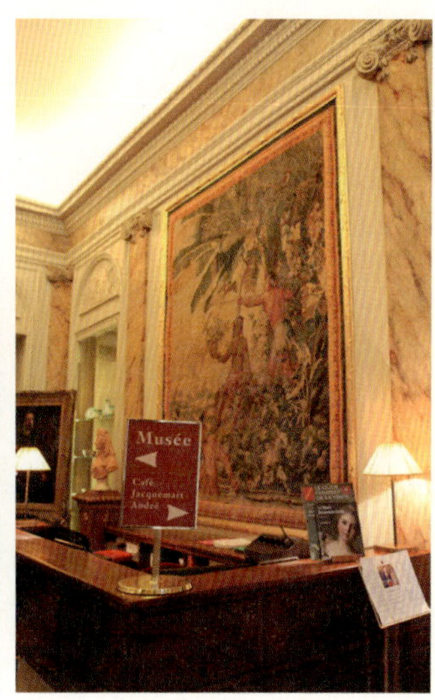

화려한 내부 장식을 한 건물이 베르사유 궁전뿐이라고 생각하면 오산이다. 베르사유 궁전의 내부 장식 못지않게 화려한 이곳은 에두아르 앙드레와 넬리 자크마 부부가 수집한 가구, 장식, 벽지, 도자기 등의 예술품을 볼 수 있는 곳으로, 19세기에 지어진 오스만 양식의 대 저택을 개조한 미술관이다. 사진 촬영을 엄격히 금하고 있어서 내부 촬영은 하지 못하지만, 조용하게 로코코 양식의 화려한 프랑스 실내 장식을 둘러보고 싶다면, 추천할 만한 장소이다. 월요일과 토요일은 늦은 시간까지 관람이 가능하니 이용에 참고하자.

전시관 이외에도 아름다운 살롱 드 테^{Salon de Thé}로 알려진 박물관 내에 위치한 찻집은 기히 인상적인데, 샐러드, 빵을 먹을 수 있는 점심 메뉴(11H45~15H)는 16.5€, 티 타임 메뉴는 9€(15H~17H) 정도이다. 점심 메뉴에는 간단한 식사와 함께 예쁜 케

이크가 포함되어 있어서, 화려한 내부 장식이 돋보이는 살롱 드 테에서의 식사도 괜찮은 선택이 될 수 있다. 케이크는 식사가 끝난 후 담당 서버와 함께 마음에 드는 것을 직접 고를 수 있다.

14

Musée Jaquesmart Andre
뮤제 쟈끄마 앙드헤

자크마 앙드레 미술관

Web www.musee-jacquemart-andre.com
주소 158 boulevard Haussmann, 75008 Paris
전화번호 01 45 62 11 59
운영 시간 10H~18H, 월/토요일 : 10H~21H30
휴일 연중무휴
입장료 일반 13€, 학생 11.5€
가는 방법 M 9·13 Miromesnil

A 초콜릿 가게들

초콜릿을 좋아하는 프랑스인들이 살이 찌지 않는 이유는 원산지가 분명한 양질의 카카오를 섭취하기 때문이라고 한다. 맛있고, 적당량을 섭취하면 건강에도 좋은 초콜릿을 그램 단위로 구입 가능한 곳을 소개한다.

A-1
Michel Cluizel 미쉘 클뤼젤

Web www.cluizel.com
주소 201 rue du Saint-Honoré, 75001 Paris
전화번호 01 42 44 11 66
영업 시간 10H~19H
휴일 일요일, 8월
가는 방법 M1 Tuileries, M 7·14 Pyramides

A-2
P. Debauve et Gallais 도보브 에 갈레

Web www.debauve-et-gallais.com
주소 33 rue Vivienne, 75002 Paris
전화번호 01 40 39 05 50
영업 시간 9H30~18H30
휴일 일요일
가는 방법 M3 Bourse
<다른 지점> 30 rue des Saints-Pères, 75007 Paris(M4 Saint germain des prés)

A-3
P. Pierre Marcolini 피에르 마르콜리니

Web www.marcolini.be
주소 3 rue Scribe, 75009 Paris
전화번호 01 44 71 03 74
영업 시간 월~토요일 : 10H~19H, 목요일 : 10H~20H
휴일 일요일
예산 4~15€
가는 방법 M 3·7·8 Opéra
<다른 지점> 89 Rue de Seine, 75006 Paris

A-4
La Maison du Chocolat 메종 뒤 쇼콜라

Web www.lamaisonduchocolat.com
주소 8 boulevard de la Madeleine, 75009 Paris
전화번호 01 47 42 86 52
영업 시간 10H~19H30
휴일 일요일
가는 방법 M 8·12·14 Madeleine
<다른 지점> 225 rue du Saint-Honoré, 75008 Paris
52 rue Francois 1er, 75008 Paris
120 avenue Victor Hugo, 75016 Paris

B Chantal Thomass
상탈 토마 : 샹딸 또마

Web www.chantalthomass.fr
주소 213 rue du Saint-Honoré, 75001 Paris
전화번호 01 42 60 40 56
영업 시간 11H~19H
휴일 일요일
가는 방법 M1 Tuileries

꼴레트 매장 바로 옆에 위치한 멋쟁이 란제리를 선보이는 매장으로, 프랑스 여배우들이 단골인 곳으로 알려져 있다. 섹시하고도 고급스러운 제품들이 눈길을 끈다.

제품 구매 시에는 착용을 해 볼 수 있으니, 반드시 시착을 하고 구매하도록 하자. 유럽 제품들은 동양인의 몸에는 큰 사이즈로 디자인된 제품이 많다. 브래지어, 팬티 등의 기본 란제리보다는 슬립, 잠옷형의 제품들을 더 편하게 착용할 수 있으니 이를 참고하도록 하자.

Shopping
쇼핑할 곳

Colette
콜레트 : 꼴레뜨

파리에서 가장 패셔너블한 장소를 꼽으라고 할 때 반드시 속하는 장소인 콜레트는 멋지고 실험적이며 개성 강한 디자인의 제품들을 모아서 판매하는 편집 매장이다. 이곳을 상징하는 울트라 마린 빛의 동그라미 두 개는 심플하지만 강렬하게 이곳의 이미지를 담고 있는 듯하다. 다양한 브랜드의 옷, 신발, 시계, 향수, 노트, 액세서리 등 매력 가득한 디자인 제품들이 눈길을 끌고 지갑을 열게 하는 이곳은 디자인 제품에 관심이 있고 좋아하는 사람이라면 반드시 들러서 직접 보고, 만져 보고, 체험해 보기를 추천한다. 패션에 관심이 많은 파리지앵들이 자주 들르는 곳이니 사람들의 옷차림에도 주목해보자.

콜레트 매장의 지하에 위치한 워터 바 Water Bar(P261)에서는 차는 물론 식사도 할 수 있다. 세련된 감각이 넘치는 곳이니 기회가 된다면 식사를 즐겨보자.

Web www.colette.fr
주소 213 rue du Saint-Honore, 75001 Paris
전화번호 01 55 35 33 90
영업시간 11H~19H
휴일 일요일, 공휴일
가는 방법 M1 Tuileries

D

Repetto
레페토 : 헤페또

Web www.repetto.fr
주소 22 rue de la Paix, 75002 Paris
전화번호 01 44 71 83 12
영업 시간 9H30~19H30
휴일 일요일
가는 방법 M 3·7·8 Opéra

발레화 전문 브랜드이지만, 가벼우면서도 세련된 느낌으로 일상에서 신을 수 있는 플랫화를 구매할 수 있는 곳이다. 한국에도 잘 알려져 있는 브랜드로 높은 굽보다는 낮은 굽을 선호하는 여성들에게 인기가 있다. 세일기간을 이용하면 더욱 저렴한 가격에 이용할 수 있다. 소량이지만 무용복, 가방 등의 제품들도 구비하고 있다.

E

Didier Ludot
디디에 뤼도

Web www.didierludot.com
주소 20 rue de Monpensier, 75001 Paris
전화번호 01 42 96 06 56
영업 시간 10H30~19H
휴일 일요일
가는 방법 M 1·7 Palais Royal Musée du Louvre, M 1·4·7 Pyramides

"세월의 가치가 빚어 내는 빈티지에는 유행이 없어요. 유행을 일일이 쫓아다니는 것은 좀 촌스럽지 않나요?"
유명 빈티지 패션 컬렉터인 디디에 뤼도 Didier Ludot의 개인 부티크에는 1930~40년대의 제품과 컬레션들이 풍부하여 마치 작은 패션 박물관에 다녀온 듯한 느낌이 든다. 가격대는 많이 높은 편이다.

F Gallerie Vivienne
갤러리 비비안 : 갤러히 비비앤느

Web www.galerie-vivienne.com
주소 35 Galerie Vivienne, 75002 Paris
영업 시간 8H30~20H30
휴일 일요일
가는 방법 M3 Bourse

파리에 남아 있는 가장 아름다운 파사
주프랑스에서 말하는 파사주는 건물 중앙에 길을 내
어 상업적인 갤러리들이 함께 모여 있는 공간을 말한

다로 알려져 있는 갤러리 비비안에는
브랜드보다는 개인이 운영하는 특징
있는 디자이너 숍이 많이 있기 때문에.
좀 더 특별하고 유니크한 제품을 구매
하고 싶은 사람에게 가 보기를 추천하
는 곳이다. 굳이 구매 목적이 아니더
라도 아름다운 파사주와 그 안의 감각
있는 숍을 구경하려면 한번 들러보자.

G Maison Goyard
고야드 : 메종 고야드

Web www.goyard.com
주소 233 rue Saint Honoré, 75001 Paris
전화번호 01 42 60 57 04
영업 시간 9H~19H
휴일 일요일
가는 방법 M1 Tuileries

수공예 생산 방법을 고수하며, 유럽 내
에 단 한 개의 매장을 운영하고 있는
고야드의 본점에서 만드는 가방은 헐
리웃의 스타들과 국내의 스타들이 즐
겨 드는 시크하면서도 가벼운 가방으
로 유명하다. 너무 많은 사람들이 들고
다니는 브랜드 가방보다는 고급스러우
면서도 유니크한 느낌이 들기 때문에
파리를 찾는 여성들에게 인기가 있는
제품이기도 하다.

파사주의 모습

H Lavinia
라비니아

Web www.lavinia.fr
주소 3 boulevard de la Madeleine,
75008 Paris
전화번호 01 42 97 20 20
영업 시간 상점 : 10H~20H, 레스토랑 :
12H~15H
휴일 일요일
가는 방법 M 8·12·14 Madeleine

프랑스하면 와인! 역시 프랑스를 말할
때 와인은 빼놓을 수 없는 주요 아이
템이다. 어떤 와인을 사갈까 고민하는
사람들에게 가장 추천을 많이 했던 곳
이 바로 이곳이다. 파리에서 가장 큰
와인 전문점으로 나라별, 산지별로 전
시되어 있는 큰 매장을 갖고 있어서
전세계 와인을 구할 수 있고, 지하의
와인셀러에는 구하기 어려운 희귀 와
인을 많이 보유하고 있어서, 와인 애호
가들의 마음을 설레게 하기 때문이다.
보관 상태도 좋으며 점원들의 추천이
탁월해서 항상 만족스러운 구매를 할
수 있다. 물론 와인 생산지에서 구매하
는 가격보다는 운반 및 보관비가 붙어
더 비싸지만, 프랑스의 높은 인건비와
교통비를 감안했을 때 충분히 합리적
이라는 생각이 든다. 2층에는 와인과
함께하는 식사를 할 수 있는 레스토랑
이 있으며, 와인 액세서리 판매 코너도
있어 둘러볼 만하다.
1층에는 한 잔씩 판매하는 와인을 마
실 수 있는 테이블이 마련되어 있는데,
기계에 와인병들이 꽂혀 있고, 담당 직
원이 주문에 따라 따라서 판매한다. 평
소 부담되는 가격으로 마시기가 어려
웠던 와인을 한 잔씩 미서볼 수 있는
기회이므로 매력적이다. 일정 금액 이
상 구매하면 세금 환급도 가능하니 이
용해보자.

Fauchon
포숑

Web www.fauchon.fr
주소 26 place de la Madeleine,
75008 Paris
전화번호 01 70 39 38 00
영업 시간 디저트류 : 9H~20H30,
블랑제리류 : 8H~20H30,
향신료/잼/와인류 : 9H~20H
휴일 일요일
가는 방법 M 8·12·14 Madeleine

세련된 디자인과 섹시한 컬러가 돋보
이는 이곳은 100년이 넘는 세월 동안
파리 상류층 사람들이 주로 이용하던
식품점이다. 한국에도 이 브랜드가 들
어와 있지만, 한국보다 저렴한 가격이
구매욕을 자극하며 런치와 디저트를
즐길 수 있는 카페도 마련되어 있다.
에디아르(P258)와 양대 산맥처럼 불리
는 곳이다

Web www.nicolas.com
주소 31 place Madeleine, 75008 Paris
전화번호 01 42 68 00 16
영업 시간 월~금요일 : 9H30~20H30,
토요일 : 9H30~20H
휴일 일요일
가는 방법 M 8·12·14 Madeleine

슈퍼에서 저렴하게 파는 와인 말고 가격이 비싸더라도 보관 상태가 좋은 와인을 찾고 있다면, 와인 전문 상점인 니콜라스를 이용해볼 것을 추천한다. 파리뿐만 아니라 프랑스 전역에 위치하고 있어서 접근성이 좋은 이곳은 프랑스에서 알아주는 큰 체인망을 갖고 있는 와인 전문점이다. 파리 시내 웬만한 곳에서는 쉽게 니콜라스를 찾을 수 있으며, 저가부터 고가 와인까지 다양하게 구비되어 있고 가격 대비 적절한 품질을 보여주는 경우가 많다.

Web www.hediard.fr
주소 21 place de la Madeleine,
75008 Paris
전화번호 01 43 12 88 88
영업 시간 9H~20H30
휴일 일요일
가는 방법 M 8·12·14 Madeleine

흔히들 프랑스를 미식가의 나라라고 한다. 이 나라의 음식이 맛이 좋고 품질이 좋아 붙여진 별명이다.

좋은 음식을 만들기 위한 필수 조건은 바로 식재료에 있을 것이다. 이런 이야기가 있다.

"독일 사람들은 좋은 집을 짓기 위해 돈을 쓰고, 이탈리아 사람들은 패션을 위해 돈을 쓴다. 그리고 프랑스 사람들은 맛있는 음식을 위해 돈을 쓴다."

그 정도로 프랑스 사람들에게 좋은 음식과 함께 하는 시간은 중요한 것 같다. 실제로 필자가 프랑스에서 살면서 느꼈던 것은 프랑스 사람들은 정말 먹는 것에는 아끼지 않는다는 것이다. 단순히 살기 위해 먹는, 굶주림을 채우는 것 이상의 특별한 순간을 그들은 식사 시간을 통해 채우는 것 같았다. 먹고 마시면서 나누는 생각과 철학이 담긴 대화들은 아마도 그들의 사상을 깨우고, 철학을 다지고, 예술을 꽃피우도록 하였으리라.

이토록 먹고 마시는 시간이 중요한 그들에게 고급 식품점이 가까이에 있다는 것은 어쩌면 당연한 일일지도 모르겠다. 150년이 넘는 역사를 자랑하는 에디아르는 파리 전역에 지점을 갖고 있는 고급 식료품점이다. 예쁜 케이스에 담겨 있는 잼, 사탕, 초콜릿, 각종 향신료 등 선물용으로 구매하기에 좋은 제품들이 많다.

<다른 지역에서도 찾을 수 있는 에디아르>
31 avenue George V 75008 Paris, 70 avenue Paul Doumer 75016 Paris

L Printemps PARIS
파리 프랭땅 백화점 :
쁘항땅 빠히

Web departmentstoreparis.
printemps.com
주소 64 boulevard Haussmann,
75009 Paris
전화번호 01 42 82 50 00
영업 시간
월~수요일/금/ 토요일 : 9H35~20H,
목요일 : 9H35~72H
휴일 일요일
가는 방법 M 3·9 Havre-Caumartin

오페라 지역에서 갤러리 라파예트 백화점과 함께 백화점의 양대산맥이라 할 수 있는 프랭땅 백화점은 화려한 디스플레이와 볼거리가 풍성한 곳이다. 갤러리 라파예트 백화점과의 거리가 도보로 1분도 걸리지 않는 가까운 거리에 위치하고 있기 때문에 쇼핑을 하고자 하는 사람들로 늘 북적인다. 나란히 붙어 있지만, 서로 다른 느낌을 추구하고 있는 라파예트와 프랭땅 백화점. 두 곳을 비교해가며 쇼핑을 한다면 더욱 합리적인 소비를 할 수 있을 것이다. 또, 프랭땅 백화점에는 멋진 경치를 자랑하는 옥상이 있으니 쇼핑에 관심이 없더라도, 탁 트인 전망과 함께 있는 카페에서 음료를 마시며 여유를 느껴봐도 좋겠다.

TIP

월드 바 World Bar
프랭땅 백화점 남성관 5층에 위치한 영국의 유명 패션 디자이너 폴 스미스가 디자인한 곳으로 알려져 있다. 여행 관련 사진, 기사들로 도배가 되어 있어 독특한 느낌이 든다.

M La Vaissellerie
라 베셀르리 : 라 베셀르히

Web www.lavaissellerie.fr
주소 80 boulevard Haussmann,
75009 Paris
전화번호 01 45 22 32 47
영업 시간 10H~19H
휴일 일요일
가는 방법 M9 Saint Augustin, M 3·9
Havre Caumartin

파리의 추억을 간직하게 해줄 합리적인 가격대의 심플하면서 실용적인 아이템들이 가득해서 기념품이나 선물을 구매하기에 좋은 이곳은 파리의 곳곳에서 발견할 수 있는 체인점이다. 굳이 오페라 지역이 아니더라도, 아래의 주소를 참고해서 가까운 지역에 위치한 상점에 들러보자. 의외로 괜찮은 아이템을 발견할 수 있다.

〈다른 지점〉

주소 85 rue de Rennes, 75006 Paris
전화번호 01 42 22 61 49

주소 79 rue St Lazare, 75006 Paris
전화번호 01 42 85 07 27

주소 92 rue St Antoine, 75006 Paris
전화번호 01 42 72 76 66

a KONG
콩 : 꽁

Web www.kong.fr
주소 1 rue du Pont Neuf, Paris 75001
전화번호 01 40 39 09 00
영업 시간 9H~21H30
휴일 일요일
예산 바 10€, 레스토랑 20~30€
가는 방법 M7 Pont Neuf

영화 〈섹스 앤 더 시티〉에도 등장했던 이곳은 겐조 건물 꼭대기 층에 있는 레스토랑겸 바이다. 세계적인 디자이너인 필립 스탁의 감각으로 만들어진 인테리어는 천장에 있는 게이샤 사진 덕분에 동양적인 느낌을 낸다. 라운지 음악을 들으며 와인과 칵테일을 즐길 수 있는 감각적인 장소이다. 가격대는 높은 편이다.

b Café Marly
카페 마를리 : 까페 마흘리

주소 93 rue de Rivoli, 75001 Paris
전화번호 01 49 26 06 60
영업 시간 매일 8H~그 다음날 2H
예산 음료 : 3~10€, 샌드위치 : 15€, 식사 : 40~65€
가는 방법 M 1·7 Palais Royal Musée du Louvre

파리의 상징물 중 하나인 루브르 박물관 대형 유리 피라미드가 내려다 보이는 환상적인 위치와 시크한 분위기가 세련된 카페 마를리는 특별한 장소에서의 브런치나 차 한잔이 그리울 때 추천하고 싶은 곳이다. 유명 지역에 있다보니 값은 비싼 편이다.

c Angelina
안젤리나 : 앙젤리나

Web www.angelina-paris.fr
주소 226 rue de Rivoli, 75001 Paris
전화번호 01 42 60 82 00
영업 시간 월~금요일 : 7H30~19H, 토/일요일/공휴일 : 8H30~19H
예산 8~15€
가는 방법 M1 Tuileries

몽블랑은 알프스 산맥 최고봉을 빗대어 만든 달콤한 디저트로 밤 크림을 두른 머핀 모양의 케이크이다. 이 디저트 케이크를 가장 맛있게 맛볼 수 있는 곳으로 알려져 있는 안젤리나는 튈르리 공원 근처에 자리잡은 고급 찻집이다. 소개되어 있지 않은 가이드북이 없을 정도로 유명한 곳이니, 파리에서 아주 달달한 디저트를 맛보고 싶다면 반드시 가야 하는 곳이다.

Food & Drink
먹을 곳

d **Water Bar**
워터 바

Web www.colette.fr
주소 213 rue du Saint-Honoré, 75001 Paris
전화번호 01 55 35 33 93
영업 시간 11H~19H
휴일 일요일
예산 12~30€
가는 방법 M1 Tuileries

패션을 사랑하는 파리지앵들이 애용하는 곳으로 콜레트 매장(P255)의 지하에 있다. 건강한 저칼로리 식단으로 유명한 이곳은 전세계의 물을 마실 수 있다는 워터 바를 운영하여 더욱 이슈가 되었던 곳이다. 차를 마시고 맥주나 와인을 마시듯 전세계의 물을 주문해서 마신다. 우리나라 같이 물이 깨끗하고, 정수 시설이 좋은 나라에서는 남의 나라 물을 세금과 운송비까지 포함하여 굳이 비싼 가격으로 마신다는 것이 사치스럽게 느껴질 수도 있지만,

문화적 차이로 이해할 수 있겠다. (하지만 우리나라 삼다수 물은 찾아볼 수 없으니, 이용에 참고하길 바란다.) 패셔니스타들이 드나드는 유명한 매장인 콜레트 지하에 위치한 식당답게 세련된 인테리어의 감각이 돋보이며, 워낙 유명한 곳이라 점심 시간에는 자리가 없으니, 점심 식사를 원한다면 11시 45분 정도에 도착하는 것이 좋다. 이 지역 주변 회사들의 점심 시간인 12시부터는 사람이 무척 많아진다. 음식은 샌드위치나 햄버거류가 양이 많으며, 다양한 전세계 음식이 구비되어 있으니, 직원의 추천을 받아 주문하면 후회가 없을 것이다.

e **A priori thé**
아 프리오리 테 : 아 프히오히 떼

Web www.galerie-vivienne.com
주소 35 Galerie Vivienne, 75002 Paris
전화번호 01 42 97 48 75
영업 시간 월~금요일 : 9H~18H, 토요일 : 9H~18H30, 일요일 : 12H~18H30
가는 방법 M3 Bourse

일요일에 브런치를 즐길 만한 편안하면서도 괜찮은 장소이자 캐주얼하면서도 전통적인 장소이다. 늘 북적이는 사람들로 이곳의 인기는 실감할 수 있다. 갤러리 비비안 파사주에 위치한 이곳은 1980년에 오픈한 곳으로 맛있는 스콘Scone으로 더욱 유명하며, 브런치나 차를 마시기에 너무 좋은 분위기를 갖고 있다. 하지만 워낙 인기 있는 장소라서 기다려야 할 때가 많으니 브런치를 즐기려면 11시~11시 40분 사이에는 도착하는 것이 좋다.

 일본 음식점 거리 **Rue Saint Anne**

가는 방법 M 7•14 Pyramides

빵에 지쳤다면, 오페라 근처 Rue Saint Anne(생 안 길)에 즐비하게 있는 일본 음식점에 가보자. 이 거리에는 워낙 일식집이 많아서 어디를 가도 괜찮은 맛이지만, 특별히 현지에서 입소문이 난 곳들을 소개한다. 맛은 보장되겠지만, 아무래도 사람이 많아서 기다리는 시간을 감안해야 한다. 기다리는 것이 싫다면 융통성 있게 다른 집을 선택해도 괜찮다. 이 지역에 있다는 이유만으로도 어느 정도의 맛이 보장되기 때문이다. 파리는 맛을 중시하는 미식가가 많고 세금이 높기 때문에, 맛이 없다고 소문난 식당은 금방 문을 닫기 마련이다.

f-1
Kunioraya
쿠니토라야

유학생들과 교민들 사이에 파리에서 가장 맛있는 우동집으로 소문난 곳으로 여행 중 따끈한 국물이 생각난다면 이용해 보도록 하자.

주소 39 rue Saint Anne, 75002 Paris
전화번호 01 47 03 33 65

f-2
Kintaro
킨타로 ː 낀따로

이곳은 덮밥세트가 인기 있다. 저렴한 가격에 푸짐하게 먹을 수 있는 곳이다.

주소 24 rue Saint Anne, 75002 Paris
전화번호 01 47 42 13 14

f-3
Higuma
히구마 ː 이구마

일본식 라면을 맛볼 수 있는 곳으로, 국물맛이 좋다.

주소 32 rue Saint Anne, 75002 Paris
전화번호 01 47 03 38 59

TIP1 한국의 맛이 그립다면
유럽에서는 요즘 한식이 건강식으로 유행하고 있다. 유럽 스타일로 전식, 본식, 디저트가 준비되는 한식을 맛보는 것도 특별한 경험이 될 것이다. 한식이 그립다면 파리 곳곳에 있는 한식점을 이용해 보자.

고향
주소 6 rue du General Estienne, 75015 Paris
전화번호 01 40 59 80 45

사미인곡
주소 74 avenue de Breteuil, 75007 Paris
전화번호 01 47 34 58 96

국일관
주소 12 rue Gomboust, 75001 Paris
전화번호 01 42 61 04 18

우정
주소 8 boulevard Delessert, 75015 Pars
전화번호 01 45 20 72 82

사모
주소 1 rue du Champ de mars, 75007 Paris
전화번호 01 47 05 91 27

 **TIP2 한국 식품을 구매하려면**
한국 식품이나 물품이 필요하다면 한국 슈퍼마켓 **에이스마트**로 가보자.

주소 63 rue Saint Anne, 75002 Paris
전화번호 01 42 97 56 80

한국식당 **귀빈**도 이 길의 44번지에 위치하고 있다.

주소 44 rue Saint Anne, 75002 Paris
전화번호 01 40 20 45 83

g Starbucks Coffee
스타벅스 커피

주소 3 boulevard des Capucines, 75002 Paris
가는 방법 M 3·7·8 Opéra

오페라 지역에 어울리는 화려한 샹들리에와 내부 장식이 독특한 이 곳은 미국식 커피를 즐기고자 하는 젊은이들이 많이 찾고 있는 오페라 스타벅스 커피점이다. 내부 장식이 마치 궁전의 일부를 떼어 놓은 것 같이 화려하여 파리에 대한 환상을 채워주는 느낌이 든다. 하지만 워낙 젊은이들에게 인기가 많아서 자리를 잡는 것이 그리 쉽지 않다는 단점이 있다. 이곳을 간다면 아침 일찍 이용하는 것을 추천한다. 그 외의 시간에는 사람들이 바글바글해서 커피를 데이크 아웃해서 나와야 할 가능성이 아주 높다.

h Café de la Paix
평화 카페 : 캬페 드 라 페

Web www.cafedelapaix.fr
주소 5 place de l'Opera, 75009 Paris
전화번호 01 40 07 36 36
영업 시간 12H~15H, 18H~23H30
예산 음료 5~15€, 요리 25€
가는 방법 M 3·7·8 Opéra

오페라 가르니에 옆에 있는 카페로 외관이 눈에 띄는 곳이다. 내부 인테리어는 고급스러워 파리 카페의 화려한 모습을 보여준다. 1862년 문을 연 곳으로 금융, 증권, 은행가와 인접하여 금융 관계자들이나 예술계 인사들의 출입이 잦다. 커피뿐만 아니라 고급 식사도 가능한 곳이므로 분위기 있는 식사를 원한다면 방문해 보자. 지하철 오페라역에서 찾기가 편하고 분위기가 좋아시 약속 장소로 많이 이용된다.

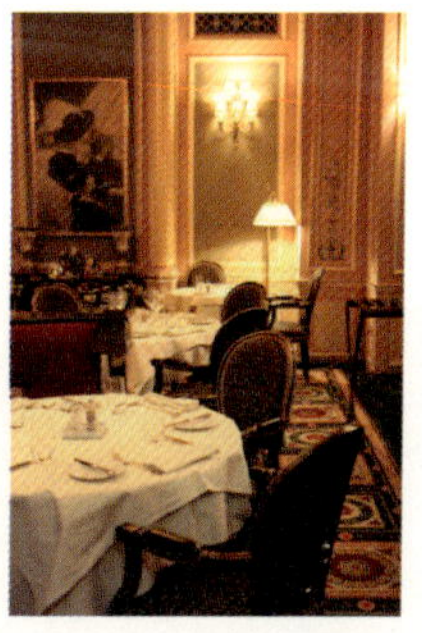

i Le Grand Café
르 그랑 카페 : 르 그향 캬페

Web www.legrandcafe.com
주소 4 boulevard des Capucines, 75009 Paris
전화번호 01 43 12 19 00
영업 시간 24시간 연중무휴
예산 커피 3.5€~, 단품 메뉴 15€~
가는 방법 M 3·7·8 Opéra

고전과 현대의 조화가 절묘하게 이뤄진 이곳은 뤼미에르Lumiere 형제가 최초로 영화를 상영했던 곳이다. 최초의 영화가 상영되었던 장소이기 때문일까? 영화 관계자들이 많이 찾는다고 알려져 있다. 오후 4시에는 간식을 즐기려는 파리지앵들의 모습을 자주 볼 수 있다. 이곳은 차와 케이크뿐 아니라 점심과 저녁에는 식사도 가능한 카페로, 특별히 해산물이 맛있다는 평가를 받는다. 오페라 지역을 들른다면 세계 최초의 영화가 상영되었던 고즈넉한 분위기의 카페에서 에스프레소 한 잔 어떨까?

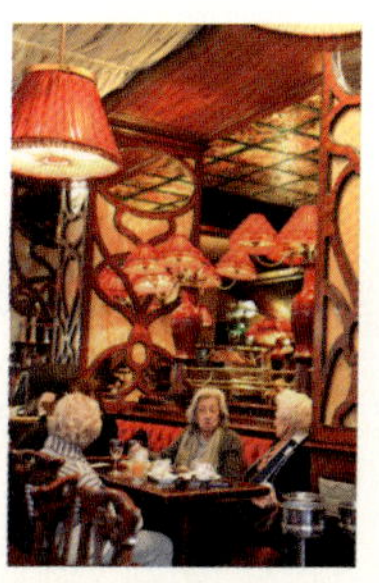

Opéra Garnier Restaurant
오페라 가르니에 레스토랑 :
오페하 갸흐니에 헤스토항

Web www.opera-restaurant.fr
주소 place Jacques Rouché, 75009 Paris
전화번호 01 42 68 86 80
영업 시간 매일 7H~24H
아침(Petit Dejeuner) : 7H~11H
점심 메뉴 : 12H~15H
예산 글라스 와인 : 7€~,
본식 단품 : 26€~, 점심 메뉴(전식+본식 또는 본식+디저트) : 36€
가는 방법 M 3·7·8 Opéra

이곳은 1875년 완공된 오페라 가르니에 건축 당시 레스토랑으로 계획되어 있었던 자리였으나 오랫 동안 미뤄지다가 2011년 6월 27일에 완공하여 그해 7월 1일에 오픈하게 된 레스토랑이다. 현대와 고전의 조화를 보여주려는 듯 명성 높은 오페라 가르니에 건축물을 그대로 이용하면서, 내부에서는 붉은색과 흰색, 바닥의 검정색이 극명한 대비를 보여준다.

이곳은 미슐랭 별 2개가 빛나는 스타 셰프인 Christophe Aribert크리스토프 아히베흐가 메뉴 구성을 한 곳으로, 전통과 현대의 조화를 중요하게 생각한 인테리어답게 음식에도 전통적이면서 창의적이고 현대적인 감각을 불어넣기 위해 노력했다고 하니, 기회가 있다면 경험해 보도록 하자.

전식과 본식 또는 본식과 디저트를 고른 후 미네랄 워터와 함께 제공되는 점심 메뉴는 36€ 정도로, 파리의 심장부에 위치한 유서 깊은 건물에서 고급 프랑스 식사를 비교적 저렴한 가격에 맛볼 수 있다.

Café Pouchkine
푸시킨 카페 : 까페 푸시킨

주소 64 boulevard Haussmann, 75009 Paris
전화번호 01 42 82 43 31
영업 시간 월~수, 금/토요일 : 9H35~20H, 목요일 : 9H35~22H
휴일 일요일
예산 6€
가는 방법 M 3·9 Havre-Caumartin

프랭땅 백화점 모드관의 작은 귀퉁이 공간에 마련된 카페 푸시킨은 러시아에서 직접 가져오는 재료로 만들어서 독특한 맛과 풍미를 가지며, 화려한 모양덕에 매니아의 열광적인 사랑을 받는 곳이다.

카페 푸시킨은 모스크바와 파리 이렇게 딱 두 곳에 있으며 모스크바 본점은 500평에 가깝다고 한다. 파리 지점은 18세기 러시아 짜르 시대 분위기를 한껏 내어 번쩍번쩍 화려한 느낌이다. 테이크 아웃으로 사가는 사람들이 많지만, 이왕이면 이 분위기를 한껏 즐길 수 있는 실내에서 즐겨 보자. 모든 빵들이 개성 있고 맛이 있으며, 모양도 너무 예쁘지만, 이 집의 대표 빵은 러시아 전통 제과인 메도빅Medovick이라고 한다.

Restaurant Chartier

사르티에 레스토랑 : 헤스또항 샤흐티에

Web www.bouillon-chartier.com

주소 7 rue du Faubourg Montmartre,
75009 Paris

전화번호 01 47 70 86 29

영업 시간 매일 11H30~22H

예산 10~25€

가는 방법 M 8·9 Grand Boulevards

19세기 아르누보 양식으로 짙은 갈색 가구들과 조명, 장식물들이 복고풍의 분위기를 자아내어 프랑스스럽다는 느낌이 많이 드는 이곳은 300석이나 되는 큰 레스토랑이지만, 늘 사람들로 북적인다.

바쁜 저녁 식사 시간에는 종업원의 안내에 따라 합석을 하게 되는데, 처음 보는 사람들과 한 식탁에 앉아 함께 하는 식사 느낌이 묘하다.

파리의 음식값치곤 저렴한 가격으로 신선한 재료로 푸짐한 양을 자랑하는 음식을 맛볼 수 있으며, 서버들이 친절하다. 계산서를 따로 주지 않고, 테이블 위에 깔려 있는 종이 위에 쓱쓱 주문 내역을 적어주는 것도 특이한 광경이다. 파리지앵들이 식사를 하는 7시 30분부터는 자리잡기가 어려우니 그들의 저녁 시간을 피해 일찍 도착하도록 하자.

*외래어 표기법상 생제르망데프레가 맞지만 이 책에서는 원어 발음(쌩 제르망 데프헤)에 가깝게 생제르망데프레로 표기하였습니다.

교과서나 교양책, 대중매체를 통해 사주 접하였던 인상주의 화가들의 발랄하고 경쾌한 색감들이 즐겁게 느껴진다. 익숙한 작품들이라 더욱 친근하며 감동적이다. 기차역을 개조한 것이라고 하는 오르세 미술관은 어찌나 우아하고 아름다운지. '파리 사람들은 기차역도 참 예쁘게 만들었구나.'하는 생각이 절로 든다. 에꼴 데 보자르(파리국립미술학교) 뒷편으로 아티스트들의 작품을 전시하는 갤러리와 앤티크 제품을 판매하는 숍들이 많아서 시간이 된다면 천천히 둘러보면 좋다. 지성의 장소로 알려져 있는 생제르망데프레광장의 레 뒤 마고는 세월을 그대로 담고 있는 모습으로 100여 년의 세월이 지났음에도 성업 중이다. 노천 카페에 자리를 잡고 앉아 진한 쇼콜라쇼 한 잔을 시켜놓고 이곳을 자주 찾았던 대문호들과의 연결 고리를 떠올리며 상상의 시간을 보낸다. 운치 있는 센 강변에 위치한 철제 부스 노점상에는 아름다운 파리의 전경을 담고 있는 스케치나 엽서, 그림 또는 중고서적 등을 판다. 근처 셰익스피어 앤 컴퍼니에 들러 책이 주는 포근함을 느껴 보자. 마지막으로 센 강변에 위치한 세련된 건축물 아랍세계연구소에서 프랑스의 유명 건축가 장 누벨의 설계 실력을 느껴 보자. 그리고 무료로 올라갈 수 있는 옥상 전망대에서 파리의 전망을 보자. 해질녘 노을에 물든 화려한 풍경을 감상할 수 있다.

Musée d'Orsay 01
Quai Anatole France
Quai des Tuileries
Carrousel du Louvre
Rue de Rivoli
Quai Voltaire
Rue de Lille
Vole Georges Pompidou
Église Saint-Germain l'Auxerrois
H Clinique du Louvre
Rue de la Monnaie
Rue du Pont Neuf
Rue de Bourdonnais
Quai du Louvre
Quai d
Solférino
Rue de l'Université
Rue de Verneuil
Rue du Bac
Rue du Beaune
Hôtel du Quai Voltaire
Quai Malaquais
Pont des Arts
Pont Neuf M
Vole
B Librarie 7L
Rue de Lille
Due des Saints-Pères
Rue de Verneuil
Institut de France
Quai de l'Ho
a L'Atelier Joël Robuchon
Rue de l'Université
École nationale supérieure des Beaux-Arts
Quai de Conti
Place Dauphine
Quai de Harlay
Rue du Bac M
Bd. Saint-Germain
Rue du Bac
Rue Jacob
L'Hôte
Rue Mazarine
Pont Neuf
Rue de la
Église Sainte-C
Rue de Varenne
Bd. Raspail
Bd. Saint-Germain
Due des Saints-Pères
Rue Saint-Guillaume
Rue Visconti
Rue Bonaparte
Rue de Seine
Quai des Grands Augustins
Rue Guénégaud
Rue de Nevers
Rue Dauphine
Quai des Orfèvres
Musée Maillol
Le Relais de l'Entrecôte c
Le Petit Zinc
b
c Librarie Assouline
02 Musée national Eugène Delacroix
Hôtel de Nesle
Rue Mazarine
Rue de Jacq
Rue due Varenne
Café de Flore
d e
03 Église Saint Germain des Prés
D Taschen
Rue des Grands Augustins
Rue Séguier
Rue du Bac
Brasserie f Café Les Deux Magots
Lipp
M Saint Germain des-Prés
Place de Saint Mich
09
Rue de Commaille
Rue de la Chaise
Rue de Grenelle
Rue du Dragon
i Vagenende Brasserie
Lycée Fénelon
St-Michel M
Rue Saint-Michel
Bd. Saint-Michel
Rue de la Harpe
Mabillon M
Rue Suger
Caveau de la
Rue du Bac
Bd. Saint-Germain
Rue de Rennes
Rue Mabillon
Rue de Seine
Bd. Saint-Germain
Rue Danton
Rue de Babylone
Rue de Sèvres
Rue du Four
Rue Bonaparte
Rue des Canettes
Rue Lobineau
Le Relais Sint-Germain
M Odéon
Bd. Saint-Germain
g Poilâne
Saint-Sulpice M
h
Pierre Hermé
Rue Saint-Sulpice
Hôtel Odéon Saint-Germain
E
Rue Monsieur le Prince
Cluny La Sorbonne M
M Sèvres Babylone
Rue du Cherche-Midi
Rue Madame
04 Église Saint-Sulpice
Rue Garancière
Rue de l'Odéon
Musée National du Moyen Age
08
Rue Velpeau
Le Bon Marché
Rue Racine
Pip
A Bon Marché
Place Alphonsee Deville
Rue de Mézières
Rue Cassette
Rue de Condé
Place de l'Odéon
06
j Polidor
Rue Dupin
Rue Rennes
Rue Bonaparte
Rue Férou
Théâtre de l'Odéon
k Han seine
Rue Saint-Michel
Rue Champolion
07 Université de la Sorbonne
Rennes M
Rue du Regard
Rue d'Assas
Rue de Vaugirard
Hôtel Luxembourg Parc
Paris Palais du Luxemburg
F Rue de Vaugirard
Odéon-Théâtre de l'Europe
Centre Sorbonne
Rue Saint-Placide
Holiday Inn Paris St-Germain des Prés
Rue Jean Batt
Rue Madame
Rue Guynemer
Musée du Luxembourg
Rue de Médicis
Hôtel des 3 Collèges
Rue Cujas
St-Placide M
Faculté des Sciences Évolution des Êtres Organisés
Hôtel de l'Avenir
05 Jardin du Luxembourg
Rue Soufflot
Panthéo
Victoria Palace Hôtel
Bd. Raspail
Rue Huysmans
Rue d'Assas
Rue Malebranche
Notre-Dame des-Champs M
Carcado Saisseval Lycée Privé
Luxembourg RER
Bd. Saint-Michel
Rue Gay-Lussac
Collège Stanislas
Rue Vavin
Rue Saint-Jacques
Rue Pierre et Marie C
Rue Notre-Dame des Cha
Rue Auguste Comte

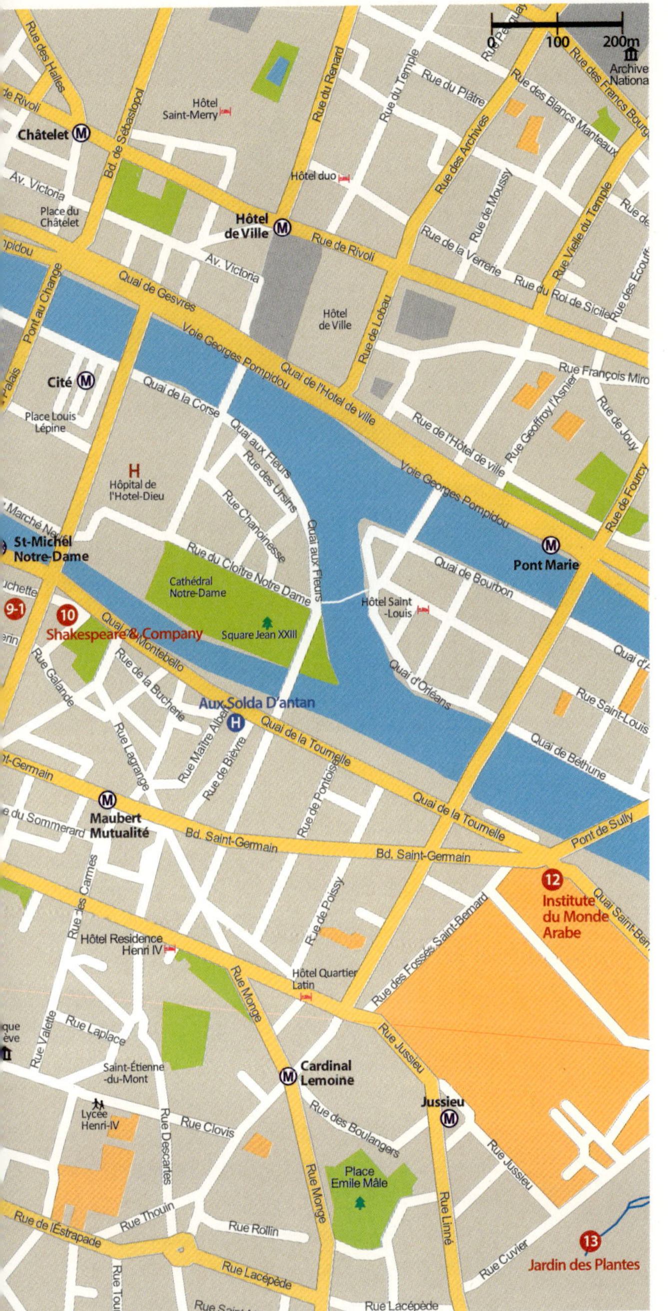

Châtelet
Rue des Halles
Rue de Rivoli
Bd. de Sébastopol
Hôtel Saint-Merry
Rue du Renard
Rue du Plâtre
Rue du Temple
Rue des Archives
Rue des Blancs Manteaux
Rue Vieille du Temple
Archive Nationa
Hôtel duo
Av. Victoria
Place du Châtelet
Rue de Moussy
Rue des Ecouff
Rue du Roi de Sicile
Hôtel de Ville
Rue de Rivoli
Av. Victora
Rue de la Verrerie
Quai de Gesvres
Hôtel de Ville
Voie Georges Pompidou
Quai de l'Hotel de ville
Rue de Lobau
Quai du Change
Rue François Miro
Pont au Change
Cité
Place Louis Lépine
Quai de la Corse
Quai de l'Hotel de ville
Rue Geoffroy l'Asnier
Rue de Jouy
H
Hôpital de l'Hotel-Dieu
Quai aux Fleurs
Rue des Ursins
Voie Georges Pompidou
Rue de Fourcy
Marché Neu
St-Michel Notre-Dame
Rue du Cloître Notre Dame
Quai aux Fleurs
Quai de Bourbon
Pont Marie
uchette
Cathédral Notre-Dame
Hôtel Saint-Louis
9-1
Shakespeare & Company
Square Jean XXIII
Quai de Montebello
Rue de la Bucherie
Quai d'Orléans
Rue Saint-Louis
erin
Rue Galande
Aux Solda D'antan
Quai d'
f-Germain
Rue Lagrange
Rue Maître Albert
Quai de la Tournelle
Quai de Béthune
Rue de Bièvre
Maubert Mutualité
Rue de Pontoise
Quai de la Tournelle
e du Sommerard
Bd. Saint-Germain
Bd. Saint-Germain
Pont de Sully
Rue des Carmes
Rue de Poissy
Quai Saint-Ber
12
Institute du Monde Arabe
que ève
Rue Valette
Hôtel Residence Henri IV
Rue des Fossés Saint-Bernard
Rue Laplace
Hôtel Quartier Latin
Rue Monge
Rue Jussieu
Saint-Étienne -du-Mont
Cardinal Lemoine
Rue Jussieu
Jussieu
Lycée Henri-IV
Rue Descartes
Rue Clovis
Rue des Boulangers
Rue Monge
Rue de l'Estrapade
Rue Thouin
Rue Rollin
Place Emile Mâle
Rue Linné
Rue Lacépède
13
Rue Cuvier
Jardin des Plantes
Rue Lacépède
Rue Saint-M
0   100   200m

01

Musée d'Orsay
뮤제 또흐세

오르세 미술관

Web www.musee-orsay.fr
주소 1 rue de la Légion d'Honneur, 75007 Paris.
전화번호 01 40 49 48 14
운영 시간 화~일요일 : 9H30~18H,
목요일 : 9H30~21H45
휴일 월요일, 1/1, 5/1, 12/25
입장료 일반 9€, 만18~25세 6.5€
*매월 첫번째 일요일, 18세 이하, 뮤지엄 패스 소지자 무료
*오랑주리 미술관+오르세 미술관 통합 입장권 : 14 €
*16H30 이후(목요일 제외), 목요일 18H 이후 : 6.5€
가는 방법 Métro 12 Solférino, RER C Musée d'Orsay

파리의 미술관 중 우리 눈에 친숙한 작품들이 가장 많아서 특히 공감 가는 감상을 할 수 있는 오르세 미술관은 1848년 2월 혁명이 일어난 시기부터 1914년까지의 회화, 조각, 가구, 공예 등의 작품이 모여 있는 곳이다. 이 건물은 본래 프랑스 최고 행정 재판소 건물로 사용되었던 오르세궁이 있었던 곳이었는데, 1871년 파리코뮌 시기에 화재로 소실되고 30여 년간 폐허로 있다가 1900년 세계 만국박람회를 위해 파리와 프랑스 서남부를 잇는 (서남부 지방에 있는 오를레앙 지방으로 가는 기차의 출발지) 오르세역으로 건축되었다. 역은 파리 국립미술학교 건축학 교수였던 빅토르 라루 Victor Laloux의 설계로 2년에 걸쳐 아르누보 양식으로 건축되었으며, 파리의 센 강 왼쪽에 위치하여 우아하게 주변 환경과 잘 어울리는 화려하고 아름다운 건물이면서 승객용 엘리베이터, 리프트 등을 설치하는 등 당시로서는 현대적인 기술력을 이용한 건물로 완성되었다고 한다.

19세기 말에서 20세기 초 유럽뿐만 아니라 미국, 남미까지 유행했던 아르누보 Art Nouveau 양식은 '새로운 예술'로도 직

역할 수 있는데, 산업혁명의 영향으로 모든 것이 기계화되고 획일화 되면서 기존과 같은 똑같이 베껴내는 그림이나 사상을 담는 예술에 대한 추구가 무의미하다고 느낀 예술가들이 새로운 표현을 추구하게 되면서 발달한 양식이다. 20세기 초 파리 건축물에서 특히 많이 볼 수 있는 이 양식은 담쟁이 덩쿨처럼 이어지는 유기적 곡선이나 불꽃의 형태 그 안에 있는 추상적, 직선적인 움직임의 모티브들을 즐겨 넣은 양식들의 조합이라고 볼 수 있다. 아르누보 양식은 그 시작은 비슷하더라도 나라마다 다른 모습으로 발전되었는데, 현재 오르세 미술관 2층에서는 유럽의 아르누보 양식을 엿볼 수 있는 작품들을 전시 중이다.

기차역으로 만들어졌던 이곳은 점차 기차의 크기가 커지고, 운행 시스템이 발달됨에 따라 1939년 이후부터는 기차 운행이 중단되게 된다. 그 후 호텔, 우체국, 영화 촬영 장소 등으로 뚜렷한 목적 없이 사용되다가 새로운 미술관을 만들어 이용하자는 제안에 의해 1979년 대대적인 용도 변경 작업에 들어가게 된다. 리모델링 작업을 맡게 된 ACT 건축가 그룹은 원 설계자인 빅토르 라루의 기존 건축물을 최대한 존중하면서도 미술관으로서의 기능을 수행하기에 알맞도록 자연의 채광과 인공 조명을 조화롭게 매치하는 한편 바닥과 벽에 같은 느낌의 소재(돌)를 사용하여 마무리함으로써 유리 돔에서 쏟아지는 자연광으로 밝고 아늑하고도 차분한 느낌의 실내를 연출했다. 1986년 12월에 개관하게 된 이 곳은 세 층으로 구성이 되어, 원래 기차 플랫폼이었던 0층(우리 기준으로 1층)에는 중앙축을 기준으로 양쪽으로 갤러리들이 배치되어 있으며 밀레와 마네의 작품을 비롯한 고전주의

작품부터 사실주의 회화와 역사화, 조각품 등을 감상할 수 있고, 2층의 테라스에서는 주로 프랑스 제 3공화국 시절의 아르누보 작품으로 가구와 조각품, 로댕의 지옥의 문을 감상할 수 있으며 저층을 내려다 볼 수도 있다. 5층은 이 미술관의 하이라이트라고 할 수 있는 곳으로, 드가Edgar De Gas, 마네Edouard Manet, 르누아르Auguste Renoir, 세잔Paul Cézanne, 툴루즈 로트렉Henri de Toulouse-Lautrec, 고흐Vincent van Gogh 등의 유명한 인상주의 화가들의 수려한 작품들을 감상할 수 있도록 하였다.

오르세이기에 더욱 특별한 티 타임

감각 있는 인테리어로 꾸며져 있는 전망이 빼어난 5층 카페에서는 간단한 식사와 차, 와인 등을 즐길 수 있다. 또, 2층에 위치한 레스토랑은 화려한 샹들리에 덕에 미치 궁전에서 식사를 하고 있는 듯한 느낌이 들며, 18€ 내외로 점심 메뉴를 맛볼 수 있다.

전시관을 효율적으로 관람하려면?

0층-5층-2층의 순서로 관람하는 것을 추천한다. 우선 1층에 전시되어 있는 낭만주의 들라크루아, 사실주의 쿠르베, 자연주의 밀레, 신고전주의 앵그르 등 인상주의 이전의 작품들을 감상하고, 시대에 따라 변모해 가는 작품들의 변화에 주목하자. 1층 감상을 마친 후, 이 미술관의 꼭대기 층인 5층으로 가면 드가, 르누아르, 모네, 고흐 등 우리에게 잘 알려진 인상파 화가들의 작품들이 있고, 사람들이 가장 붐비는 고흐의 방에는 〈오베르쉬르우아즈 성당〉, 〈별이 빛나는 밤에〉, 〈고흐의 방〉 등의 작품이 있어 더욱 마음을 설레게 한다. 마지막으로 비교적 중요도가 낮은 2층에는 아르누보 초기 회화와 가구, 조각품 등이 전시되어 있으며, 부르델, 로댕 등의 조각품을 만날 수 있다.

1 5층 카페   2 2층 레스토랑

*Salle : '방'이란 뜻의 프랑스어이다.
*작품의 위치는 시기마다 변동이 있을 수 있으므로 미술관 내의 floor plan이나 홈페이지를 확인하기 바란다.

01 샘 La source

(장 오귀스트 도미니크 앙그르Jean-Auguste-Dominique Ingres, 1856)
위치 : 오르세 0층 Salle 1

왼쪽 다리에 중심을 두고 허리를 비튼 자세로 항아리를 거꾸로 들고 물을 쏟는 나체 모습인 여인의 몸이 보여주는 비례와 동세, 이목구비가 너무나도 조화로워서 그녀가 이 세상의 여인이 아닌 듯한 느낌을 준다. 완벽한 형태미가 심지어 관능미까지 앗아갈 듯한 이 작품은 프랑스 신 고전주의 회화의 거장 다비드의 제자 앙그르가 1829년 피렌체에서 시작하고 36년 후인 1856년에 완성한 작품이다. 앙그르는 신 고전주의의 수장답게 역사와 고대 문학에서 주제를 빌려오고, 맨질맨질하게 깎아 놓은 듯한 아름다운 대리석이 연상될 정도로 완벽한 형태미를 표현하였으며, 이국적인 주제와 뛰어난 색채 감각으로 낭만주의 시대의 도래를 예고하는 작품을 그린 화가였다.

TIP　화가 앙그르에 의해 생긴 프랑스적 표현에 대한 일화가 하나 있는데, 그는 10대 시절 어려웠던 경제 상황 때문에 늘 음악으로 아르바이트를 했다고 한다. 이렇게 익힌 그의 뛰어난 바이올린 솜씨 덕분에 훗날 '앙그르의 바이올린'이라는 말을 만들어 내기도 하였는데, 이는 '비전문가의 탁월한 솜씨'를 지칭하는 말로 사용되고 있다.

02 비너스의 탄생 Naissance de Vénus

(알렉상드로 카바넬Alexandre Cabanel, 1863)
위치 : 오르세 0층 Salle 3

바다에서 사랑과 미의 여신 비너스가 태어나고 있다. 푸른 하늘에 떠 있는 아기 천사 푸토Putto : 어린 아이의 모습을 한 천사를 일컫는 말들이 비너스의 탄생을 축하해주고 있는 모습을 그린 이 작품은 얼핏 보면 매우 아름답다. 그런데 비너스의 자세를 자세히 보자. 누군가를 의식하는 듯 고혹적인 눈빛을 보내며 꽤 관능적인 자세를 취하고 있다. 비너스가 의식하며 유혹하고 있는 사람은 도대체 누구일까? 바로 이 그림을 보고 있는 당신이다. 1863년에 살롱전에 출품하여 대상을 받고, 나폴레옹 3세가 바로 사들였던 이 작품은 어떻게 해야 관람객과 심사위원의 인정을 한꺼번에 받을 수 있는지를 노련하게 보여준다. 신 고전주의풍을 답습하여 매끄럽고 우아한 모습의 여인의 나체를 합법적이고 이상적인 주제인 고대 그리스 신화에서의 비너스를 차용하여 관능미 넘치게 그렸다. 그리스 신화의 여신들은 나체로 태어나는 것이 당연했으므로, 당당하게 여성의 나체를 관람할 수 있도록 한 것이다. 프랑스의 소설가인 에밀 졸라는 미학적인 엄격성이 사라진 채 순수하지 않은 의도로 꾸미는 것에만 전전하는 누드에 대해 '타락한 회화'라 비판하며, 이 작품에 대해 '우윳빛 강물 속에 빠져 있는 여신은 관능적인 매춘부 같은 모습이지 결코 뼈와 살로 된 진정한 육신이 아닌 것 같다. 오히려 더 외설스럽다. 인간의 육체라기보다는 흰색과 분홍색의 아몬드 반죽 덩어리에 불과하다.'라고 혹평했다고 한다.

03 이삭줍는 사람들 Les glaneuses

(장 프랑수아 밀레Jean Francois Millet, 1857)
위치 : 오르세 0층 Galerie Seine

풍경화를 많이 그렸던 다른 바르비종파 화가들과는 달리 농민의 모습을 많이 그렸던 밀레의 작품이다. 우리의 시선은 허리를 굽혀 묵묵하게 밀알을 줍고 있는 세 여인들에게 머물러 있다. 가난하고 어려운 삶을 연상케 하는 그녀들의 차림이지만, 어떠한 부정적인 모습도 찾아볼 수 없다. 오히려 자연스러우면서 경건한 노동의 태도가 품위 있게 느껴진다. 그림의 원경에는 층층이 쌓아올린 수확된 밀집과 일을 하는 소작농, 노동력을 파는 이들이 작고 희미하게 표현되어 있다. 창고로 밀짚을 옮기라는 듯 지시를 하고 있는 말을 탄 지주의 모습도 보이면서, 빈부의 차이가 그제서야 읽혀진다. 수확이 끝난 밭에서 수확 때 떨어진 밀알을 주워서 연명하는, 고된 노동으로 인한 고생이 가득한 손과 남루한 차림을 하고 있는 무산 계급의 모습을 자세히 표현하면서도 그들이 묵묵하고 겸허한 삶의 태도를 보여주고 있다.

04 만종 L'Angélus

(장 프랑수아 밀레Jean Francois Millet, 1857)
위치 : 오르세 0층 Galerie Seine

해가 지고 있는 저녁 나절. 오른쪽 멀리에 보이는 교회에서 종소리가 울려 퍼지고, 부부는 고된 일과를 끝내며 감사의 기도를 드린다. 남자는 오랫만에 모자를 벗었는지 머리카락이 눌린 자국이 선명하고 자신의 것이 아닌 듯 발목까지 올라오는 짧은 바지를 입고 있다. 신발 또한 밭을 갈 때 신는 신발이 아니며, 여인의 모습도 초라하다. 수평으로 펼쳐진 평야가 가난과 고된 노동 속에서도 변치않는 신앙심을 가진 이들의 기도를 더욱 엄숙하게 한다. 이 그림은 X선 검사를 통해 초벌 그림 때 어린 아이의 관 모양으로 추정되는 모양이 그려져 있었음(그림에서 바구니 위치)이 발견되면서 한 차례 술렁인적이 있었다. 밀레 연구자들은 근거 없는 것으로 단정짓고 있으며, 정말 아이의 관인지, 그림을 그릴 때 구도를 잡기 위한 밑그림인지는 여전히 의문으로 남아 있다. 하지만 만약 아이의 관을 그린 것이라면, 하루 일을 마치고 신께 감사드리는 평화로운 모습의 작품이 아니라, 아이를 잃고 슬퍼하며 기도를 올리는 비극적인 그림이 되는 것이다.

05 화가의 아틀리에 L'atelier du peintre
부제 : 7년간의 나의 예술생활의 추이를 결정한 현실의 우화

(귀스타브 쿠르베Gustave Courbet, 1855)
위치 : 오르세 0층 Pavillon amont

"나에게 천사를 데려와 다오, 그럼 난 천사를 그릴 것이다."라고 말했던 사실주의 화가 구르베의 1855년 작품으로, 작가의 예술적 성향을 잘 나타낸 작품이다. 폭 598cm, 높이 361cm의 초대형 작품인 이 그림 속의 공간은 쿠르베 자신의 아뜰리에이다.

풍경화를 그리고 있는 모습으로 그려진 본인을 중심으로 오른쪽에는 실존 인물들을 그렸다. 그들은 화가를 정신적으로 이끌어주는 친구들, 사상가와 예술가, 물질적으로 후원해주는 상류 계급, 즉 부르주아 계층의 후원자들이었다. 한편 작가의 왼쪽에는 힘이 빠진 모습과 어두운 표정의 인부, 농민, 실업자, 아이에게 젖을 먹이는 여자, 궁핍한 무산 계급을 그렸다. 결국 가난과 굶주림에 온전한 인간성을 상실한 서민들의 삶과 암울했던 당시 사회를 화폭에 담아 내어 고발하는 작가의 예술관이 표현된 것이다.

그동안의 성화와 고전을 주제로 한 누드들이 비현실적이라는 것을 폭로하려는 듯 그의 작품 속 여성의 누드는 이상적이고 순결하며 고결한 것과는 거리가 멀게 그려져 있다. 그는 자신의 그림을 밝고 깨끗한 눈으로 바라보는 천진한 어린이를 등장시켜서 순수함을 강조했는데, 교육받은 자들이 오히려 이기심과 욕심으로 가득 차 자신의 진정한 예술 세계를 알지 못한다는 메시지를 전달하고 있다. 또한 왼쪽에 모자를 쓰고 있는 이로 표현한 사람이 바로 나폴레옹 3세인데, 그의 모습을 추한 모습으로 묘사함으로써 전쟁 중독자 같은 황제 때문에 국민 모두가 가난에 허덕여야 했던 것에 대한 반감을 표현하고 있다.

06 풀밭 위의 점심
Le Déjeuner sur l'herbe

(에두아르 마네Edouard Manet, 1863)
위치 : 오르세 0층 Salle 29

정장을 한 두 남자 사이에서 벗을 대로 벗은 한 여인이 빤히 관람자를 바라보며 앉아 있다. 사내들은 그 당시 파리 대학의 모자를 갖고 있는 것으로 보아 학생들인 것 같고 옷을 벗고 과일 바구니를 던져 놓고 앉아 있는 여인은 그 동안 부아왔던 여신들과는 다르게 그리 아름답지 않다. 접힌 아랫배하며, 피부의 색깔, 뻔뻔스러운 표정이 관람객을 불편하게 하고, 스케치도 대충한 것 같고 채색도 미완성인 부분이 너무 많아서 제대로 마무리 된 것 같지 않다는 평가를 받았던 이 작품은 1863년 살롱전에 출품되었지만 낙선을 했다.

사실주의자인 동시에 인상주의의 문을 연 인물로 평가받고 있는 마네는 이 작품을 통해 그 동안의 관례적인 물감 혼합법과 세련된 완성미를 포기하고 과감한 색조를 통해 햇빛이 만들어내는 생생하고 거친 세계의 사실성을 연구하게 된다. 결국 신 고전주의적인 엄격한 해부학과 정밀한 데생 중심의 완성미를 거부하는 태도를 보이고, 단조로운 색상과 거친 붓자국, 명백한 자연광 등 이른바 가공되지 않은 신선한 요소를 작품에 활용하여 인상주의의 초석을 놓은 이로 불리는 것이다.

그는 르네상스 이후 일본 판화의 영향으로 과연 눈속임 미학인 원근법과 명암법이 회화에서의 필수 요소인지를 의심하면서 15세기부터 사용되어 온 원근법과 명암법을 탈피하게 된다. 이 작품 속 원경에 위치한 물에 엉거주춤하게 앉아 있는 속옷만 입은 여인의 모습에서도 원근법이 과감히 무시된 것을 볼 수 있다. 게다가 회화 작품에서 금기시 되었던 검은색을 남성의 정장에 과감하게 사용하였고, 여자의 살색과 풀밭의 녹색, 그리고 푸른색의 대비를 통해 색채가 스스로 드러나도록 하였다.

기존의 색채들이 역사적이고 전통적인 주제를 드러내기 위한 보조 수단으로 사용되었다면, 그는 회화가 역사를 대변하는 '문학의 시녀'로 존재하는 그림이 아니라 순수한 요소인 색채, 선, 면 등이 주요 요소로 보이는 그림으로 존재하기를 바랐던 것이다. (동화책에서 일러스트를 사용하면 그 내용이 좀 더 쉽게 이해가 되는 것처럼, 19세기 전까지의 회화는 문학, 역사, 사상, 철학 등에 대해 일러스트와 같은 역할로 많이 사용되었다. 마네는 이러한 것을 탈피하고 회화가 회화 스스로를 보여주는 역할을 하도록 하는 것에 힘썼다.)

한편, 마네는 일상적인 삶의 단편을 미술의 주제로 삼아서 주로 거리의 악사, 창녀, 알콜 중독자 등 사회 제도권 밖으로 밀려난 사람들을 그렸는데, 이 작품을 통해서는 프랑스 사회의 가식적이며 이중적인 도덕성을 고발하고 있다.

그는 획기적인 주제와 기법의 이 작품을 통해 주목을 끌고 싶었겠지만 시대를 너무 앞섰던 탓에 엄청난 비난과 조소를 받았다.

07 발레 수업
La Classe de danse

(에드가 드가^{Edgar De Gas}, 1873~1876)
위치 : 오르세 5층 Salle 31

드가의 여섯 개의 무용 교실 연작 가운데 첫 번째 그림으로, 제 1회 인상주의전에 출품했던 작품이다. 생동감 있는 움직임을 포착한 그림을 그려 인상파 화가에 속하면서도 고전적인 입장을 잃지 않았던 그는 주로 극장을 드나들며 무대 위, 음악실, 연습실에 있는 무희들을 예리하게 관찰하여 표현했다. 그는 종래의 미술 경향을 벗어나 일상에서 찾아볼 수 있는 테마를 화폭에 옮기기 시작하였고, 무용수들이 바로 그 주제였다.

이 작품에서는 무희들이 유명한 무용가 겸 안무가인 쥘 페로^{Jules Joseph Perrot}의 수업 시간을 묘사한 것으로, 졸고 있는 무희, 등을 긁고 있는 무희, 스트레칭을 하는 무희 등 다양한 모습으로 수업을 경청하며 몸을 풀고 있는 무희들의 모습을 엿볼 수 있다. 마치 몰래 촬영을 하고 있는 사진 구도처럼 색다른 위치에서 바라본 구도로, 무희들의 순간적 움직임을 간결한 선을 통해 표현하고 있다.

08 루앙 대성당
Cathédrale de Rouen

(클로드 모네^{Claude Monet}, 1894)
위치 : 오르세 5층 Salle 34

한순간에 완전한 형태를 포착하는 인상주의는 모네의 〈인상, 해돋이〉라는 작품을 통해 시작되었다. 모네는 그림이 빛의 움직임에 대한 자신의 감각의 기록에 불과하다고 말했다. 하지만 그는 '보다 진실한 특징들'에 도달하기 위해서 사실주의 차원의 감각과 주관성을 인정하는 것이 중요하다고 생각했다. 1890년대에 그는 루앙 대성당 연작을 그렸는데, 조화로운 빛의 반사를 표현하고 빛의 변화를 화폭에 담기 위해 여러 개의 캔버스를 나란히 세워놓고 작업했다고 한다. 그 결과 그림 안에서 변화하는 색조를 지닌 대성당의 장엄한 이미지가 탄생되었다. 당대의 평론가들이 모네의 작품에 감탄했고, 평론가 클레망소는 모네 작품에 대해 '암석이 살아 움직이면서 삶을 지속하는 것처럼 느껴진다'며 호평했다.

모네의 〈인상〉과 인상주의

미술사에서 가장 중요한 영역으로 인정받고 있는 '인상파' 또는 '인상주의'라 불리는 화풍은 카메라의 발전과 연관이 깊다. 카메라가 등장하면서 사물을 정확하게 묘사하여 화폭에 옮기는 것이 큰 의미가 없게 되자, 화가들은 회화만이 가지는 특별한 가치에 대해 고민하게 되었고, 야외로 나가 빛에 의해 시시각각 변화하는 실체를 화폭에 옮기는 노력을 하게 된다.

인상주의 화풍의 가장 큰 특징은 일상생활을 섬세히 관찰하고 빛의 움직임을 표현하는 것인데, 1873년 모네가 그린 〈인상, 해돋이〉로 불리는 작품이 일출이 주는 순간적 인상을 잘 표현한 우수한 작품으로 평가받고 있다. 사실, 인상주의는 당시 미술 평론가들로부터 기존의 작품과는 너무 다른 화풍 때문에 엄청난 혹평을 받았다. 이때 신문 기자인 루이 르호아^{Louis Leroy}가 '벽지 그림도 이보다는 낫겠다'는 혹평을 하면서 이 같이 순간 포착을 통한 빛의 변화를 그리는 화가들을 〈인상주의 화가〉라고 비난한 것에서 비롯되어 '인상주의'라는 명칭이 생겼다.

(폴 세잔Paul Cézanne, 1895~1900)
위치 : 오르세 5층 Salle 35

현대 미술의 아버지라 불리는 폴 세잔은 정물화를 많이 그린 화가로 유명하다. 움직이지 않는 정물을 통해, 본다는 것이 무엇이고 본 것을 그린다는 것이 무엇인지에 대한 의미를 깊이 연구했다. 모든 대상의 사물에서 가장 원초적인 시각 질서를 찾으려는 강한 의지를 담아 그림을 그렸다. 폴 세잔 만년의 작품 세계를 보여주는 이 작품은 긴 소파에 걸쳐 있는 천 위에 흰색 냅킨을 몇 장 깔고 그 위에 접시와 도자기, 사과와 오렌지를 올린 모습이다. 다양한 시점으로 그려진 이 작품에서는 금방이라도 굴러갈 것 같은 과일의 형태와 색채가 생동감을 준다. 이 작품에서는 아름다운 색채의 변화와 양감, 형태력을 볼 수 있다. 여러 시점에서 보여지는 접시, 도자기 등의 모습은 입체파 화가들에게 큰 영감을 주었다고 한다.

10 자화상 Autoportrait

(빈센트 반 고흐Vincent van Gogh, 1889)
위치 : 오르세 5층 Salle 71

무언가를 응시하는 듯한 눈빛과 다문 입술, 움푹 패인 볼이 그의 비장한 결심을 보여주는 듯하다. 넘겨진 갈색 머리칼과 붉은 수염이 난 빈센트 반 고흐의 자화상인 이 작품은 그의 40점 자화상 중 최후의 그림이다. 극단적인 단일색을 이용한 불꽃 같은 터치로 그려진 배경은 일렁이는 고흐의 정념과 분노를 표현하고 있다. 눈에 보이는 것을 재현하기 보다는 감정을 보다 강렬하게 전달하기 위해 선과 형태, 색을 왜곡함으로써 회화를 감정 전달의 언어로 사용하였던 후기 인상주의 화풍인 그의 작품은 후에 표현주의 화가들에게 큰 영향을 주었다. 이 작품은 그가 정신 병원에 있을 때 절친한 친구이자 정신과 의사였던 닥터 가셰에게 이듬해 선물로 준 것이라고 한다.

02

Musée national Eugène Delacroix

뮤제 나씨오날 으젠 들라크호와

으젠 들라크루아 국립 박물관

프랑스 낭만주의의 대표적인 화가인 으젠 들라크루아Eugène Delacroix가 거주하면서 아뜰리에로 사용하던 곳을 그의 사후에 전시관으로 꾸민 미술관이다. 그는 1857년 12월 28일부터 1863년 8월 13일 임종할 때까지 이곳에 살았는데, 생 쉴피스 성당St. Sulpice의 벽화인 〈천사와 싸우는 야곱〉이라는 작품을 하기 위해 성당과 가까운 이곳에 거처를 갖게 되었다고 한다. 한때 파괴될 위기가 있었으나, 들라크루아 협회와 그의 작품 세계를 사랑하는 사람들에 의해 집은 보존되었으며, 1954년 파리 정부에 기증되어 1971년 국립박물관으로 새롭게 개장하였다. 1999년에는 저택에 딸려 있는 정원까지 복원되어 더욱 아늑한 분위기로 단장되었다. 들라크루아 생전에 사용하던 가구, 그림 도구, 편지, 사진 등의 유품이 전시되고 있으며 유화, 드로잉, 파스텔화, 수채화 등으로 표현된 들라크루아의 작품 세계를 감상할 수 있다. 다양한 주제의 특별전은 홈페이지를 통해 일정 확인이 가능하다.

Web www.musee-delacroix.fr

주소 6 rue de Furstenberg, 75006 Paris

전화번호 01 44 41 86 58

운영 시간 매일 9H30~17H

휴일 1/1, 5/1, 12/25

입장료 상설전 5€, 기획전 7€

가는 방법 M4 Saint Germain-des-Prés, M10 Mabillon

03

Eglise Saint Germain des Prés

에글리즈 성 제르망 데 프헤

생제르망데프레 성당

Web www.eglise-sgp.org

주소 3 Place Saint Germain des Prés, 75006 Paris

전화번호 01 55 42 81 33

운영 시간 매일 8H~18H45, 토/일요일 : 8H~19H15

입장료 무료

가는 방법 M4 Saint Germain des Prés

생제르망데프레의 '생 제르망Saint Germain'은 당시 파리의 주교였던 생 제르마누스Saint Germanus의 이름을 딴 것이며, '프레Près'는 '풀밭'이라는 뜻으로, 직역하면 '풀밭의 성 제르마누스 성당'이라는 의미를 갖고 있다.

이 성당은 메로빙거 왕조 시대였던 6세기 성유물을 보관하기 위해 지은 수도원으로, 로마네스크 양식으로 지어졌고 메로빙거 왕조가 끝날 때까지 왕가의 무덤으로 사용되었으며, 카톨릭 수도회 중 하나인 베네딕트파의 본거지로 사용되었다. 그리고 10세기 말에 재건이 되고 12세기 중엽 고딕 양식으로 개축되어 1163년 헌당하게 된다.

현재 이 성당은 파리에서 가장 오래된 성당으로 알려져 있다. 성당 곳곳에 세월을 느끼게 해주는 오래된 조각상들과 프레스코화들이 있고, 근대 철학의 아버지라 불리는 데카르트René Descartes의 유해가 있던 곳이기도 하다.

04

쉴피스 성당

Web www.paroisse-saint-sulpice-paris.org
주소 Place Saint Sulpice, 75005 Paris
운영 시간 매일 7H30~19H30
전화번호 01 42 34 59 98
입장료 무료
가는 방법 M4 Saint Sulpice

길이 113m, 폭 58m, 높이 34m로 파리에서 두 번째로 큰 규모를 자랑하는 이곳은 왠지 모르게 음산하고 신비로운 느낌이 가득하다. 1740년에는 마르키 드 사드Marquis de Sade가, 1821년에는 샤를르 보들레르Charles Baudelaire가 세례를 받았고, 1822년 빅토르 위고Victor Hugo가 결혼한 장소로도 유명한 이 성당은 세계적 베스트셀러 소설 〈다빈치 코드〉에 등장하여, 최근 몇 년간 방문객 수가 많이 늘었다고 한다.

6세기경 프랑스 중부에 위치한 부르주Bourges의 주교였던 성 쉴피스St. Sulpice에게 헌정된 성당인데 현재의 모습으로는 1646년에 건축을 시작하여 1780년까지 무려 1세기가 넘는 시간에 걸쳐 후기 바로크 양식으로 완성되었다고 한다.

성당의 양쪽 끝으로 우뚝 솟은 2개의 탑은, 오른쪽 탑의 높이가 왼쪽 탑보다 5m 정도 작은데, 그 이유는 두 개의 탑을 설계한 건축가 장 밥티스트 세르반도니Jean-Baptiste Servandoni가 탑의 건축 도중 세상을 버려 미완성으로 남은 것이라고 한다.

이곳을 찾는 방문객들이 큰 관심을 보이는 것은 바로 스테인드 글라스에 새겨진 알파벳 P와 S인데, 성당 측에서는 PS라는 이니셜이 시온 수도회와는 전혀 관계가 없다고 전하면서 PS는 성 베드로(Pierre Saint), SS는 생 쉴피스(St. Sulpice)의 약자라는 내용을 안내문에 밝혀 두었다.

〈다빈치 코드〉의 소설 속에 등장하여 성배가 묻힌 곳을 암시하는 장소로 묘사되어 있는 '로즈라인'은 18세기 때 프랑스 시간의 기준을 만들기 위해 그어진 금색 선이다. 이 선을 이용해 만들어진 해시계인 그노몬Genomon은 본래 부활절을 계산 밤보다 낮의 해가 더 길어지는 날인 춘분(양력 3월 20일 또는 21일경)이 지난 후 처음으로 보름달이 뜨고 그 다음에 맞이하는 일요일을 부활절로 정한다하기 위해 만들어진 것이고 이것을 통해 프랑스의 정확한 시간을 산출할 수 있게 되었다.

1 로즈라인과 그노몬
2 파이프 오르간

이 성당의 내부에 있는 파이프 오르간은 6,588개의 파이프로 이뤄진 세계에서 가장 큰 파이프 오르간으로 프랑스에서 가장 섬세한 음을 내는 오르간으로 알려져 있다. 오르간 연주자들에게는 꼭 연주해 보고 싶은 장소이기도 한 이곳을 최근 유네스코의 세계문화유산으로 등록하자는 운동이 펼쳐지고 있다고 하니, 기회가 된다면 미사 시간을 참고하여 아름다운 파이프 오르간의 소리를 들어보자.

이 성당의 벽화 〈천사와 싸우는 야곱〉은 구약성서의 내용(창세기 32장)을 그린 것으로, 하나님이 야곱을 시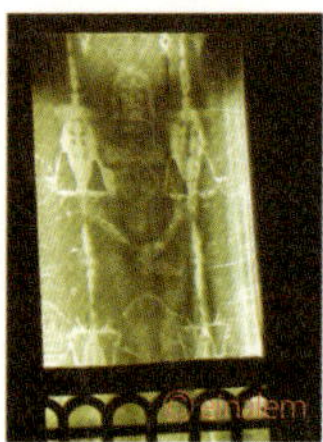험하기 위해 사탄을 가장한 천사와 야곱이 밤새 씨름을 하게 하였는데, 날이 새도록 싸움이 끝나지 않자 천사가 한 발 물러서며, 하나님과 사람이 더불어 이겼노라고 축복을 내렸다는 내용이다. 어떠한 위기에서도 하나님을 의지하고 하나님과 연합하면 승리한다는 뜻이 담겨 있다. 내부 장식 때 벽화를 담당하게 된 으젠 들라쿠로아의 작품으로, 그는 이 벽화 작업을 하기 위해 이 지역으로 이사를 오게 된다.

또, 현재 이탈리아 토리노 성당에 보관 중인 예수님의 시신을 감쌌다고 주장되는 아마포 사진이 성당 안쪽에서 출입구를 바라보고 오른편에 자리잡고 있다. 이 아마포는 십자군 당시에 터키에서 발견된 예수님의 수의를 프랑스에 옮긴 것으로, 소실될 것을 우려해서 1572년 이탈리아 토리노 성당으로 다시 옮겼다는 주장이 있다. 1898년에 처음으로 일반인들에게 공개된 예수님의 수의 사진이다.

조각 분수상

성당 앞 광장의 중앙에는 1847년 비스콘티Visconti가 만든 화려한 부조상이 눈길을 끄는 카트르 포엥 카르디노 조각 분수상La Fontaine des Quartre-Points Cardinaux이 있다.

1611년 루이 4세의 아내인 마리 드 메디치Marie de Medici는 왕이 죽고 나자 기거하던 루브르 궁전을 싫어하게 된다. 그녀는 자신의 고향인 피렌체의 피티궁을 본떠 새로운 궁전을 건설하고자 하여, 이곳 룩셈부르그 저택을 매입한 후 내부 공사를 시작하였는데, 그것이 바로 뤽상부르그 궁전이다. 1615년부터 1627년까지 지어진 궁전은 1836년 새롭게 증축되어 지금의 모습을 갖게 되었고, 오늘날 프랑스 상원 의사당으로 사용되고 있다. 1612년 2,000개의 느릅나무를 심는 것을 계기로 착공한 정원은 현재 파리에서 가장 아름다운 공원으로 불릴 만큼 수많은 조각과 조경이 어우러져 장식되어 있는 곳이 되었다. 처음에 8ha로 진행되었던 공사가 1630년대 주변 땅들을 매입하여 30ha로 규모가 넓어지고 전형적인 프랑스식 정원 양식으로 설계가 되어 꾸며졌으며, 1848년부터는 조각들로 정원 곳곳을 장식을 하게 된다. 1880년에서 1890년까지는 왕비와 예술가들의 조각들이 더욱 많이 세워지면서 지금과 같이 야외 조각 공원 같은 모습이 되었다.

고즈넉하면서도 우아하고 편안한 느낌 때문에 인근 학교 학생들이나 아이를 동반한 가족, 이 지역에 살고 있는 주민들에게 사랑을 받는 정원이다. 아침 일찍 방문하면 아침 산책을 하거나 운동을 하는 파리지앵들의 모습을 많이 볼 수 있고, 여름철에는 공원 안의 공연장에서 각종 연주회나 전시회도 개최된다.

05

Jardin du Luxembourg

자흐당 뒤 뤽상부흐그

뤽상부르그 공원

Web www.senat.fr/visite/jardin

주소 15 rue de Vaugirard, 75006 Paris

전화번호 01 53 10 08 55

운영 시간 개관 시간 : 7H30~8H15,

폐관 시간 : 16H30~21H30 *계절마다 다름

가는 방법 RER B Luxembourg

06

Théâtre de l'Odéon

떼아뜨흐 드 오데옹

오데옹 극장

Web www.theatre-odeon.fr

주소 2 rue Corneille, 75006 Paris

전화번호 01 44 85 40 00

가는 방법 M 4·10 Odéon

1782년에 창설된 프랑스 국립극장으로, 〈피가로의 결혼〉을 공연한 곳으로도 유명하다. 초기에는 음악이나 무용, 오페라 작품이 많이 상연되었으나, 현재에는 주로 현대극이나 고전극을 공연하고 있다. 오데옹 극장의 인근에는 오랜 역사를 가진 서점들이 자리하고 있어서, 오늘날에도 책을 좋아하는 사람들이 자주 찾는데, 현재 센 강변 남쪽에 위치한 〈셰익스피어 앤 컴퍼니 서점〉도 1919년부터 1950년대까지 이 지역에 위치했다가 현재의 자리로 이사했다고 한다.

07

Université de la Sorbonne
유니벡씨떼 드 라 쏘흐본느

소르본 대학

Web www.paris-sorbonne.fr
주소 17 rue de la Sorbonne, 75005 Paris
전화번호 01 40 46 22 11
가는 방법 M10 Cluny - La Sorbonne

중세 시대부터 이어져 온 프랑스에서 가장 오래된 대학으로, 빅토르 위고, 파스퇴르 등 이곳에서 배출한 지식인들이 많아 최고의 교육기관으로 알려져 있다. 설립 당시 현재의 대학을 뜻하는 단어의 어원이 되는 'universitas'라는 단어는 중세 시대의 '길드' 의미로 사용되었으나, 13세기에 자치권 획득을 위한 투쟁을 벌인 결과 로마 교황과 프랑스 국왕으로부터 자치권을 얻어 교육 기관으로 인정받게 되었다. 13세기 로베르 드 소르본Robert de Sorbon(1201~1274) 신부가 신학생들을 위해 기숙사겸 연구소로 '소르본 학사'를 세운 것에 유래해서 '소르본'이란 이름이 이 대학을 가리키는 대명사로 사용되었으며, 중세 시대 때 세계 곳곳에서 많은 인재들이 학문을 배우기 위해 이 대학으로 몰려 왔었다고 한다. 혁명 중 폐쇄되는 고난의 시간을 겪었으나, 1986년 자치권을 가진 학부의 통합으로 다시 파리 대학교가 설립되었다. 파리의 대학은 우리나라처럼 학부 건물이 모여 있는 캠퍼스가 있는 것이 아니라, 과에 따라 단과 건물을 사용하여 도시의 곳곳에 흩어져 있으며, 대학 주변 지역에서는 저렴한 먹거리와 서점, 그리고 대학생들의 모습을 볼 수 있다.

1 유니콘과 여인
2 노트르담 대성당의 외관을 장식하던 석조
  로 된 유대왕들의 머리
3 금장미

중세 유럽 특유의 무겁고 우울한 느낌 때문인지, 회색의 날씨와 더욱 잘 어울리는 국립중세박물관은 1334년 고딕 양식으로 만들어진 클뤼니 대 수도원장의 저택을 보수 공사하여 사용하고 있는 곳으로, 클뤼니 박물관Musée Cluny으로도 불린다. 3세기 로마 시대 공중 목욕탕 유적이 아직도 남아 있으며, 24개의 전시실에는 중세 시대부터 르네상스 시대까지의 2만 점 이상의 방대한 양의 예술품이 있다. 어두운 방안에 커다란 크기로 붉게 빛나는 화려한 6개의 테피스리Tapisserie : 색실로 무늬를 짠 벽걸이용 카페트에는 이마에 뿔이 달린 전설의 유니콘과 여인의 모습이 정교하게 표현되어 있다. 각각의 테피스리에는 다섯 개의 감각인 '미각', '청각', '후각', '시각', '촉각'과 '나의 유일한 소망A Mon Seul Desir'이란 제목이 붙어 있다. 전시장에는 여유로운 작품 감상을 위한 의자가 배치되어 있다. 그 외 1793년 혁명 당시 잘려 나갔던, 노트르담 대성당의 외관을 장식하던 석조로 된 유대왕들의 머리를 전시하고 있다. 1330년에 아비뇽의 교황 장 22세Jean XXII를 위해 만들어진 것으로 알려진 금장미Rose d'or de Minucchio da Siena 역시 정교함이 놀라운 작품이니 놓치지 말자.

08

Musée National du Moyen Age

뮤제 나시오날 뒤 모와양 아쥐

국립중세박물관

Web www.musee-moyenage.fr
주소 6 place Paul Painlevé, 75005 Paris
전화번호 01 53 73 78 00
운영 시간 9H15~17H45 *폐관 30분 전까지 입장 가능
휴일 화요일, 1/1, 5/1, 12/25
입장료 일반 8.5€, 학생 6.5€ *매월 첫째 주 일요일은 무료,
뮤지엄 패스 입장 가능
가는 방법 M10 Cluny - La Sorbonne

09

Place de Saint Michel

쁠라스 드 생 미쉘

생 미쉘 광장

주소 Place de Saint Michel, 75005 Paris
가는 방법 M4 Saint Michel, RER B·C Saint Michel
Notre Dame

파리에서 가장 번화한 거리 중 하나로 꼽히는 이곳 생 미쉘 광장 중앙에는 미카엘 대천사가 악마를 사뿐히 즈려 밟고 있는 모습을 형상화한 전형적인 르네상스 형식의 분수가 있다. 퐁퐁퐁 물이 흐르는 이 분수 앞은 서울 강남의 OO상점 앞, 신촌의 OO백화점 앞처럼. 파리의 소르본 대학가 근처에 위치하면서도 편리한 교통 때문에 파리 젊은이들의 약속 장소로 많이 이용되는 곳이다.

이곳은 대학가 근처답게 저렴한 먹거리들이 풍부한데, 특히 생 미쉘 광장 주변 길인 Rue de la Huchette휘 드 라 위쉐뜨, Rue Saint Severin휘 썽 세브항, Rue de la Harpe휘 드 라 아흐쁘 등에는 프랑스식뿐 아니라 그리스, 터키, 중국, 한국, 유럽 등 세계 각국의 음식을 맛볼 수 있는 음식점, 바, 카페, Pub 등이 빼곡이 몰려 있어서 파리의 대표적인 먹자 골목이라고 할 수 있다.

가격대는 비교적 저렴해서 12~15€ 가대로 프랑스식 정찬 메뉴(전식+본식+디저트)를 간단하게 맛볼 수 있다. 이 지역은 호객 행위를 하는 직원들이 많은 등 사실 고급스러운 분위기의 식사보다는 왁자지껄한 분위기에서 즐기는 캐주얼하고 저렴한 식사를 할 수 있는 곳이니, 참고하도록 하자. 이 지역의 음식점은 너무나도 많아서 어떤 집을 고를지 망설여진다면, 일단 자리가 가득 메워진 곳을 들어가는 것이 좋다. 어디나 그렇지만 사람들이 너무 없어 썰렁한 음식점이라면 그 음식에 실망할 가능성이 높다.

기회가 된다면 이곳도!

Caveau de la Huchette 꺄보 드 라 위쉐뜨

Web www.caveaudelahuchette.fr

주소 5 rue de la Huchette, 75005 Paris

전화번호 01 43 26 65 05

운영 시간

매일 21H30~다음날 2H30 *콘서트 운영 시간 22H15~

입장료 일~목요일 : 12€, 금/토/공휴일 전날 : 14€, 만 25세 미만 학생 : 10€

가는 방법 M4 Saint Michel, RER B·C Saint Michel Notre Dame

파리에서 가장 오래된 곳으로 알려져 있는 생 미쉘 근처 재즈바이다. 프랑스 혁명 때 감옥으로 쓰던 곳을 개조했기 때문에 더욱 독특하게 느껴진다. 파리에서의 늦은 밤을 멋진 재즈 음악과 춤으로 즐기고 싶다면 들러보자. 우리나라와 사뭇 다른 문화가 흥미롭게 느껴질 것이다. 젊은이들뿐 아니라, 중년의 혹은 더 나이드신 할머니, 할아버지들도 음악에 푹 빠져 춤을 추는 것을 볼 수 있다. 중년과 노년의 생활에서도 멋쟁이의 포스가 느껴지는 사람들이 많이 찾는 곳이다. 이곳을 가게 된다면, 부끄러움 따위는 던져 버리고 프랑스의 재즈 문화에 흠뻑 젖어보자.

10

Shakespeare & Company
셰익스피어 앤 컴퍼니

셰익스피어 앤 컴퍼니

Web www.shakespeareandcompany.com
주소 37 rue de la Bûcherie, 75005 Paris
전화번호 01 43 25 40 93
운영 시간 매일 10H~23H, 토/일요일 : 11H~23H
가는 방법 M4 Saint Michel, RER B·C Saint Michel
Notre Dame

파리에 온 당신, 혹은, 파리에 갈 당신, 파리에서 무엇을 발견하고, 어떤 것을 보기를 기대하고 왔는가?
파리다운 뭔가를 기대하고 왔다면, 스스로 파리에게 기대하고 있는 이미지와 환상이 무엇인지 먼저 자문해볼 필요가 있다.
예술과 낭만이 넘치고, 자유로우며, 고풍스러우면서 지적인 것, 가난과 싸우면서도 예술적인 신념을 사랑하며, 그것을 이뤄가기 위해 몸부림치던 예술가들의 열망과 광기, 돈이 없어도 행복한 그들, 우수한 디자인과 뛰어난 감각, 그리고 경영 능력으로 최고의 퀄리티를 자랑하는 패션과 럭셔리한 제품들. 그런 것이었던가?

지금 소개하는 이 서점은 당신이 기대하는 파리다운 무언가 중 적어도 한 가지는 발견할 수 있는 곳이라고 생각한다. 파리 노트르담 건너편에 위치하고, 생 미쉘 광장에서 도보 5분 거리에 있는 이곳은 외관만 보더라도 고풍스러우면서도 아기자기한 시간들을 고스란히 담고 있어서, 마치 보물을 찾은 것 같은 두근거림이 느껴진다. 1층은 신간 서적으로 가득 채워져 있어서, 신간 도서를 구매하거나 서서 책을

낡은 타자기가 비치되어 있는 공간에는 사람들의 낙서나 메모들이 있다. 자신의 자취를 남기고자 열정을 불살랐던 문학가들처럼 이곳의 방문자들도 스스로의 자취를 남겨 보려는 의지였을까. 아예 벽 한 면은 이곳을 다녀간 이들의 방명록처럼 메모가 한 가득 채워져 있다. 엔티크한 의자에 앉아 책을 읽으며 여유로운 시간을 즐기는 사람들도 보인다. 시간적 여유가 된다면 한가로이 앉아 책을 읽어 보아도 행복할 것 같다.

읽는 사람들로 붐빈다.

좁은 계단을 이용해 윗층으로 올라가면 천장까지 닿아 있는 책장이 있다. 책 한 권을 빼어 들어 보자. 두꺼운 커버로 고풍스럽게 느껴지는 책에는 훈훈하게 밴 오래된 종이 냄새가 난다. 언젯적 책이었을까. 누렇게 변해 버린 책장 사이 사이에는 세월이 녹아 있다. 이 세월이 묻어 있는 두꺼운 커버의 책 몇 권을 사서 집안을 꾸미는 인테리어 제품으로도 사용해도 괜찮겠다는 생각이 불현듯 스친다.

누가 이렇게 멋진 공간을 구상하여 만들었을까? 1919년 선교사인 아버지를 따라 미국에서 건너온 실비아 비치Sylvia Beach가 오데옹 거리에서 처음 문을 열고, 1950년대 시테 섬 남쪽 센 강변인 지금의 장소로 이사했다고 한다. 영어로 된 책을 구하기 어려웠던 당시 어니스트 헤밍웨이Ernest Hemingway, 제임스 조이스James Joyce, 앙드레 지드Andre Gide 등 이름만으로도 고전 명작들이 떠오르는 대문호들이 사랑했던 책방이었다고 한다. 학창 시절 교과서에서나 보던 대단한 분들의 문학적 아지트를 우리도 이용하고 있다는 사실에 살짝 떨린다. 이 서점의 주인이었던 실비아 비치는 가난한 문학가들을 위해 책을 빌려주거나 숙식을 제공해주며 그들을 지원하였던 인물로 알려져 있다.

이곳은 파리에서 가장 유명한 영어권 서적 전문 서점이다. 오픈한 지 90년이 넘는 오래된 역사를 갖고 있는 곳답게 세월이 남겨준 특유의 추억과 아름다움을 느낄 수 있는 곳이다. 영화 〈비포 선셋Before Sunset〉에서 주인공 제시(에단호크)와 셀린느(줄리델피)가 9년만에 재회하는 곳으로 나와 영화 촬영 장소로도 유명한 이곳에서는 새 책은 물론 중고 서적을 구입할 수 있는데, 구입 시 특유의 마크가 그려진 도장을 책에 찍어 주어 파리에서의 특별한 기념품이 된다.

1664년에 발표된 헤밍웨이의 〈파리에서 보낸 7년〉과 실비아 비치의 1959년작인 〈셰익스피어 앤 컴퍼니〉를 읽다 보면 세기의 작가들과 그들이 좋아했던 서점, 그리고 그 주인장의 추억 이야기를 엿볼 수 있다.

중병에서 회복한 루이 15세가 자신의 병이 치유된 것을 신에게 감사하기 위하여 주니비에브 성인Saint Jenevieve께 바치는 성당으로 계획하여 1764년에 건물 기초가 세워졌으나, 왕실의 재정적인 문제로 진행이 지연되면서 1790년에 완공된 건축물이다. 이 건축물의 설계는 건축가 자끄 제르맹 수플로Jacques Germain Soufflot에게 맡겨졌는데, 그는 과학적이고 수학적인 원칙을 구조적으로 사용하고, 22개의 코린트 기둥(P248 참조)이 육중한 돔을 떠 받치고 있는 모습으로 그리스 건축물의 위엄과 순수함을 갖는 신 고전주의적인 건물을 설계하였다. 혼란스러운 프랑스 혁명기에 완성된 이 건물은 원래는 카톨릭 성당으로 설계되었으나, 새로운 통치 체제에 의해 프랑스의 국가 영웅들을 위한 묘지로 사용하기로 결정이 되어, 〈모든 신들을 위한 신전그리스어로 Pan은 '모든', Theon은 '신'〉이라는 뜻의 팡테옹으로 불리게 되었다.

예배당을 영묘로 바꾸는 것은 수플로의 제자인 장 바티스트 롱드레Jean Baptiste Rondelet가 맡게 되었는데, 그는 40개의 창을 막고, 조각상들도 치우는 대신 영웅들, 성인들과 얽힌 역사적인 사건들을 그림으로 그리는 등 장례식에 어울리는 분위기로 바꾸었다. 나폴레옹 3세 때 잠시 성당의 역할로 돌아가게 되지만, 1885년 빅토르 위고의 유해가 이곳에 안장되면서 다시 위인들의 묘지로 사용된다. 현재 이 건물의 지하에는 빅토르 위고, 미라보, 마라, 볼테르, 루소, 에밀졸라, 앙드레말로, 알렉산드르 뒤마 등 70여 명의 유명한 인물들의 유해가 안치되어 있으며, 이 중 마리퀴리와 피에르 퀴리는 이곳에 묻힌 유일한 부부이고, 마리퀴리 부인은 이곳에 안장된 유일한 여자라고 한다.

또한 이곳은 물리학자 푸코가 지구 자전 실험을 했던 곳으로도 유명하니 시간이 된다면 전망탑에도 올라 보자.

현재 국립 묘지로 사용되고 있는 이 건물 정면에는 AUX GRANDS HOMMES LA PARTIE RECONNAISSANTE 〈조국이 위대한 사람들에게 감사하는 마음으로〉라는 글이 쓰여있다.

11

Web pantheon.monuments-nationaux.fr

주소 place du Panthéon, 75005 Paris

전화번호 01 44 32 18 00

운영 시간 10~3월 : 10H~18H, 4~9월 : 10H~18H30

휴일 1/1, 5/1, 12/25

입장료 일반 8.5€, 학생 5.5€

가는 방법 RER B Luxembourg M10 Maubert-Mutualité 또는 Cardinal Lemoine

Panthéon

빵떼옹

팡테옹

12

Institute du Monde Arabe

앙스띠뚜뜨 뒤 몽드 아합

아랍세계연구소

Web www.imarabe.org

주소 1 rue des Fossés Saint-Bernard, 75005 Paris

전화번호 01 40 51 38 38

운영 시간 10H~18H

휴일 월요일, 5/1

입장료 무료

가는 방법 M7 Jussieu

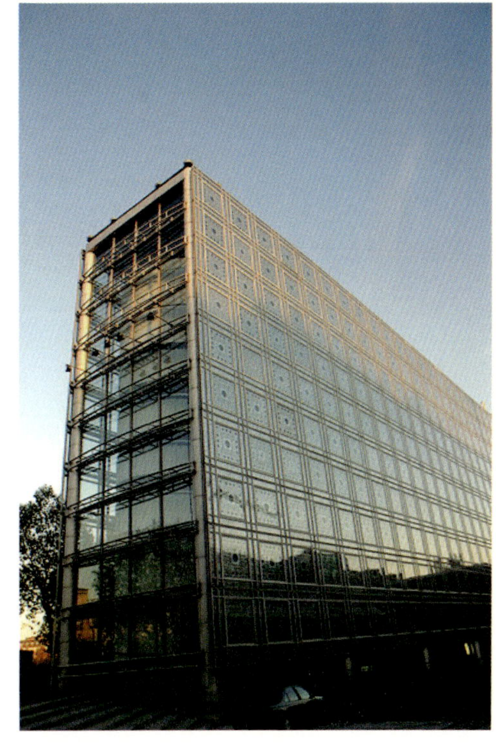

이슬람 전통 문양과 유리, 철, 알루미늄 소재 등을 이용하여 반짝이는 느낌의 현대적인 외관이 돋보이는 이곳은 프랑스의 유명 건축가 장 누벨Jean Nouvel이 설계하여 1987년에 완공된 아랍세계연구소이다. (이 건축물이 아가 칸 건축상Aga Khan Architecture Award을 수상하면서 장 누벨이 스타덤에 오르게 되었다고 한다.)

카메라 조리개의 원리를 이용해서 만든 창에는 2만 7,000여 개의 조리개 판이 구성되어 있어서, 카메라 렌즈처럼 빛의 양에 따라 자동적으로 열리고 닫히게 된다. 이 조리개를 조절하는 동력이 광전지에서 얻어진다고 하니 더욱 흥미롭다.

19세기 제국주의 시대에 알제리를 비롯, 북부 아프리카, 터키 주변 국가를 식민지로 가진 적이 있으며, 지금도 수많은 아랍권의 주민이 프랑스에 유입되어, 프랑스에는 많은 아랍인들이 거주하고 있다. 하지만 그들은 프랑스 문화에 동화되기 보다는 그들만의 문화권을 형성하며 자신들의 문화와 종교를 고집스럽게 고수하며 살고 있다.

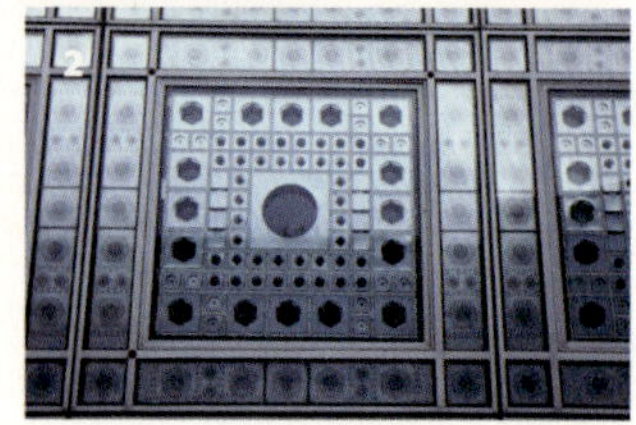

전통이 곧 생활이고, 종교가 신념이자 문화인 그들은 때로 프랑스 정부 정책에 반대하거나 사회 문제를 일으키는 원인이 되기도 하였다. 때문에 고심하던 정부가 그들과의 관계 개선을 위해 아랍 문화를 올바르게 알리는 역할을 하는 연구소 건립을 계획하게 되었고, 프랑스 정부와 20여 개의 아랍 국가(사우디아라비아, 수단, 요르단, 쿠웨이트, 레바논, 리비아, 알제리, 이집트, 이라크, 오만, 모로코, 팔레스타인, 카타르 등)들이 협력하게 된다. 이들은 비단 아랍 국가들과 프랑스와의 관계뿐만 아니라, 서구 유럽과의 관계 증진 및 이해를 위해서도 활동하고 있다고 한다.

연구소 건물에는 9세기부터 19세기까지의 아랍 문화재와 그림, 이슬람 문화 특유의 기하학 무늬 융단, 서구 문화와의 교류를 보여주는 다양한 유물이 전시되어 있으며, 아랍 세계 정보를 전해주는 도서관이 위치하고 있고, 0층 기념품점에서는 아랍 음악이 담긴 CD나 작은 소품, 엽서, 포스터, 액세서리 등을 구매할 수 있다. 또, 0층의 모던한 카페에서는 음료를 즐길 수 있다. 무료로 출입이 가능한 옥상에서는 노트르담 대성당이 내려다보이는 멋진 파리의 전경을 감상할 수 있으며, 옥상에 위치한 카페에서는 음료를 마시거나 아랍 음식을 맛볼 수 있으니, 이용에 참고하도록 하자.

1,2 조리개 판으로 구성된 창
3 '아는 것은 영원한 힘이다'라는 뜻
4 아랍문화원 테라스에서 보이는 센 강 및 노트레담

13

Jardin des Plantes

지흐당 데 쁠렁뜨

식물원

Web www.jardindesplantes.net

주소 57 rue Cuvier, 75005 Paris

전화번호 01 40 79 56 01

운영 시간 정원 : 매일 8H~18H, 온실 : 10H~17H30

휴일 화요일(정원은 무휴)

입장료 식물원 : 무료, 온실 : 일반 6€ / 학생 4€

가는 방법 M 5·10, RER C Gare d'Austerlitz

파리 5구 센 강 왼쪽에 자리잡고 있는 프랑스의 대표적인 식물원으로, 관광객보다는 파리지앵들이 많이 찾고 있어 조용하게 산책하기에 안성맞춤인 곳이다. 1477년 최초의 식물원인 약초 정원이 만들어진 것을 계기로, 1624년 1,000여 종 이상의 약초를 재배하면서 1626년 루이 13세의 인가를 받아 '왕의 정원'으로 불리는 약초 식물원을 정식 설립한 것이 개관 계기가 되었다.

1640년에 일반에게 처음 공개되었으며, 1793년 6월 10일 국립 자연사 박물관이 개관하였고, 그 이듬해인 1794년에는 수족관과 작은 동물원이 문을 열었다. 이 식물원에서는 전 세계에서 수집한 약 2만 3,500여 종의 식물들이 있다고 하니 관심 있는 사람은 둘러볼 만하겠다 세계 여러 나라의 식물들로 이루어진 정원과 함께 파충류, 조류, 곤충류 전시장. 원숭이, 살쾡이류 등의 동물을 볼 수 있는 장소이다.

A Bon Marché
봉 마르쉐 백화점 : 봉 막흐쉐

Web www.lebonmarche.com
주소 38 rue de Sevres, 75007 Paris
전화번호 01 44 39 80 00
영업 시간 10H~20H, 목/금요일 :
10H~21H
휴일 일요일
가는 방법 M10 Sevres Babylone

갤러리 라파예트, 프렝땅 백화점과 함께 프랑스의 3대 백화점으로 알려져 있는 봉 마르쉐는 관광객들보다는 파리지앵들이 주로 이용하는 곳이기 때문에 좀 더 여유롭고 고급스러운 분위기 속에서 쇼핑할 수 있다.

올해로 159년이 되는 이곳은 현재의 백화점 개념을 정립한 곳이기도 해서 백화점 역사의 증거와도 같은 곳이다. 이 백화점의 창업자인 부씨꼬Boucicaut 씨는 혁신적인 경영 방침을 세웠는데, 그것은 물건을 사지 않더라도 상점을 자유롭게 드나들 수 있으며, 반품을 받

아 최초로 품질 보장 제도를 도입하는가 하면, 세일 품목을 만들고 물품을 배달하는 등 지금은 당연하게 여겨지는 서비스가 바로 이곳에서 처음 이루어졌다고 한다.

'좋은 가격, 저렴한 가격'을 뜻하는 '봉 마르쉐'라는 이름이 무색할 정도로 최고급 콜렉션을 자랑하는 이곳의 제품들은 이 지역에 거주하는 파리지앵들의 취향, 구매력, 교양 수준 등을 고려하여 결정된 것으로, 까다로운 선별 과정을 통해 선택된 상품들만을 진열대에 전시하고 있다.

세계 최초의 백화점 봉 마르쉐에서 품격 있는 제품들을 구경하며 감각을 키우는 시간을 갖는 것은 어떨까.

TIP

La Grande épicerie de Paris
르 그랑 에피스리 드 파리

봉 마르쉐의 또 다른 자부심인 식품관. 세계 각지에서 온 식료품들과 샴페인, 와인, 각국에서 온 향신료, 과자 등을 구매할 수 있는 곳으로 파리에서 최고 수준으로 손꼽히는 곳이다. 지인들을 위한 선물을 구매할 때 괜찮은 아이템을 발견할 수 있다.

B Libraire 7L
리브레리 세븐 엘 :
리브헤흐 쎗뜨엘

Web www.librairie7l.com
주소 7 rue de Lille, 75007 Paris
전화번호 01 42 92 03 56
영업 시간 10H30~19H30
휴일 일/월요일
가는 방법 M12 Rue du Bac

샤넬의 수석 디자이너 칼 라거펠드Karl Lagerfeld가 그의 개인 사진 작업실이 있는 곳과 같은 위치에서 운영하는 세련된 느낌의 예술 서점으로, 오르세 미술관과 파리 국립미술학교 뒷편의 한적한 골목길에 위치해 있다. 예술 관련 책과 디자인, 건축, 사진, 그림, 패션 관련 책이 다양하게 구비가 되어 있다. 또한 유명한 디자이너의 작업실과 가까운 탓에 이 서점에는 패션 모델들과 관계자들의 발길이 끊이지 않는다.

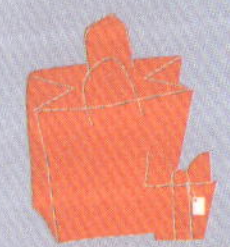

Shopping
쇼핑할 곳

C Libraire Assouline
애슐린 서점 : 리브해흐 애슐린

Web www.assouline.com
주소 35 rue Bonaparte, 75006 Paris
전화번호 01 43 29 23 20
영업 시간 월요일 : 12H~19H, 화~토요
일 : 10H~19H30
휴일 일요일
가는 방법 M4 Saint-Germain-des-Prés

명품 브랜드의 핵심적인 유전자를 찾
아서, 그 유전자의 해석을 통해 브랜드
의 본질을 찾아내는 작업. 어떻게 생각
하면 어려울 듯하면서도, 대단히 중요
한 일로 느껴지는 이 작업을 하고 있
는 출판사가 있다. 뉴욕에 본사를 두
고 있는 애슐린 출판사는 루이뷔통, 카
르티에, 고야드, 에르메스, 샤넬, 크리
스챤 디올 등의 이름만 들어도 다 아
는 고가의 제품을 판매하는 럭셔리 브
랜드들의 명품 아트북을 제작하는 곳
으로 유명하다. 그들이 만드는 아트북
은 단순한 책이 아니라, 그 브랜드의
가치와 이미지를 전달하고자 만들어지
는 서적으로 유명하다. 유명 가방 브랜
드의 경우 그 가방의 재료가 되는 가
죽으로 책의 케이스를 만들어 100만
원을 호가하는 고가의 서적들도 만들
고 있어서 더욱 이슈가 되었던 출판사

이다. 책을 단순히 읽는 용도의 제품이
아니라 인테리어용으로 지니고 소장하
는 패션 소품도 될 수 있어야 한다는
창업자의 의도에 따라, 브랜드의 이미
지를 제대로 전달하는 책을 만들기 위
해 그들은 책의 케이스와 디자인에도
심혈을 기울인다고 한다.
지성과 젊음의 이미지가 가득한 생제
르망데프레의 고즈넉한 Bonaparte 길
에 2005년 오픈한 이곳은 디자인, 식
도락, 예술, 건축, 여행, 사진 등 라이
프 스타일 관련 책이 가득하다. 주로
상류층 위주로 마케팅을 하는 곳이지
만, 보급용으로 나오는 비교적 저렴하
고 품질 좋은 책도 발간하고 있으니,
관심이 있다면 들러보자.

D Taschen
타센

Web www.taschen.com
주소 2 rue de Buci, 75006 Paris
전화번호 01 40 51 79 22
영업 시간 11H~20H, 금/토요일 :
11H~24H
휴일 일요일
가는 방법 M 4·10 Odéon

디자이너 필립 스탁Philippe Starck이 디자
인한 현대적인 느낌의 서점이다. 1980
년 베네딕트 타센이 18세에 독일 쾰
른에서 코믹스Comics란 이름으로 서점
을 연 것을 시작으로, 여러 장르의 화
가들의 화집, 팝아트, 건축, 라이프 스
타일, 광고 등 다양한 예술 분야의 전
문 서적을 발간하는 출판사로 자리잡
았다. '대중적인 가격으로 혁신적이고
아름다운 예술서적을 만든다'라는 구
호답게 깔끔한 인쇄와 디자인, 좋을 화
질의 사진, 질 좋은 종이를 사용하면서
도 합리적인 가격대를 선보이기 때문
에 현재 인기 있는 아트북 전문 출판
사로 자리매김하게 되었다. 이 서점에
서는 국내에서는 접하기 힘든 타센 출
판사에서 발간하는 한정판 책들을 살
수 있으며, 프로모션을 통해 가격 할인
을 하는 제품들을 만날 수 있다.

Rue de l'Odéon 휘 드 로데옹(오데옹 길)에 위치한 멋진 고서점들과 상점

소르본 대학을 중심으로 형성된 장소답게 곳곳에 좋은 서적들을 구매할 수 있는 서점들이 위치해 있다. 특히 오데옹 길에는 특이한 느낌의 서점들이 와인숍과 도자기 가게 등과 함께 위치하고 있는데, 조용하면서도 구경할 거리가 있는 산책을 원한다면 오데옹 근처의 이 길을 다녀보기를 추천한다.

E-1
Librairie Monte Cristo
몬테크리스토 서점 :
리브레리 몽뜨 크히스또

인테리어 용품으로도 손색이 없을 것 같은 빈티지한 느낌의 예쁜 서적들이 눈길을 끈다.

주소 5 rue de l'Odéon, 75006 Paris

E-2
Ambassade de Bourgogne
부르고뉴 와인 전문숍 :
앙바싸드 드 부르고뉴

작지만 좋은 퀄리티의 부르고뉴 와인을 전문적으로 취급하는 곳으로 좋은 와인을 구매할 수 있다.

주소 6 rue de l'Odéon, 75006 Paris

E-3
Odimex Paris
오디맥스 파리 : 오디멕스 파히

동양적인 주전자가 가득한 곳, 프랑스인들의 아시아에 대한 높은 관심을 보여주는 듯하다.

주소 17 rue de l'Odéon, 75006 Paris

E-4
Libraire Rieffel
리에펠 서점 : 리브레히 히에펠

오데옹 길에 위치한 헌책방이다. 카페처럼 오래 머물면서 책을 보더라도 아무도 눈치주는 사람이 없어서 더욱 정이 간다. 조용하게 책을 보고 싶다면 방문해 보자.

주소 15 rue de l'Odéon, 75006 Paris

뜻하지 않게 호기심이 생기는 볼거리가 있는 길을 만나면, 마치 보물찾기에서 원하는 보물을 찾은 것처럼 신이 난다. 파리 자체가 거대한 박물관처럼 다양한 볼거리를 제공하지만, 이렇게 잘 알려지지 않은 길에서 더 큰 감동을 받을 때가 있다. 뤽상부르그 공원 근처의 Vaugirard 길에는 어떤 장소들이 있는지 가보자.

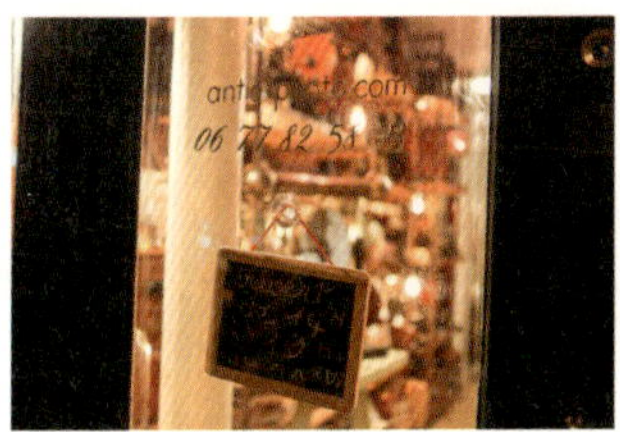

F-1
Antiq-Photo.com
앤티크 포토 닷 컴 :
앙띠끄 뽀또 푸앙 꼼

Web www.Antiq-Photo.com
주소 16 rue de Vaugirard, 75006 Paris
전화번호 01 46 33 83 27
영업 시간 14H~19H
휴일 일/월요일
가는 방법 RER B Luxembourg

인터넷 웹사이트의 주소를 그대로 이용한 숍의 이름이 재미 있다. 사진을 좋아하는 사람들에게는 더욱 매력적인 이곳은 19세기, 20세기 초/중반의 오래된 사진기를 구경하고, 구매도 할 수 있는 곳이다.

사물을 투영시켜서 종이에 비춰지게 하는 기술은 4세기경 이미 아리스토텔레스에 의해 발견된 기술이라고 한다. 15세기 초반의 화가들 역시 사물의 형태를 빛에 굴절시켜서 종이 위에 보이게 하는 기술을 사용해서, 그 모양을 따라 그려 완벽한 형태를 구현하였기 때문에 19세기 이전의 예술 작품들은 실제의 사물과 너무나도 흡사한 모습을 가질 수 있었던 것이라는 이야기도 있다. 화가들의 솜씨가 그들의 눈짐작에 의해서만 이루어진 것이라고 생각했던 사람이라면, 깜짝 놀랄만한 내용임에 틀림없다.

이렇게 사물을 투영시키는 기술이 오랜 세월 동안 이용되어 오다가 19세기 초 사물을 고정시킬 수 있는 감광 물질이 발명되면서 '사진'이라는 기술이 발명된 것이다. (초등학교 때 청사진기를 만들어 본 경험이 있을 것이다. 바늘 구멍 사진기를 통해 상을 투영시킨 후, 감광지를 통해 사물의 모양을 찍어 보았던 경험을 떠올리면 이해가 쉬울 것이다.) 이렇게 발전되는 사진의 특허권은 1839년 8월 19일 프랑스가 세계 최초로 선포하고 갖게 되므로 사진에 대해서 이야기를 할 때 프랑스를 빼놓을 수 없는 것이다.

이러한 사진의 발명은 인상주의를 태동시킨 강력한 요인이 되기도 하는데, 당시 몇 시간만 투자하면 사물과 똑같이 재현이 되는 사진의 발명으로 화가들은 똑같이 그리는 것이 아닌 가장 회화다운 작품을 하는 방법에 대해 고민하게 된다.

F-2
Paleophonies
팔레오포니 : 빨레오포니

Web www.pong-story.com
주소 16 rue de Vaugirard, 75006 Paris
전화번호 01 46 33 20 17
영업 시간 13H~19H
휴일 일/월요일
가는 방법 RER B Luxembourg

빈티지 스피커를 구매할 수 있는 곳으로, 마치 할아버지의 할아버지가 아끼던 스피커 같은 제품들을 만날 수 있는 곳이다.

성능 좋은 스피커를 통해 음악을 들어보면, 그 감동이 배가 되는 경우가 많다. 음악에 대해 조예가 깊은 사람이라면 들러보자.

인테리어 장식품으로도 괜찮다는 생각이 든다.

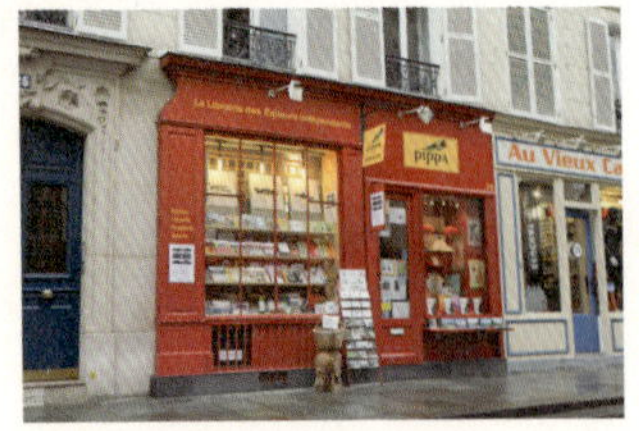

G Pippa
피파 : 삐빠

Web www.pippa.fr
주소 25 Bis rue du Sommerard,
75005 Paris
전화번호 01 46 33 95 81
영업 시간 10H~19H
휴일 일/월요일
가는 방법 M10 Cluny - La Sorbonne

클뤼니 수도원을 방문할 때마다 이 귀여운 서점에 들러 신간 서적을 보곤 했던 기억이 있다. 작은 규모에 아기자기하게 꾸며져 있는 공간이 인상적인 곳이다. 마음에 드는 책을 한 권 골라 서점 한 구석 작은 의자에 앉아 천천히 시간을 보낼 수 있는 곳으로, 특히 여행에 관한 책이 많아서 여행을 좋아하는 사람에게는 더없이 좋은 곳이다. 이미 주인 언니의 눈썰미에 의해 한 번 걸러진 책들이어서, 괜찮은 서적들을 볼 수 있다.

H Aux Solda d'antan
전쟁역사 관련 기념품가게 :
오 솔다 당땅

Web www.auxsoldatsdantan.com
주소 67 Quai Tournelle, 75005 Paris
전화번호 01 46 33 40 50
영업 시간 8H~12H, 14H~18H
휴일 토/일요일
가는 방법 M10 Maubert - Mutualité

이 가게의 이름은 직역하자면 '과거의 병사들을 위하여'라는 뜻이다. 전쟁 관련 역사가 좋아서 노트르담 건너편인 Quai Tournelle 길에서 미니어처 장식품을 판매하고 있다고 하는 주인 아저씨의 싱긋한 미소가 즐겁다. 그는 역사를 통해 우리 시대를 볼 수 있다고 이야기한다. 의복이나 장식들을 통해 그 시대를 볼 수 있어서 역사를 좋아한다고 말했다. 이곳에서는 훈장, 동전, 배지 등과 각 시대 전쟁에서 사용되었던 군사들의 의복을 볼 수 있는 정교한 미니어처 군인 장식품들을 구입할 수 있는 곳이다.

Food & Drink
음식

20세기 초, 지성인들이 모여 끊임 없는 토론과 사상의 교류를 하던 곳 생제르망데프레 교회 인근에는 세월의 흔적을 간직한 채 지금도 성업 중인 유명한 카페 〈레 뒤 마고〉와 〈카페 드 플로르〉가 있다. 두 카페에는 지금도 예술가, 정치가, 철학가 등의 파리지앵들과 옛 지성인의 발자취를 연모하는 여행자들의 발길이 끊이지 않고 있다. 프랑스의 문화는 카페에서 태어났다 해도 과언이 아닐 정도로 프랑스에서 카페가 차지하는 비중은 크다. 아침 식사와 간단한 점심, 심지어 저녁 식사까지도 할 수 있고, 휴식 공간이자 만남의 장소로 활용하는가 하면 커피 한 잔 시켜 놓고 날이 저물도록 대화를 나누는 사람들을 일상적으로 볼 수 있다. 문학, 예술, 철학가들에게는 창작의 공간, 글쓰기의 공간이기도 하며, 정치적 토론도 이뤄진다. 오랜 시간을 있어도 주인은 눈치를 주지 않는다. 오히려 함께 토론하는 모습을 보이기노 한다.

TIP **자리에 따라 가격이 다른 파리의 카페**

작은 테라스가 있는 파리의 노천 카페에서는 보통 테라스Terrasse 자리, 실내Salle 자리, 서서 차나 음식을 먹는 바Comptoir로 자리가 구분이 되며, 어느 곳에 자리를 잡느냐에 따라 가격도 달라진다. 일반적으로 바가 가장 저렴하고, 테라스 자리가 비싸다.

a L'Atelier Joël Robuchon
아틀리에 조엘 로부송 :
아뜰리에 조엘 호뷔송

Web www.joel-robuchon.com
주소 5 rue de Montalembert, 75007 Paris
전화번호 01 42 22 56 56
영업 시간 11H30~15H30, 18H30~24H
예산 30~150€ (Menu Découverte 150€)
가는 방법 M12 Rue du Bac

미슐랭 스타급 요리사인 조엘 로부송의 캐주얼 레스토랑으로, 뉴욕 스타일의 인테리어로 각광받고 있는 곳이다. 편한 복장으로도 부담 없이 들어갈 수 있으며, 오픈형 주방을 구경하면서 식사를 할 수 있기 때문에 이 지역 파리지앵들에게도 인기가 높다. 당일 예약을 원칙으로 하고 있는 식당 운영 방침 때문에 오픈 시간에 맞춰서 가면 기다릴 필요 없이 자리에 앉을 수 있다. 예쁘고 개성 있는 장식들이 돋보이는 창의적인 요리로 눈과 입이 만족스러운 곳이다.

b Le Petit Zinc
르 프티 쟁그 : 르 쁘띠 쟁그

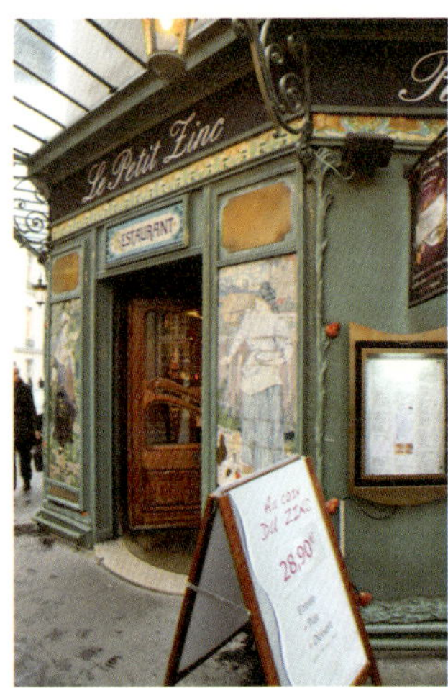

Web www.petit-zinc.com
주소 11 rue Saint-Benoît, 75006 Paris
전화번호 01 42 86 61 00
영업 시간 매일 12H~24H
가는 방법 M4 Saint-Germain-des-Prés

고즈넉한 분위기로 유명한 생제르망데프레 지역에서 맛있는 해산물을 맛볼 수 있는 곳으로, 아르누보 형식의 곡선과 다양한 모양들로 구성되어 화려하고 예쁜 외부 장식과 내부 장식이 돋보이는 곳이다. 생선, 굴 등 해산물을 먹고 싶다면 이 곳을 고려해보자. 관광객들에게 그리 많이 알려지지 않아 현지인들과 함께 조용한 분위기에서 이용할 수 있는 식당이다. 영어 메뉴판도 있으니 이용에 참고하도록 하자.

Le Relais de l'Entrecôte

르 를래 드 랑트르코트 :
르 흘레 드 렁뜨흐꼬뜨

Web www.relaisentrecote.fr
주소 20 rue Saint-Benoît, 75006 Paris
전화번호 01 45 49 16 00
영업 시간 매일 12H~14H30,
19H30~23H
예산 25€~
가는 방법 M4 Saint-Germain-des-Prés

1960년대부터 오직 앙트레코트 Entrecôte(갈비살) 스테이크만을 고집해 온 곳으로, 신선한 육질과 고소하면서도 고기와 잘 어울리는 소스로 파리지앵과 여행자들 사이에 아주 유명한 곳이다. 이 식당의 메뉴는 오직 한 가지뿐인데, 바로 〈샐러드+스테이크+빵+감자튀김〉이다. 자리에 앉으면 고기의 굽기 정도를 물어본다.

이 집의 가장 큰 인기 비결은 바로 소스! 육즙과 겨자를 넣어 만든 소스는 갈비살 스테이크와 정말 잘 어울린다. 게다가 고기를 2번에 나누어 주기 때문에, 스테이크가 식을 염려가 없어 좋으며 감자 튀김과 소스를 리필해준다. 참고로 파리지앵들은 감자 튀김을 먹을 때, 약간 매콤한 겨자 소스를 찍어 먹는다. 식사 시간에 가면 무조건 줄을 서야 하니 서두르는 것이 좋다.

홈페이지에서 샹젤리제 지점, 몽파르나스 지점 등 다른 지역의 지점도 찾아볼 수 있다.

Café de Flore

카페 드 플로르 : 캬페 드 플로흐

Web www.cafedeflore.fr
주소 172 boulevard Saint-Germain, 75006 Paris
전화번호 01 45 48 55 26
영업 시간 매일 7H~다음날 2H
가는 방법 M4 Saint-Germain-des-Prés

꽃과 번영, 풍요의 여신 플로르처럼, 예술, 문학, 사랑의 꽃을 풍요롭고 화려하게 피운 카페 플로르는, 여름이면 차양 위로 얹혀져 있는 제라늄꽃 색이 화려하고 관상 기간이 길어 정원 화단 조성 시 인기가 높다 꽃이 화려하게 피어 더욱 인상적이다.

전통 복장을 한 웨이터의 서비스와 찻잔, 의자, 식탁 등이 고전적인 분위기를 자아내는 이곳은 현재도 작가, 언론가, 지식인, 디자이너, 정치가 등 다양한 분야의 수많은 명사간의 사상과 유행의 교환 장소로 활용된다. 1887년에 만들어져 레 뒤 마고와 함께 생제르망데프레 지역에서 지성인들의 아지트로 불린다.

이곳에서 커피는 엉 카페 포Un cage pot, 프렌치 프라이는 엉 파껫 드 칩Un paquet de chip이라고 주문해 보자. 관광객답지 않은 주문이 될 것이다. 간단한 식사 주문도 가능한데, 음식을 주문하면 일러스트 작가인 장 자크 상뻬Jean Jacques Sempe의 드로잉이 프린트된 테이블 종이를 깔아준다. 음료만 시킬 때에도 미리 부탁하면 테이블 종이를 깔아주기도 한다.

Café Les Deux Magots
카페 레 뒤 마고 : 캬페 레 뒤 마고

Web www.lesdeuxmagots.fr
주소 6 place Saint-Germain des Prés, 75006 Paris
전화번호 01 45 48 55 25
영업 시간 매일 7H30~다음날 1H
가는 방법 M4 Saint-Germain-des-Prés

파리시의 문화 유산으로 등록된 카페로, 19세기 말과 20세기 초 지성과 문화, 예술의 중심지로 알려진 곳이다. 원래 중국산 비단 가게였던 이 카페 안에는 두 개의 중국 도자기 인형이 있는데, 이 인형을 일컬어 마고 Magot라고 한 것에 유래해 '두 개의 도자기 인형'이라는 뜻의 '레 뒤 마고'라는 명칭을 갖게 되었다고 한다. 이곳은 1812년 23 rue de Buci에 처음 생기고, 1873년 현재의 장소로 이사했다. 내부 공사 후 1885년 문을 연 이래로 프랑스의 수많은 유명 정치인들과 지식인 그리고 예술가들의 사랑을 받았는데, 세기의 커플로 알려져 있는 실존주의 철학가 사르트르와 보부아르가 처음 만난 장소였으며, 카뮈가 〈이방인〉을 집필하고, 미테랑 전 대통령, 생떽쥐베리, 랭보, 헤밍웨이 등이 자주 방문했던 곳으로 명성이 높다. 피카소와 브라크가 만나 입체파 사조를 탄생시킨 곳도 바로 이곳이라고 한다.

참고로, 예술인들의 아지트였던 이곳에서는 1933년 레 뒤 마고 문학상을 제정하여, 매년 수상자에게는 7,700€의 상금을 수여하고 있다. 문학상이 제정된 1933년에는 앙드레 말로의 〈인간의 조건〉이 뽑혔다고 한다.
어느덧 100년의 세월을 훌쩍 넘겼지만 지금도 옛 장식 그대로 유지하고 있어서 오랜 세월에 담긴 사람들의 온기를 느낄 수 있다. 격조 높은 매너가 흐르는 전문 서버들이 있어서 더 기품 있게 보이는 레 뒤 마고에서는 진한 핫초콜릿이나 커피를 마시며, 당대 지성인들과의 시간 여행을 상상해보자.

TIP Chocolat Chaud
쇼콜라 쇼

초콜릿을 그대로 녹인 듯한 느낌의 진한 쇼콜라 쇼(핫초콜릿)는 이곳에서 맛볼 수 있는 특별한 음료이다. 달콤하고 따뜻한 음료가 그립다면, 이 음료를 선택해보자.

Brasserie Lipp
브라스리 립 : 브하쓰히 립

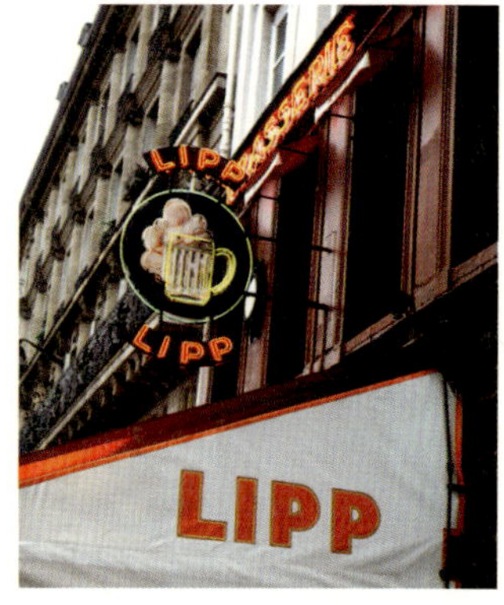

Web www.groupe-bertrand.com/lipp.php
주소 151 boulevard Saint-Germain, 75006 Paris
전화번호 01 45 48 53 91
영업 시간 매일 9H~다음날 1H
예산 30€~
가는 방법 M4 Saint-Germain-des-Prés

전형적인 브라스리라는 평가를 받는 이곳은 맞은 편에 위치한 카페 드 플로르와 카페 레 뒤 마고와 함께 당대 문인들과 예술가, 정치가들이 많이 찾는 곳이어서 '카페 삼각지'라고 불리는 곳이다. 이곳은 소설가 앙드레 말로 Andre-Georges Malraux의 단골집이며, 헤밍웨이 Ernest Hemingway가 〈무기여 잘 있거라〉를 완성한 곳으로도 널리 알려져 있는데, 아르누보 형식에 고풍스러우면서도 정돈된 분위기이지만, 부담스럽지 않게 적당히 캐주얼한 스타일이어서 오늘날에도 정치인, 사업가, 연예인 등 프랑스 유명 인사들의 만남의 장소로 애용되고 있다. 섬세하고 센스 있는 웨이터들 덕분에 더욱 편안한 프랑스식 식사를 즐길 수 있다.

g Poilâne
푸알란 : 뿌알란

Web www.poilane.fr
주소 8 rue Cherche Midi, 75006 Paris
전화번호 01 45 48 42 59
영업 시간 7H15~20H15
휴일 일요일, 공휴일
가는 방법 M4 Saint Sulpice

빵을 좋아하는 사람들에게 유명한 제과점과 빵집을 들러보는 것은 소중한 경험이 될 것이다. 파리의 대표적인 브랑제리인 푸알란은 1932년에 개업한 이래 멧돌로 직접 제분한 통밀과 물, 천일염 등으로 만들어 화덕에서 굽는 전통적인 빵 만드는 방식을 그대로 사용한다고 한다. 판매하는 모든 빵이 맛있지만 가장 유명한 것은 투박하게 생긴 '미슈Miche'라는 빵이다. 100년이 넘은 고유의 발효종을 사용해서 만든다는 것도 이 집이 특별한 이유이다.

Poilâne의 P가 적혀 있는 미슈의 모습

h Pierre Hermé
피에르 에르메 : 피에흐 에흐메

Web www.pierreherme.com
주소 72 rue Bonaparte, 75006 Paris
전화번호 01 43 54 47 77
영업 시간 10H~19H
휴일 월요일, 공휴일
가는 방법 M4 Saint Sulpice

형형색색의 마카롱이 쇼케이스 안에서 조명을 받아 보석 같이 빛난다. 작지만 고급스럽게 꾸며진 이곳은 아침 시간이나 퇴근 시간이면 유독 줄이 긴 파티세리Pâtisserie : 과자, 케이크를 만드는 곳을 부르는 말. 참고로, 바게트나 크로와상 등의 빵을 만드는 곳은 브랑제리(Boulangerie)라고 한다이다. 파리에서 가장 맛있는 마카롱을 맛볼 수 있는 곳으로 유명하며, 1961년 프랑스에서 태어난 요리 연구가인 피에르 에르메가 자신의 이름을 따서 세운 곳이다. 그는 800만 원에 호가하는 마카롱을 만들기도 하여 세계의 주목을 받았다. 샹젤리제 거리에 있는 라 뒤레와 함께 디저트계의 양대산맥이라 불리는 이곳에서 마카롱을 맛보자. 참고로 장미향이 가득한 이스파한spahan : 6.9€ 디저트도 인기 메뉴이다.

디저트 이스파한

i Vagenende Brasserie
배제넨드 브라세리 : 바주넝드 브하세히

Web www.vagenende.com
주소 142 boulevard Saint-Germain, 75006 Paris
전화번호 01 43 26 68 18
영업 시간 매일 12H~24H
예산 26~32€
가는 방법 M10 Mabillon

6구의 생제르망데프레 구역에 위치해 있는 이곳은 최근 내부 장식 공사로 더욱 멋진 공간이 되었다. 아르누보 스타일의 실내 장식과 곳곳에 배치되어 있는 거울들이 빛을 반사시켜 더욱 화려하고 고급스러운 느낌이다. 관광객들에게 많이 알려지지 않은 탓에 현지인들이 주로 이용하는 이 브라세리에서는 점심과 저녁에 이용할 수 있는 26~32€대의 비교적 저렴한 메뉴를 제공하고 있다.

소곤소곤

파리에는 생크림 케이크가 없다?
우리나라에서 흔히 볼 수 있는 생크림 케이크는 파리의 파티세리 쇼케이스를 아무리 둘러봐도 찾기가 어렵다. 그 이유는 바로 생크림 케이크 자체가 유럽에서 공부했던 일본인 제과장들이 고국으로 돌아가 미국 스타일과 섞어서 만들어 낸 스타일이기 때문이다.

Polidor
폴리도르 : 뽈리도흐

Web www.polidor.com
주소 41 rue Monsieur Le Prince,
75006 Paris
전화번호 01 43 26 95 34
영업 시간 12H~14H30/19H~0H30,
일요일 : 19H~23H
예산 오늘의 요리 12€, 점심 메뉴 22€
가는 방법 M 4·10 Odéon

〈노인과 바다〉의 저자 헤밍웨이의 단골집으로 알려진 폴리도르는 양이 푸짐하고 맛도 좋은 데다 종업원들까지 친절해서 인기가 많은 레스토랑이다. 게다가 1845년에 문을 열었다고 하니, 유수한 세월의 역사와 전통을 자랑하는 곳이다. 이렇게 세계적인 예술가들의 단골 맛집이 아직도 건재하며 우리를 맞이하고 있다는 사실이 신기하지만 히디. 합리적으로 채정된 단품 요리의 가격과 점심에는 22€ 정도에 코스 요리를 맛볼 수 있는 점이 아주 매력적이다. 저렴하고 소박하지만 맛있는 프랑스 가정식을 맛보고 싶다면 추천한다.

Han seine
한센

주소 32 rue Monsieur le Prince,
75006 Paris
전화번호 01 43 53 39 35
영업 시간 11H~19H30
휴일 일/월요일
예산 10~20€
가는 방법 M 4·10 Odéon

한국에 대해 관심이 있는 외국인들이 요즘 들어 많아지는 것을 보면서 한국인으로서의 자부심이 생긴다. 2003년 처음 프랑스에 왔을 때, 한국이라는 나라는 2002년의 성공적인 월드컵 개최에도 불구하고 프랑스에서는 그리 인기 있는 나라는 아니었던 것 같다. 일본과 중국은 알고 있으면서 그 사이에 있는 세련되고 감각 있고 공부에 열정 있는, 지적이면서도 매력적인 나의 조국을 유럽인들이 알지 못한다는 사실에 참 많이 실망했다. 2005년쯤부터였던가? 한국 영화에 빠져들면서 한국에 대한 관심을 갖는 파리지앵들이 많이 보이기 시작했고, 요즘에는 음악이나 패션에도 관심을 갖는 사람들이 많은 것 같다.

파리에서 한국 문화에 관심을 갖는 외국 친구들에게 한국의 문화를 편안하게 알려줄 수 있는 장소가 어딜까하는 생각에 처음 찾아가게 되었던 한센은 한국적인 분위기와 세련된 느낌을 함께 갖고 있는 카페였다. 파리 라탱 지역에 위치한 한국 문화 공간으로 한국과 센 강을 연결한다는 의미에서 '한센'이라고 이름 붙였다고 한다.

경험에 의하면, 파리지앵들은 유자차를 아주 좋아했다. 달콤하면서도 유자의 상큼한 향이 나는 그 차를 맛본 친구들은 다들 향긋한 차라며 극찬을 했던 기억이 있다. 한국 전통차와 떡 등의 디저크를 나누면서 한국 음악을 즐길 수 있는 곳으로, 외국인 친구와 함께 가서 전통 다과를 즐기며, 한국의 문화에 대해 이야기해주면 좋을 것 같다. 우리나라를 소개하는 장소들이 파리에도 많이 생기는 것이 참 반갑다.

La Ferrandaise
라 페랑데즈 : 라 페항데즈

Web www.laferrandaise.com
주소 8 rue de Vaugirard, 75006 Paris
전화번호 01 43 26 36 36
영업 시간 월~목요일 : 11H~23H, 금요일 : 11H~24H, 토요일 : 16H~24H
휴일 토요일 점심과 일요일
가는 방법 RER B Luxembourg

2006년 최고의 파리 비스트로에 꼽혔던 곳으로, 유기농 야채와 신선한 재료를 이용하여 맛이 좋고, 편안한 분위기에서 식사를 즐길 수 있다. 비교적 합리적인 가격(16€)으로 점심 메뉴를 맛볼 수 있는 괜찮은 맛집이다. 저녁 메뉴는 34€이며, 6가지 음식을 맛볼 수 있는 특별 메뉴는 46€이다.

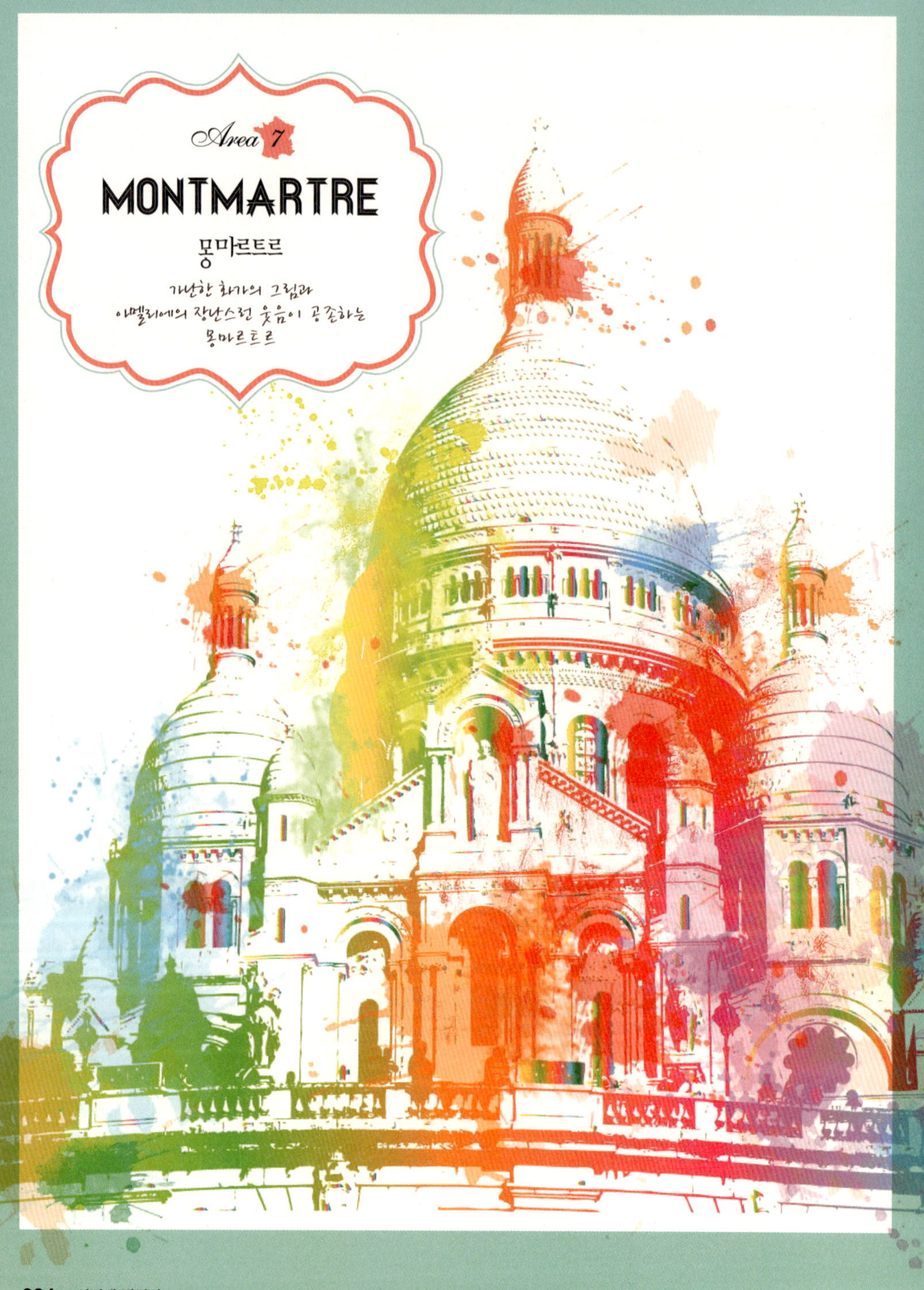

Area 7
MONTMARTRE
몽마르트르
가난한 화가의 그림과
아멜리에의 장난스런 웃음이 공존하는
몽마르트르

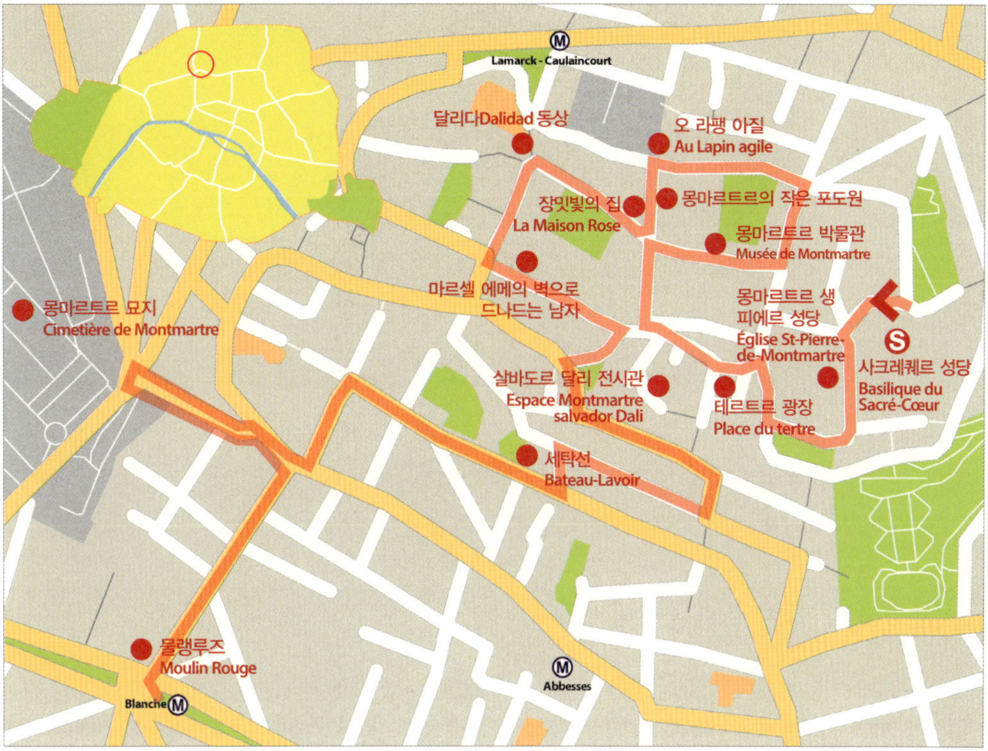

많은 사람들이 이곳을 위험지대라고 부른다. 이곳에선 소매치기를 조심해야 하고, 흑인 아저씨들의 '행운의 팔찌'를 조심해야 하며, 멋진 야경을 볼 수 있는 밤에는 강도, 도둑들이 득실거린다고 겁을 준다. 어행 중 위험에 대비하는 일은 아무리 강조해도 지나치지 않지만, 가끔은 아쉽다. 몸을 사리고, 주위를 두리번거리는 사이 정말 중요한 것을 놓치는 것은 아닌지.

몽마르트는 '순교자의 산'이란뜻으로, 파리에서 몇 안되는 높은 언덕에 위치해 있기 때문에, 하얀 사크레쾨르 성당의 자태를 감상하는 것도 감동이지만 이곳에서 바라보는 파리의 전경 또한 아름답다. 19세기 말에서 20세기 초 가난한 예술가들의 보금자리였던 이곳의 거리에서는 무명의 화가들이 그림을 팔고 초상화를 그리며예술 퍼포먼스가 곳곳에서 이뤄진다. 고소한 버터향이 섞인 크레페 냄새가 코 끝을 간지럽히는 크레페집 앞에서는 사람들은 호호 입김을 불어 식히며 따끈한 크레페 간식을 즐긴다. 또 몽마르트르 박물관, 살바도로 미술관과 크고 작은 박물관, 갤러리들, 부티크 등 너무나 많은 장소들이 곳곳에 위치하고 있어서 산책만으로도 가슴이 설렌다.

영화 〈아멜리에〉와 〈물랭루즈〉에 등장했던 카페도 들러보고 골목 구석구석을 여유롭게 거닐어 보자. 몸도 마음도 가볍게 하되 주머니에는 노천카페에서 따뜻한 에스프레소 한 잔 마실 수 있는 동전 몇 개를 채우는 것을 잊지 말자.

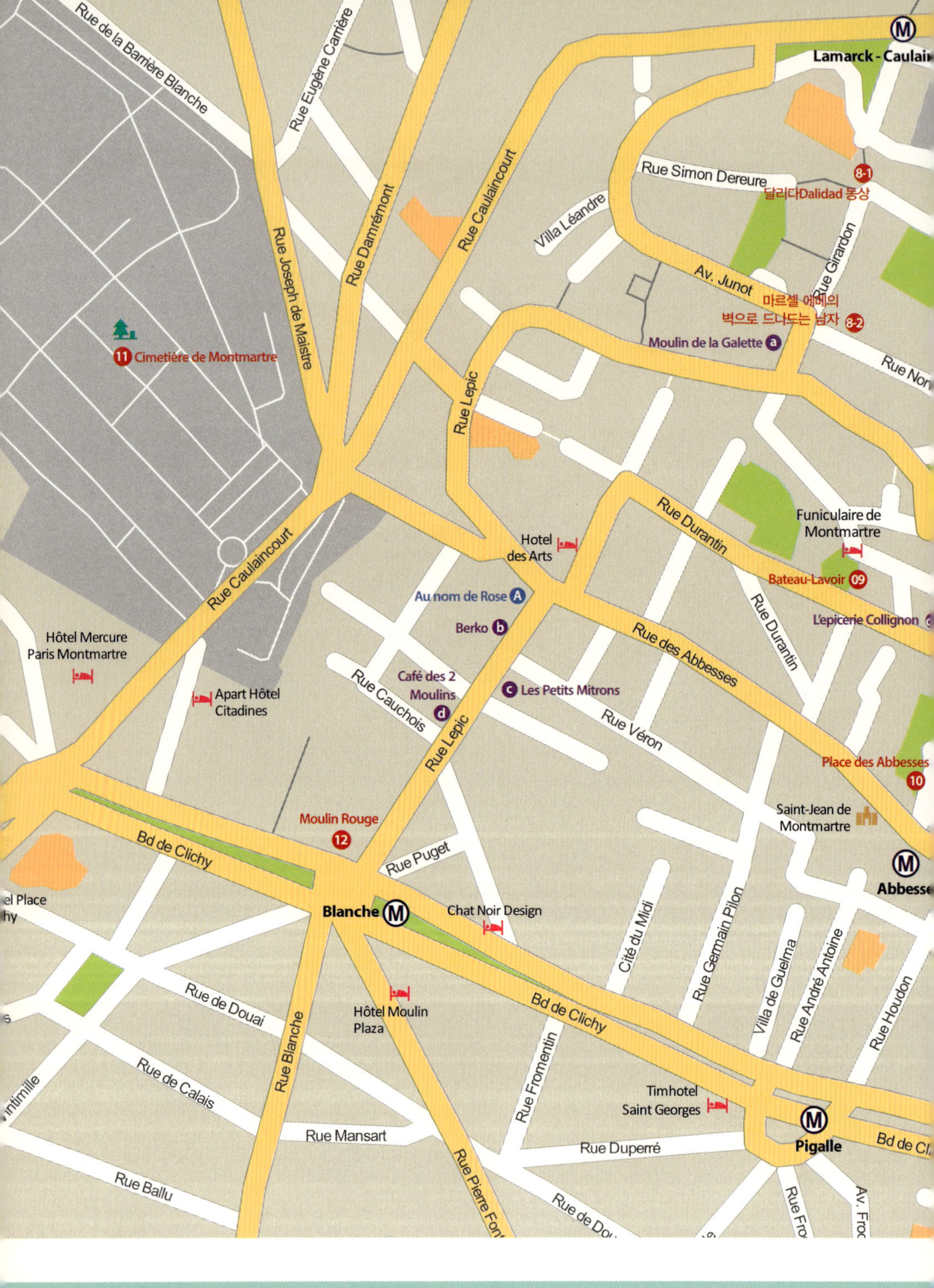

M Lamarck - Caulain...
Rue de la Barrière Blanche
Rue Eugène Carrière
Rue Damrémont
Rue Caulaincourt
Rue Simon Dereure
8-1
달리다Dalidad 동상
Villa Léandre
Av. Junot
Rue Girardon
마르셀 에메의
벽으로 드나드는 남자 8-2
Moulin de la Galette a
Rue Nor
Rue Joseph de Maistre
Rue Lepic
11 Cimetière de Montmartre
Rue Durantin
Funiculaire de Montmartre
Bateau-Lavoir 09
Rue Durantin
Hotel des Arts
L'epicerie Collignon
Rue Caulaincourt
Au nom de Rose A
Rue des Abbesses
Berko b
Hôtel Mercure Paris Montmartre
Rue Cauchois
Café des 2 Moulins d
c Les Petits Mitrons
Apart Hôtel Citadines
Rue Véron
Place des Abbesses
10
Rue Lepic
Saint-Jean de Montmartre
Moulin Rouge
12
M Abbesse
Rue Puget
Bd de Clichy
Chat Noir Design
Blanche M
Cité du Midi
Rue Germain Pilon
Villa de Guelma
Rue André Antoine
Rue Houdon
el Place hy
Bd de Clichy
Rue de Douai
Hôtel Moulin Plaza
Rue Blanche
Rue Fromentin
Rue de Calais
Timhotel Saint Georges
M
ntimille
Rue Mansart
Pigalle Bd de Cl
Rue Ballu
Rue Duperré
Rue de Dou
Rue Fro
Av. Fro
Rue Pierre Font

Spot

★★
01 Basilique du Sacré-Cœur
사크레쾨르 성당

★
02 Église St-Pierre-de-Montmartre
몽마르트르 생 피에르 성당

★★★
03 Place du tertre 테르트르 광장

★★
04 Espace Montmartre salvador Dali
살바도르 달리 전시관

★★
05 Musée de Montmartre 몽마르트르 박물관
★5-1 **Musée-Placard d'Erik Satie**
에릭 사티 벽장박물관

★★★
06 Au Lapin agile 오 라팽 아질

★★
07 몽마르트르의 작은 포도원

★
08 La Maison Rose 장밋빛의 집
8-1 달리다Dalidad 동상
8-2 마르셀 에메의 벽으로 드나드는 남자

★★
09 Bateau-Lavoir 세탁선

★★
10 Place des Abbesses 아베스 광장

★★
11 Cimetière de Montmartre
몽마르트르 묘지

★★
12 Moulin Rouge 물랭루즈

Shopping
A Au nom de Rose 장미의 이름으로

Food & Drink
a Moulin de la Galette 물랭 드 라 갈레트
b Berko 베르코
c Les Petits Mitrons 레 프티 미트롱
d Café des 2 Moulins 카페 데 두 물랭
d-1 L'epicerie Collignon 꼴리뇽 상점

몽마르트르(Montmartre : 몽마흐트흐)

이 지역 자체가 예술이라고 해도 과언이 아닐 정도로, 몽마르트르 지역 곳곳에는 사랑과 낭만, 자유 그리고 예술을 노래하던 역사상 가장 멋진 보헤미안들인 19, 20세기 예술가들이 활보하던 흔적들이 남아 있다. 물론 여느 장소처럼 상업화된 부분이 없지 않지만, 한 세기가 지난 지금도 많은 사람들에게 '예술의 성지'로 불린다.

'몽마르트르Montmartre'는 '순교자의 산'이란 뜻인데 이 이름으로 불리게 된 데는 이어져 내려오는 이야기가 하나 있다. 3세기 중반 프랑스의 초대 주교인 생 드니Saint-Denis가 하나님의 복음을 전하러 다니다가 시 당국에 체포가 된다. 그는 신앙을 버릴 것을 강요 받았음에도 불구하고 끝내 이를 거절하여 이 지역으로 끌려와서 참수형을 당하였는데, 목이 잘린 생 드니가 놀랍게도 다시 일어나, 굴러 떨어진 자신의 머리를 주워들고는 샘에서 깨끗하게 씻은 후, 북쪽으로 6km 떨어진 장소까지 걸어가서 죽었다고 한다. (4세기말 그가 죽었던 자리에 최초의 성당인 생 드니 바실리카Saint-Denis Basilique가 세워지게 된다. 현재에도 파리 외곽 생 드니 지역에 위치하고 있는 생 드니 바실리카는 중세 시대부터 프랑스 왕의 묘지로도 사용되었으며 종교적 관점에서 신성한 장소로 인정되는 장소이다.) 이러한 생 드니 성인의 전설이 일반화되면서, 그가 참수형을 당한 이 언덕은 루이14세 때부터 'mont(산)'와 'martyre(순교자)' 두 단어로 불리다가 시간이 지나면서 '몽마르트르Montmartre'로 압축되어 불리게 되었다고 한다.

이 언덕은 생 드니 성인 이외에도 많은 사람들이 순교를 당했던 곳인데, 신을 위해 목숨을 내놓았던 이들의 신념과 믿음이 가득한 장소이다 보니, 오랫동안 종교적 성지로서 중세 시대 내내 순례자들의 발길이 끊이지 않았다고 한다.

이토록 종교적 성격이 강했던 장소에 수많은 예술가들이 모여들기 시작한 것은 1860년대부터였다. 몽마르트르가 파리시의 공식 행정구역으로 편입되게 된 1860년대 몽마르트 지역은 파리시에 속하면서도 서민 밀집 지역이라 물가가 저렴하여 값싼 방을 구할 수 있었으며, 행정상으로는 파리였지만 세금 부분에서는 여전히 성 밖으로 취급되어 술에 부과되는 세금이 낮아서 많은 선술집이 들어서게 되었다. 주머니 사정이 가벼운 예술가들에게는 밤새 모여 온갖 예술을 논하기에 안성맞춤인 장소가 되었던 것이다. 이렇게 모인 예술가들에 의해 인상주의, 후기 인상주의, 신 인상주의, 입체주의, 야수주의, 미래주의 등 미술사에서 중요한 수많은 미술 운동이 생겨났으며, 고흐, 툴르즈 로트렉, 피카소, 르누아르, 피사로, 위트릴로, 모딜리아니, 세잔 등 수많은 예술가들의 수려한 작품들이 탄생되게 된다.

이 곳에 왔기 때문에 느낄 수 있는 특별한 감동은 그들이 살았던 집 앞을 지나가며, 단골 카페를 들르며, 당대 예술가들의 흔적을 더듬어 볼 수 있다는 것이라는 생각이든다. 비교적 훼손이 덜 되고, 옛 모습이 보존되어 있는 장소들이 많아 마치 19세기 후반으로 시간을 거슬러 올라간 듯한 느낌을 받을 수 있는 장소가 많으니, 유명 지역 외에도 편한 신발을 신고 골목 구석구석, 향기 좋은 차를 음미하듯 걸어 다녀보자.

해발 130m의 낮은 언덕이지만, 사방 100km 안에 이보다 높은 지대가 없어서 '산'으로 불리는 몽마르트에서는 낮에는 파리의 탁트인 전경을, 어둠이 내려앉는 밤에는 은은한 야경을 감상할 수 있다.

TIP 메트로를 이용해 몽마르트르 지역에 가는 방법은 3가지가 있다.

① **M2 Anvers**^{앙베흐} 역에서 Dauphine-Nation^{도핀 나씨옹} 출구 이용
② **M12 Abbesses**^{아베스} 역에서 Porte de la Chapelle-Mairie d'Issy^{뽀흐드 드 라 샤뻴 매히 디씨} 출구 이용
③ **M2 Blanche**^{블랑쉬}역에서 Porte Dauphine-Nation^{뽀흐드 도핀 나씨옹} 출구 이용

가장 많이 이용하는 역은 M2 Anvers^{앙베흐역}인데, Dauphine-Nation^{도핀 나씨옹} 출구로 나오자마자 오른쪽으로 방향을 틀어 작은 횡단보도를 건너면 카페와 상점들이 즐비한 길을 발견할 수 있다. 그 길을 따라 쭉 올라가면 몽마르트르 언덕에 도착할 수 있다. (거의 대부분의 사람들이 이 지하철에서 내려 몽마르트르로 올라가니, 염려하지 않아도 된다.) 열쇠고리부터, 엽서, 모자, 티셔츠, 냉장고 자석 등 조밀조밀한 기념품들을 파는 가게들을 구경하며 오르막을 오른다. 몽마르트르 지역은 걸어서 이동을 하는 것이 자세하게 볼 수 있는 방법이므로, 이 지역을 방문할 때에는 반드시 편한 신발을 신고 가도록 하자.

출구로 나와서 길을 못찾겠다면, 사람들에게 물어보자. 낯선이에게 말을 걸어 보는 것도 여행의 재미 중 하나일 것이다.

"Excusez-moi, vous pouvez me dire ou se trouve le montmartre? ^{엑쓰큐제무아, 부 뿌베 므 디흐 우 스 트후브 르 몽마흐뜨흐?} : 죄송합니다만, 몽마르트르가 어디에 있는지 말씀해 주시겠어요?"

01

Basilique du Sacré-Cœur
바실리끄 뒤 사크헤 쾌흐

사크레쿼르 성당

Web sacre-coeur-montmartre.com
주소 Parvis du Sacré-Coeur, 75018 Paris
전화번호 01 53 41 89 00
운영 시간 대성당 : 매일 6H~23H(22H15까지 입장 가능), 성당 내의 부티크 : 9H15~17H45(휴일 : 월요일)
돔/지하묘지 : 매일 9H30~18H(10~3월), 9H30~19H(4~9월)
입장료 대성당 : 무료, 돔/지하 묘실 : 6€
가는 방법 M2 Anvers

상점이 즐비하게 늘어서 있는 길 끝에 회전목마를 만나면 멀리 하얀 색의 인상적인 성당이 보이면서 몽마르트르에 도착했다는 것이 실감이 난다. 회전목마가 있는 공원으로 들어가서 성당을 향해 있는 오르막길을 올라가자. 오르막길 중간에서 초록빛 잔디밭에 누워 쉬는 사람, 이야기를 나누는 사람, 노래를 부르거나, 악기를 연주하거나, 책을 보는 사람들을 발견할 수 있을 것이다.

만약 걷는 것이 부담스럽다면 계단을 이용하여 올라가지 말고, 공원의 왼쪽길로 돌아서서 발견할 수 있는 푸니쿨라 Funiculaire(케이블 전동차)를 타면 된다. (연중무휴, 6H30~23H30, 메트로 티켓 이용 또는 1.7€로 구입 가능. 파리 비지트 Paris visite 나 모빌리스 Mobiles 교통권 소지 시 무료)

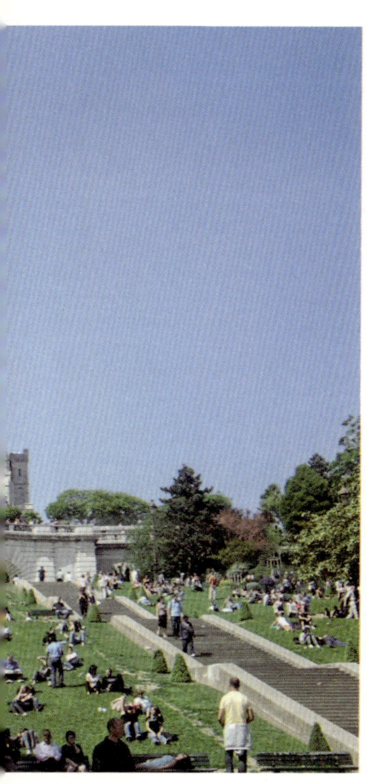

80m에 이르는 커다란 돔과 석회석의 하얀 외관이 인상적인 이 성당은 몽마르트 언덕의 정상에 우뚝 서 있는 '거룩한 마음'이라는 뜻을 갖고 있는 사크레쾨르Basilique du Sacré-Cœur (성심성당)이다. 몽마르트르의 상징과 같은 이곳은 비잔틴 양식과 로마네스크 양식의 영향을 받은 것으로 보인다. 성당의 정면을 바라볼 때 왼쪽에는 프랑스에 카톨릭을 장려하였던 신실한 신자였던 국가적 성인 생 루이 9세의 기마상이 있고, 오른쪽에는 잔다르크 기마상이 세워져 있다.

1870년에 발발한 보불 전쟁프러시아와 프랑스간의 전쟁(1870~1971)에서 패한 것을 도덕적, 영적 타락에 의한 징벌로 생각하여 신에 속죄하고, 파리 코뮌에 의한 사회적 혼란과 상처로부터 프랑스의 회복을 기원하기 위해 건립된 이 성당은 프랑스의 번영과 안녕을 기원하는 40여만 명의 사람들이 보낸 성금으로 완공되었다고 한다.

이 성당은 1876년 건축가 폴 아바디Paul Abadie의 설계로 공사를 시작하여 40여 년간 건축을 진행하였고 마침내 1914년 완공을 하게 되었지만, 1차 세계대전의 발발로 독일군에게 파리가 점령당함으로써 축성식이 미뤄지게 되었다. 그리고 전쟁이 끝나는 1919년에 축성식을 가졌다.

이 성당의 특별함은 내부 설계에 있는데, 화려한 모자이크로 장식된 이 성당 내부는 소리의 울림이 완벽하도록 설계가 되어 있어서, 파이프 오르간 소리가 웅장하고 아름답다는 평가를 받고 있다. 현재는 파이프 오르간 복원 중에 있어서 완벽한 음을 들을 수는 없지만 미사 때 방문하면 아름다운 오르간 소리를 들을 수 있다.

성당에서는 오르간 복원을 위한 기금 마련을 위해 기부를 받고 있으니, 기부를 원한다면, 성당 내부에 위치한 인포메이션에 문의하도록 하자. 성당 내부의 사진 촬영은 금하고 있으니 주의한다.

성당의 돔과 지하 묘실은 유료 입장인데, 돔은 오를 때도 힘들지만 내려올 때도 무서우니 참고하자. 하지만 맑은 날 돔에 오르면 최고 30km까지의 경치를 감상할 수 있는 곳이므로 탁트인 전망을 원한다면 올라가 보는 것도 좋다. 지하 묘실에는 이 성당의 건축 계획을 추진하였던 장틸의 심장이 보관되어 있으며, 지하 납골당과 도서관도 함께 있다.

TIP

행운의 팔찌?

이 곳에 갈 때는 소위 '행운의 팔찌'를 파는 사람들(주로 흑인 남자들)을 주의해야 한다. 그늘은 수로 Funiculaire 잎 광장에서 친근하게 접근해서 팔을 내밀라고 하고는 색깔 곱게 꼬여 있는 실을 손목에 묶어주면서, 10~20€ 정도의 돈을 요구한다. 구매를 원치 않으면 실랑이를 벌이기 보다 빨리 피하는 것이 좋다.

7세기에 지어진 작은 성당이었으나, 1134년 루이 7세의 모친인 아들레이드Adelaide가 성당에서 왕자를 가질 것에 대한 환상을 보게 되면서 루이 6세에 의해 매입, 정비되어 12세기부터 베네딕트 수도원의 건물로 사용되었다. 17세기에 수도회가 다른 곳으로 이동하고 프랑스 혁명기를 거치면서 건물의 훼손이 심하였으나, 19세기 복원 사업을 통하여 현재와 같이 간결하고 고풍스러운 외관을 갖게 되었다. 사크레 쾨르 성당이 건축되면서 중요도가 떨어지기는 하였으나 파리에서 가장 오래된 성당 중 하나라는 것은 변함이 없다.

예배당의 강대상(예배당에서 설교를 하는 장소) 뒤쪽으로 루이 7세의 어머니인 아들레이드의 무덤이 있다. 사람들이 많이 모이는 테르트르 광장에서 그리 멀지 않은 탓에 겨울이면 이 성당의 광장은 뜨거운 와인(뱅 쇼Vin Chaud)을 판매하는 장소로 사용되기도 한다.

02

Église St-Pierre-de-Montmartre

에길리즈 성 삐에르 드 몽마흐트흐

몽마르트르 생 피에르 성당

주소 2 rue du Mont Cenis, 75018 Paris

가는 방법 M2 Anvers

TIP **뱅 쇼 Vin Chaud**

뱅 쇼는 프랑스인들이 겨울에 즐기는 음료로, 특히 감기에 효능을 보인다고 한다. 레드와인에 오렌지, 레몬과즙, 설탕, 꿀과 함께 시나몬(계피) 가루 등의 향신료를 넣어 끓인 음료이다. 파리에 겨울철에 방문했다면, 꼭 맛보아야 할 음료이기도 하다.

겨울철에는 카페에서도 이 음료를 맛 볼 수 있으니, 쌀쌀한 몸을 녹일 따끈하고 달달한 알콜인 뱅 쇼를 주문해 보도록 하자. 가격은 장소마다 다르지만, 보통 3~5€ 정도이다.

1 뱅 쇼를 제작하던 기계의 모습을 인위적으로 만들어 전시한 것
2 생 피에르 광장에서 파는 뱅쇼

몽마르트르 지역에서 가장 활기찬 느낌을 주는 테르트르 광장은 사크레쾨르 성당의 왼쪽 편으로 들어서서 몇 미터 떨어지지 않는 곳에 위치한 광장이다. 몽마르트르에서 가장 많은 사람들이 모이는 곳 중 하나로, 성수기인 4월에서 11월 사이에는 광장 중앙에 레스토랑 테라스가 설치되고 광장 주변으로 예술가들이 자리를 잡는다. 그들은 유화, 아크릴, 수채화, 콜라주 등의 재료로 그린 작품을 전시하거나 초상화를 그려주고 있기 때문에 로맨틱하고 특별한 식사를 즐길 수 있으며, 11월부터 4월까지 추워지는 날씨 때문에 레스토랑 테라스는 철거되고 대신 예술가들이 광장 중앙을 메우게 된다.

지금은 이렇게 예술의 향기가 물씬 풍기는 이 낭만적인 광장은 루이 14세 때만 하더라도 교수형을 처하던 장소였다고 하니 참 아이러니한 일이다.

이 광장에서 초상화를 그리는 예술가들이 무명의 작가라고 해서 우습게 보면 안 된다. 파리시에서는 작품의 진위성과 독자성을 보장하기 위해 예술가들에게 원본 작품을 제출하여 시의회 문화성의 승인을 받도록 하는데, 1980년부터 298명의 작가가 허가를 받아 이곳에서 활동을 하고 있다고 한다. 한 자리는 두 명의 예술가에게 공유되고 있기 때문에 같은 장소이더라도 시간에 따라 만날 수 있는 작품이 다르다.

만약 초상화를 그리고 싶다면 전시된 작품들을 둘러본 후 마음에 드는 스타일로 그림을 그리는 화가에게 주문을 하면 된다. 간단한 캐리커처는 20분 안에 완성되지만 보통 30분 이상 시간이 소요되니 이점을 참고하자. 파리의 예술가에게 부탁하여 그리는 초상화는 특별한 추억이 될 것이다.

광장 주변으로 빨간색과 녹색의 차양으로 장식된 노천카페에서 에스프레소 한잔의 여유를 갖거나, 크레페집에서 달콤한 밤잼이 들어있는 크레페Crêpe de marrons나 뉴텔라와 바나나가 들어있는 크레페Nutella-banane를 간식으로 맛보는 것을 추천한다. (프랑스인의 국민 간식 크레페를 주문하는 방법은 P90 참고)

03

Place du tertre
쁠라스 뒤 떼흐트흐

테르트르 광장

주소 Place du Tertre, 75018 Paris
가는 방법 M2 Anvers

04

Espace Montmartre salvador Dali

에스빠스 몽마흐트흐 살바도흐 달리

살바도르 달리 전시관

Web www.daliparis.com
주소 11 rue Poulbot, 75018 Paris
전화번호 01 42 64 40 10
운영 시간 매일 10H~18H, 7/8월 : 10H~20H
입장료 10€
가는 방법 테르트르 광장 뒤편 30m 거리

"Le surrealisme, c'est moi르 쉬흐헤알리즘, 쎄 모아 : 나는 초현실주의 그 자체이다."

이 말은 달리가 초현실주의 그룹에서 제명 당했을 때 했던 말이다.

1904년 5월 11일 스페인 카탈루냐 지방 피게라스Figueras라는 도시에서 태어난 초현실주의 화가 달리의 300여 점의 작품을 감상할 수 있는 미술관이다. 어린 시절부터 개성이 강하고 독특한 성격으로 유명했던 달리는 1929년경 초현실주의 작가가 되면서, 당시 프랑스의 예술가들이 사는 동네로 유명한 몽마르트르의 Becquerel 7번지의 작은 아파트에서 살면서 자신의 미적 영감의 여신이라 부르게 되는 미래의 연인 갈라Gala를 만나게 된다. 마그리트, 에른스트 브레통 등의 작가들과 함께 초현실주의 단체를 만들고 작품 활동을 하던 그는 제 2차 세계대전 때 뉴욕으로 피신을 가게 되고, 1941년 뉴욕 현대미술박물관(Art Modern Museum of New York)에서 첫 개인 전시를 열면서 스타덤에 오르게 된다.

현재 몽마르트르의 살바도르 달리 박물관에서는 생명의 나무 위에 걸쳐져 있는 흐물거리는 시계의 형상을 통해 우주의 특성을 유연한 성질을 가진 액체처럼 흐른다고 보았던 그의 작품 〈시간의 기억 Le profil du temps〉을 조용한 분위기 속에서 감상할 수 있다.

17세기에 지어진 고풍스런 이 건물은 원래 호텔이 있었던 곳으로 과거 르누아르 Renoir와 고흐Vincent van Gogh, 위트릴로Maurice Utrillo, 뒤피Raoul Dufy 같은 개성 강한 화가들이 머물던 곳이었다. 그리 큰 규모가 아니라 전시 관람의 집중도가 좋으며 몽마르트르에서 예술의 혼을 불살랐던 화가들의 영혼을 느끼기에 좋은 곳이다. 기존 관습에 얽매이지 않는 자유분방한 예술가들의 작품이 많기로 유명한 이곳에서는 파리의 주요 역사를 화가들의 시각을 통해 볼 수 있어서 좋은데, 작품뿐만 아니라, 몽마르트르 지역 역사와 관련된 사진, 포스터 등 오래된 자료들이 전시되고 있어서 지역을 이해하는 데에도 도움을 준다. 물랭 루즈의 무희들을 소재로 한 툴루즈 로트랙Henri de Toulouse-Lautrec의 감각적인 석판화 작품들과 기존의 화풍과 전혀 다른 독창적 화풍을 펼친 아마데오 모딜리아니Amedeo Modigliani의 작품을 놓치지 말자.

Musée-Placard d'Erik Satie
에릭 사티 벽장박물관

주소 6 rue Cortot, 75018 Paris
운영 시간 11H~18H
휴관 월요일
입장료 무료

몽마르트르 박물관 옆에는 19세기 당시에 유행했던 화려한 낭만주의 음악에 휩쓸리지 않고 새로운 시도를 통한 자신만의 개성을 악보에 표현해낸 에릭 사티의 사진과 초상화, 개인적인 소품, 자필 문서 등을 볼 수 있는 박물관이 있다. 프랑스 작곡가 에릭 사티Éric Alfred Leslie Satie(1866~1925)가 실제로 1890년대 사용했던 작업실을 전시 공간으로 개조한 곳으로, 매우 작은 규모 때문에 '에릭 사티 벽장박물관'으로 불리기도 하는 이곳은 에릭 사티가 연인 수잔 발라동Suzanne Valadon과의 열렬한 연애를 했던 공간으로, 그녀와 헤어진 후 괴로움에 못이겨 1898년 이 집을 떠났다고 한다. 에릭 사티의 음악에 감동 받은 사람이라면 한 번쯤 들러 작가의 삶에 대해 음미해 보도록 하자.

05

Musée de Montmartre

뮤제 드 몽마흐트흐

몽마르트르 박물관

Web museedemontmartre.fr
주소 12-14 rue Cortot, 75018 Paris
전화번호 01 49 25 89 37
운영 시간 11H~18H
휴일 월요일
입장료 10€
가는 방법 M12 Lamarck-Caulaincourt

06

Au Lapin agile
오 라팡 아질

오 라팽 아질

Web www.au-lapin-agile.com
주소 22 rue des Saules, 75018 Paris
전화번호 01 46 06 85 87
운영 시간 9H~다음날 2H,
휴일 월요일
입장료 일반 24€, 학생 17€
가는 방법 M12 Lamarck-Caulaincourt

붉은색 옻칠을 한 벽과 토끼 그림이 돋보이는 이곳은 마치 동화책에서 나올 듯한 집이다. 이곳은 르누아르, 에릭 사티, 모딜리아니, 피카소 등 당대 예술가들이 자주 찾아 더욱 유명해진 시골풍의 카바레로, 한 세기가 넘도록 같은 자리를 지키고 있다. 원래는 이 술집에서 일어났던 살인 사건을 빗대어 '암살자의 술집Cabaret des Assassoms'이라는 으스스한 이름으로 불렀다고 한다. 하지만 1875년 화가 앙드레 질Andre Gill이 냄비에서 도망쳐 나오는 귀여운 토끼 그림을 간판에 그리면서 화가의 이름인 아 질A.Gill이 '날쌔다'라는 뜻의 agile이라는 단어와 발음이 비슷하다는 이유로 '재빠른 토끼'라는 별명을 얻게 되었고 현재의 가게 이름이 되었다고 한다.
오래된 나무 의자와 테이블은 셀 수 없이 많은 사람들이 추억을 만들고 난 그 흔적들로 낡고 파여서 오래된 느낌이지만, 현재에도 샹송을 사랑하는 사람들로부터 지극한 사랑을 받는 공간이다. 허름한 바에서 아코디언이나 피아노 연주에 노래를 따라부르거나 흥얼거리며 분위기에 취할 수 있는 곳으로 와인 한잔과 함께 파리의 밤을 특별하게 보낼 수 있는 곳이다. 공연은 매일 밤 9시 30분부터 새벽 2시까지 계속된다.

파리 몽마르트르 한 구석에서 만나는 포도원이 무척 반갑다. 중세 시대부터 파리 곳곳에는 수도원과 함께 포도원이 많이 들어서 있었으나, 혁명과 도시 개발을 거치면서 대부분이 사라졌다. 이 포도원은 이제 파리의 마지막 포도원이라고 한다. 이곳에서 만들어지는 와인은 해마다 독특한 명칭을 붙여 천여 병 만들어지고 있는데, 이 지역 주민들뿐 아니라 저명 인사들도 다수 경매에 참가하여 파리의 마지막 포도원에서 만들어낸 포도주를 구매한다고 한다. 판매를 통한 수익금은 다양한 자선 활동에 쓰인다. 파리에 남은 유일한 포도원에서 나오는 와인이기 때문에, 맛보다는 그 의미로 가치가 높은 이곳의 포도주를 구입하고 싶다면, 매년 10월 첫째주 토요일이 되면 자선 행사를 통해 판매가 되니 참고하도록 하자.

양조용 포도나무를 직접 본 적이 없다면 이 포도원의 포도나무를 눈여겨보자. 그 동안 보아왔던 식용 포도나무에 비해 키가 작고 가지도 많지 않다는 것을 알 수 있을 것이다. 이는 포도나무들을 어려운 환경에 처하게 만들어서 열매들을 충실히 맺도록 하여 더욱 당도 높은 포도를 얻기 위함인데, 포도나무는 양분이 풍부한 땅에서는 오히려 잎을 키우기 때문에 좋은 품질의 포도 열매를 얻기가 힘들기 때문이다. 따라서 포도나무는 물이 잘 빠지고 척박한 땅에서 키워야 더 좋은 품질의 포도를 얻을 수 있다.

이렇게 만들어진 양조용 포도는 식용 포도에 비해 당도가 높으며, 이 당분을 알콜로 발효시키는 여러 양조 과정을 통해 와인이 제조되는 것이다.

07

몽마르트르의 작은 포도원

위치 생 벵상 거리(Rue Saint Vincent)와 솔르 거리 (Rue des Saules)가 만나는 어귀

가는 방법 M12 Lamarck-Caulaincourt

소곤소곤

좋은 와인이란?

좋은 와인은 바로 '내 입맛에 맞는 것'이다. 그리고 어떤 것이 자신의 입맛에 맞는 와인인지를 알기 위해서는 경험이 필요하다.

우리가 김치찌개를 맛볼 때, 그 찌개가 묵은지 김치로 만든 것인지, 신김치로 만든 것인지, 생김치로 만든 것인지를 알 수 있고, 색깔에 따라 먹음직스럽거나 그렇지 않다고 느끼며(잘 익은 묵은지 김치로 끓인 김치찌개의 색은 생김치로 대충 끓인 김치찌개에 비해 더욱 먹음직스럽다), 국물의 맛에 따라 돼지고기가 들어 있는지, 참치가 들어 있는지까지도 분간할 수 있는데, 이것은 우리가 그만큼 많은 김치찌개를 먹어왔기 때문에 가능한 일일 것이다.

이처럼 와인 역시 음식이기 때문에, 와인에 관심을 갖고 자주 마셔보면 자신의 입맛에 맞는 향과 맛, 질감 등을 구별할 수 있고, 그것에 대해 표현할 수 있게 될 것이다.

08

La Maison Rose
라 메종 호즈

장밋빛의 집

주소 2 rue de l'Abreuvoir, 75018 Paris
전화번호 01 42 57 66 75
예산 점심 : 20€, 단품 요리 : 15€~
가는 방법 M12 Lamarck-Caulaincourt

분홍과 초록의 외관 덕분에 멀리서도 눈에 띄는 이 집은 몽마르트르 언덕의 대표적인 화가 모리스 위트릴로Maurice Utrillo와 그의 어머니 수잔 발라동Suzanne Valadon이 살았던 집이다. 가난한 세탁부의 사생아였던 수잔 발라동은 어린 시절부터 가난한 집안 형편 때문에 일을 하면서 생계를 꾸려나가야 했다. 열여섯 살에 서커스의 곡예단으로 일하다가 그네에서 떨어져 다시는 곡예를 할 수 없게 되자, 몽마르트르의 화가들의 전문 모델이 되었다. 화가들은 그녀의 아름다움과 매력을 화폭에 담고 싶어했고, 그녀는 드가, 르누아르, 툴르즈 로트렉, 에릭 사티 등 여러 화가와 음악가의 연인이자 모델이 되는 삶을 살게 된다.

화가들과 친하게 지내면서 자신의 예술적 감각을 알게 된 그녀는 자신의 예술적 영감을 화폭 위에 펼치는 여성 작가가 되었고, 19세기말 상류층 여성도 화가로 인정받기 어렵던 시절에 화가로서 열정적인 삶을 살게 된다. 그녀는 여성의 누드화를 중심 주제로 하였으며, 특히 자신의 누드화를 많이 그린 화가였다.

그녀에게는 18세에 낳았던 사생아 아들이 있었는데, 그 아들이 몽마르트르의 구석구석을 그렸던 화가인 모리스 위트릴로이다. 현재는 차와 식사를 즐길 수 있는 레스토랑으로 운영되고 있으며, 프랑스 가정식을 비교적 저렴한 가격에 맛볼 수 있는 곳이다.

1 수잔 발라동의 작품
2 르누아르가 수잔 발라동을 모델로 그린 그림
3 몽마르뜨의 모습을 많이 그린 모리스 위트릴로의 작품

TIP 거리에서 발견할 수 있는 예술품

1. 달리다Dalidad 동상

알랭들롱Alain Delon과 함께 부른 '달콤한 속삭임Paroles Proles'으로 잘 알려진 샹송 가수 달리다Dalidad의 동상이 몽마르트르의 달리다 광장Place Dalida에 있다. 1933년 이집트 카이로에서 태어난 달리다는 프랑스어, 이탈리아어, 아랍어, 영어 등 4개 국어를 구사했고 21세의 나이에 미스 이집트에 뽑힐 정도로 미모가 뛰어나, 지성과 미모를 겸비한 가수로 인기를 얻기 시작했다. 완벽한 몸매로 패션에 있어서도 선두 주자였던 그녀는 사랑에 있어서는 비운의 여인이었다고 한다. 바로 자신이 사랑했던 모든 이들이 자살로 목숨을 끊었던 것이다. 1987년 5월 3일, 그녀 나이 54세에 그녀 역시 자살을 하고 만다. 현재 그녀의 유해는 몽마르트르 묘지에 안장되어 있다.

2. 마르셀 에메의 벽으로 드나드는 남자

노르뱅 길Rue Norvins이 끝나는 지점에 마르셀 에메Marcel Ayme라는 작은 광장이 있는데, 자유롭게 벽을 드나드는 능력을 가진 남자에 관한 소설 〈벽으로 드나드는 남자〉의 작가 마르셀 에메Marcel Ayme의 이름을 땄다고 한다. 이곳 한쪽 벽에는 〈벽으로 드나드는 남자〉에 등장하는 장면처럼 벽으로 드나드는 능력을 갑자기 잃게 되어 벽에 갇히는 모습을 표현한 작품이 있다.

09

Bateau-Lavoir

바토라부아

세탁선

주소 13 Rue Ravignan, 75018 Paris
가는 방법 M12 Abbesses

외관이 센 강을 오가는 세탁선<sup>당시 세탁부들이 빨래터로 쓰는 강변의 낡은 배을 닮았다는 뜻에서 '바토 라부아'Bateau-Lavoir(세탁선이라는 뜻)로 불렸다. 버려진 선술집을 개조하여 가난한 화가들이 정착하여 작업을 한 곳으로 유명한 이곳에서는 피카소의 대작 〈아비뇽의 처녀들Les Demoiselles d'Avignon(1907년)〉이 그려지기도 하였으며, 조지 브라크Georges Braque, 앙리 마티스Henri Matisse, 아메데오 모딜리아니Amedeo Modigliani 등의 작가가 드나들며 작업 활동을 했다고 알려져 있다.

원래 나무로 지어졌던 세탁선 모양의 이 건물은 1970년 화재로 인해 불타버렸고, 현재는 그저 밋밋한 시멘트 벽의 건물만을 볼 수 있어서 예전의 모습을 연상하기 어렵지만, 예술가들의 아뜰리에의 흔적을 보고 싶어 하는 사람들이 여전히 관심을 갖고 들르는 곳이다.

'사랑의 도시'라는 수식어가 붙는 파리에는 '사랑의 벽Le mur des je t'aime'이 있다. 메트로 Abbesses아베스역 앞의 조그만 광장에는 울트라 마린색의 눈에 띄는 벽면이 있고, 벽면에 쓰인 글씨들을 자세히 보면 '나는 당신을 사랑합니다.'라는 고백들임을 알 수 있다.

요즈음에는 우리나라에서도 사랑의 표현이 비교적 과감해진 커플들의 모습들을 종종 볼 수 있지만, 숭늉처럼 은은하고 구수한 우회적인 표현들이 미덕으로 자리 잡은 탓일까, 아직도 사랑에 대한 적극적인 표현이 한국에서는 어색한 것 같다. 파리에 오면 파리지앵들이 사랑 표현을 하는 모습을 쉽게 마주칠 수 있다. 이 거리에서도 쪽, 저 거리에서도 쪽. 분위기 좋고 경치 좋은 곳 어딜 가나 그런 장면을 목격하게 된다. 지하철에서든 거리에서든 어른들이 주변에 있든지 없든지, 자신들을 보는 시선에 대해서는 아랑곳하지 않고 벌이는 그들의 애정 행각에, 우리는 자못 당황한다.

그런 파리를 표현하고 싶었던 것일까. 이 벽을 가득 메운 이 빼곡한 글씨는 세계 각국의 언어와 지역 방언, 심지어 수화까지 300여 개 이상의 언어로 1,000회에 걸쳐 적힌 사랑의 표현이다.

이 벽을 고안한 프레드릭 바롱Frederic Baron 씨는 세계 각국을 여행하며 '나는 당신을 사랑합니다'라는 문구를 모으려고 했으나, 실제 여행은 떠나지 못하고 주변 사람들과 도서관, 박물관 등을 통해 각 나라의 언어를 수집한 것으로 알려져 있으며, 파리시의 지원으로 가로 29.7cm, 세로 21cm 크기의 500여 개가 넘는 타일을 메워 만든 사랑의 벽을 2000년 이 광장에 완성하게 되었다고 한다.

사랑하는 사람과 함께 파리를 방문했다면, 한 번쯤 들러 그에게 또는 그녀에게 물어보자.

"자기도 나에게 이렇게 늘 사랑한다고 속삭여 줄거야?"

이렇게 간지러운 말을 하더라도, 손발이 오글거리지 않고 부끄럽지 않고 자연스러워지는 것. 바로 파리에서 가능한 일이다.

TIP **아름다운 Abbesses역**
곡선의 문양이 아름다운 Abbesses역 입구는 아르누보의 거장으로 알려진 기마르Hector Guimar(1867~1942)가 설계하였다.

10

Place des Abbesses
뻴라스데자베쓰

아베스 광장

가는 방법 M 12 Abbesses역 바로 앞 광장

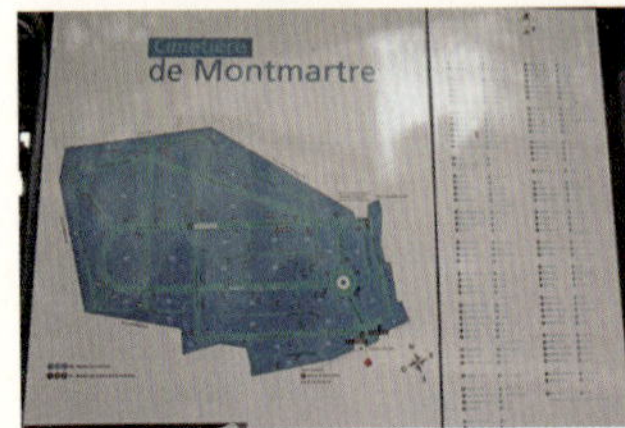

묘지 정문의 지도

11

Cimetière de Montmartre

시메티에흐 드 몽마흐트흐

몽마르트르 묘지

Web www.paris.fr

주소 20 avenue Rachel, 75018 Paris

전화번호 01 53 42 36 30

운영 시간 8H~17H30, 토요일 : 8H30~17H30, 일요일/공휴일 : 9H~18H

입장료 무료

가는 방법 M 2·13 Place de Clichy

시체들이 시민들의 건강을 위협한다는 판단하에 파리 중심지의 묘지들이 줄줄이 폐쇄되면서, 페르 라세즈Père Lachaise 묘지, 몽파르나스Montparnasse 묘지, 파시Passy 묘지와 함께 파리 주변에 세워진 묘지 중 하나이다. 11ha의 큰 규모로 조성이 되어 1825년 1월 1일에 오픈된 이곳은 〈나는 고발한다〉로 유명한 프랑스 지식인 에밀 졸라Émile Zola가 1912년에 프랑스의 영웅들이 묻히는 팡테옹으로 이장되기 전까지 묻혀 있었던 곳으로 유명하며, 무용수들을 주로 그린 화가 에드가 드가Edgar Degas, 소설가 스탕달Stendhal, 작곡가 자크 오펜바흐Jacques Offenbach 등 19세기와 20세기를 살다간 유명인들의 유해가 안치되어 있다. 유명인들을 사후에 이렇게 가까이에서 대할 수 있다는 것이 묘하게 느껴진다. 무덤을 장식하는 독특한 조각과 동상들 덕분에 으스스한 묘지의 느낌보다는 차분하고 사색적인 공원 느낌이 강한 몽마르트르 묘지에서는 산책을 즐기는 사람들이 자주 보인다. 유명 인사들의 묘를 방문할 때에는 묘지 정문에 있는 지도를 참고하거나 묘지 입구에서 구할 수 있는 지도를 챙기도록 하자.

TIP

파리 최대 환락의 거리 피갈 Pigalle

아베스역에서 몽마르트르 묘지로 가는 길에 만날 수 있는 피갈 지역은 나이트클럽, SexShop, 카바레, 바 등이 밀집되어 있어 각종 범죄로 악명이 높다. 환락의 거리이다보니 호기심을 끄는 곳들도 많지만 소매치기부터 강도까지 각종 위험이 있는 곳이니, 가급적 늦은 밤 시간대에 혼자 가지 않도록 하자. 여행에서는 호기심만큼 안전도 중요하다는 것을 잊지 말자.

아름다운 사랑과 슬픔이 가득했던 영화. 프랜치 캉캉의 화려함과 파리 유흥가의 매력을 발산하며 이완 맥 그리거와 니콜 키드먼의 연기가 멋졌던 영화 〈물랑루즈〉로 더욱 잘 알려지게 된 이곳은, 옥상의 커다랗고 붉은 네온사인으로 된 풍차 때문에 생긴 이름으로 '붉은 풍차'라는 이름을 갖고 있다.

1889년 파리의 대명사인 에펠탑이 만들어지던 시기에 문을 열게 되었으며, 화가인 툴루즈 로트랙이 남긴 작품들을 통해서 당시 물랭루즈 카바레의 분위기와 무희들의 모습을 볼 수 있다. 지금까지도 자유자재로 바뀌는 무대의 배경과 화려한 무희들의 춤사위 프렌치 캉캉 공연을 관람할 수 있는 곳으로 유명하다.

12

Moulin Rouge

물랑 후즈

물랭루즈

Web www.moulinrouge.fr
주소 82 boulevard de Clichy, 75018 Paris
전화번호 01 53 09 82 82
예산 저녁 식사+쇼(19H) : 175€/200€, 샴페인+쇼 : (21H) 105€, (23H) 95€
가는 방법 M2 Blanche

**물랭루즈의 난쟁이 화가
툴루즈 로트랙** Henri de
Toulouse Lautrec

집안의 오랜 근친 결혼사로 인한 유전적 결함 때문인지, 어렸을 때부터 병약했던 로트랙은 14, 15세 때의 낙마사고로 인해 다리가 더이상 자라지 않아 150cm 정도의 작은 키에 성인의 머리 크기를 가진, 발육이 정지된 비정상적인 체형을 갖게 된다. 유서 깊은 귀족 집안에서는 온전하지 못한 외모의 아들을 받아들이지 않았고, 가족들의 거부와 스스로에 대한 원망이 그를 몽마르트르 선술집과 카바레를 오기게 하였으리라. 그의 극심했던 상처는 몽마르트르에 와서야 치유되기 시작했다고 한다. 그는 몽마르트에서 그를 모르는 사람이 없을 정도로 심야 레스토랑과 선술집, 카바레 등에서 시간을 보냈다. 그림에 재능이 있었던 그는 술집 여자와 거리의 창녀들의 친구가 되어서 그들의 삶을 묘사하기 시작했고, 방탕과 흥청거림, 화려함이 뒤섞여 끓는 물랭루즈를 화려한 색감과 감각적인 구성

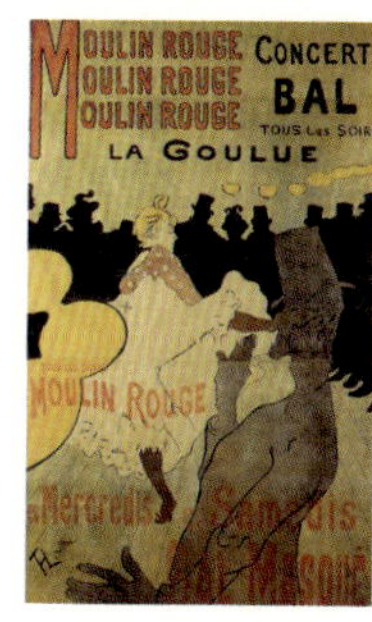

의 석판화 포스터로 제작하기도 하였다. '나는 예술 작업을 위하여 매일 술집에 간다'라고 말하던 그의 걸작들은 현재 오르세 미술관에서 만날 수 있다. 신체적 장애와 결함으로 인한 상처들이, 물랭루즈 무희들의 삶의 팍팍함을 공감할 수 있는 마음의 그릇을 만들어 준 것이 아닐까?

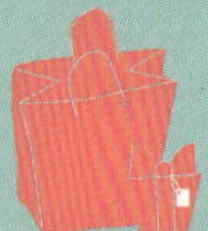

Shopping
쇼핑할 곳

상점들이 옹기종기 모여 있는
Rue Lepic (르픽 길)
이 가게를 비롯해 앞으로 소개하
는 몇몇 상점과 식당들은 르픽거
리에 모여 있다. 르픽 길에는 여기
서 소개하는 곳 외에도 아기자기
한 가게들이 많으니 도보 루트를
정할 때 참고하면 좋다.

A Au nom de Rose
장미의 이름으로 : 오 농 드 호즈

Web www.aunomdelarose.fr
주소 31 rue Lepic, 75018 Paris
전화번호 01 42 55 06 06
영업 시간 9H~21H
가는 방법 M2 Blanche

"한 송이는 어떨까
왠지 외로워 보이겠지.
한 다발은 어떨까
왠지 무거워 보일거야.
..
비오는 수요일엔 빨간 장미를"

어느 유행가 한 구절이 떠오른다. 사랑
의 표현에 가장 어울리는 꽃으로 선정
되어 유행가 가사로도 자주 사용되는
장미는 프랑스어로 '호즈'라고 발음한
다. 이 장미꽃의 특별한 아름다움을 알
았던 것일까. 직역하면 '장미의 이름으
로'라는 이름을 가진 Au nom de Rose
에서는 연둣빛, 오렌지빛, 노란빛, 분홍
빛, 붉은빛 등 다양한 색감의 장미꽃들
을 만날 수 있다. 원하는 꽃을 골라서
만든 꽃다발 구매가 가능하고, 한 송이
의 장미만 골라 구입하는 것도 가능하
다. 파리의 곳곳에 체인점을 갖고 있어
접근성도 좋고 가격대도 합리적이다.
오늘 당장 고백하고 싶은 사람이 있다
면, 장미 한 송이를 선물해 보는 것은
어떨까?

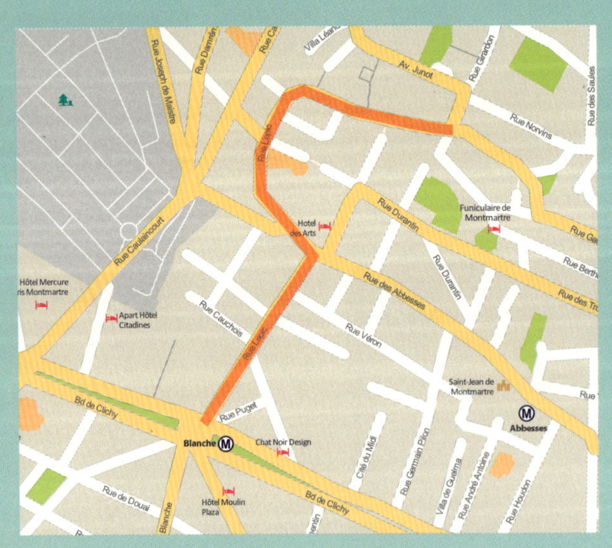

Moulin de la Galette
물랭 드 라 갈레트 :
물랑 드 라 갈레뜨

Web www.lemoulindelagalette.eu
주소 83 rue Lepic, 75018 Paris
전화번호 01 46 06 84 77
영업 시간 매일 12H~23H
예산 20€~
가는 방법 M12 Lamarck - Caulaincourt

현재 오르세 미술관에 소장되어 있는 르누아르의 유명한 작품인 〈물랭 드 라 갈레트Moulin de la Galette〉가 그려졌던 곳으로, 19세기 말 젊은 파리지앵들이 햇빛 아래에서 춤과 수다를 즐기며 와인을 홀짝이던 댄스홀이었다고 한다. 원래 몽마르트르 지역에서는 제분이나 포도 압착에 이용되던 풍차가 30여 개나 있었다고 하는데, 그 쓰임이 적어한 제분업자가 댄스홀로 변형하여 문을 열면서 인기 있는 곳이 되었다. 르누아르뿐 아니라, 위트릴로, 뒤피 등의 화가들도 이 장소를 즐겨 그렸으며, 현재도 많은 화가들이 이 풍차를 그리고 있다. 몽마르트르 지역에 있었던 14개의 풍차들 중 물랭 라데Moulin Radet와 함께 지금까지 남아 있는 옛 역사가 느껴지는 풍차가 있는 곳이며, 로맨틱한 식사를 즐길 수 있는 장소이다.

르누아르의 물랭 드 라 갈레트(1876)

햇빛과 그림자를 밝고 따뜻하게 표현하는 르누아르의 〈물랭 드 라 갈레트〉에는 당시 이 곳의 분위기가 고스란히 담겨 있는 듯하다. 르누아르는 인상파 화가 중 예외적으로 인물 중심으로 그림을 그렸던 화가로, 나뭇잎 사이로 떨어지는 햇살을 표현하기 위해 신사의 등에 얼룩이 묻은 것처럼 색을 칠하였고, 밝고 따뜻한 그림을 그리기 위해 그림자는 검정색대신 보색을 이용하였다.

Food & Drink
먹을 곳

Web www.berko.fr
주소 1 bis Rue Lepic, 75018 Paris
전화번호 01 42 62 94 12
영업 시간 11H~19H30
휴일 월요일
가는 방법 M2 Blanche

프랑스인들을 관찰해보면 무엇이든 비평가적이어서, 음식을 맛보거나 음료를 마실 때, 예술품을 감상할 때에도, 심지어 자연을 감상하거나, 사람에 대해 이야기를 할 때에도 그들은 비평적인 태도로 토론을 즐기며, 분석하기를 좋아한다. 이렇게 말이 많다 보니 당연히 자신들이 인정하지 못하는 것에 대해서는 '이래서 싫고 저래서 맘에 안 들어.'하는 직설적이고 비관적인 태도가 눈에 띄게 보이는 것은 어쩌면 당연한 것일 것이다.

이렇게 비평적인 유전자를 갖고 있는 그들에게는 또 하나의 중요한 태도가 있다. 그것은 바로 받아들임인데, 자신들의 입에 맞고 자신들의 취향과 감각에 감동을 준다면 그 출신이 어디이든 그 전에 무얼하였든 그리 중요하게 생각지 않고, 칭찬을 아끼지 않는다는 것이다. 그 비판과 받아들임의 태도가 다양한 문화를 태어나게 한 것이 아닐까. 최근 제과로 유명한 프랑스에 뉴욕 스타일의 수제 컵케이크가 상륙하여 인기를 얻고 있다. 파리 일반 제과점에서 보기 힘든 형형색색의 컵케이크를 중심으로 만들어내고 있는데, 뉴욕의 문화가 파리에 어떤 식으로 정착하게 될지 정말 궁금하다.

주소 26 rue Lepic 75018 Paris
전화번호 01 46 06 10 29
영업 시간 7H30~19H30,
일요일 : 7H30~18H
휴일 수요일
가는 방법 M2 Blanche

버터 향기가 고소하면서도 살짝 달콤하게 폴폴 풍겨오는 크로와상과 달콤한 사과를 얹고 노릇하게 구워낸 타르트의 맛을 보게 되면 파리에 눌러 앉고 싶을지도 모른다. 식사가 끝난 후 달콤하게 유혹하는 디저트류의 타르트를 12~15€에 구입할 수 있는 이 제과점은 블루와 핑크의 조화가 촌스러운 듯하면서도 눈에 쏙 들어오는 독특한 외관을 갖고 있다. 파리 시내에 비해서는 몽마르트르라는 지역적 특징 때문인지 비교적 저렴한 가격으로 구매를 할 수 있으니, 빵을 사랑하는 일인이라면. 또는 꼬르륵~ 배가 고픈 일인이라면 잠시 들러볼 것을 추천한다.

Café des 2 Moulins
카페 데 두 물랭 :
까페 데 두 물랑

주소 15 rue Lepic, 75018 Paris
전화번호 01 42 54 90 50
영업 시간 매일 7H~다음 날 2H
가는 방법 M2 Blanche

영화 '아멜리에'에 등장한 카페로, 카페 내부에 〈아멜리에〉 영화 포스터가 붙어 있다. 영화 속 아멜리에가 웨이트리스로 일하던 카페이며 현재도 아멜리에를 기억하는 사람들이 많이 찾아온다.

영화의 배경이 되었던 장소에 방문하면, 영화 속 주인공이 된 듯도 하고, 상상했던 것과 달라 실망하기도 하지만, 이 곳 파리, 게다가 몽마르트르까지 왔다면 그리고 〈아멜리에〉라는 영화를 인상 깊게 보았다면, 귀여운 미소로 유혹하던 아멜리에 뿔랑 아가씨를 기억한다면 빨간 차양이 돋보이는 이 카페를 방문해 보면 어떨까?

TIP

꼴리뇽 상점 L'epicerie Collignon

주소 56 rue des Trois Frères, 75018 Paris
가는 방법 M12 Abbesses

영화 〈아멜리에〉에 등장한 또 다른 상점이다. 아멜리에가 살고 있는 집 근처의 작은 식품점인데, 영화 속에서 한쪽 팔이 없는 자멜이 일했던 곳이다. Metro12호선 Abbesses아베쎄역에서 Passage des Abbesses파사주 데 아베쎄를 따라 계단을 올라가면 바로 Rue des Trois Frères휘 데 트화 프헤흐 길이 보인다.

Area 8
MONTPARNASSES
몽파르나스
모던한 고층건물 사이에 녹아있는
예술적인 느낌

주요 동선 한눈에 보기

20세기 초, 당대의 문학과 예술, 신념을 논하며 예술가들의 열띤 토론의 장이 되었던 몽파르나스는 17세기부터 약간 높은 언덕이 있었기 때문에, '파르나소스 산'이란 뜻의 'Mont parnassos : 몽 파르나소스' 라고 불린것이 오늘날의 〈몽파르나스〉 지명의 기원이 되었다고 한다. 지금은 언덕을 깎아내고 대신 고층 건물이 들어선 탓에 예전의 모습은 찾기 어렵다. 지역의 대표적인 건축물로 알려진 몽파르나스 타워는 파리 시내에 흔치 않은 고층 건물이다. 이곳에서 내려다보는 풍경이 에펠탑이 보이는 파리 시내 전경이라고 하여 더욱 사랑받는 장소이다.

파리의 매력 중 하나는 다양한 장르의 예술 작품을 볼 수 있는 장소가 많다는 것이다. 게다가 좋은 전시를 무료로 볼 수 있는 기회가 많이 있으니, 예술에 관심이 있다면 놓치지 말자. 이 지역의 부르델 미술관과 자스킨 미술관의 상설 전시는 무료로 개방하고 있다.

Rue de Vaugirard
Falguière
Rue Falguière
Rue Dulac
Rue Dalou
Rue Armand Moisant
Rue Brown-Séquard
Bd. Pasteur
Av du Maine
Montpamasse
Rue de l'Arrivée
Bd. du Montparnasse
Montparnasse
Bienvenüe
06 Musée Bourdelle
Timhotel
Montparnasse
05 Tour Montparnasse
Rue du Départ
Rue d'Odessa
Rue du Montparnasse
Edgar
Quinet
a Crêperie de Josselin
Rue Delambre
Square Delambre
Rue Poinsot
Bd. de Vaugirard
Bd. de Vaugirard
Rue du Maine
Edgar Quinet
Central
Hôtel Paris
Arsonval
Rue de l'Armorique
Jardin Atlantique
Hôtel Mercure
Paris Gare
Montparnasse
Rue Vandamme
Rue du Commandant René Mouchotte
Hôtel Novotel Paris
Gare Montparnasse
Gaîté
Cimetière du Montparnasse 03
Rue Vercingétorix
Rue Jean Zay
Place de Catalogue
Av du Maine
Fondation Henri
Cartier Bresson
07
Rue Lebouis
Rue Jules Guesde
Rue Cels
Rue Alain
Rue de l'Ouest
Paroisse Notre
Dame du Travail
Rue Raymond Losserand
Rue Fermat
Rue Daguerre
Rue Departieux
Rue Roger
Rue Froid
Rue de l'Ouest
Rue du Château
Rue Niépce
Rue Desprez
Rue du Cange
Rue Asseline
Av du Maine
Rue Liancourt
Rue Gassendi
Rue
Pernety
Rue Pernety
Rue du Château
Rue Gassendi

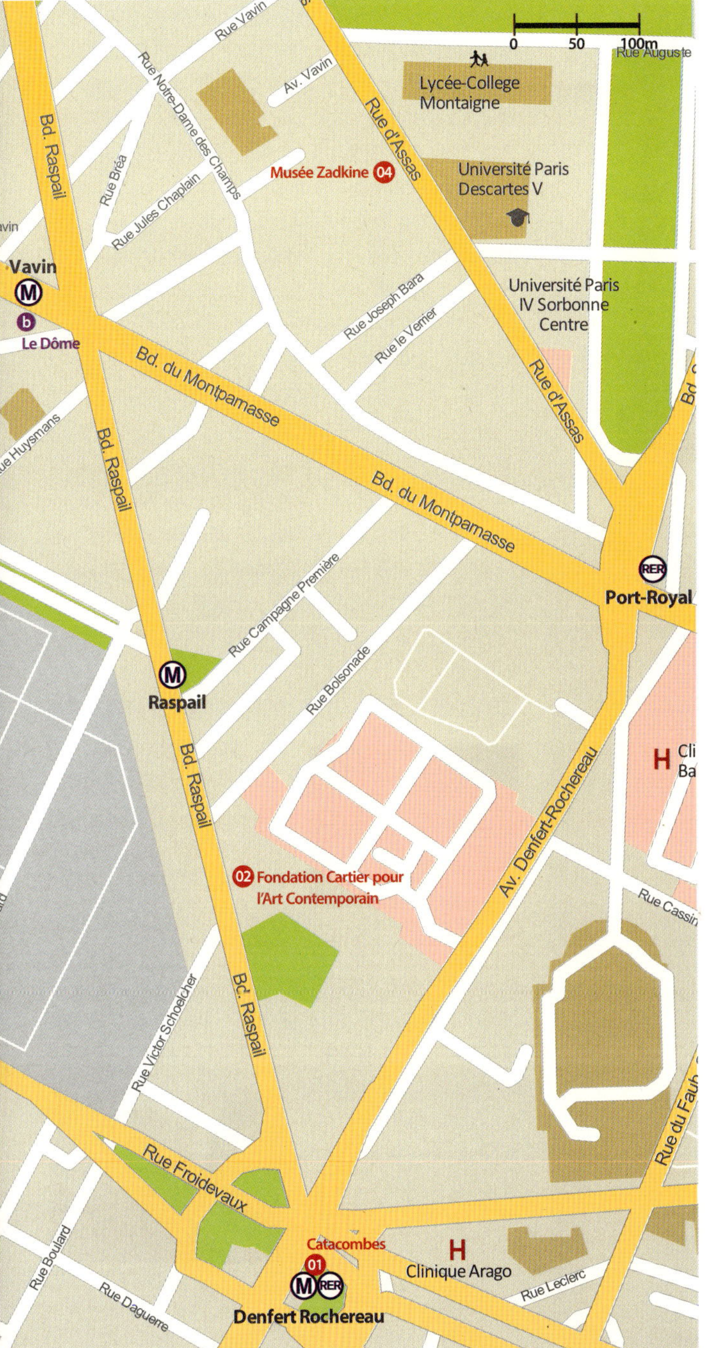

Spot

★★★
01 Catacombes 카타콤

★★
02 Fondation Cartier pour l'Art Contemporain 카르티에 현대미술재단

★★
03 Cimetière du Montparnasse 몽파르나스 묘지

★★
04 Musée Zadkine 자드킨 미술관

★★★
05 Tour Montparnasse 몽파르나스 타워

★★
06 Musée Bourdelle 부르델 미술관

★★
07 Fondation Henri Cartier Bresson 앙리 까르티에 브레송 재단

Food & Drink

★★★ **a** Crêperie de Josselin 크레페리 드 조슬랭

★★ **b** Le Dôme 르 돔

"Arrete! C'est ici l'Empire de la Mort. : 멈추시오. 여기가 바로 죽음의 제국."

뱅글뱅글 나선형 계단을 한참 내려가면, 어둡고 습해서 쌀쌀하다못해 추운 굴 속을 걷게 된다. 천장에서는 똑똑 떨어지는 물이 더욱 긴장감을 고조시킨다. 습하고 꿉꿉한 지하의 냄새를 맡으며 걷다 보면 어느새 수백 개 아니 수천 개. 그 이상쯤 되는 해골들이 내 눈앞에 쌓여 있다. 이곳은 무려 600만 구의 인골이 있는 카타콤이다. 라틴어로 '지하 묘지'라는 뜻의 카타콤이 이 곳 파리에 생긴 이유는 흑사병과 전쟁으로 인해 사망자가 급격하게 증가하면서 묘지 관리가 어려워지자, 도시 계획의 일환으로 공동묘지를 없애게 되었고, 공동묘지가 사라지고 오갈 곳이 없게 된 유골들을 1785년 지금의 장소로 옮겨오면서 이 거대한 지하 묘지가 형성된 것이다. 이 긴 터널 같은 통로는 로마 시대에 파리 도시 건설에 사용하기 위해 석회암을 채굴했던 장소로, 구멍이 송송 뚫려 미로와 같이 연결되어 있다고 한다. 이 지하 터널을 이용하여 만든 카타콤이 300km나 이어지고 있다니 대단한 규모임에 틀림없다. 이 중 1.6km만이 일반에 개방되고 있으며 그 외의 지역은 일반인 출입금지 구역으로 관리되고 있다.

엄청난 양의 인골들이 벽을 이루며 쌓여 있는 모습이 독특

하면서도 섬뜩하다. 게다가 이러한 장소를 관광지로 발전시키다니, 그 기획력이 대단한 것인지 아니면 인간에 대한 존중이 없는 것인지에 생각해보게 된다.

출구까지는 40분 정도가 걸린다. 지하 묘지 안의 인원을 제한하기 때문에 보통 20~30분 정도 기다리게 되니 이점을 참고하도록 하자. 참고로, 반드시 긴팔의 여분의 옷을 준비해가길 바란다. 쌀쌀한 지하 묘지 안을 40분 이상 걷다 보면 체온이 급격하게 떨어질 수 있기 때문이다.

카타콤에 들어가기 위해 줄을 선 사람들

01

Catacombes

까따꽁브

카타콤

Web www.catacombes-de-paris.fr

주소 1 avenue du Colonel Henri Rol-Tanguy, 75014 Paris

전화번호 01 43 22 47 63

운영 시간 10H~18H, 7/8월 : 10H~20H

휴일 월요일

입장료 일반 8€, 만 14~26세 4€

가는 방법 M 4·6, RER B Denfert-Rochereau

품격 높은 우수한 디자인의 보석, 시계 등의 액세서리로 유명한 명품 카르티에Cartier는 1984년, 현대예술 후원을 위해 〈카르티에 예술 재단〉을 설립하고 그 후 10주년을 기념하여 미국문화원이 있었던 이곳 Raspail하스파일 길에 현대미술관을 건축하게 된다.

주로 40세 미만의 세계 각국의 역량 있는 젊은 아티스트들을 발굴하여 그들이 활동할 수 있는 공간과 기회를 넓히고, 현존하는 작가들의 창작 활동을 할 수 있도록 실험의 장을 제공할 목적으로 만들어진 이 재단에서는 1960년 이후의 젊은 작가들의 작품을 주로 수집하고 전시한다.

프랑스의 스타 건축가인 장 누벨Jean Nouvel의 설계로 지어진 이 건축물은 유리와 강철 소재를 사용하여 내부의 모습이 훤히 들여다보이면서, 밤에는 유리를 통해 내부의 빛을 뿜어내는 환상적인 모습을 연출한다. 지하 1층, 지상 1층, 총 2,500m²의 예술 공간과 4,000m²의 재단 사무실 공간이 지상 7개 층에 구성된 구조이며, 30m 길이의 유리벽이 대로에서 나오는 자동차 등에 의한 소음과 건물의 영역을 분리하는 역할을 하고 있다.

이 유리 건물 뒤에 위치한 야외 공간에는 1996년 독일 아티스트인 로타르 바움가르텐Lothar Baumgarten이 설계하여 새롭게 조성한 정원이 있다. 마로니에, 소나무, 전나무 등 여러 종류의 나무들이 정원 가장자리에 서 있고, 야생화들이 서식하고 있다.

이곳의 전시는 기획전 위주이므로 미리 일정을 체크하고 가는 것이 좋다. 첫 방문이라면, Raspail하스파일역에 내려서 찾아가는 편이 훨씬 더 쉽다는 것도 참고하자.

02

Fondation Cartier pour l'Art Contemporain

뽕다시옹 꺄흐티에 푸흐 라흐 꽁떵뽀항

카르티에 현대미술재단

Web www.fondation.cartier.com

주소 261 boulevard Raspail, 75014 Paris

전화번호 01 42 18 56 72

운영 시간 11H~20H

휴일 월요일, 1/1, 12/25

입장료 일반 9.5€, 학생 6.5€

가는 방법 M 4•6 Raspail, RER B/M 4•6 Denfert-Rochereau

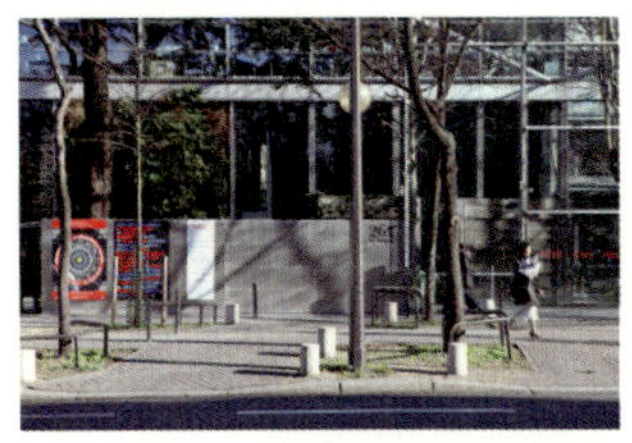

03

Cimetière du Montparnasse
씸띠에흐 뒤 몽빠흐나스

몽파르나스 묘지

주소 3 boulevard Edgar Quinet, 75014 Paris
전화번호 01 44 10 86 50
운영 시간 8H~17H30, 토요일 : 8H30~17H30,
일요일/공휴일 : 9H~17H30
*3/16~11/5 : 폐장 시간 30분 연장
입장료 무료
가는 방법 M 4·6 Raspail,
RER B/M 4·6 Denfert-Rochereau

묘지의 이름에서 알 수 있듯이, 몽파르나스 지역에 위치하고 있는 이 묘지는 페르라세즈 묘지, 몽마르트 묘지와 더불어 파리의 3대 묘지로 알려져 있다. 18세기 말 파리 중심부의 묘지들이 폐쇄되자 이를 대체하기 위해 1824년 세워진 이곳은 음울한 느낌보다는 구획이 잘 정리되어 있고 조각 공원의 느낌이 들 정도로 정교한 조각상과 대리석들로 꾸며져서 상당히 밝고 아늑한 느낌이 들고, 조용히 산책을 하기에 좋은 분위기를 갖고 있다. 햇빛이 좋은 날에는 유모차를 끌고 소풍을 나온 가족이나 데이트를 즐기는 연인, 벤치에 앉아 샌드위치 등의 점심을 먹으며 한가로운 시간을 보내는 이들이 많아서 묘지라는 이름과 다르게 주민들에게 휴식 공간으로서의 역할을 하고 있다.

이제 다시는 살아 있는 것처럼 만날 수 없다는 사실에 슬프고 안타까운 것은 같겠지만, 서양에서의 '죽음'의 의미는 동양과는 사뭇 다르다고 한다. 서양은 전통적으로 신을 믿고 부활과 영생을 믿고 있기 때문에, 죽음이라는 것을 신과 더욱 가까워지는 행위로 받아들이는 경우가 많다는 것이다.

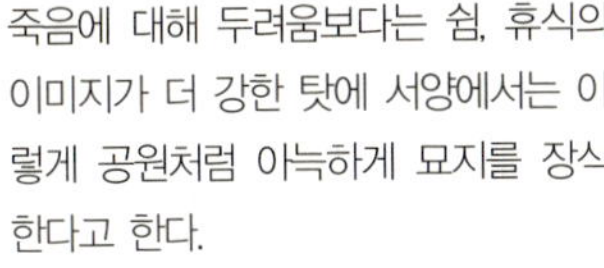

죽음에 대해 두려움보다는 쉼, 휴식의 이미지가 더 강한 탓에 서양에서는 이렇게 공원처럼 아늑하게 묘지를 장식한다고 한다.

이곳에는 보들레르, 모파상, 자드킨, 사진 작가 만레이, 유명한 대중가수 세르주 갱스 부르그 등의 묘와 세기의 커플 사르트르, 보부아르 부부의 합장 묘가 있다. 유명인들의 묘지가 상당히 많아서 이곳을 처음 방문하더라도 친숙함을 가지고 둘러볼 수 있는 곳이다. 유명인들의 묘지 위치는 입구에 있는 지도에서 확인 가능하다.

사르트르와 보부아르의 사랑 이야기

소곤소곤

"기쁠 때나 슬플 때나 검은 머리가 파뿌리가 되도록 서로 사랑하고 함께하는 부부가 되세요."

결혼식 주례사에 흔히 등장하는 말이다. 이렇게 한평생을 함께하기를 맹세하는 연인들과는 사뭇 다른 생각을 갖고 있었던 한 커플의 이야기를 소개한다.

'20세기 지성 커플'이라 불리는 철학자 장 폴 사르트르Jean Paul Sartre(1905~1980)와 문학가 시몬 드 보부아르Simone de Beauvoir(1908~1986)와의 결합은 당시 큰 이슈였고, 사람들에게 충격을 주었다.

그들은 각자의 감정과 본능을 존중한다는 의미로 계약 결혼을 선택했으며, 〈상대방을 속이려 들거나 거짓말하지 않는다. 상대방의 감정을 존중한다〉는 두 가지 원칙을 세우고 2년마다 한 번씩 결혼을 연장하기로 약속한다. (이 원칙은 당시 젊은이들 사이에서 유행처럼 번져나가게 된다.)

보부아르에게 사랑을 느낀 사르트르는 그녀에게 청혼을 하였지만 그는 일부일처제의 사회적 규범은 받아들이고 싶지 않았다. 그는 그녀에게 자신의 솔직한 마음을 털어놓았고, 그녀 역시 사르트르의 그러한 생각에 동의하며 각자의 애인에 대한 감정까지도 인정하기로 합의한 것이다.

1929년 파리 소르본 대학에서 처음 만난 그들은 1980년 사르트르의 사망 시까지 51년간 결혼생활을 지속하였다. 결혼 기간 동안 그들 각자는 애인이 있었고, 남편의 애인을, 아내의 애인을 서로 인정하면서 지냈다.

그들은 정서적 교감이 완벽했던 커플로 알려져 있다. 서로에게 보여주기 위해 글을 쓴다고 할 성도로 그들은 서로의 삭품에 대해 날카로운 비평과 조언을 하는 발전적인 관계였다. 별거를 하던 기간에도 서로에게 연락을 하여 작품에 대한 조언과 평가를 듣고자 했으니, 그들은 서로에게 완벽한 정신적 교감 상대였던 것은 분명했던 것 같다.

서로에게 자유를 허용하고 그 안에서 질투와 인정을 감내했던 그들의 삶이, 규범에 매이면서 그것을 지키기 위해 거짓말로 포장하는 삶보다는 더 솔직하고 자연스러운 인간의 모습이 아닐까?

Musée Zadkine
뮤제 쟈드낀

자드킨 미술관

Web www.zadkine.paris.fr
주소 100 bis rue d'Assas, 75006 Paris
전화번호 01 55 42 77 20
운영 시간 10H~18H
휴일 월요일, 공휴일
입장료 상설전 무료
가는 방법 M4 Vavin

큐비즘Cubism의 대표적인 작품을 꼽으라고 하면 피카소의 〈아비뇽의 처녀들〉이란 작품이 떠오를 것이다. 큐비즘은 마치 상자를 보는 것처럼 위에서 보고, 옆에서 보고, 아래에서 본 모습들을 한 평면에 담아 마치 여러 시점에서 본 것처럼 표현하게 되는데, 소실점과 원근법이 무시되고 대상물의 느낌이나 형태가 완전히 달라 낯선 느낌까지 들게 한다. 여러 시점에서 본 사물의 모습을 화폭 안에서 재구성하여 새로운 형태로 표현했다는 것은 대상물의 모습을 닮거나 베껴서 그리는 것이 잘 그린 그림의 기준으로 판단되던 시절에는 큰 도전이었을 것이다.

기존의 고정관념을 깬 큐비즘 양식으로 표현되었던 피카소의 〈아비뇽의 처녀들〉이란 작품이 공개되었을 때, 항상 그를 지지하던 절친들조차도 그의 작품을 비판하였다고 한다.

당시 입체주의 양식인 큐비즘을 확립하던 여러 작가 중 한 명이 러시아 태생 조각가인 자드킨Zadkine이다. 그는 간결하고도 우직한 느낌의 독자적인 입체주의 양식을 확립한 것으로 알려져 있다. 그는 미국에서도 활동을 하였으나 파리에서 주로 거주하고 활동하였으며, 생의 마감도 이곳에서 한다. 이 미술관은 1982년 자드킨의 부인이 파리시에 그의 작품과 작업실을 기증하면서 세워졌으며, 파리시의 계속적인 작품 구매를 통해 조각, 그림 사진 등의 작품 보유 수량이 300여 개로 늘어나면서 지금의 모습을 갖추었다. 규모는 그리 크지 않지만 조각들이 조화롭게 배치되어 있는 전시 공간은 자드킨이 생전에 작업을 하던 저택, 작업실과 정원을 그대로 이용하고 있어서 더욱 의미 있게 느껴진다.

Tour Montparnasse
뚜흐 몽빠흐나쓰

몽파르나스 타워

Web www.tourmontparnasse56.com
주소 33 avenue du Maine, 75015 Paris
전화번호 01 45 38 52 56
운영 시간
10~3월 : 9H30~22H30(일~목요일), 9H30~23H(금/토/공휴일)
4월~9월 : 9H30~23H30
*폐관 30분 전까지 입장 가능
입장료 일반 7€, 학생 4€
가는 방법 M 4·6·12·13 Montparnasse Bienvenüe

그 높이가 파리에서 참 보기 드문 건물이란 생각이 들게 하는 이 건물의 59층에 위치한 전망대에서는 파리의 전경이 한눈에 내려다보인다. 파리의 상징인 에펠탑에서 보는 전망도 멋지지만, 사실 에펠탑에 올라 전망을 보면, 에펠탑이 없는 파리의 전경을 보게 되는 것이기 때문에 뭔가 좀 아쉽기 마련이다. 파리의 상징하면 에펠탑인데, 에펠탑이 없는 파리의 전경은 마치 단팥이 들어 있지 않은 단팥빵과 같은 느낌 아니겠는가?

이 이야기에 동의한다면 파리의 전경은 에펠탑에서가 아니라 몽파르나스 타워에서 보는 것을 추천한다. 1973년에 완공된 높이 209m의 고층 빌딩인 몽파르나스 타워는 기업 사무실로 사용하고 있는 건물이지만, 56층 〈Le Ciel de PARIS 르 시엘 드 파히〉 카페 레스토랑과 59층 전망대는 일반에게 공개하고 있다. 단숨에 오르는 초고속 엘리베이터를 자랑하는 이곳 전망대에서 보는 파리 전망은 아주 멋지기 때문에 파리의 탁트인 전경을 감상하고 싶은 사람들에게 매력적인 장소임에 틀림없다.

르 시엘 드 파리 Le Ciel de PARIS

TIP 사실 몽파르나스 타워의 전망대보다 좀 더 강력하게 추천하고 싶은 장소는 이 건물의 56층에 위치하고 있는 〈LE Ciel de PARIS〉라는 카페 레스토랑이다. 전망 좋은 창가 자리에 앉아 와인이나 에스프레소 한 잔을 시켜 놓고 파리 풍경을 감상해보자. 전망대 입장권을 낼 금액으로 커피를 시킬 수 있으니 합리적이라는 생각이 든다. 게다가 심술궂게 자주 변하는 파리의 날씨가 아무리 바람이 불고, 쌀쌀해지고, 심지어 눈이 오고, 비가 와도, 이 곳에서는 편안하게 파리 전망을 감상할 수 있어서 더욱 좋다.

점심 메뉴는 30€ 정도에 이용 가능하다. 창가 좌석을 원한다면 미리 예약을 하는 것이 좋다.

1 몽파르나스 타워
2 몽파르나스역 무빙 워크. 역의 규모가 상당히 크다.
3 몽파르나스 타워 입구

오른쪽의 활을 쏘는 모습의 작품이 〈활을 당기는 헤라클레스〉이다.

06

Musée Bourdelle
뮤제 부흐델

부르델 미술관

Web www.bourdelle.paris.fr

주소 18 rue Antoine Bourdelle, 75015 Paris

전화번호 01 49 54 73 73

운영 시간 10H~18H

휴일 월요일, 공휴일

입장료 상설 전시 : 무료, 기획 전시 : 유료(전시마다 다름)

가는 방법 M 4·6·12·13 Montparnasse - Bienvenüe,
M12 Falguière

붉은색 벽돌로 지어진 건물을 들어가서 미술관 안으로 입장하면, 역동적이고 힘찬 느낌의 거대한 작품들이 정원은 꽉 채운 모습이 눈에 들어온다. 15구의 조용한 주택가에 있어서 더욱 신비한 느낌이 드는 이 박물관은 조각가 앙투안 부르델Emile Antoine Bourdelle이 작품 작업을 하던 곳을 미술관으로 만든 곳이다. 마이욜Aristide Maillol, 로댕Auguste Rodin과 함께 프랑스 3대 거장으로 불리는 부르델은 까미유 끌로델Camille Claudel과 함께 로댕의 제자이자 어시스턴트였다고 한다. 그는 스승을 뛰어넘는 자신만의 독창적인 예술 세계를 펼치기 위해 끊임없이 노력하고 고뇌하였는데, 그 결과 조각이 지닌 형태와 진정한 아름다움을 표현하는 독자적인 작품풍을 보여주게 되었다. 박진감과 긴장감, 남성미가 넘치는 1909년작인 〈활을 낭기는 헤라클레스〉는 놓치지 않도록 하자.

실제로 작가가 살았던 저택을 미술관으로 꾸민 곳이라 구석구석 작가의 일생을 느끼게 해주는 요소들이 가득한 부르델 박물관을 방문할 때에는 Montparnasse - Bienvenüe몽파흐나스 비앙브뉘역이 워낙 커서 박물관까지의 거리가 꽤 멀게 느껴지니, 가능하면 M12 Falguière팔귀이에흐역을 이용하도록 하자. 상설전의 경우 무료로 개방하고 있어서 더욱 매력적으로 느껴진다. 좋은 예술 전시를 접할 수 있는 기회가 많다는 것. 그것이 바로 파리의 매력이 아닐까 생각해 본다.

07

Fondation Henri Cartier Bresson

퐁다시옹 앙리 까흐띠에 브헤쏭

앙리 까르티에 브레송 재단

Web www.henricartierbresson.org

주소 2 Impasse Lebouis, 75014 Paris

전화번호 01 56 80 27 00

운영 시간 13H~18H30, 수요일 : 13H~20H30,

토요일 : 11H~18H45

휴일 월요일

입장료 일반 6€, 학생 3€

가는 방법 M13 Gaîté

© Pedro Layant

사진을 좋아한다면 놓치지 말것!

라이카 M과 35mm 표준 렌즈, 노(No) 트리밍사진 촬영이 끝난 후 화면 구성을 하는 것으로, 불필요한 부분을 정리하거나 특별한 부분만을 주제로 강조 하기 위해 나머지 부분은 인화지 밖으로 나가도록 조절하는 것, 노(No) 플래시, 흑백 사진을 고수하였던 현대 사진의 아버지라고 불리는 앙리 카르티에 브레송 사진가에게 헌정된 박물관이다.

삶의 한 순간을 예리하게 관통하듯 최상의 순간을 담은 그의 작품은 그가 얼마나 인내심이 깊은 사람인지를 보여주는 듯하다. 절제된 화면 구성과 완벽한 구도로 마무리되는 조화로운 모습을 통해 지금도 많은 이들에게 예술적 영감을 주고, 사진을 좋아하는 사람이라면 한 번쯤 빠져들 만한 그의 작품을 볼 수 있는 이곳은 14구의 한적한 주택가에 위치하고 있다.

a Crêperie de Josselin
크레페리 드 조슬랭 :
크레페히 드 조슬랑

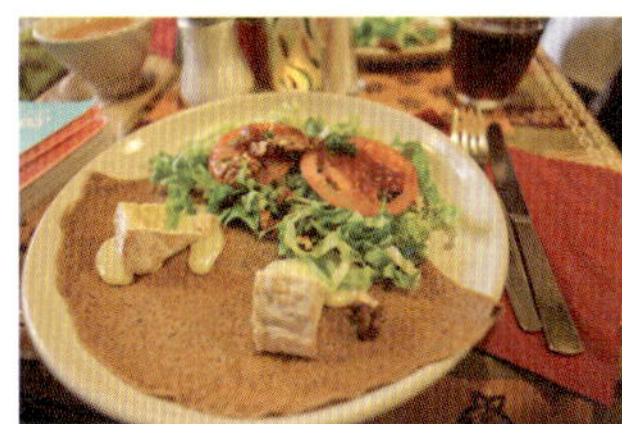

주소 67 rue du Montparnasse, 75014
Paris
전화번호 01 43 20 93 50
영업 시간 12H~14H30, 18H~23H30
휴일 월요일, 8월
예산 12~30€, 점심 메뉴(식사용 크레페
+디저트용 크레페+사과주 또는 탄산 음
료) : 10€
가는 방법 M6 Edgar Quinet

이 집의 식사용 크레페Crêpe는 크레페
의 본고장인 브르타뉴Bretagne 지역의
전통 스타일인 메밀 가루로 만드는 갈
레트Galette로 만들어 제공된다. (크레페
에 대한 자세한 설명은 P90 참조) 몽
파르나스역 근처의 아주 유명한 맛집
으로, 브르타뉴의 장식물들로 꾸며진
따뜻한 느낌이어서 가족과 친구끼리
가기에 편안하고 좋은 곳이다.

b Le Dôme
르 돔 : 르 돔

주소 108 boulevard Montparnasse,
75014 Paris
전화번호 01 43 35 25 81
영업 시간 매일 12H~15H, 19H~23H30
예산 40€
가는 방법 M4 Vavin

파리에서 가장 맛있는 해산물 요리
를 맛볼 수 있는 곳으로 유명한 이곳
은 1930년대 개업 이래 예술가, 문학
가 등이 즐겨 찾은 곳으로 알려져 있
다. 유명한 화가 모딜리아니가 이곳에
서 초상화를 그리며 음식값을 대신했
다는 것도 유명한 일화이다.
아르누보 양식의 우아한 인테리어에서
해산물 요리를 맛보고 싶다면 방문해
보자.

Area 9
LE VOYAGE
AUTOUR DE LA
VILLE ET PETITE
BANLIEUE
시 외곽과 근교 여행

낙후 지역으로 변했었지만 지금은 그 어느 곳보다 깨끗하고 현대적인 지역이 된 베르시는 파리의 중심지는 아니지만 메트로를 타고 쉽게 갈 수 있는 곳으로, 그동안 보아왔던 파리와는 다른 느낌을 경험할 수 있는 곳이다.

어린이를 동반한 가족이나 연인들을 위한 파리 디즈니랜드나 괜찮은 명품들을 합리적인 가격으로 구매할 수 있는 라 발레 빌라주에서도 물론 즐거운 시간을 보낼 수 있다.

파리에서 불과 2시간도 걸리지 않는 곳에 한 폭의 그림 같은 매혹적인 경관을 자랑하는 샹티이성이 있다. 이곳에서는 과거 어느 시절 재력과 권력을 한 손에 쥐었던 어느 귀족의 자취를 느낄 수 있겠다. 아예 아름답고 웅장한 수많은 고성들이 몰려 있는 루아르 고성 지대에 투어를 다녀와도 좋다.

한 폭의 그림 같은 몽생미쉘, 태양왕의 절대 권력을 느낄 수 있는 베르사유 궁전, 와인 산지로 유명한 부르고뉴 등 파리 근교에는 파리에서 그리 멀지 않으면서도 다녀올 만한 곳이 무척 많다.

특히 고흐가 생애 마지막 70일을 보냈던 오베르 쉬르 우아즈나 모네의 집이 있는 지베르니에서는 화가의 작품을 떠올리며 자취를 밟아봐도 좋겠다.

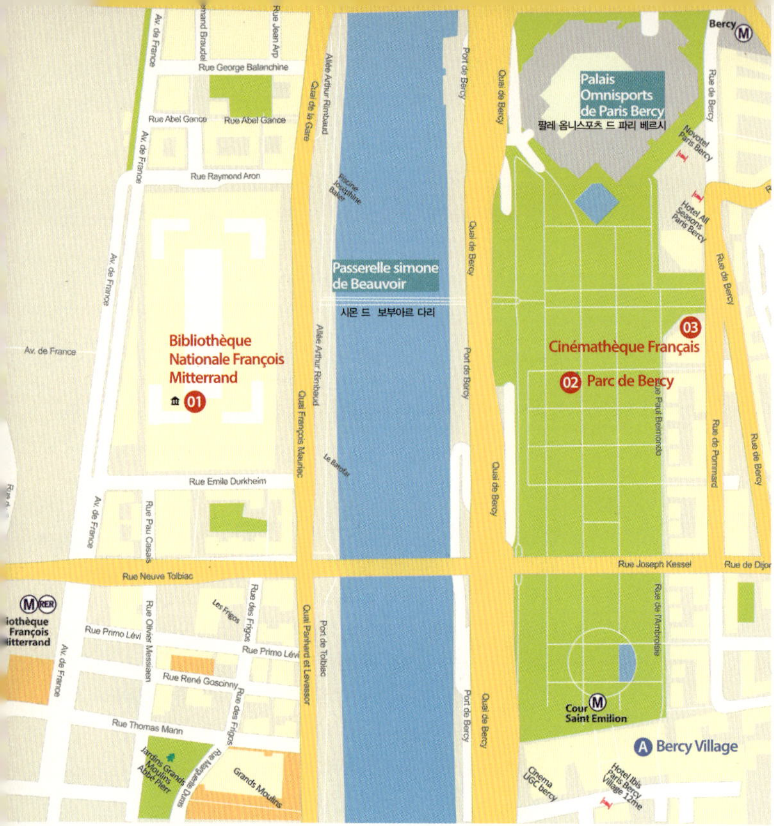

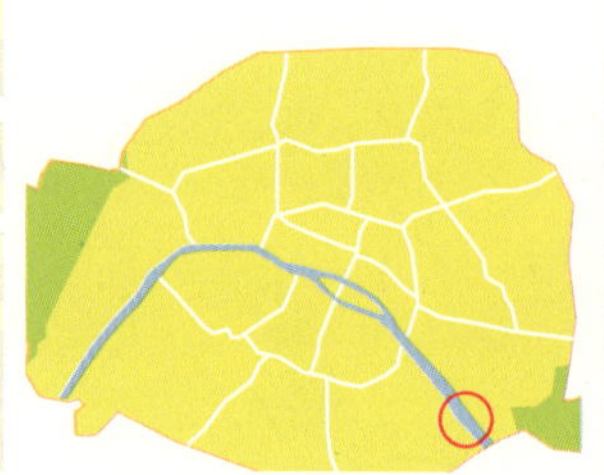

★★
01 Bibliothèque Nationale François Mitterrand
프랑수아 미테랑 도서관

★
02 Parc de Bercy 베르시 공원

★
03 Cinémathèque Français
시네마테크 프랑세즈

★★
A Bercy Village 베르시 빌라주

01

Bercy
벡씨

베르시

북적대는 관광객들 사이에서 치이고 지쳤다면 조용하고 여유로운 분위기를 느낄 수 있는 베르시 지역으로 가 보자. 이곳은 19세기 와인 저장 창고로 이용되다가 비싼 월세 등의 이유로 상인들이 떠나자 낙후 지역으로 변했지만, 미테랑 대통령이 진행한 도시 계획의 하나인 프랑스 국립도서관 확장 공사가 계기가 되어 사람들이 모여들기 시작하였고, 새로운 상권과 문화시설이 들어오며 활기를 띠게 되었다.
베르시 빌라주에는 상점들이 옹기종기 모여 있고, 노천카페와 레스토랑에는 편안한 차림으로 휴식을 취하는 파리지앵들의 모습이 보인다. 현대적인 녹지 공간으로 조성된 베르시 공원을 방문하면 직사각형 모양으로 깨끗하게 조성되어 있는 산책로의 연못에서 잉어들이 노니는 모습을 볼 수 있다. 이 지역을 방문할 때는 파리에서 가장 최근에 지어진 메트로 14호선을 이용할 수 있다. 14호선은 무인으로 조정되는 지하철로, 깨끗하고 쾌적한 분위기이다.

1

Bibliothèque Nationale François Mitterrand

비빌리오떼끄 나씨오날르 프항수아 미테항

프랑수아 미테랑 도서관

Web www.bnf.fr

주소 Quai François Mauriac, 75013 Paris

전화번호 01 53 79 59 59

운영 시간 화~토요일 : 10H~20, 일요일 : 12H~19H

휴일 월요일

입장료 3.3€

가는 방법 M14 Bibliothèque Nationale François Mitterrand

고층 건물 4개가 중앙 정원을 둘러싼 모양으로 서로 마주보게 지어져서, 마치 책을 펼친 것과 같은 형태가 된 건축물이다. 외관으로도 특별하다는 느낌을 주는 이 건축물은 1988년 7월 14일 혁명 기념일을 맞이하여 프랑수아 미테랑 대통령의 〈그랑 트라보 Grands Travaux〉 프로젝트의 일환으로 완성된 건축물이다. '국민들이 최신 기술과 정보를 습득하고, 쉽게 지식에 접근할 수 있도록 파리 국립도서관의 규모를 확장하겠다'는 목표로, 문화와 교육 자료 보관을 위한 창조적인 장소를 구현하고, 새로운 도시풍의 지역 분위기를 만들기 위해 주요 건물로 계획되었다고 한다. 실제로 국립박물관 확장 공사 후 이 지역에 많은 사람들이 모여들면서 새로운 상권이 형성되고, 파리지앵들에게 휴식과 쉼터를 제공하는 장소들이 생겨났으며, 유행을 주도하는 지역으로 성장하였다고 하니, 가히 성공적인 도시 계획의 사례라고 할 수 있다. 그리고 이 도서관은 계획부터 완공까지 가장 힘을 썼던 미테랑 대통령의 이름을 따서 〈프랑수아 미테랑 국립도서관〉으로 이름이 붙여졌다.

3.3€의 입장료를 내면, 하루 종일 이용이 가능한 이곳에서는 프랑스에서 출판되는 모든 서적이 모인다고 해도 과언이 아닐 정도로, 국가의 지식을 모아 놓은 장소이다. 현대적인 건물에서 방대하다못해 거대한 양의 책들과의 시간을 원하는 이들과 건축에 관심이 많은 사람들에게 둘러보기를 추천한다.

세계 최초의 금속활자 인쇄본인 대한민국의 고서 〈직지심체요절〉도 보관되어 있는 도서관이지만, 아쉽게도 일반인들에게는 공개하지 않고 있다.

방문을 위해서는 14호선 종점인 Bibliothèque Nationale François Mitterrand 역에서 내리면 된다. 파리의 지하철 노선 중 가장 최근에 만들어졌기 때문에 우리나라처럼 플랫폼에 유리 보호대가 설치되어 있어 현대적인 파리를 느낄 수 있다.

2

Parc de Bercy
빠 드 벡씨

베르시 공원

주소 41 rue Paul Belmondo, 75012 Paris
가는 방법 M 6·14 Bercy, M14 Cour Saint Emilion

1 공원에서 바라 본 공동주택
2 공원 끝 쪽의 경기장. 각종 큰 경기나 유명 가수들의 콘서트 등이 많이 열린다.

TIP

시몬 드 보부아르 다리
Passerelle simone de Beauvoir

2006년에 완공이 된 이 다리는 프랑스의 유명한 문학가인 시몬 드 보부아르의 이름이 붙은 다리로, 센 강에 있는 수많은 다리 중 유일하게 여성의 이름이 붙여진 다리이다. Passerelle빠스헬의 단어를 직역하자면 육교나 인도교로 해석이 가능하며 이 다리는 사람과 자전거만 이용이 가능하다.

아름다운 다리(시몬 드 보부아르 다리)로 미테랑 도서관과 연결되어 있다.

베르시 지구의 개발 계획에 맞추어 조성된 공원으로 1993년에 시작되어 1997년 완공된 곳이다. 베르시 지구에 있는 녹지로, 도시 개발자이자 건축가인 베르나르 위에Bernard Huet와 조경 전문가 필리프 라갱Philippe Raguin 등이 참여하여 조성한 것으로 알려져 있다.

봄이나 여름에는 예쁜 꽃들이 피고, 가을에는 낙엽이 지는 전형적인 정원의 특징을 갖고 있지만, 파리 중심지에 위치하면서 전형적인 프랑스 정원 스타일을 고수하고 있는 정원 풍경이나 영국 스타일의 정원 양식들과는 완전히 다른 분위기인 현대적인 감각으로 조성된 정원이다.

공원에서 한가로운 시간을 보낼 수 있을 뿐 아니라 이 공원 주위로 경기장 팔레 옴니스포츠 드 파리 베르시Palais Omnisports de Paris Bercy, 시네마테크 프랑세즈, 유명 건축가 크리스티앙 드 포장박Christian de Portzamparc이 설계한 공동주택 등이 있어 현대적인 볼거리도 많다.

3

Cinémathèque Français
시네마떼끄 프항세즈

시네마테크 프랑세즈

Web www.cinematheque.fr
주소 51 rue de Bercy, 75012 Paris
전화번호 01 71 19 33 33
운영 시간 12H~19H, 목요일 : 12H~22H,
일요일 : 10H~20H
휴일 화요일
가는 방법 M 6·14 Bercy

이곳은 미국의 유명 현대 건축가 프랭크 게리Frank Gehry가 설계한 건물을 이용하고 있는 프랑스 영화 보관소로, 프랑스의 영화 발전에 지대한 영향을 준 곳으로도 알려져 있다. 4개의 스크린에서는 다양한 장르의 영화가 상영되고 특별 기획전이 자주 구상되고 있으며, 시대의 거장으로 불리는 감독들의 주옥 같은 작품을 스크린으로 볼 수 있어서 좋다. 이곳은 영화 관련 문서, 소품, 사진, 모형 등의 자료와 영상을 소장하고 있으며, 영화 도서관Bibliothèque du film은 2만 권이 넘는 책과 1만 편에 가까운 필름을 소장하고 있어서, 영화의 역사를 알고 싶고 보고 싶어하는 사람들이 파라다이스처럼 느낄 수 있는 공간이다.

A

Bercy Village
벡씨 빌라쥬

베르시 빌라주

Web www.bercyvillage.com
주소 Cour Saint-Emilion, 75012 Paris
운영 시간 Shop : 11H~21H, 레스토랑 : 11H~다음날 2H
가는 방법 M14 Cour Saint Emilion

외인 저장고로 사용되었을 때 이용되던 철길이 자취가 보존되어 있다.

큰 길 양쪽으로 빼곡하게 들어서 있는 상점과 레스토랑, 와인 바, 카페 등은 예전에 사용하였던 대형 와인 저장고들을 개조하여 만든 것으로, 바닥에는 와인을 나르던 철도의 모습이 그대로 보존되어 있어서 운치를 더한다.
이곳은 역사적 장소를 그대로 사용하면서도 건물의 기능과 활용도를 바꾸어서 성공적인 도시 계획의 사례로 꼽히고 있다. 현재 주변에 영화관, 호텔, 식당가, 쇼핑센터가 있어 많은 사람들로 붐비고 있으며, 관광객들보다는 파리지앵들에게 더욱 사랑받는 공간이다. 여유있는 쇼핑과 식사를 원한다면, 이 지역을 방문해 보자.

02

Disneyland Paris

디즈니랜드 빠히

파리 디즈니랜드

Web www.disneylandparis.com
주소 Disney Village, 77700 Marne-la-Vallée
전화번호 01 60 45 63 13
운영 시간
Disneyland Park : 10H~19H(월~금요일), 10H~
22H(토요일), 10H~21H(일요일)
Walt Disney Studios Park : 10H~18H(월~금요일),
10H~19H(토/일요일)
휴일 없음
입장료 일반 59€, 어린이 53€
파크+스튜디오 콤비네이션 티켓 일반 71€,
어린이 64€ (1일권 기준)
가는 방법 RER A에서 Marne-la-Vallée행을 타고
Marne-la-Vallée-Chessy역에서 하차
(샤틀레 레알Châtelet Les Halles역에서 약 50분 소요)

연인과 함께 하는 특별한 환상 여행을 계획하는 커플과 어린이를 동반하는 가족 여행자들에게 더욱 인기가 좋은 파리 디즈니랜드는 이미 잘 알려져 있는 복합 리조트로, 놀이동산뿐만 아니라 호텔, 쇼핑 등의 시설이 한곳에 묶여 있어서 편의성을 자랑하고 있다.

파리 디즈니랜드는 캘리포니아와 플로리다의 매직 킹덤 파크와 도쿄 디즈니랜드를 참고하여 〈잠자는 숲 속의 공주〉의 성을 배경으로 파리 감성을 더해 만들었다고 하며, 크게 디즈니랜드 파크Disneyland Park와 월트 디즈니 영화 속 테마 파크인 월트 디즈니 스튜디오 파크Walt Disney Studios Park가 있다. 디즈니랜드 파크에는 매직랜드와 신나는 어트랙션이 있고 월트 디즈니 스튜디오 파크에서는 애니메이션 영화와 관련된 테마로 구성되어 있다.

입장권을 구매할 때는 어떤 파크를 이용할 것인지와 며칠 권을 구매할 것인지를 정해야 하는데, 두 개의 파크를 모두 돌아보길 원한다면 콤비네이션 티켓을 구매하는 것이 저렴하다. 티켓은 대형 슈퍼마켓 까르푸Carrefour나 대형 전자상점이자 서점인 프낙Fnac 등에서 구입 가능하며, 프낙에서는 프랑실리앙Francilien이라는 티켓(프랑스 거주자를 위한 티켓이지만 별도의 확인 절차를 거치지는 않는다)을 5일 이전 예매 시 35€부터 구매 가능하니 참고하자. 홈페이지를 통해서도 예매가 가능하다. (프랑실리앙Francilien 티켓 홈페이지 : www.billetfrancilien.com)

> **TIP 파리 시내에서 표 예매하기**
> 까르푸는 주로 외곽에 위치하고 있으니 파리 시내 곳곳에 위치하고 있는 대형 전자상점이자 서점인 프낙Fnac을 이용하는 것이 좋다. 아래의 두 지점이 교통이 편리하다.
>
> <포럼 레알 FNAC 지점>
> **주소** 1/7 rue Pierre Lescot, 75001)
> **가는 방법** RER A·B·D와 M 1·4·7·11·14이 지나가는 Châtelet Les Halles역과 연결되어 있는 쇼핑센터인 Châtelet Forum Les Halles에 위치
>
> <샹젤리제 거리 FNAC 지점>
> **주소** 74 avenue des Champs-Elysées, 75008
> **가는 방법** M1 George V 또는 M 1·9 Franklin D. Roosevelt역에서 도보 3분 거리

03

La Vallée Village

라 빌레 빌라쥬

라 발레 빌라주

연중무휴로 운영되며, 크리스찬 디오르, 버버리, 아르마니, 겐조 등의 유명 브랜드들을 30~70% 할인된 가격으로 구매할 수 있는 곳이다. 운이 좋으면 괜찮은 물건을 저렴한 가격대에 구매할 수 있기 때문에 관심이 많은 사람들에게는 꼭 들러야 하는 아울렛으로 소문나 있다. 구매 금액이 한 매장에서 175€가 넘으면 세금 환급이 된다.

라 발레 빌라주는 명품 브랜드 위주로 운영을 하고 있는데, 값비싼 명품 브랜드를 원하지 않는다면 라발레 빌라주 옆에서 운영되는 인터내셔널 쇼핑센터(Centre Commercial International Val d'Europe)에 가보자. 프랑스 현지 브랜드들을 만날 수 있고 합리적인 가격대의 쇼핑이 가능하다.

전화번호 01 60 42 35 00

운영 시간 10H~20H

휴일 1/1, 5/1, 12/25

가는 방법 RER A Val d'Europe역에서 하차 후 도보 5분(Châtelet Les Halles역에서 약 40분 소요)

04

Château de Chantilly
샤또 드 샹티이

샹티이 성

Web www.chateaudechantilly.com

주소 Château de Chantilly, 60500 Chantilly

전화번호 03 44 27 31 80

운영 시간 4/3~11/1 : 10H~18H,
11/2~4/2 : 10H30 ~17H

휴일 화요일

입장료 13€

가는 방법

1. Chaltilly-Gouvieux샹티이-구비외역까지

① RER D의 Creil크레이행 또는 Compiegne콩피에뉴행 이
용, Chaltilly-Gouvieux샹티이-구비외역 하차(Châtelet-
Les Halles샤뜰레 레알 RER D선 기준, 약 50분 소요)

② 북역(Gare du Nord)에서 Creil크레이행 기차 탑승 후
Chaltilly-Gouvieux샹티이-구비외역 하차(약 30분 소요)

2. Chaltilly-Gouvieux샹티이-구비외역에서

① 역 앞에서 DUC 셔틀 버스 탑승(무료) 후 Chantilly,
église Notre-Dame샹티이 에글리즈 노트흐 담에서 하차 (약
10분 소요) *DUC 시간표 : www.ville-chantilly.fr/
DUC.php

② 역 앞에서 숲 속으로 나 있는 길(Route de l'Aigle루
트 드 레글)을 따라 도보로 이동(약 35분 소요)

③ 역 앞에서 택시 이용(약 5분 소요, 8€ 예상)

파리에서 북쪽으로 약 42km 떨어진 곳에 위치한 샹티이성
은 연녹빛의 초원과 푸르른 숲에 둘러싸여 있으며, 유유히
흐르는 호수 위에 세워져 있어서 한 폭의 그림 같은 매혹적
인 경관을 자랑하는 성이다. 수려한 주변경관과 고풍스럽고
우아한 자태를 자랑하고 있는 이 아름다운 성은 16세기 르
네상스 양식으로 지어진 것으로 당시 부유한 권력가였던 몽
모랑시les Montmorency 가문의 소유지였다.

이 성을 더욱 웅장하고 멋있게 보이게 하는 정원과 성 주변
을 둘러싼 호수는 프랑스의 수많은 정원과 베르사유 궁전의
정원을 담당했던 르 노트르André le Nôtre의 설계로 만들어진
것이다.

성 안에는 박물관과 도서관이 있는데, 성주였던 콩데 공의 이름을 딴 콩데 박물관에는 보티첼리, 라파엘, 앵그르, 들라크루아 등 유명 예술가의 예술품이 전시되어 있다. 이 박물관은 1850년 이전 미술품에 있어서, 루브르 박물관 다음으로 많은 컬렉션의 소장지인 것으로 알려져 있는데, 그 방대한 양이 이 가문의 권력과 재력을 엿볼 수 있게 해준다. 작품 배치는 보통 연대 순에 따르는데, 이 박물관에서는 연대 순이 아니라 소유자의 취향과 작품의 크기를 고려하여 배치하고 있어서, 독특하게 느껴진다.

또한 성 안의 도서관에는 1,300여 개의 원고와 11세기부터 만들어진 12,500여 개의 고서들이 보관되어 있다.

고품격으로 장식한 방들에서 이 가문의 중요했던 인물들의 초상화를 발견할 수 있으며, 사진들도 1,400개 넘게 전시되어 있어서 19세기 사진의 역사를 살펴볼 수 있다.

샹티이성 정문 앞 오른쪽에 있는 대형 축사는 18세기에 만들어진 영국 취향의 귀족들을 위한 것으로, 그 옆에서 경마장의 모습도 볼 수 있다. 정원의 동북쪽에는 귀족들이 취미 생활로 서민들의 전원 생활을 흉내내어 만들었던 르 아모Le Hameau : 작은 마을, 촌락이라는 뜻가 있으며, 현재는 레스토랑으로 이용되고 있다. 르 아모는 1774년에 지어졌는데, 나중에 베르사유 궁전 안 프티 트리아농에 만들어지는 마리 앙투아네트의 오스트리아식 시골 마을인 르 아모마리 앙투아네트(왕비)의 촌락으로 불림에 영감을 주었다고 한다.

파리에서 그리 멀지 않은 곳에 있으면서도, 그 화려함이 루아르 고성지대에 뒤지지 않는 이 매력적인 성은 조용하고 멋진 풍경을 갖고 있어서, 파리에서 갖기 어려운 여유로움과 아름다움을 느낄 수 있는 곳이기도 하다.

05

루아르 고성 지대

샤를 페로Charles Perrault의 동화 〈잠자는 숲 속의 미녀〉의 무대가 된 위세성Château d'Usse, 〈앙부아즈의 음모신교도들이 구교도 기즈 공(Duke of Guise) 가문을 암살하려 했던 사건. 실패로 돌아감〉로 유명한 앙부아즈성Château d'Amboise, 프랑스 건축물의 보석으로 불리는 블루아성Château Royal de Blois, 여인들의 성으로 알려진 슈농소성Château de Chenonceau, 레오나르도 다빈치가 살았던 클로뤼세Clos-Luce 등 각기 다른 이야기를 품고 있는 800여 개의 고성들이 1,000km에 이르는 강을 따라 몰려 있어서 〈프랑스의 정원〉으로 불리는 이 지역은 가장 귀족적인 프랑스의 모습을 볼 수 있는 곳이다.

블루아 왕조 시대에 수도였던 투르Tours는 200여 년간 프랑스의 문화, 경제, 정치의 중심지였고, 현재는 고성 지역을 방문하는 관광객들이 거점으로 잡는 도시이다. 투르는 파리 몽파르나스 역에서 TGV로 1시간이면 도착할 수 있다. 투르역 관광 안내소 앞에 고성 투어를 진행하는 미니 관광버스가 있으며, 회사가 많아 원하는 대로 선택할 수 있다. 7월 중순에서 10월 중순 사이에는 〈빛과 소리의 쇼〉가 매일 밤 또는 격일로 펼쳐지니 여름 시즌에 이 지역에서 하루 머물면서 고성들을 둘러볼 예정이라면 참고하자.

이 성들을 파리에서 당일치기로 알차게 둘러보기를 원한다면, 파리에서 출발하는 투어 버스를 이용하거나, 차를 빌려 이동하며 관광하는 것이 편리하다. 블루아 성을 제외하고는 깊은 계곡에 위치하고 있어서 기차를 이용할 경우 다시 버스를 타거나 택시를 타고 성으로 이동해야 하기 때문이다.

1

Château de Chenonceau
샤또 드 슈농소

슈농소 성

Web www.chenonceau.com
주소 Château de Chenonceau, 37150 Chenonceaux
전화번호 02 47 23 90 07
운영 시간 겨울(12~2월) : 9H~17H, 여름(7~8월) : 9H~20H, 봄/가을 : 9H~18H *달/날마다 조금씩 다르니 자세한 운영 시간은 홈페이지에서 확인한다.
휴일 없음
입장료 일반 11€, 학생 8.5€ *만18세 미만 무료
가는 방법 몽파르나스(Paris-Montparnasse)역에서 Tour투르행 TGV를 타고 Saint-Pierre-des-Corps씽 삐에르 데 꼬흐역 하차 후 TER로 갈아타고 Tours-Chenonceaux투흐 슈농소역에 하차

초기 이탈리아 르네상스 양식과 고딕 양식의 첨탑의 절묘한 조화가 더욱 여성스럽고 섬세한 외관을 자랑하는 이곳은 잔잔한 루아르의 셰르Cher 강 위에 지어진 성이다. 15세기 중세식의 성이 있었던 자리에 16세기 초 지금의 모습으로 개축되었으며 현재도 그 당시 모습 그대로를 보존하고 있다. 1512년 토마 보이에Thomas Bohier에게 일임되어 개축 공사가 진행되었을 때, 그의 부인인 카트린 브리소네Catherine Briçonnet가 건축을 감독하였고, 성주가 계속 여성이었던 탓에 '여성의 성'이라는 별명으로 불리기도 했다.

1546년에 이 성을 소유했던 디안 드 푸아티에Diane de Poitiers
는 앙리 2세의 사랑과 귀여움을 독차지했던 애첩이었다. 그
녀는 왕보다 19살이나 많았지만 아름다운 외모와 지성으로
왕의 마음을 사로잡았는데, 왕은 왕족의 사냥터와 축제 때
사용되던 이 궁전을 그녀에게 선물하였다. 디안느 드 푸아
티에 때문에 늘 뒤로 물러나야 했던 본처인 카트린 드 메디
치Catherine de Médicis는 1559년 왕이 사망하자 디안 드 푸아티
에를 성에서 쫓아내고 이 성을 차지했다고 한다.
이곳은 1차 세계대전에는 병원으로 사용되기도 하였으며,
성 내부에는 프랑스 역사의 일부를 경험할 수 있노록 니안
드 푸에티에의 침실, 프랑수아 1세의 침실, 미사를 진행하던
성당, 경호병들이 대기하고 있는 근위병실, 부엌, 루이 14세
살롱 등 16, 17세기 성에서의 생활을 볼 수 있는 가구와 소
품, 그림 등을 전시해 두고 있다.

TIP **아름다운 강 루아르 Loire**

루아르 강은 길이가 1,020km 가량 되는 프랑스
에서 가장 긴 강으로, 그 모습이 유럽에서도 보기
드문 자연 하천의 모습이라서 유네스코 문화유산으로 지정
되어 있다. 이 강을 따라 위치한 투르Tours, 앙제Angers, 앙브
와즈Amboise, 블루아Blois 등의 도시에는 귀족들이 재력과 권
력의 과시용으로 아름다운 고성들을 경쟁적으로 지은 것으
로 알려져 있다.

②

Château de Chambord
샤또 드 샹보흐

샹보르 성

Web www.chambord.org

주소 Château de Chambord, 41250 Chambord

전화번호 02 54 81 67 56

운영 시간 10~3월 : 10H~17H, 4~9월 : 9H~18H

휴일 1/1, 12/25

입장료 9.5€ *만18세 미만 무료

가는 방법 파리 오스텔리츠(Austerlitz)역에서 Blois블루아
행 TGV를 타고 Blois블루아역에서 하차 후 샹보르성 셔틀
버스 탑승(셔틀 서비스 운행은 5~9월)

울창한 숲으로 둘러싸인 이 성 주변에는 큰 건물이나 나무들이 없어 성이 더욱 독보적으로 보인다. 프랑스에 이탈리아에서 시작된 르네상스 문화를 가져온 것으로 알려져 있는 프랑수아 1세 왕의 명에 의해 만들어진 성으로, 취미로 수집한 아름다운 작품들을 전시하고 프랑수아 1세 자신의 예술적인 감각과 부를 과시하기 위해 지은 성으로 알려져 있다.

프랑수아 1세의 눈을 번쩍 뜨이게 한 이탈리아의 찬란한 르네상스 문화를 프랑스에도 도입시키기 위하여 레오나르도 다빈치를 이탈리아에서 모셔온 것으로 알려져 있으며, 프랑수아 1세는 주로 앙부아즈성과 블루아성에 거주하면서, 사냥을 즐길 때 이 곳을 방문했다고 전해진다.

정면의 길이만 117m에 달하며, 내부에는 금색으로 장식된 침대가 있는 프랑수아 1세의 방을 비롯하여 440개 방이 있는, 좌우대칭을 중시한 초기 르네상스 양식으로 지어졌으며 토스카나 출신 도메니코 다 코르토나Domenico da Cortona에 의해 디자인 되었으나, 긴 건축 기간 동안 상당 부분 수정되었다고 한다. 건축 기간이 길어진 데는 여러 가지 이유가 있었는데, 1519년부터 시작된 이 웅장한 성의 건축은 이탈리아와의 전쟁 시인 1521년부터 1526년 동안 중단되기도 하고, 토지 상의 문제로 기초 공사가 지연되는가 하면 주문했던 조각들이 제 날짜에 도착하지 않아 또 한 번 지연되었다고 한다. 또, 성의 규모가 너무 커서 난방비 등의 유지 비용이 엄청난 데다가, 주변에 가까운 마을이 없어서 모든 식재료는 사람들이 성에 올 때 가져오거나 사냥을 통해 공급이 이뤄졌다. 평균 2,000여 명의 인구가 이 성을 짓고 유지하기 위해 필요했다고 하니, 대단한 규모였다는 생각이 든다.

결국 이 성은 완공되지 못하고, 프랑수아 1세 사망 후 버려진 성으로 거의 80년이나 방치되다가 1639년 루이 13세 때에 와서야 복원과 완공을 위한 건축이 시작되어 성의 기능을 수행할 수 있게 하면서 1,200마리의 말과 마굿간을 추가하여 손님들과 사냥을 즐길 수 있는 장소로 발전시켰다. 결국 1658년에 완공된 이 성의 내부 인테리어 곳곳에는 2중 나선형 계단 같은 레오나르도 다빈치의 설계상의 특징을 찾을 수 있어서 그가 초기 디자인에 참여했었던 것으로 추정한다.

루아르 지방의 고성 중에서 가장 큰 성으로 불리는 이곳에서는 7~8월의 여름철에 성을 배경으로 음악에 맞춰 진행되는 레이저쇼나 음악 콘서트와 같은 특별 공연이 자주 열리니, 기회가 된다면 관람하도록 하자.

1, 2 나선형 계단
3 성을 둘러싼 성곽의 모서리마다 둥근 원형의 탑이 있다.

TIP

버스 투어 이용하기

블루아 기차역 앞에서 6€ 정도(입장료 제외, 티켓을 가지고 있으면 입장료 할인 혜택이 있다)에 블루아성, 슈베르니성, 샹보르성을 운행하는 버스를 운영(티켓 하나로 내렸다 탔다 할 수 있다)하고 있다. 정차 장소와 운행 시간이 자세히 안내되어 있으므로 고가의 관광 투어를 이용하지 않고 개인적으로 성을 돌아보고 싶다면 이 버스를 이용해 보기를 추천한다.

Web www.tlcinfo.net/index.php?chateaux-de-la-loire

06

Mont Saint michel

몽 썽 미쉘

몽생미쉘

Web www.ot-montsaintmichel.com, www.mont-saint-michel.monuments-nationaux.fr

주소 Mont Saint-Michel Abbey 50170 Le Mont-Saint-Michel

전화번호 02 33 89 80 00

운영 시간

5/2~8/31 : 9H~19H *마지막 입장 18H까지 가능,
9/1~4/30 : 9H~ 18H *마지막 입장 17H까지 가능

휴일 1/1, 5/1, 12/25

수도원 입장료 일반 9€, 학생 5.5€

가는 방법 파리 몽파르나스(Montparnasse)역에서 TGV를 타고 Rennes렌느역에서 내린다. (약 2시간 소요) 그리고 역에서 나와 오른쪽 버스 정류장에서 몽생미쉘로 가는 버스로 갈아탄다. (약 1시간 30분 소요)

*유레일 패스 소지 시 TGV 예약을 해야 한다. 7시5분 행 추천

*차편이 많지 않으므로 버스 운전 기사에게 언제 돌아오는지 듣고 그 시간까지 버스를 탔던 자리로 온다.

*워낙 유명한 관광지이기 때문에 파리에서 어렵지 않게 다녀올 수 있다. 하지만 왕복 차량에서 보내는 시간이 많으므로, 당일치기보다는 1박 2일 일정(노르망디 지역)으로 여행할 것을 추천한다.

먼 옛날 오베르라는 주교가 꿈에서 미카엘 대천사를 만나게 된다. 천사는 말한다.

"이 바위섬 꼭대기에 수도원을 건립하도록 하여라."

"네? 이 높은 꼭대기에 말씀입니까?"

잠에서 깬 주교는 안도의 한숨을 쉬며 말한다

"에휴~, 꿈이었군. 그런데 너무 생생하단 말이지."

그 다음날 주교는 또 다시 미카엘 대천사를 만나게 된다. 같은 꿈을 꾸었지만, 주교는 무시하고 만다.

"네 이놈! 네가 아직도 수도원 건설을 시작하지 않았단 말

이냐! 네가 정녕 못 미더워 하는 눈치이니, 내가 잘 보이도록 이마에 표시를 남겨 주겠다."

천사와의 세 번째 만남이었다.

"같은 꿈을 세 번이나 꾸다니, 정말 이상한 걸."

주교는 혼잣말을 하며, 거울을 보고는 화들짝 놀란다.

바로 그의 이마에 천사가 엄지

미카엘 대천사가 이마에 상처를 내는 모습

"

손가락으로 꾹 누른 자국이 그대로 상처로 남아 있었던 것이다.

이것을 본 오베르 주교(St. Aubert : 아르방슈Avranches 지방의 주교)는 신의 계시를 받았다고 생각하고 이 신비로운 수도원 건립을 시작하게 된다. 때는 709년 10월 16일로 기록되어 있다.

어떻게 이 단단한 화강암으로 이루어진 바위섬에 수도원을 지었을까?
바다 위에 홀로 불꽃 같은 모양으로 솟아오른 바위산은 안개가 자욱한 날이면, 신기루를 보는 것이 아닌지 생각될 만큼 멋진 경관을 자랑한다. 유령의 성처럼 우두커니 서 있는 실루엣이 더욱 묘한 신비감을 준다.
프랑스 북서쪽 노르망디 해변에 떠있는 이 작은 섬의 크기는 0.97km²에 불과하다. 수도사들의 은신처로 사용되던 이 바위산에 성당을 지으라는 천사의 명을 받은 후 건축이 정식으로 시작된 것은 사실, 명령을 받은 2세기 후인 966년이라고 한다. 노르망디 공작이 베데틱트 수도사 12명에게 이 바위 위에 성당을 지을 것을 부탁한 것을 계기로 건설되었다. 처음 완성된 수도원은 로마네스크 형식이었는데, 차츰 서쪽과 남쪽으로 확장하였고 1211년에는 고딕 양식의 3층 건물을 지어 1층은 순례자의 숙박시설과 창고, 2층은 기사의 방과 귀족들이 머물던 방, 3층은 수사들의 식당과 회랑 등으로 사용되었다. 백년전쟁이 있었던 14세기에는 성곽을 쌓아 수도원을 요새화함으로써 30년 넘게 침입을 막을 수 있었다고 한다. 15세기에는 로마네스크 형식의 수도원은 무너지고 1412년 지금의 불타오르는 느낌의 성당이 완공되었으며, 16세기부터는 차츰 쇠퇴하다가 18세기 혁명기에는 감옥으로 사용되기도 하였다.
중세인들에게 이곳은 순례지이기도 해서 몽생미쉘의 해안 길은 1,000여 년 동안 순례객들이 걸었던 길이었다.

1979년 유네스코 세계문화유산으로 지정된 후 이 작은 섬에 1년에 대략 350만 명이 방문한다니 정말 대단하다. 중세 시대에 경비실

몽생미쉘 입구

로 사용하던 건물을 현재 여행 안내소 Office de Tourisme로 사용하고 있으니, 이곳에서 미리 화장실도 다녀오고(유료), 필요한 자료가 있다면 받도록 하자. 정교하게 지어져 있는 수도원 곳곳을 관찰하다 보면, 중세 수도사들의 건축 기술에 감탄하게 된다.
이 지역에서 저렴하게 머물고 싶다면 가까운 육지에 있는 호텔을 추천한다. 40~80€대에 하룻밤을 머물 수 있으며, 약간의 흥정도 가능하다. 몽생미쉘 수도원 안의 호텔은 특별한 만큼 가격이 아주 비싸다는 것을 알아 두자.

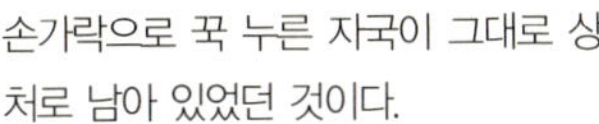

노르망디 지역의 먹거리들

몽생미쉘이 위치한 곳은 노르망디 지역이다. 이 지역의 먹거리들을 소개한다.

01 마담 플라르의 오믈렛요리 La Mère Poulard

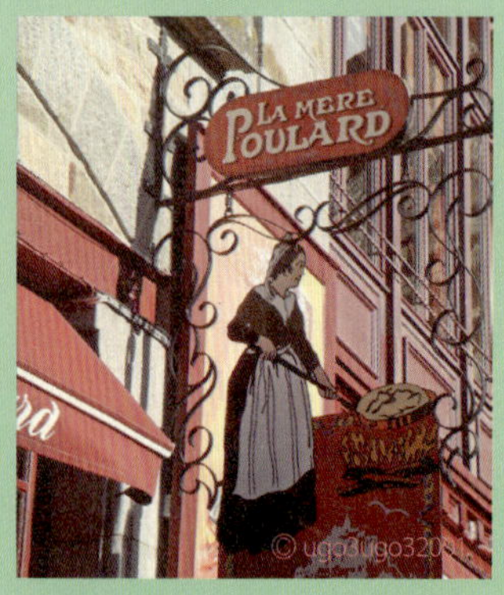

몽생미쉘은 유럽에서 조수간만의 차가 가장 큰(약 15m) 곳이다. 이 지역에 방문한 순례자들과 수도사들이 썰물일 때에 수도원을 방문해서 밀물이 들어오기 전에 육지로 나가야 하므로, 늘 시간에 쫓기었다고 한다. 어렵게 수도원을 방문한 방문객들이 제대로 식사를 하지 못하고 나가는 것을 안타깝게 여겼던 마담 플라르는 달걀의 거품을 많이 내어 장작불에 구워낸 오믈렛을 만들어서 많은 사람들이 빠르고 배부르게 먹을 수 있도록 하였다는 것에 유래해 아직도 그 시대의 방식대로 만들어진 오믈렛을 판매하고 있다. 역사적으로 의미 있지만, 맛은 그리 특별하지 않으니, 너무 기대는 하지 말자. 이 요리는 그림과 같은 간판의 집(몽생미쉘 입구에서 도보 2분 거리)이 유명하지만, 몽생미쉘 안에 오믈렛을 파는 집이 무척 많다.

02 프레살레 pré-salé

한가로이 풀을 뜯고 있는 양들

해변에 있는 목장에서 키운 양들을 일컫는 말로, 이 지역 양들이 짠 바닷물이 베어있는 풀을 뜯고 자랐으므로, '이미 소금 간이 되어 있다.'라는 뜻의 프레살레라고 부른다. 이 지역을 방문했다면 반드시 맛보기를 추천하는 음식이다.

03 카망베르 치즈 Camembert Fromage

우리에게 잘 알려진 프랑스 치즈의 대명사인 카망베르 치즈의 원산지는 노르망디 치즈이다. 흰곰팡이로 만들어진 이 치즈는 샌드위치나 전식 요리에서 많이 이용되고 있으며, 크리미하고 부드러운 버섯 향이 매력적인 치즈이다. 맛이 강하지 않아서 많은 사람들에게 인기가 있다.

04 시드르 Cidre

포도 대신 사과를 주 원료로 배와 블랜딩한 후 발효해서 양조한 술로, 거친 토양과 바람이 부는 노르망디 지역에서 많이 생산한다. 약간의 탄산이 가미되어 있으며, 풍부한 과일향이 매력적인 술이다. 식사용 크레페를 먹을 때 추천하는 알콜이 가미되어 있는 음료이기도 하다. 노르망디 사람들은 물 대신 시드르를 즐겨 마신다고 한다.

*시드르의 종류

cidre doux : 3도. 단막이 강해서 전식주와 후식주로 좋다

cidre brut : 4-5도. 드라이한 맛이 강해 메인 음식과 잘 어울린다.

cidre bouche : 샴페인처럼 일종의 거품이 일어나는 술이다.

07

Château de Versailles
샤또 드 베사이으

베르사유 궁전

Web www.chateauversailles.fr [불어] /
en.chateauversailles.fr [영어]

주소 Chateau de Versailles, 78000 Versailles

전화번호 01 30 84 74 00

운영 시간 9H~17H30 (단, 4~9월 : 9H~18H30) * 폐
관 30분 전까지 입장 가능

휴일 월요일, 국경일, 1/1, 4/5, 5/1, 5/24, 11/1, 12/25 (휴
일에도 정원은 문을 열기 때문에 입장 가능)

입장료

궁전 : 15€ (궁전 입장 시 한국어 오디오 가이드 대여
무료, 15H 이후 입장 시 13€)

정원 : 무료 (단, 분수쇼가 있는 날 저녁에는 무료 입장
불가),

트리아농+마리 앙투아네트 농가 : 10€ (16H 이후 6€)

궁전+트리아농+마리 앙투아네트 농가+기획전시 : 18€

궁전+트리아농+마리 앙투아네트 농가+기획전시+분수
쇼 : 25€

*뮤지엄 패스 무료 입장, 매월 첫 일요일은 무료 입장

가는 방법

1. RER C 5 Versailles Rive Gauche^{베사이으 히브 고쉬}행 종
점에서 내린 후 도보 7분

2. M9 종점인 Pont de Sèvres^{뽕 드 쉐브흐}역(3존 끝) 1번
출구로 나온 후 171번 버스 탑승(25분 정도 소요)

*4~10월 매주 일요일 정원에서 <분수와 음악의 축제>
가 열리고 여름철에는 불꽃놀이와 조명쇼도 간간히 펼
쳐진다. 홈페이지를 참고한다.

파리 남서쪽으로 20km 가량 떨어진 곳에 위치한 베르사유
지역은 나무가 울창한 숲과 늪지대, 덤블 등이 무성하여 노
루, 사슴 등의 사냥감이 많았기 때문에 과거부터 프랑스 왕
들의 사냥터로 자주 이용되던 곳이었다고 한다. 1623년 4월
루이 13세는 사냥을 위해 베르사유 영지 전체를 매입한 후,
벽돌과 석재를 주재료로 하여 휴식처로 이용하기 위한 작은
별장을 지었는데, 후에 이 자리에 궁전이 들어서면서 화려
한 베르사유 궁전의 역사가 시작되었다.

이곳에 궁전을 건설한 사람은 바로 '짐은 곧 국가이다'라고
했던 태양왕 루이 14세였다. 그는 절대군주제의 확립을 위
해 그의 권력을 상징하는 화려한 궁전을 구상하게 된다. 이
탈리아 바로크 양식의 웅장한 느낌으로 지어진 궁전과 광
활하다는 표현이 잘 어울릴 정도로 넓은 정원에는 조경수들
이 깎아 놓은 듯 잘 정비되어 있고, 그 조경수 사이 사이에
는 1,000여 개가 넘는 조각품들이 세워졌다. 200여 개의 분
수가 물을 뿜고 가장 멋진 분수를 볼 수 있는 대운하에서
는 화려한 선상 파티가 이뤄지기도 했다. 넓은 정원에는 사
냥감들이 노닐고 있어서 사냥터로도 활용이 가능했으며, 왕
의 편의를 위해 존재하는 수많은 사람들과 왕을 알현하기
위해 방문한 파리의 귀족들, 해외 사신 등을 수용하고 대접
할 목적으로 궁전 주변에는 크고 작은 부속건물을 지었다.
이곳에서 왕은 귀족들에게 연회, 무도, 산책, 사냥 등의 여흥
과 풍요로운 생활을 제공함으로써 그들을 자신의 충실한 하
인으로 길들여간 것이다. 1662년 착공한 이후 총 50여 년이
라는 긴 시간과 3만 명 이상의 노동력, 일반적인 성을 500
개나 지을 수 있는 엄청난 비용이 사용되었으며, 그 결과 베
르사유 궁전은 명실상부 유럽 최고의 궁전으로 불리게 되었
다. 파리를 유럽의 중심으로 만들고, 루이 14세 본인을 절대
군주의 위치에 올려놓는 상징적인 역할을 해줄 것이라는 기

대로 구상되었던 베르사유 궁전의 설계는 건축가 쥘 아르두엥 망사르Jules Hardouin-Mansart와 루이 르 보Louis Le Vau, 광활한 정원 설계는 앙드레 르 노트르André Le Notre, 실내 장식은 샤를 르 브룅Charles Le Brun에게 맡겨졌다.

좌우대칭의 절도 있고 장엄한 구도로 절대 군주의 영광이 느껴지도록 지어진 베르사유 궁전이 지금의 모습과 같은 이탈리아 바로크 스타일로 건축된 연유에는 특별한 계기가 되는 성이 하나 있었다고 전해진다. 파리 남쪽에 위치한, 보 르 비콩트성Château de Vaux le Vicomte인데, 이곳은 루이 14세 때의 재상인 니콜라 푸케Nicolas Fouquet가 지은 성이었다고 한다. 니콜라 푸케는 프랑스 재상으로 예술과 문화를 좋아하고 그 분야를 지원하던 사람이었다고 한다. 그러니 그의 안목 또한 탁월했으리라. 재상은 멋지게 지은 보 르 비콩트성에서 왕을 위한 연회를 베풀기로 결정한다. 화려하게 꾸민 성의 외부와 럭셔리한 내부, 고급 식기 위에 차려지는 맛있는 음식을 본 젊은 왕 루이 14세는 오히려 질투가 넘치면서 분노를 느꼈다고 한다. 자신의 성보다 더 화려한 장소에서 살고 있는 재상에 대한 질투로 왕은 그 성보다 더 멋지고 화려한 궁전을 짓기로 결심한다. 그리고 그는 어떻게 일개 재상이 이러한 집을 지었냐며, 나랏돈 횡령이라는 죄목으로 재상의 성과 집안 가구 등을 몰수하고, 그를 감옥으로 보냈으며 베르사유 궁전의 건축에는 보 르 비콩트성의 건축을 맡았던 설계자들(루이 르 보, 앙드레 르 노트르, 샤를 르 브룅)이 모두 투입되었다.

성은 1710년에 완공되지만, 완공되기 전인 1682년 5월 6일부터 왕실의 공식적인 거처가 이곳으로 지정되면서, 루이 14세는 베르사유 지역을 세계 최초의 행정 수도로 만들게 된다. 1682년부터 1789년 프랑스 대혁명 때까지 107년간 궁전으로 사용되었으며, 프랑스 왕조의 권력의 중심지가 되었다.

하지만 루이 16세에 이르러 화려했던 베르사유에서의 프랑스 왕조의 삶은 왕실 재정이 바닥나면서 위기에 처했고, 결국 루이 16세와 마리 앙투아네트 왕비가 단두대에서 처형되면서 베르사유 시대는 막을 내린다. 현재 베르사유 궁전은 박물관으로 이용되고 있으며, 국가의 주요 행사가 이뤄지는 곳이기도 하다. 화려했던 그 시절을 연상할 수 있도록 완벽하게 보존되어 있는 궁전과 정원에는 세계에서 방문하는 이들의 발걸음이 끊이지 않는다.

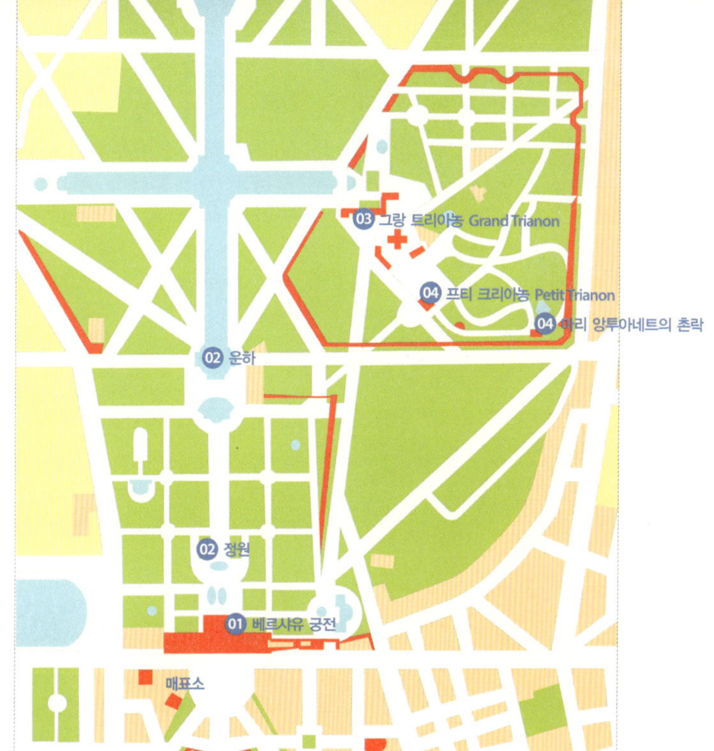

❶ 베르사유 궁전

매표소가 있는 건물에서 티켓을 구입한 후, 입구가 있는 건물로 입장을 하면, 가방 검색대를 통과하게 된다. 돌 바닥이 있는 중정을 지나, 건물 내부로 들어갈 수 있으며, 1층에서 무료로 오디오 가이드를 대여할 수 있다.

오디오 가이드 기기 배부처 바로 앞에 위치한 높은 천장에 하얀 석재로 마감이 된 채광이 좋은 화려한 공간은 왕실 예배당Royal Chapel으로, 루이 16세와 마리 앙투아네트가 결혼식을 거행했던 곳이기도 하다. 프랑스식 아치형 성당으로 만들어진 이 예배당의 2층에서는 왕족이, 1층에서는 다른 궁중인들이 예배를 보았다.

건물의 2층으로 올라가면, 〈헤라클레스의 방〉에 거대한 크기의 파올로 베로네세의 〈바리새인 시몬의 집에서의 식사〉라는 작품이 눈길을 끈다. 이 작품은 1664년 베네치아가 루이 14세에게 선물한 것으로 알려져 있다. 헤라클레스의 방을 시점으로 〈비너스의 방〉, 〈다이아나의 방〉, 〈마르스의 방〉, 〈머큐리의 방〉, 〈아폴론의 방〉 등 그리스 로마 신화에 등장하는 신들의 이름이자, 행성들의 이름을 붙인 방들이 차례로 위치하고 있다. 이는 태양의 신 아폴론을 강조하기 위한 것으로 바로 태양왕 루이 14세를 찬양하고 그의 업적을 기리기 위함이었다. 〈비너스 방〉을 지날 때에는 실제 대리석과 그림이 섞여 있어 눈속임 기법으로 장식한 특이한 벽 장식을 주목하자. 화가 자크로수의 작품으로 실제 대리석과 실물처럼 그려진 대리석이 혼재하고 있다.

1 왕실 예배당 2 천장과 벽에 대리석처럼 그림이 그려진 모습

1 왕의 침실　**2** 거울의 방　**3** 왕비의 침실

〈머큐리의 방〉은 공식적인 왕의 침실이었으며, 루이 14세와 15세의 장례식이 거행된 곳이었다.

〈아폴론의 방〉은 국왕의 공식적인 침실이었으나, 〈머큐리의 방〉으로 침대를 옮기고 왕좌를 중간에 두어, 내실에 만찬이 있을 때 이 방에 무도회를 열었다. 젊은 시절 춤추기를 좋아했던 왕이 구경을 했다고 한다. 이 방의 벽지는 베르사유 궁전 전체에서 가장 화려하기로 손꼽히며, 오른쪽에는 루이 14세, 왼쪽에는 루이 16세의 초상화가 걸려 있다.

73m 길이의 복도 왼쪽으로 아치형의 대형 거울이 오른쪽에 있는 유리창과 대칭을 이루며 천장에는 루이 14세의 생애를 예찬하여 그린 천장화가 있다. 천정화 아래로 늘어뜨려진 반짝이는 샹들리에가 화려함을 더하고, 벽의 황금촛대와 화병들은 고급스러움을 더한다. 바로 화려함의 극치로 손꼽히는 〈거울의 방〉이다. 이 방은 베르사유를 방문한 귀빈이 국왕을 만나러 들어가는 통로 구실을 하였으며, 루이 15세의 아들인 왕세자의 결혼식, 무도회장, 대규모 만찬 장소로도 사용되었다고 한다. 1919년 6월 28일, 1차 세계대전 이후 국제관계를 확정 지었던 베르사유 조약도 이곳에서 체결되었다.

〈왕비의 침실〉은 실내 장식이 아름답기로 유명한데, 이곳에서는 왕비의 출산이 이뤄졌으며, 당시 출산 장면은 일반인들에게도 공개되었다고 한다. 공식적으로 19명의 왕세자와 공주들이 이 방에서 출생했다.

〈대관식의 방〉에는 자크 루이 다비드 Jacque Louis David의 대형 역사화 〈나폴레옹의 대관식〉이 걸려 있는데, 현재 루브르 박물관 소장품인 〈나폴레옹의 대관식The Coronation of Napoleon〉과 같은 사람이 그렸지만, 단 한 군데가 다르다. 이 베르사유 궁전에 걸려 있는 그림에는 한 여인의 모습이 분홍빛 드레스를 입은 것으로 그려졌는데, 그 여인은 다비드가 사랑했던 여인이었다고 한다. 자신만의 언어로 표현한 사랑이 로맨틱하게 느껴진다.

4 나폴레옹의 대관식
5 분홍빛 드레스를 입은 여인

❷ 운하(정원)

궁전에서 시원하게 내려다보이는 정원에는 대운하가 반짝거린다. 모든 힘의 중심이 이 궁전에서 뻗어 나오는 것처럼 설계된 정원은 조경 설계사 르 노트르에 의해 1668년 완성되었다. 우거진 녹음과 인공적으로 만든 운하의 배들은 운치를 더하며, 봄부터 가을까지 형형색색의 꽃을 볼 수 있는 화단이 아름답다. 대운하에서 바라보는 궁전의 모습도 아름다우니 놓치지 말자. 궁전에서 대운하까지는 도보로 25분 가량 된다.

❸ 그랑 트리아농 Grand Trianon

가는 방법 꼬마 기차를 타고 갈 수 있다. 베르사유 궁전에서 도보로 갈 경우 70분 정도 소요된다.

우아하고 아름다운 궁전에 화장실 같이 더러운 곳을 둘 수 없다는 생각 때문에 베르사유 궁전에는 화장실이 없었다. 이는 프랑스의 다른 성들도 마찬가지였다고 하는데, 그럼 그들은 어떻게 볼일을 해결했을까? 그들은 나무 아래나 잔디밭에 숨어 해결하거나, 휴대용 변기를 지참해서 하인들로 하여금 치우게 했다고 한다. 목욕 시설도 제대로 없었던 탓에 그들에게는 악취가 나기 일쑤였다고 하며 그 악취를 가리기 위해 조향 산업이 급격히 발전하였다. 지금도 베르사유 궁전에는 화장실이 관광객 수에 비해 현저히 부족하다. 긴 줄을 기다리고 싶지 않다면, 메트로에서 나올 때 횡단보도 앞에 위치한 패스트푸드점(맥도널드) 화장실을 미리 이용하도록 하자.

베르사유 정원 북서부에 위치한 그랑 트리아농은 왕족의 휴양지로 장밋빛 대리석을 사용해 1687년 지은 별궁이다. 루이 14세가 휴식을 즐기던 장소로 일러진 이곳에서는 현재 부이 15세가 만든 프랑스 식물원을 볼 수 있다. 루이 15세가 그의 애첩 맹트농 부인과 밀회를 즐겼던 곳으로도 알려져 있다. 이곳은 다른 장소들에 비해 관광객이 적다. 하지만 프랑스 장식 문화와 역사에 관심이 깊은 사람이라면 들러보면 좋을 것이다.

가는 방법 꼬마 기차를 타고 갈 수 있다. 베르사유 궁전에서 도보로 갈 경우 55분 정도 소요된다.

프티 트라이아농에서 북쪽으로 이어진 오솔길을 가다 보면 커다란 호수와 함께 마을이 조성되어 있는 것을 볼 수 있다. 오스트리아 시골 마을을 그대로 보여주고 있는 이곳은 당시 18세기 왕족이나 귀족들의 유흥을 볼 수 있는 부분인데, 자신의 이름으로 마을을 소유하고 오락삼아 농사나 목축일을 경험하면서, 평민들의 농촌 생활을 즐기는 것이 유행처럼 번졌다고 하며, 이곳은 '마리 앙투아네트의 촌락Domaine de Marie-Antoinette(또는 왕비의 촌락)'이라고 부른다. 마리 앙투아네트가 꾸민 농가, 물레방앗간 등 10여 채의 건물과 함께, 평화롭고 소박한 전원 풍경을 감상할 수 있어서 방문객들에게 인기가 많다.

TIP

광활한 베르사유 돌아보기

전체 면적이 100ha나 되는 베르사유 궁전과 정원 일대를 단 하루 안에 모두 돌아보는 것은 사실상 불가능하다. 따라서 가장 볼거리가 많은 곳들을 미리 정한 후 시간 안배를 하면서 둘러보는 것이 효율적이다. 원하는 곳을 둘러본 후 시간이 남으면 그 주변의 구석구석을 돌아보는 것이 좋다.

하이라이트 코스는 〈베르사유 궁전–그랑 트리아농–프티 트리아농–대운하〉가 되겠다. 걸어가기에는 꽤 멀기 때문에, 궁전에서 대운하를 바라보았을 때 오른편에 있는 꼬마 기차(Petit Train, 왕복 8€)를 이용하거나 자전거를 빌려서 가는 것이 좋으며, 자전거 이용 시(1시간 기준 7€ 정도) 여권 등의 신분증을 맡겨야 한다. 꼬마 기차 이용 시 다른 정류장에서 내려서 구경한 후 같은 정류장에서 다시 탑승이 가능해서 다음 목적지로 이동할 수 있지만, 대운하에서 내린 경우 다시 탈 수 없으며, 첫 출발지를 대운하로 시작할 수도 없으니, 이 점을 참고하도록 하자. 4인까지 탑승이 가능한 전기 자동차도 정원 입구에서 빌릴 수 있다(1시간 22€ 정도).

08

부르고뉴 지방

프랑스하면 떠오르는 단어! 예술, 낭만, 몽마르뜨, 에펠탑, 달팽이, 그리고 와인! 하지만 정작 프랑스에 와서 와인을 즐기는 경험을 하는 것은 쉽지 않다.

보르도와 양대산맥으로 불리는 와인의 산지 부르고뉴Bourgogne는 세계에서 가장 비싼 와인인 로마네 콩티Romanée-Conti가 나오는 지역이다.

1

Dijon
디종

디종

Web www.dijon-tourism.com

가는 방법 파리 리옹역(Gare de Lyon) 출발-Dijon디종역 하차
*Dijon역을 가는 기차는 무척 많다. 이 역을 거쳐가거나 종착지로 하는 어떤 기차를 이용해도 무방하다.

부르고뉴의 수도 디종은 파리에서 1시간 35분, TGV를 이용해서 방문할 수 있다. 한국에는 잘 알려지지 않았지만, 유럽인들에게는 휴가지로 무척 유명한 곳이며, 역사적으로 풍부한 예술 문화 유산을 갖고 있는 도시이다. 부르고뉴 와인 산지는 샤블리Chablis, 꼬뜨 드 뉘Côte de Nuits, 꼬뜨 드 본Côte de Beaune, 꼬뜨 샬로네즈Côte chalonnaise, 마꼬네스Mâconnais 이렇게 다섯 지역으로 나뉜다. 이 중 디종에서 가장 가까운 와인 산지는 꼬뜨 드 뉘Côte de Nuits, 꼬뜨 드 본Côte de Beaune 지역을 합쳐서 부르는 꼬뜨 도르Côte d'or(황금의 언덕이라는 뜻) 지역으로, 부르고뉴 와인 산지 중 고급 와인이 생산되기로 가장 유명한 곳이다.

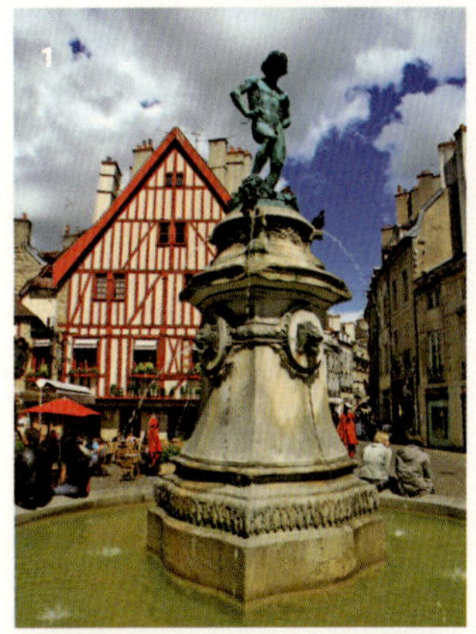

디종은 현재 스위스로 가는 기차가 경유하는 지역이자 식도락, 와인의 도시로 알려져 있다. 또한 파리 에펠탑을 만든 구스타브 에펠의 출생 도시이자, 부르고뉴 와인 애호가들의 마음을 설레게 하는 와인 산지이다. 파리를 가르는 센 강의 발상지도 이곳이며, 노랗고 매콤한 겨자소스로 유명한 곳이다. 지금도 중세의 풍경이 남아 있어 고즈넉한 분위기를 자아내는 이곳은 한 때 프랑스보다도 더 넓은 영토를 가진 지역이기도 하였다.

이 지역의 상징 동물인 올빼미를 그려서 만든 이정표가 바닥에 박혀 있다. 이 올빼미를 따라가면, 디종의 주요 관광 코스를 돌아볼 수 있다. 디종 패스는 48시간/72시간짜리 2종류가 있다.

Château de Marsannay

막사네 성(와이너리) : 샤또 드 막사네

Web www.chateau-marsannay.com
주소 Chateau de Marsannay, Route des Grands Crus 21160 Marsanay-la-Cote
전화번호 03 80 51 71 11
운영 시간 4~10월 : 10H~18H30, 11~3월 : 10H~12H/14H~18H
휴일 일요일
입장료 10€ (시음 포함)
가는 방법 버스 14번 Marsannay^{막사네}행 종점 하차 (버스 탑승 시 종점이 Marsannay인지 확인하자)
*디종역에 도착해서 역 근처(도보 1분 거리)에 위치한 Office de tourisme을 찾아가 물어보면 가장 편리하게 찾아가는 방법을 알 수 있다.

디종 시내에서 시내 버스로 한번에 이동이 가능하기 때문에 비교적 교통이 편리하다. 깔끔한 느낌의 와이너리이다. 10€의 테이스팅 비용이 있지만, 미리 예약을 하지 않고도 방문이 가능하며, 저장 창고를 볼 때 와이너리 직원에게 와인의 생산 과정과 평소 궁금했던 점들을 질문하고 대답을 들을 수 있다. 영어가 유창한 직원들이 친절하게 맞이해 준다는 것도 이 와이너리의 장점 중 하나이다. 게다가 8가지 정도의 와인을 시음해 볼 수 있기 때문에 여러모로 합리적이라는 생각이 든다. 부르고뉴 와인을 잠깐이라도 느끼고 싶어서 디종에 들렀지만, 일정이 급해 이 주변 지역까지 천천히 돌아볼 여유가 부족한 여행자들에게 추천하고 싶은 곳이다. 시음 투어와 점심 식사도 가능하니 참고하도록 하자.

②

Beaune
본

본

마을의 중심지는 중세의 모습을 그대로 담은 듯 고풍스러운 느낌이다. 파리에서 갈 때는 반드시 디종 지역을 거쳐야 하며, 디종에서 TER 기차로 갈아타고, 20분 정도 가면 도착할 수 있다. 본 기차역에서 마을의 중심지까지는 도보로 15분 정도 걸린다.

이 지역은 매년 11월 세 번째 주, 축제 분위기가 되며 활기를 띄게 되는데, 그 때가 바로 와인의 경매가 열리는 기간이며, 이때의 경매 낙찰가가 와인의 가격에 큰 영향을 주기 때문에 와인 사업 관련 종사자 및 와인 애호가들의 관심이 주목되는 기간이다.

오스피스 드 본 외부

Hospice de beaune
오스피스 드 본

오스피스 드 본 내부

Web www.hospices-de-beaune.com

주소 2 rue de l'Hôtel Dieu, 21200 Beaune

전화번호 03 80 24 47 00

운영 시간 9H~18H30, 11/19~3/23 : 9H~18H30 *폐관 1시간 전까지 입장 가능

입장료 일반 7€, 학생 5.3€

가는 방법 본Beaune역에서 도보 약 15분

1443년 부르고뉴의 니콜라스 롤랭Nicolas Rolin 재상은 가난한 이들이 치료를 받고 쉴 수 있는 공간인 〈Hospice〉를 만들게 된다. 이곳은 건축적으로도 특이한 타일 형식의 지붕을 갖고 있어서, 이 지역의 독특한 예술적 감각을 보여준다. 현재 이곳은 박물관으로 사용되며, 15세기의 모습을 인형으로 재현해 두어 당시 모습을 엿볼 수 있도록 하였다.

Musée du Vin de Bourgogne
부르고뉴 와인 박물관 :
뮤제 뒤 방 드 부흐고뉴

Web www.musees-bourgogne.org
주소 rue d'Enfer, 21200 Beaune
전화번호 03 80 22 08 19
운영 시간 9H30~17H
휴일 12~4월의 월/화요일, 12/25, 1/1
입장료 일반 4.5€, 학생 2.5€
가는 방법 본Beaune역에서 도보 약 15분

와인의 수도로 불리는 본Beaune에 있는 와인 박물관은 '와인 대사관'이라는 별명이 붙여진 곳으로, 와인의 역사에 대해 작지만 알차게 보고 느낄 수 있는 곳이다. 16세기에 만들어진 포도 압착기들과 와인을 숙성시켰던 오크통의 모습이 인상적이다. 부르고뉴 포도나무 경작을 위해 필요한 농기구들도 흥미롭게 보인다.

재미있는 전시물이 많지만, 특히 오크통을 만드는 방법을 보여주는 영상자료가 수시로 상연되고 있으니 놓치지 말자. 규모가 그리 크지 않아서 천천히 관람하더라도 1시간 20분 정도면 충분히 관람을 마칠 수 있다. 박물관 주변, 구석구석에 위치한 와인 상점에서는 합리적인 가격대로 좋은 와인을 구입할 수 있다. 시간이 된다면, 판매 점원과 이야기를 나누면서 와인을 추천받아 보자. 젊은 직원들은 대개 영어를 잘 한다.

Patriache
파트리아쉬 양조장 : 파트리아쉬

Web www.patriarche.com
주소 7 rue du college, 21200
Beaune
전화번호 03 80 24 53 78
운영 시간 매일 9H30~11H30,
14H~17H30
휴일 12/25, 1/1
입장료 10€
가는 방법 본Beaune역에서 도보 약 25분

역사적인 장소에서 여러 종류의 와인을 시음하고 구매할 수 있다는 것은 상당히 매력적인 일이다. 수녀원으로 사용되던 이곳은 현재 부르고뉴에서 가장 넓고 큰 지하 저장 창고로, 관람객을 받아 와인을 발견하게 해주는 체험의 장소로 사용되고 있다. 한 줄기 빛도 들어오지 않는 음습한 분위기에 수만 병의 와인이 쌓여 있는 지하 저장 창고에서 13~14여 종의 각기 다른 와인을 자유롭게 시음할 수 있으며, 가장 좋은 점은 직접 시음을 통해 맛을 확인한 와인을 구매할 수 있다는 점인데, 20€ 이하의 와인도 좋은 품질을 자랑하고 있으니 참고하도록 하자.

시음을 할 때에는 코로 향을 맡고 초에 잔을 비춰서 빛깔을 감상한 후 입안에서만 오물거려 맛을 느끼고는 와인을 삼키지 말고 와인 뱉어내는 통(대부분 시음할 와인들이 놓여져 있는 시음대 위 또는 시음대 주변에 준비되어 있다)에 뱉도록 한다. 시음 시 모든 와인을 삼키게 되면 두통이 생기거나 취할 수도 있기 때문이다. 그리고 입안에 남은 잔향을 느껴보자.

맛보자! 부르고뉴 요리

01 뵈프 부르기뇽 Boeuf bourguignon

프랑스 요리에 관심이 있다면 한 번쯤은 들어봤을 '뵈프 부르기뇽'이라는 요리는 부르고뉴 레드 와인에 재운 소고기 찜 같은 요리이다. 간장대신 와인으로 만든 장조림 같은 느낌이면서 장조림보다는 짜지 않은 음식으로 부르고뉴의 대표적인 요리로 알려져 있다.

02 코코뱅 Coq au vin

'와인 속 수탉'이라는 뜻의 요리로, 와인에 푹 삶은 닭 요리이다. 향긋한 와인의 향이 닭고기 속에 속속 베이면서 짭조름한 맛이 일품이다. 식도락의 도시 부르고뉴에서는 요리에도 부르고뉴 와인을 사용한다. 큰 닭의 질긴 육질을 부드럽게 만들기 위해 고안된 요리로 알려져 있으며, 기호에 따라 버섯, 양파, 마늘 등을 넣고 조리한다.

03 에스카르고 Escargot 식용 달팽이

프랑스에서 유명한 전식 요리로, 에스카르고들이 포도잎을 좋아해서 와인 산지의 에스카르고들이 최고의 품질로 여겨진다. 에스카르고를 다 먹은 후에는 버터와 피슬리, 마늘향이 고소하게 느껴지는 소스를 바게트빵에 듬뿍 찍어 먹어 보자. 에스카르고는 한꺼번에 너무 많은 양을 먹게 되면 콜레스테롤이 높아 건강에 좋지 않다고 하니, 적당한 양으로 맛을 보자.

Auvers sur Oise

오베흐 쉬흐 우아즈

오베르 쉬르 우아즈 〈고흐의 마을〉

Web www.auvers-sur-oise.com

가는 방법 파리 북역(Gare du Nord) 또는 생 라자르
(Gare St. Lazare)역에서 출발하는 Pontoise^{퐁투아즈}행 기
차에 탑승하여 Pontoise^{퐁투아즈}역까지 간 후(30~40
분 소요), Persan Beaumon^{페르장 보몽}행 기차를 타고
Auvers sur Oise^{오베르 쉬르 우아즈}역에서 하차(13분 정도
소요).
*퐁투아즈 역에는 오베르 쉬르 우아즈 행 기차가 떠나
는 플랫폼을 안내하는 이정표가 있다.
요금 왕복 11€ 정도 (유레일 패스 사용 시 무료)
*4~10월 주말과 공휴일에만 북역(Gare du Nord)에서
오베르 쉬르 우아즈까지 직행하는 열차를 운행한다. 30
분 정도 소요. 요금은 비슷하지만 갈아타지 않아도 된
다는 편리함이 있다.
*기차에서 내릴 때 역에서 돌아가는 기차 시간을 미리
알아 두면 시간 안배하는 데 도움이 된다.

이름만 들어도 강렬한 색채와 붓 터치가 떠오르는 후기 인
상주의의 대표적인 작가 빈센트 반 고흐^{Vincent Van Gogh}가 그
의 생애 마지막 70일을 보냈던 작은 마을인 오베르 쉬르 우
아즈는 〈고흐의 마을〉이라는 별명으로 잘 알려진 곳이다.
파리의 복잡함에 염증을 느낀 고흐가 파리에 살고 있는 동
생 테오와의 왕래가 쉬우면서도 한적하고 평화로운 분위기
의 시골 지역을 찾다가 선택한 마을인 이곳에서, 고흐는 마
을의 풍경을 담은 70여 개의 작품을 완성하였고, 그의 그림
〈까마귀 나는 밀밭〉이 그려졌던 밀밭 어딘가에서 권총 자살
을 시도한다. 그의 권총 자살은 성공적이지 않았으나, 상처
가 깊어 이틀 동안 고통 속에 헤매다가, 라부 여인숙에서 사
용하던 자신의 작은 침대에서 동생 테오의 품에 안긴 채 과
다 출혈로 결국 숨을 거두고 만다. 그의 나이 37세였다. 밀
밭 평원 옆 공동묘지에서는 고흐가 죽은 후 6개월 후에 사
망한 그의 동생 테오와 나란히 묻혀 있는 고흐의 묘지를 발
견할 수 있다.

이 마을은 파리에서 30km가량 떨어진 곳에 있으며 파리에
서 하루 만에 충분히 다녀올 수 있는 거리이기 때문에, 빈센
트 반 고흐의 숨결을 느끼고자 찾아 온 방문객들이 많이 보
인다. 이 지역 곳곳을 화폭에 담은 고흐의 그림을 따라가며,
파리와는 전혀 다른 여유롭고 아름다운 프랑스의 시골 풍경
을 감상할 수 있다는 것이 아주 큰 매력이다. 고흐 이외에도
세잔. 도비니 등 19세기 화가들이 이 지역에 머물렀다.

L'Auberge Ravoux
<Maison de Van Gogh>

라부 여인숙 〈고흐의 집〉

Web www.maisondevangogh.fr

주소 52 rue du Général de Gaulle, 95430 Auvers-sur-Oise

전화번호 01 30 36 60 60

운영 시간 10H~18H

소요시간 30분

휴일 월요일

입장료 일반 6€, 만 12세 이하 무료

*토/일/공휴일 오전만 단체 입장 가능

가는 방법 오베르 쉬르 우아즈 역에서 도보 10분

고흐가 오베르 쉬르 우아즈 지역에 머물 때 70일 동안 거주한 장소로 당시 라부 여인숙이었던 곳이다. 현재 1층은 레스토랑으로, 2층은 〈고흐의 집〉으로 운영하고 있으며, 그가 사용했던 낡은 침대, 의자, 소품 등이 전시되고 있다. 방 관람이 끝나면 영상실에서 고흐의 일대기를 조명한 영상을 관람할 수 있다. 가난하게 살았던 그의 일생의 단면을 살펴볼 수 있는 곳으로, 이 좁은 공간에서 고통으로 죽어간 고흐의 인생을 떠올리다 보면 애잔한 마음이 든다.

Château-auvers
샤또 오베르

오베르성

Web www.chateau-auvers.fr
주소 rue Léry, 95430 Auvers-sur-Oise
전화번호 01 34 48 48 48
운영 시간 4~9월 :10 H30~18H, 10~3월 : 10H30~ 16H30
휴일 월요일, 12/17~1/20(겨울 시즌)
입장료 일반 : 13.5€, 6~18세 어린이 및 청소년 : 9.4€
가는 방법 오베르 쉬르 우아즈역에서 도보 20분

오베르 성은 고흐의 작품에도 살짝 등장했던 장소이다

단정한 느낌의 오베르성의 정원에서 마을을 내려다보는 풍경도 일품이지만, 성 안에서 제공하는 전시가 특별하다.
입장료를 내고 성 안에 들어가면, 8개의 언어(영어, 스페인어, 독일어, 이탈리아어, 일본어, 러시아어, 네덜란드어, 중국어)를 지원하는 오디오 가이드 기기가 마치 시대를 거슬러 올라가는 것처럼 19세기에 탄생한 인상주의 화가들에게로 우리들을 안내한다. 피사로, 도비니, 세잔, 고흐, 드가, 툴루즈 로트렉, 모네 등 인상주의 화가들이 즐겨 찾았던 카페 등의 장소와 그들의 작품을 소개하고 증기 기관차의 발명을 통해 실내에서만 주로 그림을 그리던 화가들이 교외로 나가 자유롭게 빛을 접하며 그림 그리기가 쉬워졌다는 점에 착안하여 객차처럼 의자를 배치하고 밝고 화사한 분위기와 색채로 빛의 움직임을 찾고 표현하였던 인상주의 화가들의 작품이 탄생하게 된 배경들에 대해 영상으로 소개한다. 화가들이 살았던 시대의 음악, 그들이 좋아했던 샹송이 흘러나오면서 인상주의 화가들을 떠올릴 수 있는 주요 테마들로 구성된 방들의 벽면에는 프로젝트를 통해 주요 작품들과 관련 영상이 보여지고 있다. 이곳에서는 인상주의 화가들의 오리지널 원본 작품은 단 하나도 없다. 하지만 프로젝트를 통해 비춰져 나오는 거장들의 주옥 같은 이미지를 500여 개나 감상할 수 있다. 1시간이 훌쩍 넘는 관람 시간이 필요하지만 흥미로운 요소들이 많아서 지루하지 않다. 특히 인상주의 그림을 좋아하는 사람에게는 더욱 즐거운 관람이 될 것이다.
전형적인 프랑스식 정원 양식으로 꾸며져 있는 공원을 산책하며 주변 풍경을 감상하는 여유도 잠시 누려보자.

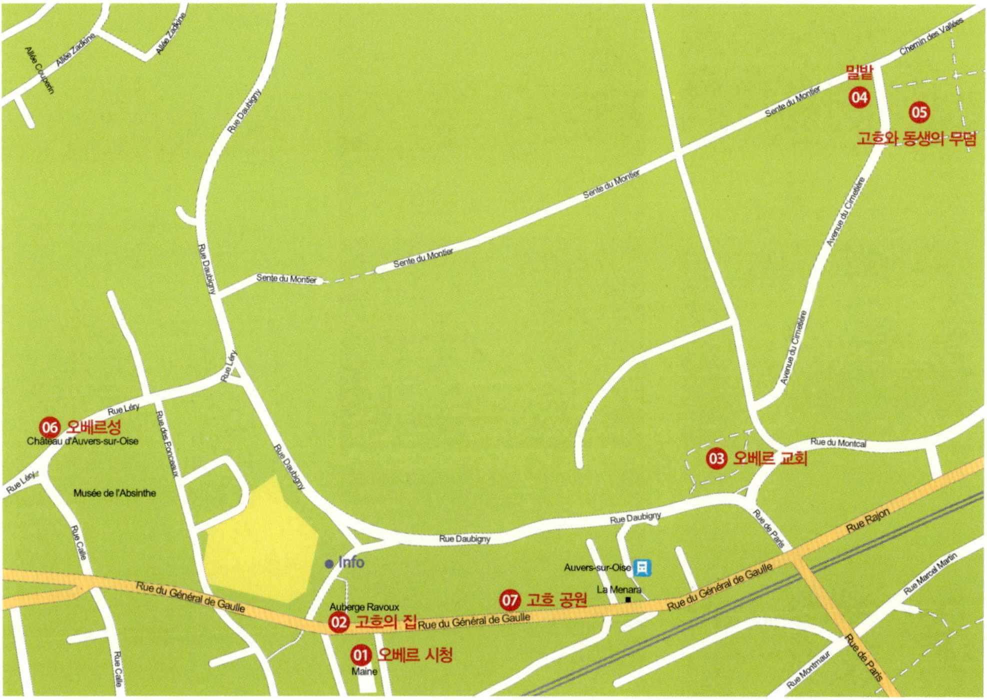

★ 고흐 따라 오베르 쉬르 우아즈 관광하기

이 지역에서 반나절 정도 머물 계획이라면 〈오베르 시청 – 고흐의 집 – 오베르 교회 – 까마귀가 나는 밀밭의 평원 – 고흐의 무덤 – 오베르성 – 고흐의 동상이 있는 공원〉 순으로 둘러보기를 추천한다. 이정표가 잘 되어 있고, 마을의 규모가 작아 어렵지 않게 찾을 수 있다.

1 오베르 시청
2 고흐의 집
3 오베르 교회
4 밀밭
5 고흐와 동생의 무덤
6 오베르성
7 고흐 공원

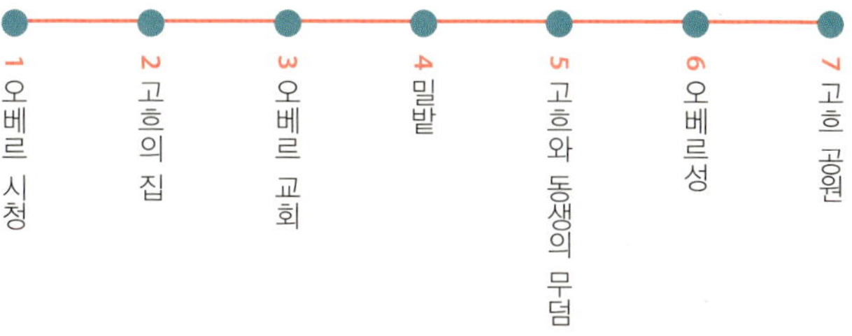

먼저 기차역 바깥으로 나와서 왼쪽 방향으로 가다 보면 슈퍼마켓이 나온다. 이곳에서 간단한 샌드위치나 음료를 구입할 수 있다. 진행 방향으로 계속 가다 보면 오베르 시청(1)과 고흐의 집(2)으로 이어진다. 규모가 작은 마을이고 이정표가 곳곳에 있어서 원하는 장소를 찾는 것이 어렵지 않다.

고흐의 집을 방문하였다면, 이제는 오베르 교회(3)에 가 보자. 이 지역 돌로 만들어진 소박한 모습의 교회에서는 오래된 성당의 향이 난다. 교회의 오른쪽에 있는 언덕길을 따라 오르면, 마음을 시원하게 뚫어주는 느낌의 평원이 나타난다. 작품 〈까마귀 나는 밀밭〉의 배경이 되는 평원이다. 평원 안쪽으로 들어가면, 고흐의 그림과 풍경을 비교해둔 팻말(4)을 발견할 수 있다. 평원의 오른편에 고흐의 유해가 묻혀져 있는 공동 묘지(5)가 보인다. 각별한 형제애로 유명했던 그와 동생 테오가 나란히 묻힌 무덤에는 방문객들이 두고 간 꽃다발들이 보인다.

프랑스의 전형적인 시골 풍광을 감상하고 내려오면서 오베르 성(6)에 들러 인상주의에 관한 잘 만들어진 영상물을 감상해 보자. 그리고 고흐의 동상이 있는 반 고흐 공원(7)에서 휴식을 취하자.

TIP

고흐의 작품 구석구석 보기

만약 시간 여유가 충분하여 마을 구석구석에 있는 고흐의 작품을 다 따라가고자 한다면, 〈고흐의 집〉 건너편에 위치한 인포메이션 센터(운영 시간 9H30~12H30, 14H~18H)에서 한국어 지도를 구하자. 그림과 지역을 비교해 놓은 팻말이 세워져 있어서 감상하기에 더욱 재미있다.

10

Maison de Claud Monet

메종 드 끌로드 모네

지베르니 클로드 모네의 집

Web www.fondation-monet.fr

주소 84 rue Claude Monet, 27620 Giverny

전화번호 02 32 51 28 21

운영 시간 4/1~11/1 : 매일 9H30~18H *17H30까지 입장 가능

휴일 11월 2일~3월 31일

입장료 일반 9€, 학생 6€

가는 방법 파리 생 라자르역(Gare Saint-Lazare)에서 Rouen루앙행 열차를 타고 Vernon베농역에서 하차(약45분 소요) 후 Vernon베농역 앞 광장에 위치한 셔틀버스 Navette(유료 4€) 이용 (약 20분 소요)

또는 Vernon베농역 앞에서 택시 이용, 약 10분 소요 (택시 이용 시 예상 비용 : 편도 약 10~12€)

*모네의 집에서 역까지 운행하는 셔틀버스와 지베르니에서 파리로 돌아가는 기차 시간을 미리 확인하자.

1 모네의 집   2 모네의 정원

대표적인 인상주의 화가로 알려져 있는 클로드 모네Claud Monet. 모네가 수련 연작으로 남긴 그의 집은 파리에서 서쪽으로 80km 정도 떨어진 '지베르니Giverny'라는 마을에 위치하고 있다. 꽃이 만개한 정원과 일본식으로 꾸며져 있는 연못들이 아기자기한 아름다움을 뿜어내고 있어서, 모네의 집을 찾는 사람들의 발걸음은 끊이지 않는다.

지베르니는 대표적인 인상주의 화가로 알려져 있는 모네가 〈수련〉, 〈루앙 대성당〉 등의 작품을 완성한 곳이다. 그는 1883년부터 사망할 때까지 43년간 이 집에 머물면서 작품 활동을 하였으며 주옥 같은 작품들을 남겼다. 현재 이곳에서는 모네가 직접 가꾼 것으로 유명한 일본식 연못과 봄과 여름이면 아네모네, 장미, 팬지, 튤립 등이 흐드러지게 피어서 색채가 무척 아름다운 정원이 그대로 보존되고 있어서 모네의 삶을 느끼고자 하는 방문객들로 늘 붐비고 있다.

그가 가꾼 일본식 연못을 보고, 집 주변에 살던 이웃들은 인공 연못 위를 떠다니는 이상한 식물들이 물을 오염시킬 것이라며 반대했었지만, 모네는 본인 고집대로 연못과 정원을 완성하였다고 전해진다.

늘 자연에서 에너지를 얻고 예술적 영감을 얻는다고 말하며, 시시각각 변화하는 빛과 색채에 대해 끊임없는 탐구심을 가지고 그 매력을 표현하던 모네가 살던 벽돌집에는 현재 담쟁이 넝쿨이 우거져 있어서 운치를 더한다. 벽돌집에는 그의 아틀리에가 재현되어 있어서, 모네의 작업 환경과 삶을 살짝 엿볼 수 있다.

이곳은 2차 세계대전 때 많은 부분이 훼손되어 있었는데, 10여 년 동안의 복구 작업을 통해 1980년 9월부터 사람들의 방문이 가능하게 되었다. 현재 방문객들이 오를 수 있는 다리는 모네가 직접 설치했던 다리가 복원할 수 없을 정도로 상해 있자, 모네 재단에서 같은 모양으로 설치한 것이라고 한다. 현재 파리 근교의 인기 있는 방문지인 지베르니에 있는 〈모네의 집〉이 가장 아름다운 시기는 꽃이 만발하는 5~6월이니 참고하도록 하자.

지베르니 인상주의 박물관
Musée des impressionnismes Giverny

모네의 집 근처에는 지베르니 인상주의 박물관이 있는데, 지베르니의 아름다운 풍경과 인상주의에 반해 프랑스에 정착한 미국 아티스트들의 작품을 볼 수 있는 곳으로, 유럽의 작가들과는 다른 시각으로 본 사물과 풍경에 대한 묘사를 관람할 수 있어서 흥미롭다. 미술작품에 관심이 많은 사람이라면, 잠시 들러서 감상해도 좋은 곳이다. 3개의 큰 전시관으로 이뤄져 있으며, 넓은 레스토랑이 테라스 형식으로 되어 있다. 자연과 어우러지게 지어져, 빛이 잘 들어오는 설계가 인상 깊은 곳이다. 이 박물관과 〈모네의 집〉 두 군데 모두 관람할 예정이라면, 통합입장권을 구매하는 것이 더 저렴하다.

Web www.mdig.fr

주소 99 rue Claude Monet, 27620 Giverny

전화번호 02 32 51 94 65

운영시간 4/1~10/30 : 매일 10H~18H
*17H30까지 입장 가능

휴일 11/1~3/31

입장료 일반 6.5€, 학생 4.5€

통합 입장권 Musée des impressionnismes+Maison et Jardins C. Monet : 일반 5.5€ / 학생 9.5€

가는 방법 〈모네의 집〉에서 도보 5분

11

Cathédral de Rouen
까떼르할 드 후앙

루앙 대성당

Web www.cathedrale-rouen.net, rouen.catholique.fr
주소 3 rue Saint-Romain, 76000 Rouen
전화번호 02 35 71 85 65
운영 시간
월/화/목/금요일 : 09H~12H30/13H30~16H30,
수요일 : 09H~12H,
토요일 : 18H 미사, 일요일 : 8H30/10H30 미사
휴일 없음
가는 방법 파리 생 라자즈(Saint-Lazare)역에서 Rouen^루앙행 열차를 타고 Rouen^{루앙}역에서 하차
입장료 무료

지베르니의 〈모네의 집〉을 방문한 후 다시 기차를 타고 루앙^{Rouen}이라는 도시까지 가면, 모네가 구체적이고도 미학적으로 완벽한 색채와 구성을 추구하며 그렸던 〈루앙 대성당〉 연작(P276 참조)을 그렸던 바로 그 장소에 갈 수 있다. 파리 생 라자르역에서 지베르니까지 약 1시간, 지베르니에서 루앙까지 약 45분, 루앙역에서 파리 생 라자르역까지 약 1시간 15분 정도가 소요되는 거리이므로, 당일치기 방문이 가능하다.

루앙 대성당의 모습과 모네가 그린 〈루앙 대성당〉 연작 중 하나

고딕 양식의 뾰족한 첨탑이 있는 웅장한 모습의 루앙 대성당은 집념과 끈기의 역사를 갖고 있다. 4세기 말에 지어진 초기의 성당은 650년에 확장 공사가 시작되지만, 8세기 바이킹의 침입으로 무너지고 만다. 이후 재건되었으나 1110년 벼락을 맞아 또 다시 무너지고, 12세기 중반에 현재의 고딕 스타일로 지어지게 되었다. 하지만 1284년 또 다시 벼락의 저주를 받아 제일 큰 예배당이 무너지게 된다. 1360년 다시 새로운 예배당을 지으면서 성당 입구 주변의 탑들을 추가적으로 지어 더욱 화려한 성당의 모습이 되었다. 하지만 16세기 말 프랑스의 종교 전쟁으로 묘지와 내부 인테리어가 망가졌으며, 1625년과 1642년 각 해마다 벼락을 맞고 1683년에는 태풍으로 큰 피해를 입게 된다. 1727년 나무로 만들어진 강대상(예배당에서 설교를 하는 장소)들이 불에 탔고, 성당을 표시하는 종은 1786년 깨졌다. 18세기에 성당에 남은 쓸모 있는 가구들은 전쟁 준비 자금을 마련하는 데 쓰였고 금속물들은 녹여 무기를 만드는 데 사용되었다. 1882년 성당의 지붕은 다시 한 번 벼락을 맞아 쓰러지게 된다. 1944년 4월 2차 세계대전 때에는 폭격을 맞아 크게 손상되었으며, 1999년 폭풍으로 인해 26톤짜리 나무와 구리로 만들어진 작은 탑이 무너지면서 성가대석이 완전히 망가지게 된다. 하지만 복원은 계속된다. 이 성당을 포기할 수 없는 데에는 중요한 이유가 있다. 바로 프랑스 초대왕의 대관식이 이곳에서 치러졌고 리차드 라이언 하트^{Richard Lion Heart : 유명한} ^{영국 왕}의 무덤이 있으며, 노르망디의 초대 공작이 세례를 받은 곳이자 그의 부인의 묘지이기도 하고, 영국 왕 헨리 2세의 무덤이기도 한 역사적인 장소이기 때문이다. 이렇게 무너지고, 재건하고, 다시 부숴지고, 다시 짓고, 벼락맞아 무너지고, 다시 복원하는 일이 반복되면서, 인간의 끈질김과 집념이 보이는 장소로 불리고 있다.

Index

All that Paris

IN ROUGE